Erwin Piechatzek

Einführung in den Eurocode 3

Erwin Piechatzek

Einführung in den Eurocode 3

Konzept – Bemessung – Beispiele – Tabellen

Mit 47 Abbildungen und 197 Tabellen

Die Deutsche Bibliothek – CIP-Einheitsaufnahme
Ein Titeldatensatz für diese Publikation ist bei
Der Deutschen Bibliothek erhältlich

1. Auflage März 2002

Alle Rechte vorbehalten
© Friedr. Vieweg & Sohn Verlagsgesellschaft mbH, Braunschweig/ Wiesbaden, 2002
Softcover reprint of the hardcover 1st edition 2002

Der Vieweg Verlag ist ein Unternehmen der Fachverlagsgruppe BertelsmannSpringer.
www.vieweg.de

Umschlaggestaltung: Ulrike Weigel, www.CorporateDesignGroup.de

Gedruckt auf säurefreiem und chlorfrei gebleichtem Papier

ISBN-13: 978-3-322-80207-1   e-ISBN-13: 978-3-322-80206-4
DOI: 10.1007/978-3-322-80206-4

Vorwort

Eurocode 3, ein Normenwerk für ganz Europa. Es regelt den Entwurf, die Bemessung und die Konstruktion von Stahlbauten in allen Mietgliedstaaten der EU. Die in den einzelnen Ländern geltenden nationalen Regelwerke sollen vereinheitlicht, also durch den Eurocode (EC 3) ersetzt werden. Diese Zielsetzung gewinnt mit dem Zusammenwachsen des Europäischen Binnenmarktes, vor allem auf dem Bausektor immer mehr an Bedeutung. Durch die geplante Erweiterung der EU wird sich diese Tendenz weiter verstärken. Auch Länder außerhalb der EU, die keine eigenen Regelwerke besitzen, gehen immer häufiger in Ausschreibungen auf den EC 3, wie auch auf andere Eurocodes ein. Die Kenntnis dieses Regelwerkes ist somit von großer Bedeutung.

In Deutschland ist der EC 3 über die DIN V ENV 1993-1-1 als Vornorm eingeführt und kann neben der DIN 18800 im Stahlhochbau probeweise angewendet werden. Die Vornorm wird in den nächsten Jahren durch eine endgültige EN ersetzt. Nach einer Übergangsfrist ist dann auch mit der Ablösung der DIN 18800 zu rechnen.

Nun herrscht in Deutschland weitgehend die Ansicht, dass die beiden Regelwerke eigentlich bis auf einige Ausnahmen identisch sind. Diese Ansicht ist nicht zutreffend. In der Neufassung der DIN 18800 (1990) ist bereits das Sicherheitskonzept nach EC 3 vorhanden, desgleichen einige Grundbezeichnungen, der Knicknachweis und auch einige andere Nachweise. Die Ansätze sind da, aber der Eurocode 3 unterscheidet sich doch erheblich mehr von diesem nationalen Regelwerk. Er ist umfangreicher und deckt auch verschiedene Bereiche ab, die in der DIN 18800 nicht geregelt sind.

Das vorliegende Werk unternimmt den Versuch, dem praktisch tätigen Bauingenieur, aber auch den Studierenden, das Europäische Regelwerk näher zu bringen und die erforderlichen Grundkenntnisse zu vermitteln. Die übersichtliche Zusammenstellung der wichtigsten Anforderungen, Begriffe und Formeln kann hierbei sehr hilfreich und auch nützlich sein. Die praktische Anwendung wird anhand von einigen ausgewählten Berechnungsbeispielen vorgestellt. Sehr hilfreich sind auch die eingefügten Tabellen.

Das Werk erhebt keinen Anspruch auf Vollständigkeit, vor allem da ja die entgültige Fassung des EC 3 noch nicht vorliegt. Die Kenntnis des Eurocodes 3 und des Nationalen Anwendungsdokumentes (NAD) in der jeweils gültigen Fassung ist bei jeder praktischen Anwendung Voraussetzung.

Die einzelnen Abschnitte wurden sehr sorgfältig bearbeitet, dennoch sind Fehler oder auch Irrtümer nicht auszuschließen. Für jeden Hinweis und jede Stellungnahme bin ich sehr dankbar.

Für die breite Unterstützung und Hilfestellung bei der Erstellung dieses Werkes möchte ich mich bei allen, die mir geholfen haben, sehr herzlich bedanken. Ich danke auch den Damen und Herren im Lektorat Bauwesen des Verlages Vieweg, besonders Frau Ehl, für die Anregungen und Hinweise die zur Entstehung dieses Werkes beigetragen haben.

Köln im Februar 2002   Erwin Piechatzek

Inhaltsverzeichnis

1 Einführung **1**

1.1 Zum bauaufsichtlichen Kontext 1
1.2 Die Eurocodes für den konstruktiven Ingenieurbau 1
    1.2.1 Das Eurocode Programm 2
    1.2.2 Einheitliche Begriffe für alle Eurocodes............................ 2
1.3 EN 1993: Eurocode 3... 4
    1.3.1 Geltungsbereich des Eurocode 3 (EC 3)............................ 4
    1.3.2 Vorhandene Teile des EC 3 5
    1.3.3 Neugliederung des EC 3 6
    1.3.4 Nationales Anwendungsdokument (NAD)........................... 7
    1.3.5 Geltungsbereich der Vornorm DIN V ENV 1993 Teil 1-1 7
1.4 Regeln 9
    1.4.1 Verbindliche Regeln 9
    1.4.2 Nicht verbindliche Regeln 9
1.5 Annahmen 9
1.6 Besondere Begriffe im EC 3 10
1.7 Formelzeichen im EC 3 11
    1.7.1 Lateinische Buchstaben 11
    1.7.2 Griechische Großbuchstaben 12
    1.7.3 Griechische Kleinbuchstaben.. 12
    1.7.4 Indizes... 12
    1.7.5 Verwendung von Indizes 13
    1.7.6 Festlegungen der Bauteilachsen....................................... 14
1.8 Einheiten 15
1.9 Bezugsnormen... 15
1.10 Bezeichnungen an Walzprofilen 16

2 Entwurf und Berechnungskonzept **17**

2.1 Grundlagen... 17
    2.1.1 Anforderungen an die Auslegung 17
    2.1.2 Nachweise... 17
2.2 Begriffe, Klassifizierungen, Berechnungsverfahren..................................... 18
2.3 Bemessungs- und Nachweisbedingungen.. 27
    2.3.1 Nachweisbedingungen für Grenzzustände der Tragfähigkeit.............. 27
    2.3.2 Nachweisbedingungen für Querschnitte und Bauteile 29
    2.3.3 Einwirkungskombinationen für Grenzzustände der Tragfähigkeit...... 31
    2.3.4 Nachweisbedingungen für Grenzzustände der Gebrauchstauglichkeit 34
2.4 Teilsicherheitsfaktoren für Festigkeiten 35
2.5 Widerstand und Beanspruchbarkeit 36
    2.5.1 Baustähle 36
    2.5.2 Verbindungsmittel... 38
    2.5.3 Bescheinigungen... 39
    2.5.4 Übereinstimmungszeichen 39

2.6 Grenzzustände der Gebrauchstauglichkeit 40
    2.6.1 Typische Grenzzustände 40
    2.6.2 Verformungen 40
    2.6.3 Dynamische Auswirkungen 42
2.7 Grenzzustände der Tragfähigkeit 43
    2.7.1 Statische Systeme 43
    2.7.2 Imperfektionen 44
    2.7.3 Tragwerksimperfektionen 45
    2.7.4 Bauteilimperfektionen 48
    2.7.5 Stabilität gegen seitliches Ausweichen 49
    2.7.6 Stabilität von Tragwerken 51
    2.7.7 Stützen bei plastischer Berechnung 52
2.8 Querschnitte 54
    2.8.1 Einteilung in Querschnittsklassen 54
    2.8.2 Anforderungen an Querschnitte bei Tragwerksberechnungen 54
2.9 Verbindungen unter vorwiegend ruhender Beanspruchung 55
    2.9.1 Schnittgrößen 55
    2.9.2 Beanspruchbarkeit von Verbindungen 55
    2.9.3 Bemessungsannahmen 55
    2.9.4 Herstellung und Montage 56
    2.9.5 Schubbeanspruchte Anschlüsse mit Schwingbelastung u. Lastumkehr 56
    2.9.6 Klassifizierung von Verbindungen 57
    2.9.7 Verbindungsarten und Einteilung nach EC 3 57
    2.9.8 Stöße 57
    2.9.9 Verbindungen von Trägern mit Stützen 58
    2.9.10 Hohlprofil-Fachwerkknoten-Anschlüsse 61
    2.9.11 Stützenfüße 61
2.10 Ausführung-Toleranzabmaße 62
    2.10.1 Toleranzklassen nach EC 3 62
    2.10.2 Anwendung der Toleranzen 62
    2.10.3 Normale Fertigungstoleranzen 63
    2.10.4 Normale Montagetoleranzabmaße 63
    2.10.5 Lage von Ankerschrauben 65
2.11 Werkstoffermüdung 66
    2.11.1 Allgemeines 66
    2.11.2 Definitionen nach EC 3 67
    2.11.3 Ermüdungsbelastung 70
    2.11.4 Teilsicherheitsbeiwerte 70
    2.11.5 Spannungsspektren bei Ermüdungsbelastung 72

3 Bemessung und Nachweise **73**

3.1 Häufige Formelzeichen und Bezeichnungen 73
    3.1.1 Koordinaten, Verschiebungs- und Schnittgrößen, Spannungen 73
    3.1.2 Kenngrößen, Festigkeiten 73
    3.1.3 Querschnittsgrößen 73
    3.1.4 Systemgrößen 74
    3.1.5 Einwirkungen, Widerstandsgrößen und Sicherheitselemente 74
    3.1.6 Nebenzeichen 74

3.1.7	Graphische Darstellung von Koordinaten, Schnittgrößen, Verschiebungen	75
3.1.8	Graphische Darstellung von Momenten	75
3.2	Querschnittsklassen	76
3.2.1	Kriterien der Einstufung in Querschnittsklassen	76
3.2.2	Maximale b/t Verhältnisse - Grenzwerte	76
3.2.3	Wirksame Querschnittswerte durch Ansatz wirksamer Breiten	81
3.2.4	Wirksame Querschnittswerte von I-Querschnitten der Klasse 4	85
3.3	Grenzbeanspruchbarkeiten nach EC 3	87
3.3.1	Grenzbeanspruchbarkeiten der Querschnitte	87
3.3.2	Grenzbeanspruchbarkeiten der Bauteile	94
3.3.3	Grenzbeanspruchbarkeiten der Verbindungen	107
3.4	Nachweis der Querschnitte	111
3.4.1	Spannungsnachweise	111
3.4.2	Weitere Nachweise für Stegbleche	113
3.5	Stabilitätsnachweise für Bauteile	115
3.5.1	Nachweis nach dem Ersatzstabverfahren	115
3.5.2	Nachweis nach Theorie 2. Ordnung	120
3.6	Mehrteilige, druckbeanspruchte Bauteile	121
3.6.1	Allgemeine Regeln	121
3.6.2	Ausführungsformen	121
3.6.3	Konstruktive Durchbildung	122
3.6.4	Berechnungsgrößen für mehrteilige Gitterstäbe	125
3.6.5	Berechnungsgrößen für mehrteilige Rahmenstäbe	126
3.6.6	Nachweis der Gurtstäbe	127
3.6.7	Nachweis der Bindebleche	128
3.6.8	Mehrteilige Rahmenstäbe mit geringer Spreizung	128
3.7	Fachwerkartige Tragwerke	129
3.7.1	Knicklängen	129
3.7.2	Winkel als druckbeanspruchte Füllstäbe	129
3.8	Schrauben-, Nieten- und Bolzenverbindungen	130
3.8.1	Einteilung und Nachweise von Schraubenverbindungen	130
3.8.2	Rand- und Lochabstände für Schrauben und Niete	132
3.8.3	Lange Anschlüsse	134
3.8.4	Einschnittige Überlappungsstöße mit einer Schraube	134
3.8.5	Verbindungsmittel in Futterblechen	135
3.8.6	Beanspruchungen und Nachweise von Schraubverbindungen	135
3.8.7	Beanspruchung und Nachweise von Nieten	137
3.8.8	Beanspruchungen und Nachweise von Bolzen	137
3.9	Schweißverbindungen	139
3.9.1	Allgemeine Grundsätze	139
3.9.2	Reduktion der Grenzkraft einer Kehlnaht bei langen Anschlüssen	145
3.9.3	Beanspruchung und Nachweis von Schweißnähten	146
3.10	Ermüdungsnachweis	147
3.10.1	Allgemeines	147
3.10.2	Ermüdungsnachweis mit schadensäquivalenten Spannungsschwingbreiten	149
3.10.3	Ermüdungsnachweis mit Schadensakkumulation	150

3.10.4   Ermüdungsnachweis mit lokalen Bezugsspannungen 151
3.10.5   Ermüdungsfestigkeit 151
3.10.6   Ermüdungsfestigkeitskurven für tabellierte Kerbfälle.............. 152
3.10.7   Ermüdungsfestigkeitskurven für Hohlprofile....................... 154
3.10.8   Ermüdungsfestigkeiten für nicht tabellierte Kerbfälle............. 155
3.10.9   Korrektur der Ermüdungsfestigkeit................................ 155
3.10.10 Kerbfalltabellen 155

4   Anerkannte Regeln nach EC 3   **169**

4.1   Wahl der Stahlgüte... 169
      4.1.1   Zähigkeitsnachweis.. 169
      4.1.2   Betriebsbedingungen... 170
      4.1.3   Schadensfolgen 171
      4.1.4   Berechnungen 172
4.2   Knicklängen von druckbeanspruchten Bauteilen 173
      4.2.1   Grundlagen.. 173
      4.2.2   Stützen von Stockwerksrahmen 173
4.3   Biegedrillknicken 178
      4.3.1   Ideales Biegedrillknickmoment nach der Elastizitätstheorie.... 178
      4.3.2   Bezogener Schlankheitsgrad 181
4.4   Träger-Stützen-Verbindungen 184
      4.4.1   Geltungsbereich 184
      4.4.2   Geschweißte Träger-Stützen-Verbindungen 188
      4.4.3   Geschraubte Träger-Stützen-Verbindungen..................... 192
4.5   Hohlprofil-Fachwerkknoten-Anschlüsse 202
      4.5.1   Allgemeines 202
      4.5.2   Geschweißte Anschlüsse (Knoten) aus runden Hohlprofilen..... 205
      4.5.3   Gestaltfestigkeit geschweißter Knoten aus quadratischen Hohl-
              profilen 207
      4.5.4   Gestaltfestigkeit geschweißter Knoten mit Gurtstab aus einem
              I- oder H-Profil und Diagonalen aus Hohlprofilen............ 210
4.6   Bemessung von Stützenfüßen 212
      4.6.1   Fußplatten 212
      4.6.2   Beanspruchbarkeit der Fußplatte 213
      4.6.3   Ankerschrauben 215
4.7   Betriebsfestigkeitsuntersuchungen von Kranbahnen................... 216
      4.7.1   Allgemeines 216
      4.7.2   Ermüdungsnachweis.. 217
      4.7.3   Schwingbeiwerte nach DIN 4132 218

5   Nachweis-Schemen und Beispiele   **219**

5.1   Darstellung der Berechnungsabläufe.................................. 219
      5.1.1   Struktogramme (Nasi-Shneidermann Diagramme) 219
5.2   Schemen für häufige Nachweise 220
      5.2.1   Allgemeines 220
      5.2.2   Einteilung der Querschnitte................................. 221
      5.2.3   Nachweis von Querschnitten................................. 229
      5.2.4   Stabilitätsnachweise für Bauteile 235
      5.2.5   Nachweis von Verbindungen 239

5.3   Berechnungsbeispiele.. 241
    5.3.1   Träger, einachsige Biegung 244
    5.3.2   Träger, einachsige Biegung + Querkraft... 248
    5.3.3   Träger, einachsige Biegung + Querkraft + Druck............................... 251
    5.3.4   Träger, zweiachsige Biegung.. 257
    5.3.5   Zugstab 262
    5.3.6   Stütze mit Druckkraft... 264
    5.3.7   Stütze, einachsige Biegung und mittiger Druck.................................. 267
    5.3.8   Stütze, zweiachsige Biegung und mittiger Druck 272

6   Tabellen zur Bemessung von I-Trägern   **279**

6.1   Querschnittsklassen von I-Trägern... 279
    6.1.1   Werte für gewalzte, mittelbreite und breite I-Träger 279
6.2   Querschnittswerte... 284
    6.2.1   Formeln zur Berechnung der Querschnittswerte................................. 284
    6.2.2   Beanspruchbarkeiten - Grenzschnittgrößen 285
6.3   Bauteile 318
    6.3.1   Stabilitätsnachweise von mittelbreiten- und breiten I-Trägern 318
    6.3.2   Anwendung der Tabellen zur Vorbemessung von Trägern.................. 344

7   Hilfstabellen für Schraubenverbindungen   **345**

8   Literatur   **355**

9   Sachwortverzeichnis   **357**

1 Einführung

1.1 Zum bauaufsichtlichen Kontext

Der bauaufsichtliche Kontext ist ausführlich in [10] beschrieben und in Deutschland weitgehend auch für die Arbeit mit dem Eurocode 3 gültig.

In diesem Werk wird nur auf die Aspekte der Vornorm ENV 1993-1-1:1992 (EC 3) und der DASt-Richtlinie 103 als Nationales Anwendungsdokument (NAD) eingegangen. Die Vornorm ist in allen Bundesländern bauaufsichtlich eingeführt und kann zusammen mit dem Nationalen Anwendungsdokument probeweise angewendet werden.

Die Festlegungen der DASt-Richtlinie 103, als (NAD), haben in Deutschland Vorrang vor den Regelungen der Vornorm ENV 1993-1-1:1992 (EC 3) und sind in den Tabellen entsprechend berücksichtigt.

Die im Nationalen Anwendungsdokument (NAD) von der Vornorm ENV 1993-1-1:1992 (EC 3) abweichenden Festlegungen sind erforderlich, da in den EU-Mitgliedstaaten unterschiedliche Anforderungen an die wesentlichen Schutzziele bestehen. Das bisherige deutsche Anwendungsniveau bleibt damit erhalten und ist auf deutsche Bedürfnisse abgestellt.

Die vorliegende Vornorm ENV 1993-1-1:1992 (EC 3) ist noch nicht die endgültige Fassung des Eurocode 3. Nach den Erfahrungen aus der probeweisen Anwendung werden z. Zt. die ENV-Fassungen in die endgültigen EN-Fassungen übergeleitet.

1.2 Die Eurocodes für den konstruktiven Ingenieurbau

Eurocodes für den Konstruktiven Ingenieurbau sind europäische Regelwerke, die in allen Ländern der Europäischen Union eingeführt werden sollen.

Die Regelwerke sind unter folgenden Aspekten zu betrachten:

- Eurocodes sind eine Gruppe von Normen für den Entwurf, die Berechnung und die Bemessung von Tragwerken des Hoch- und Ingenieurbaus sowie geotechnische Bemessungsregeln für bauliche Anlagen

- Die Eurocodes sind als Bezugsdokumente für folgende Zwecke gedacht
  - Als Mittel für den Nachweis, dass die wesentlichen Anforderungen der Bauproduktenrichtlinie (BPR) durch die Tragwerke des Hoch- und Ingenieurbaus erfüllt werden
  - Als Rahmen für die Erarbeitung Harmonisierter Technischer Spezifikationen für Bauprodukte

- Die Bauausführung und Güteüberwachung wird nur soweit behandelt, wie dies zur Feststellung von Qualitätsforderungen an die Bauprodukte bzw. an die Bauausführung notwendig ist, um die bei der Tragwerksbemessung getroffenen Annahmen zu erfüllen

- Bis zur Einführung der erforderlichen Harmonisierten Technischen Spezifikationen für Produkte und für Verfahren zur Überprüfung der Produkteigenschaften behandeln einige Eurocodes bestimmte Teilaspekte in informativen Anhängen

1.2.1 Das Eurocode Programm

Zielsetzung des Eurocode Programms ist die Schaffung eines einheitlichen Sicherheitskonzepts zur Bemessung und Konstruktion von Tragwerken in allen Ländern der Europäischen Union. Vorab sind die Eurocodes eine Alternative zu den nationalen Regeln in den Staaten der Europäischen Union, in Zukunft sollen sie jedoch diese ersetzen. Für die probeweise Anwendung sind einige dieser Eurocodes bereits als Vornormen eingeführt. Die Erfahrungen aus der Anwendung sollen in die endgültigen Fassungen der Normen einfließen.

Gegenwärtig befinden sich die in Tabelle 1.1 aufgeführten Eurocodes für den Konstruktiven Ingenieurbau in Bearbeitung, wobei jeder in der Regel mehrere Teile umfasst.

Tabelle 1.1 Die Eurocodes für den konstruktiven Ingenierbau, Stand: 2001

Benennung	Geltungsbereich
EN 1991 Eurocode 1	Grundlagen von Entwurf, Berechnung und Bemessung sowie Einwirkungen auf Tragwerke
EN 1992 Eurocode 2	Entwurf, Berechnung und Bemessung von Stahlbeton- und Spannbetontragwerken
EN 1993 Eurocode 3	Entwurf, Berechnung und Bemessung von Tragwerken aus Stahl
EN 1994 Eurocode 4	Entwurf, Berechnung und Bemessung von Verbundtragwerken aus Stahl und Beton
EN 1995 Eurocode 5	Entwurf, Berechnung und Bemessung von Holztragwerken
EN 1996 Eurocode 6	Entwurf, Berechnung und Bemessung von Tragwerken aus Mauerwerk
EN 1997 Eurocode 7	Geotechnik, Bemessung
EN 1998 Eurocode 8	Maßnahmen und Bemessungsregeln zur Ermittlung der Erdbebenbeanspruchbarkeit von Tragwerken
EN 1999 Eurocode 9	Entwurf, Berechnung und Bemessung von Tragwerken aus Aluminium

Für die Eurocodes 1-9 gibt es bereits veröffentlichte Vornormen zu einzelnen Bereichen.

Im Rahmen der Überführung in die endgültigen EN-Fassungen, ist auch eine Neustrukturierung vorgesehen. Die bisherige EN 1991, Eurocode 1 wird aufgeteilt in:

– EN 1990 Eurocode 0; Grundlagen der Bemessung
– EN 1991 Eurocode 1; Einwirkungen

1.2.2 Einheitliche Begriffe für alle Eurocodes

Allgemein wird die Terminologie nach ISO 8930 angewendet. Einheitlich werden in allen Eurocodes die Begriffe nach Tabelle 1.2 verwendet.

Tabelle 1.2 Einheitliche Begriffe für alle Eurocodes und deren Bedeutung

Begriff	Erläuterung, Bedeutung
Bauwerk	Dieser Begriff umfasst alles was baulich erstellt wird oder von Bauarbeiten herrührt. Der Begriff beinhaltet Hochbauten und Ingenieurbauwerke. Er bezieht sich auf das vollständige Bauwerk, das sowohl tragende als auch nichttragende Teile enthält.
(Bau-) Ausführung	Die Tätigkeit des Erstellens eines Bauwerkes, das kann sein z.B. - ein Hochbau - ein Ingenieurbauwerk Der Begriff bezieht sich auf Arbeiten auf der Baustelle, er kann aber auch die Fertigung von Bauteilen außerhalb der Baustelle sowie ihre anschließende Montage auf der Baustelle bezeichnen.
Tragwerk	Planmäßige Anordnung miteinander verbundener Bauteile, die so verbunden sind, dass sie ein bestimmtes Tragverhalten aufweisen, der Begriff bezieht sich auf tragende Teile.
Art des Bauwerks	Gibt die beabsichtigte Nutzung, an z.B. - Wohnhaus - Industriegebäude - Straßenbrücke
Art des Tragwerks	Berücksichtigt die Anordnung tragender Bauteile, z.B. - Balken - Fachwerk - Bogen - Hängebrücke
Baustoff/Werkstoff	Der in dem Bauwerk verwendete Werkstoff, z.B. - Beton - Stahl - Holz - Mauerwerk
Bauart	Gibt die hauptsächlich verwendeten Baustoffe an, z.B. - Stahlbetonbau - Stahlbau - Holzbau - Mauerwerksbau
Bauverfahren	Art und Weise, in der das Bauwerk ausgeführt wird, z.B. - Ortbeton - Fertigteilbau - Freivorbauweise
Tragsystem	Tragende Teile eines Bauwerks und die Art und Weise, in der diese Teile ihre vorgesehene Funktion im Tragmodell erfüllen.

Tabelle 1.3 Gleichlautende Begriffe in einigen Sprachen der europäischen Union

Deutsch	English	Espaniol	Français	Italiano	Neder-lands
Bauwerk	Construction works	Construccion	Construction	Costruzione	Bouwwerk
(Bau-)Ausführung	Execution	Ejecucion	Exécution	Esecuzione	Uitvoering
Tragwerk	Structure	Estructura	Structure	Struttura	Draag-constructie
Art des Bauwerks	Type of building or civil enginee-ring works	Naturaleza de la construccion	Type de construction	Tipo di costruzione	Type bouwwerk
Art des Tragwerks	Form of structure	Tipo de estructur	Nature de construction	Tipo di struttur	Type draag-constructie
Baustoff/Werkstoff (nur im Stahlbau)	Construction material	Material de construccion	Matériau de construction	Materiale da costruzione	Constructie-materiaal
Bauweise	Type of construction	Modo de construccion	Mode de construction	Sistema costrutivo	Bouwwijze
Bauverfahren	Method of construction	Procedimento de ejecution	Procede d' execution	Procedimento esecutivo	Bouw-methode
Tragsystem	Structural System	Sistema struttural	Systéme structural	Sistema strutturale	Constructief system

1.3 EN 1993: Eurocode 3

1.3.1 Geltungsbereich des Eurocode 3 (EC 3)

Entwurf, Berechnung und Bemessung von Bauwerken aus Stahl, wie z.B. Bauten des normalen Hochbaues, aber auch besondere Bauwerksarten und Bauteile. Gliederung und Geltungsbereich des EC 3 siehe Bild 1-1.

Der EC 3 umfasst ausschließlich Anforderungen an die Tragfähigkeit, die Gebrauchstauglichkeit und die Dauerhaftigkeit von Tragwerken aus Stahl. Andere Anforderungen, z.B. an den Wärme- oder Schallschutz, werden nicht behandelt.

Die Ausführung von Stahlkonstruktionen wird nur insoweit behandelt, dass Qualitätsanforderungen an die verwendeten Werkstoffe und Bauteile sowie der benötigte Standard der Ausführungsqualität angeben sind, um die Einhaltung der Bemessungsregeln sicherzustellen. Die Vorgaben der Bemessungsregeln, die sich auf die Ausführung und Qualität beziehen, sind im Allgemeinen als Mindestanforderungen zu verstehen.

Die Bemessung von erdbebengefährdeten Bauwerken wird durch den Eurocode 3 nicht behandelt. Dazu siehe ENV 1998 Eurocode 8 „Maßnahmen und Bemessungsregeln zur Ermittlung der Erdbebenbeanspruchbarkeit von Tragwerken".

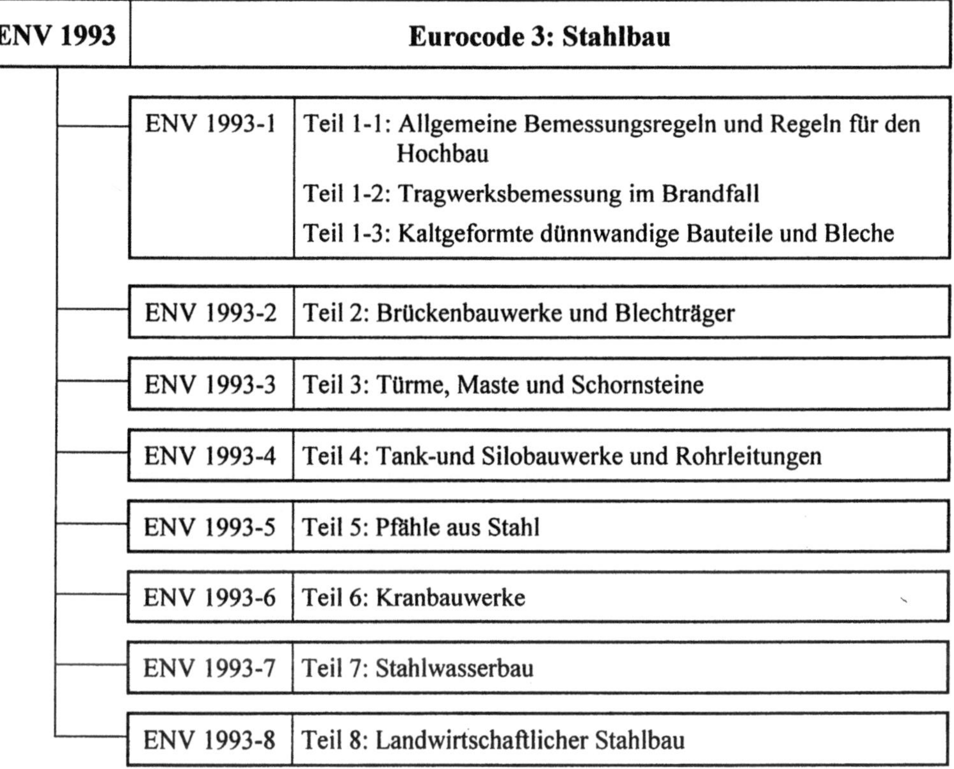

Bild 1-1 Inhalt und Gliederung der ENV 1993 Eurocode 3, aktueller Stand: 2001

1.3.2 Vorhandene Teile des EC 3

Tabelle 1.4 Vornormen: Stand 2001

ENV 1993 Eurocode 3: Bemessung und Konstruktion von Stahlbauten		
DIN V ENV 1993-1-1	Teil 1-1: Allgemeine Bemessungsregeln -Bemessungsregeln für den Hochbau	1993-04
DIN V ENV 1993-1-2	Teil 1-2: Allgemeine Bemessungsregeln -Tragwerksbemessung für den Brandfall	1997-05
DIN V ENV 1993-1-5	Teil 1-5: Allgemeine Bemessungsregeln -Ergänzende Regeln zu ebenen Blechfeldern	2001-02
DIN V ENV 1993-2	Teil 2: Stahlbrücken	2001-02
DIN V ENV 1993-5	Teil 5: Pfähle und Spundwände	2001-10
DIN V ENV 1993-6	Teil 6: Kranbahnen	2001-02

1.3.3 Neugliederung des EC 3

Mit der Überführung der Vornorm ENV 1993 in die EN-Fassung ist auch eine Neugliederung vorgesehen. Die voraussichtliche Gliederung ist informativ in Bild 1-2 dargestellt.

<table>
<tr><td>EN 1993</td><td colspan="2">Eurocode 3: Stahlbau</td></tr>
<tr><td></td><td>EN 1993-1</td><td>Teil 1:   Grundnormenreihe
Teil 1-1: Allgemeine Bemessungsregeln
Teil 1-2: Tragwerksbemessung im Brandfall
Teil 1-3: Kaltgeformte dünnwandige Bauteile
Teil 1-4: Nichtrostende Stähle
Teil 1-5: Plattenbeulen
Teil 1-6: Schalentragwerke
Teil 1-7: Plattenförmige Tragwerke
Teil 1-8: Anschlüsse
Teil 1-9: Ermüdung
Teil 1-10: Sprödbruchbemessung
Teil 1-11: Zugglieder, Seile</td></tr>
<tr><td></td><td>EN 1993-2</td><td>Teil 2: Brücken</td></tr>
<tr><td></td><td>EN 1993-3</td><td>Teil 3-1: Maste und Türme
Teil 3-2: Schornsteine</td></tr>
<tr><td></td><td>EN 1993-4</td><td>Teil 4-1: Tanks
Teil 4-2: Silos
Teil 4-3: Pipelines</td></tr>
<tr><td></td><td>EN 1993-5</td><td>Teil 5: Spundwände und Pfähle</td></tr>
<tr><td></td><td>EN1993-6</td><td>Teil 6: Kranbahnträger</td></tr>
</table>

Bild 1-2 Inhalt und Gliederung der EN 1993 Eurocode 3 nach der Neugliederung

1.3.4 Nationales Anwendungsdokument (NAD)

Das Nationale Anwendungsdokument ist die DASt-Richtlinie 103 „Richtlinie zur Anwendung von DIN V ENV 1993 Teil 1-1", herausgegeben vom Deutschen Ausschuss für Stahlbau.

Diese Richtlinie regelt die Anwendung des Eurocode 3 in Deutschland. Hingewiesen wird auf die anzuwendenden technischen Baubestimmungen und auf Abweichungen von der Vornorm DIN V ENV 1993 Teil 1-1.

Mischungsverbot

Eindeutig wird darauf hingewiesen, dass eine Kombination von Teilen der Normenreihe DIN 18800/11.9 sowie der DASt-Richtlinie mit dem Eurocode 3 nicht zulässig ist.

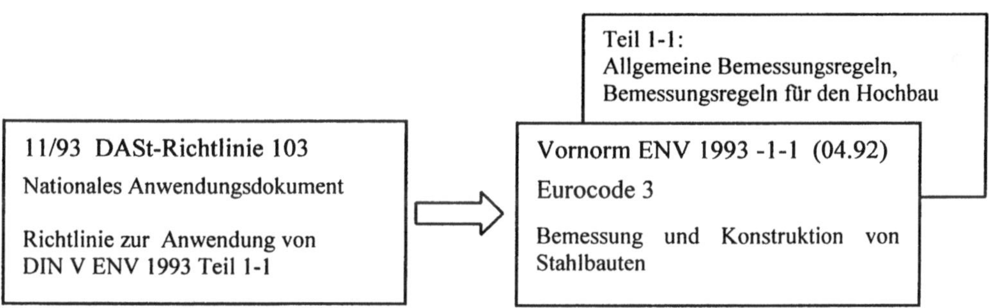

Bild 1-3 Zusammenhänge zwischen NAD und EC 3

1.3.5 Geltungsbereich der Vornorm DIN V ENV 1993 Teil 1-1

Diese Norm enthält allgemeine Grundlagen zur Bemessung von Bauwerken des Hoch- und Ingenieurbaus aus Stahl.

Teil 1-1 enthält Regeln, die hauptsächlich für Bauten des normalen Hochbaus anwendbar sind. Die Anwendbarkeit dieser Regeln darf aus praktischen Gründen oder aus Gründen der Vereinfachung eingeschränkt sein, ihre Anwendung und deren mögliche Einschränkung auf die Anwendbarkeit sind, wenn erforderlich, im Text der Norm erläutert.

Teil 1-1 der Norm behandelt nicht:

- den Brandschutz
- besondere Gesichtspunkte spezieller Gebäude
- besondere Gesichtspunkte spezieller Ingenieurbauwerke wie z.B.
  - Brücken
  - Maste
  - Türme oder Offshoreplattformen
- spezielle Maßnahmen zur Beschränkung von Katastrophenfällen

Tabelle 1.5 Inhalt und Gliederung der Vornorm DIN V ENV 1993 Teil 1-1

Abschnitt	Titel	
1	Einführung	
2	Grundlagen für Entwurf, Berechnung und Bemessung	
3	Werkstoffe	
4	Grenzzustände der Gebrauchstauglichkeit	
5	Grenzzustände der Tragfähigkeit	
6	Verbindungen unter vorwiegend ruhender Belastung	
7	Fertigung und Montage	
8	Versuchsgestützte Bemessung	
9	Werkstoffermüdung	
Anhang	**Titel**	**Status**
B	Bezugsnormen	Normativ
C	Wahl der Stahlgüte–Leitfaden zur Vermeidung von Sprödbruch	Informativ
E	Knicklängen von druckbeanspruchten Bauteilen	Informativ
F	Biegedrillknicken	Informativ
J	Träger-Stützen-Verbindungen	Normativ
K	Hohlprofil-Fachwerkknoten-Anschlüsse	Normativ
L	Bemessung von Stützenfüßen	Normativ
M	Alternatives Verfahren für den Kehlnahtnachweis	Normativ
Y	Leitfaden für Belastungsversuche	Informativ
Anhänge, erschienen oder in Vorbereitung, jedoch noch nicht in den Teil 1-1 eingegliedert.		
D	Anwendung von Stahl der Güteklasse Fe E 460	
KK	Hohlprofil-Fachwerkknoten-Anschlüsse, überarbeitete Fassung unter Einschluss räumlicher Knoten	
Z	Bestimmung der Grenzwiderstände aus Versuchen	
Anhänge, die als zukünftige Abschnitte des Teiles 1-1 vorgesehen sind		
G	Bemessung von torsionsbeanspruchten Bauteilen	
H	Modellbildung von Tragwerken des Hochbaus für die Berechnung der Schnittgrößen	
JJ	Träger-Stützen-Verbindungen, erweiterte Fassung	
N	Öffnungen in Stegblechen	
S	Anwendung von nichtrostendem Stahl	

Die Abschnitte 1 und 2 stimmen in allen Eurocodes überein mit Ausnahme einiger Ergänzungen, die spezifisch für den jeweiligen Eurocode sind. Die normativen Anhänge haben denselben Status wie die Abschnitte, auf die sie sich beziehen.

1.4 Regeln

In der Vornorm DIN V ENV 1993 Teil 1-1, wird in Abhängigkeit von der Aussagewertigkeit der Regel zwischen verbindlichen Regeln und nicht verbindlichen Regeln unterschieden.

1.4.1 Verbindliche Regeln

Die verbindlichen Regeln enthalten:

- allgemeine Angaben und Festlegungen, die unbedingt einzuhalten sind,
- Anforderungen und Rechenmodelle, für die keine Abweichungen erlaubt sind, sofern dies nicht ausdrücklich angegeben ist.

Die verbindlichen Regeln sind in der Norm in Geradschrift gedruckt.

1.4.2 Nicht verbindliche Regeln

Nicht verbindliche Regeln sind allgemein anerkannte Regelwerke, die den verbindlichen folgen und diese erfüllen.

Abweichende nicht verbindliche Regeln sind zulässig, wenn sie mit den entsprechenden verbindlichen Regeln übereinstimmen und bezüglich der nach dem Eurocode erzielten Tragfähigkeit, Gebrauchstauglichkeit und Dauerhaftigkeit mindestens gleichwertig sind.

Die nicht verbindlichen Regeln sind in der Norm in Kursivschrift gedruckt.

1.5 Annahmen

Bei Anwendung der Eurocodes gelten folgende Annahmen:

1. Der Entwurf, die Berechnung und die Bemessung von Tragwerken erfolgt durch hinreichend qualifiziertes und erfahrenes Personal
2. Die sachgerechte Güteüberwachung der Werkstoffe, der Fertigung und der Montage wird sichergestellt
3. Das für die Herstellung zuständige Personal verfügt über eine ausreichende Ausbildung und Erfahrung
4. Die Verwendung von Werkstoffen erfolgt entsprechend den Angaben des vorliegenden Eurocode oder anderen maßgebenden Werkstoffvorschriften
5. Die Tragwerke sind sachgemäß zu unterhalten
6. Die Tragwerke sind entsprechend der Baubeschreibung zu nutzen

Bemessungsverfahren sind nur dann gültig, wenn die technische und handwerkliche Ausführung mit den Anforderungen nach Abschnitt 7 der Vornorm übereinstimmen.

Die in der Vornorm DIN V ENV 1993 Teil 1-1 in Umrandungen ☐ gesetzten Zahlenwerte sind als Anhaltswerte anzusehen. Von den Mitgliedstaaten der EU dürfen andere Werte festgelegt werden. In Deutschland sind die Werte im Nationalen Anwendungsdokument (DASt-Richtlinie 103) festgelegt.

1.6 Besondere Begriffe im EC 3

Die in DIN V ENV 1993-1-1 aufgeführten, besonderen Begriffe werden in der nachfolgenden Tabelle 1.6 erläutert.

Tabelle 1.6 Ergänzende Begriffe in DIN V ENV 1993-1-1

Begriff	Bedeutung		
Tragwerk	Tragwerk oder Teil eines Tragwerks, welches eine Baugruppe direkt verbundener tragender Bauteile beinhaltet, die für das Zusammenwirken gegen Lasten konstruiert sind. Der Begriff gilt für Tragwerke mit biegesteifen Verbindungen und für Fachwerkskonstruktionen. Er gilt für ebene und auch räumliche Tragwerke.		
Art der Tragwerke	Verwendete Begriffe zur Unterscheidung von Tragwerken nach Art der Verbindungen im Hinblick auf den Berechnungsaufwand.		
	- Biegeweiche Rahmen- und Durchlauftragwerke	Das Tragverhalten der Verbindungen muss explizit in der statischen Berechnung berücksichtigt werden	
	- Biegesteife Rahmen- und Durchlauftragwerke	Nur das Tragverhalten der Bauteile muss in der statischen Berechnung berücksichtigt werden	
	- Gelenktragwerke	Die Anschlüsse sind nicht in der Lage Momente zu übertragen	
Tragwerksberechnung	Bestimmung der Beanspruchungen im Tragwerk, die im Gleichgewicht mit den Einwirkungen stehen		
Teilsystem	Teil eines größeren Tragwerks, das jedoch aus Gründen der Rechenvereinfachung von der Gesamtkonstruktion abgetrennt wird		
Systemlänge	Abstand zweier benachbarter Punkte, in denen ein Bauglied gegen Querverschiebung in einer vorgegebenen Ebene gehalten ist, oder zwischen einem solchen Punkt und dem Ende des Bauteils		
Knicklänge	Systemlänge eines sonst gleichen Bauteils mit gelenkigen Enden, welches den gleichen Knickwiderstand hat wie das vorgegebene Bauteil		
Entwurfsingenieur	Person mit entsprechender Qualifikation und Erfahrung, die für den Entwurf, die Berechnung und die Bemessung verantwortlich ist		

1.7 Formelzeichen im EC 3

1.7.1 Lateinische Buchstaben

Großbuchstaben		Kleinbuchstaben	
A	Außergewöhnliche Einwirkung	a	Abstand, geometrischer Wert
A	Fläche	a	Kehlnahtdicke einer Schweißnaht
B	Schraubenkraft	a	Flächenverhältnis
C	Vermögen, Konstante, Faktor	b	Breite
D	Schädigung (beim Betriebsfestigkeitsnachweis)	c	Abstand, Überstand
E	Elastizitätsmodul	d	Durchmesser, Nutzhöhe, Länge einer Diagonalen
E	Beanspruchung	e	Exzentrizität, Ausmitte, Verschiebung der neutralen Achse
F	Einwirkung (mit Index d oder k)		
F	Kraft	e	Randabstand, Endabstand
G	Ständige Einwirkung	f	Festigkeit eines Werkstoffes
G	Schubmodul	g	Breite des Zugfeldes, Spaltbreite
I	Flächenmoment 2. Grades	h	Höhe
K	Steifigkeitsfaktor (I/L)	i	Trägheitsradius, Integerzahl
L	Länge, Spannweite, Systemlänge	k	Beiwert, Faktor
M	Moment (allgemein)	l	Länge, Stützweite, Knicklänge
M	Biegemoment	ℓ	Stützweite, Knicklänge
N	Längskraft	n	Anzahl...
Q	veränderliche Einwirkung	n	Verhältnis von Längs-Kräften oder -Spannungen
R	Beanspruchbarkeit, Reaktion		
S	Schnittgrößen und Schnittkräfte (mit Index d oder k)	p	Abstand
		q	Gleichförmig verteilte Kraft
S	Steifigkeit (Schubsteifigkeit, Rotationssteifigkeit... mit Indizes v, j...)	r	Radius, Wurzelradius
		s	Abstand
T	Torsionsmoment, Temperatur	t	Dicke
V	Querkraft	u-u	Hauptachse bei Winkelprofilen
W	Widerstandsmoment	v-v	Nebenachse bei Winkelprofilen
X	Werkstoffkennwert	x-x	Koordinatenachsen
		y-y	Koordinatenachsen
		z-z	Koordinatenachsen

1.7.2 Griechische Großbuchstaben

Δ Differenz... (dem Hauptsymbol vorangestellt)

1.7.3 Griechische Kleinbuchstaben

α (alpha)	Temperaturdehnzahl		ν (ny)	Poissonzahl
α	Winkel, Verhältnis, Faktor		ρ (rho)	Reduktionsbeiwert spezifische Masse (Dichte)
β (beta)	Winkel, Verhältnis, Faktor		σ (sigma)	Längsspannung
γ (gamma)	Teilsicherheitsbeiwert, Verhältnis		τ (tau)	Schubspannung
δ (delta)	Auslenkung, Verformung		ϕ (phi)	Rotation, Neigung, Verhältnis
ε (epsilon)	Dehnung, Beiwert		χ (chi)	Reduktionsbeiwert (Knickbeiwert)
η (eta)	Beiwert (in Annex E)		ψ (psi)	Spannungsverhältnis Reduktionsbeiwert
θ (theta)	Winkel, Neigung		ψ	Kombinationsbeiwert zur Bestimmung repräsentativer Werte von veränderlichen Einwirkungen
λ (lambda)	Schlankheitsverhältnis, Verhältnis			
μ (my)	Reibbeiwert, Faktor			

1.7.4 Indizes

A	Außergewöhnlich		el	Elastisch
a	Durchschnittlich (Streckgrenze)		ext	Äußere (externe)
a, b	Erste, zweite... Alternative		f	Flansch, Verbindungsmittel
b	Basis (Streckgrenze)		G	Ständige Einwirkung
b	Lochleibung; Knicken		g	Brutto
b	Schraube, Träger, Bindebleche		h	Höhe, höher
C	Vermögen, Auswirkungen		h	Horizontal
c	Querschnitt		i	Innen
c	Beton, Stütze		inf	Kleiner, unterer
cr	Verzweigung		i, j, k	Indizes (für Zahlen)
d	Bemessungswert, Diagonale		j	Knoten
dst	Destabilisierend		k	Charakteristischer Wert
E	Beanspruchungen (mit d oder k)		L	Längs
E	Euler		l	Unterer
e	Wirksam (mit weiterem Index)		LT	Biegedrillknicken
eff	Wirksam		M	Werkstoff

1.7.4 Indizes, Fortsetzung

M	(Bei Berücksichtigung des) Biege-momentes		s	Schlupf; Stockwerk
m	Biegung, Mittel		s	Steif, Steife
max	Maximum		ser	Gebrauchstauglichkeit
min	Minimum		stb	Stabilisierend
N	(Bei Berücksichtigung der) Längs-kraft		sup	Ober, oberer
n	Normal		t	Zug (Alternativ ten)
net	Netto		t	Torsion
nom	Nennwert		tor	Torsion alternativ
o	Loch, Ausgangswert außen		u	Querschnittshauptachse (bei Winkelprofilen)
o	Örtliches Beulen		u	(Grenz-) Zugfestigkeit
o	Momentennullpunkt		ult	Grenzzustand (der Tragfähigkeit)
ov	Überlappung		V	(Bei Berücksichtigung der) Querkraft
p	Blech, Bolzen, Futter		v	Schub; vertikal
p	Vorspannung (Kraft)		v	Querschnittsnebenachse (bei Winkelprofilen)
p	Partiell, (Durchstanz-) Scherkraft		vec	Vektoriell
pl	Plastisch		w	Stegblech, Schweißen Verwölbung
Q	Veränderliche Einwirkung		x	Längsachse des Bauteils Ausdehnung
R	Widerstand (Beanspruchbarkeit)		Y	Fließ-, Streck-
r	Niet, Aussteifung		y	Querschnittsachse
rep	Repräsentativer		z	Querschnittsachse
S	Schnittgröße		σ	Längsspannung
s	Zugspannung, Fläche		τ	Schubspannung

1.7.5 Verwendung von Indizes

Festigkeiten und Werkstoffeigenschaften sind rechnerische Nennwerte, angesetzt als charakteristische Werte und wie nachstehend geschrieben.

- f_y = Streckgrenze für $f_{y,k}$

- f_u = Zugfestigkeit für $f_{u,k}$

- E = Elastizitätsmodul für E_k

Um Irrtümer zu vermeiden, werden Indizes in der Norm komplett angegeben, aber an einigen Stellen dürfen sie in der Praxis weggelassen werden, wenn das Fehlen nicht zu Mehrdeutigkeiten führt.

Wenn Symbole mit mehreren Indizes notwendig sind, so werden sie in nachstehender Reihenfolge zusammengesetzt:

- Hauptparameter, z.B.　　　　　　M, N, ß
- Unterschiedliche Arten, z.B.　　pl, eff, b, c
- Richtungssinn, z.B.　　　　　　　t, v
- Achse, z.B.　　　　　　　　　　　y, z
- Ort, z.B.　　　　　　　　　　　　1, 2, 3
- Art, z.B.　　　　　　　　　　　　R, S
- Grad, z.B.　　　　　　　　　　　d, k
- Index, z.B.　　　　　　　　　　　1, 2, 3

Punkte werden zur Trennung von Indizes in Paaren benutzt, mit folgender Ausnahme:

- Indizes mit mehr als einem Buchstaben sind nicht unterteilt.
- Kombination R_d, S_d usw. wird nicht unterteilt.

Bei Notwendigkeit zweier unterschiedlicher Indextypen zur Beschreibung eines Parameters dürfen sie mit einem Komma getrennt werden.

z.B.　　$M_{\mathit{eff},Rd}$

　　　　$M_{pl,y,Rd}$

1.7.6 Festlegungen der Bauteilachsen

Allgemeine Festlegung der Bauteilachsen:

　　　x-x　　längs des Bauteils
　　　y-y　　Querschnittsachse
　　　z-z　　Querschnittsachse

Querschnittsachsen für Stahlbauteile:

- Allgemein
　　　y-y　　Querschnittsachse parallel zu den Flanschen
　　　z-z　　Querschnittsachse rechtwinklig zu den Flanschen
- Winkelprofile
　　　y-y　　Achse rechtwinklig zum größeren Schenkel
　　　z-z　　Achse parallel zum größeren Schenkel
- wenn aus anderen Gründen erforderlich
　　　u-u　　Hauptachse (wenn sie nicht mit der yy-Achse übereinstimmt)
　　　v-v　　Nebenachse (wenn sie nicht mit der zz-Achse übereinstimmt)

Symbole für Abmessungen und Achsen gewalzter Stahlprofile sind in Bild 1-4 angegeben

Festlegung für Indizes für die Achsbezeichnung von Momenten

　　　„Zu benutzen ist die Achse, um die das Moment wirkt".

Beispiel:

In einem I-Profil wird das in der Ebene des Stegbleches wirkende Moment mit M_y benannt, weil es um die Querschnittsachse rechtwinklig zum Stegblech wirkt.

1.8 Einheiten

Es sind SI-Einheiten in Übereinstimmung mit ISO 1000 zu verwenden.

Für statische Berechnungen und Nachweise werden Einheiten nach Tabelle 1.7 empfohlen.

Tabelle 1.7 Einheiten nach EC 3

Begriff	Einheit
Kräfte, Lasten	kN, kN/m, kN/m²
Spezifische Masse (Dichte)	kg/m³
Spezifisches Gewicht (Wichte)	kN/m³
Spannungen und Festigkeiten	N/mm²
Momente wie Biegemomente usw.	kNm

1.9 Bezugsnormen

Bei der Anwendung der Vornorm muss auf verschiedene CEN- und ISO-Normen Bezug genommen werden. Diese dienen der Festlegung von Produkteigenschaften und Methoden, deren Verwendung bei der Entwicklung der Bemessungsregeln vorausgesetzt wurde.

Die Vornorm (EC 3) erwähnt 10 Bezugsnormen, die im normativen Anhang B der Norm aufgeführt sind. Jede einzelne dieser Bezugsnormen bezieht sich ihrerseits auf einzelne oder mehrere CEN- oder ISO-Normen oder Teile davon. Soweit diese noch nicht verfügbar sind, gibt das Nationale Anwendungsdokument (NAD) im Anhang A Auskunft, welche Norm statt dessen anzuwenden ist. Es wird vorausgesetzt, dass bei der Ausführung von Gebäuden und baulichen Anlagen, die mit der vorliegenden Vornorm bemessen werden, nur die Güten und Qualitäten verwendet werden, die in dem normativen Anhang B der Vornorm aufgeführt sind.

Die in Deutschland gültigen Bezugsnormen sind im NAD (DASt-Ri 103) Teil A aufgeführt.

1.10 Bezeichnungen an Walzprofilen

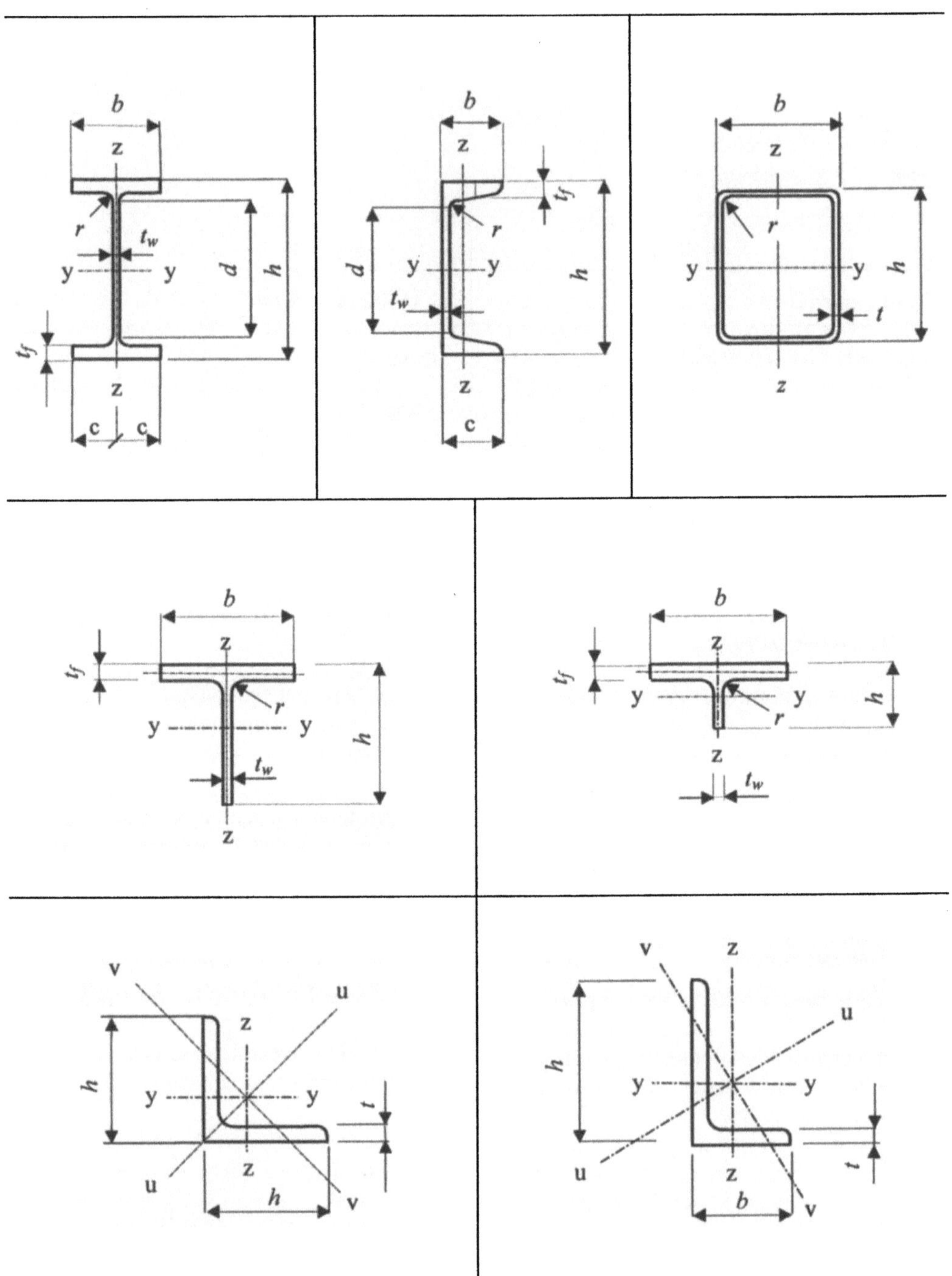

Bild 1-4 Abmessungen und Achsbezeichnungen an Walzprofilen

2 Entwurf und Berechnungskonzept

2.1 Grundlagen

2.1.1 Anforderungen an die Auslegung

Ein Tragwerk muss so ausgebildet und bemessen werden, dass es

- mit angemessener Zuverlässigkeit den Einwirkungen und Einflüssen standhält, die während seiner Erstellung und während seiner Nutzung auftreten können, und eine angemessene Dauerhaftigkeit im Verhältnis zu seinen Unterhaltungskosten aufweist und
- unter Berücksichtigung der vorgesehenen Nutzungsdauer mit annehmbarer Wahrscheinlichkeit die geforderten Gebrauchseigenschaften behält.

Ein Tragwerk muss außerdem so ausgebildet sein, dass es durch außergewöhnliche Ereignisse wie Explosionen, Aufprall oder Folgen menschlichen Versagens nicht in einem Ausmaße geschädigt wird, das in keinem Verhältnis zur Schadensursache steht.

Anforderungen an das Tragwerk:

- Verhinderung oder Minderung der Gefährdungen, denen das Tragwerk ausgesetzt ist
- Wahl eines Tragsystems, das eine geringe Anfälligkeit gegen die voraussehbare Gefährdung aufweist
- Wahl eines Tragsystems und eines Berechnungsverfahrens derart, dass der zufällige Ausfall eines einzelnen Tragwerkteils nicht zum Versagen des Gesamtbauwerks führt
- Auswahl geeigneter Werkstoffe
- Zutreffende Bemessung
- Zweckmäßige bauliche Durchbildung
- Herstellung tragfähiger Verbindungen der Tragelemente untereinander
- Festlegung von Überwachungsverfahren für die Fertigung, die Ausführung und die Nutzung des Bauwerkes

2.1.2 Nachweise

Es ist nachzuweisen, dass die maßgebenden Grenzzustände nicht überschritten werden, das bedeutet vor allem:

- Alle maßgebenden Bemessungssituationen und Lastfälle sind zu berücksichtigen.
- Mögliche Abweichungen der Einwirkungen von angenommenen Richtungen oder Lagen sind zu berücksichtigen.
- Die Berechnungen sind unter Verwendung geeigneter Bemessungsmodelle unter Einbeziehung aller maßgebenden Parameter durchzuführen. Die Rechnungsmodelle sollen ausreichend genau sein, um das Tragverhalten in Übereinstimmung mit der erreichbaren Ausführungsgenauigkeit und der Zuverlässigkeit der Eingangsdaten, auf denen die Berechnung beruht, vorhersagen zu können. Bei Bedarf sind Ergänzungen durch Versuche einzuführen.

2.2 Begriffe, Klassifizierungen, Berechnungsverfahren

Tabelle 2.1 Grundbegriffe nach Eurocode 3

Begriff	Bedeutung	
Bemessungssituationen	Ständige	Situationen, die den normalen Nutzungsbedingungen des Tragwerkes entsprechen.
	Vorübergehende	Situationen, die nur in einer bestimmten Bau- bzw. Nutzungsphase auftreten z.B. - im Bauzustand (Montagezustand) - während einer Instandsetzung.
	Außergewöhnliche	Situationen die durch außergewöhnliche Einwirkungen hervorgerufen werden.
Dauerhaftigkeit	Eigenschaft des Tragwerkes und seiner Teile, ein ordnungsgemäßes Verhalten im Ablauf der Zeit über die vorgesehene Nutzungsdauer beizubehalten.	

Einwirkung	1. Eine Kraft (Last) oder Gruppe von konzentrierten oder verteilten Kräften (Lasten), die auf das Tragwerk einwirken.
	2. Ein Zwang oder die Behinderung von Verformungen, z.B.
	  - Imperfektionen des Tragwerkes
	  - Stützensenkungen
	  - Temperatureinflüsse	

Einwirkung zeitlich veränderlich	Ständig	z.B. - Eigengewichte - Ausrüstungen - Feste Einbauten - Haustechnische Anlagen
	Veränderlich	z.B. - Nutzlasten - Windlasten - Schneelasten
	Außergewöhnlich	z.B. - Explosionen - Anprall von Fahrzeugen
Einwirkung räumlich veränderlich	Ortsfest	z.B. - Eigengewicht
	Ortsveränderlich	z.B. - Bewegliche Nutzlasten - Windlasten - Schneelasten

Tabelle 2.1 Grundbegriffe nach Eurocode 3, Fortsetzung

Begriff	Bedeutung	
Beanspruchung (Index S)	Reaktionen des Tragwerkes auf Einwirkungen wie z.B. - Innere Kräfte und Momente - Spannungen - Verformungen	
Beanspruchbarkeit (Index R)	Bemessungswerte der Widerstandsgrößen des Tragwerkes oder dessen Teilen wie: - Grenzschnittgrößen - Grenzspannungen - Grenzkräfte	
Bemessungswerte (Index d)	Einwirkungen	Mit einem Teilsicherheitsbeiwert γ vervielfachte charakteristische Werte der Einwirkungsgrößen $$F_d = F_k \cdot \gamma_F$$
	Beanspruchungen	Mit Bemessungswerten der Einwirkungen, den geometrischen Größen und wenn erforderlich mit den Werkstoffeigenschaften ermittelte Werte $$E_d = E(F_d, a_d, \ldots)$$
	Werkstoff-Eigenschaft	Durch einen Teilsicherheitsbeiwert abgeminderte charakteristische Größe $$X_d = X_k / \gamma_M$$
Charakteristische Werte (Index k)	Einwirkungen	F_k Werte aus Anwendungsnormen wie: - ENV 1991 Eurocode 1 - DIN 1055, Lastannahmen - Anderen
Repräsentative Werte [1] der veränderlichen Einwirkungen	Charakteristischer Wert Mit Beiwert: - Kombinationsbeiwert - häufiger Wert - quasiständiger Wert	Q_k $\psi_i \Rightarrow$ Tabelle 2.12 $\psi_0 \cdot Q_k$ $\psi_1 \cdot Q_k$ $\psi_2 \cdot Q_k$
Teilsicherheitsbeiwerte für Grenzzustände der Tragfähigkeit	Sicherheitselemente, die die Streuung der Einwirkungen F und der Widerstandsgrößen M berücksichtigen	
	Einwirkungen	$\gamma_F \qquad \Rightarrow$ Tabelle 2.11
	Beanspruchbarkeit	$\gamma_M \qquad \Rightarrow$ Tabelle 2.13

[1] Ausführliche Definitionen siehe ENV 1991 Eurocode 1

Tabelle 2.1 Grundbegriffe nach Eurocode 3, Fortsetzung

Begriff	Bedeutung
Grenzzustände	Zustände des Tragwerkes, bei deren Überschreitung das Tragwerk die angenommenen Entwurfsanforderungen nicht länger erfüllt.
Grenzzustände der Tragfähigkeit	Zustände, die im Zusammenhang mit dem Einsturz oder mit anderen Formen des Tragwerksversagens die Sicherheit von Menschen gefährden kann, wie z.B. - Verlust des Gleichgewichtes des Tragwerkes oder eines seiner Teile, welche als starre Körper betrachtet werden - Versagen des Tragwerkes oder eines seiner Teile einschließlich von Lagern und Fundamenten, durch übermäßige Verformung, Bruch oder Verlust der Stabilität Bestimmte Zustände vor Eintreten des Tragfähigkeitsverlustes können aus Vereinfachungsgründen anstelle des tatsächlichen Versagens ebenfalls wie Grenzzustände der Tragfähigkeit behandelt werden.
Grenzzustände der Gebrauchstauglichkeit	Zustände, bei deren Überschreitung die festgelegten Bedingungen für die Gebrauchstauglichkeit nicht mehr erfüllt sind, wie z.B. - Verformungen oder Durchbiegungen, welche das Erscheinungsbild oder die vorgesehene Nutzung des Tragwerkes beeinträchtigen, wie z.B. das ordnungsgemäße Funktionieren der Maschinen und Versorgungseinrichtungen - Vibrationen, Schwingungen und Schwankungen, die Unbehagen bei den Nutzern des Gebäudes oder Schäden an den Einrichtungen hervorrufen - Verformungen, Durchbiegungen, Vibrationen, Schwingungen oder Schwankungen die den Endausbau oder mittragende Elemente schädigen
Lastanordnung	Beschreibung der Lage, Größe und Richtung einer ortsveränderlichen Einwirkung.
Lastfall	Beschreibung der zusammenhängenden Lastanordnungen, Verformungen und Imperfektionen. *Anmerkung* Ausführliche Regeln zu Lastanordnungen und Lastfällen sind in der ENV 1991-1 Eurocode 1 zu finden. Die Einführung der Vornorm DIN V ENV 1991-1 ist in Deutschland z.Zt. nicht geplant.
Werkstoffeigenschaft	Werkstoffeigenschaften von Stahltragwerken werden im Allgemeinen durch Nennwerte angegeben, die als charakteristische Werte benutzt werden.

Tabelle 2.2 Begriffe für Beanspruchbarkeiten nach DIN V ENV 1993-1-1

1 Beanspruchbarkeiten der Querschnitte		EC 3, Abschnitt
Grenzzugkraft des Querschnitts	$N_{t,Rd}$	5.4.3
- Plastische Grenzzugkraft des Bruttoquerschnitts	$N_{pl,Rd}$	5.4.3
- Grenzzugkraft des Nettoquerschnitts	$N_{u,Rd}$	5.4.3, 6.5.2.3
Grenzdruckkraft des Querschnitts		5.4.4
- Plastische Grenzdruckkraft des Bruttoquerschnitts	$N_{pl,Rd}$	5.4.4
- Grenzdruckkraft des wirksamen Querschnitts	$N_{c,Rd}$	5.4.4
Grenzmoment des Querschnitts	$M_{c,Rd}$	5.4.5
- Plastisches Grenzmoment	$M_{pl,Rd}$	5.4.5
- Grenzmoment des wirksamen Querschnitts	$M_{c,Rd}$	5.4.5
- Grenzmoment des Nettoquerschnitts	$M_{o,Rd}$	5.4.5
Plastische Grenzquerkraft	$V_{pl,Rd}$	5.4.5
Grenzwert gegen Scherbruch	$V_{eff,Rd}$	6.5.2.2
Abgemindertes Grenzmoment infolge Querkraft	$M_{V,Rd}$	5.4.7
Abgemindertes Grenzmoment infolge Längskraft	$M_{N,Rd}$	5.4.8
Abgemindertes Grenzmoment infolge Quer- und Längskraft	$M_{N,V,Rd}$	5.4.9
2 Beanspruchbarkeiten der Bauteile		
Grenzwert gegen Knicken	$N_{b,Rd}$	5.5.1
Grenzwert gegen Biegedrillknicken	$M_{b,Rd}$	5.5.2
Grenzwert gegen Schubbeulen	$V_{ba,Rd}$	5.6
Grenzwert gegen plastisches Stauchen	$R_{y,Rd}$	5.7.3
Grenzwert gegen Stegblechkrüppeln	$R_{a,Rd}$	5.7.4
Grenzwert gegen Beulen des Gesamtfeldes	$R_{b,Rd}$	5.7.5
3 Beanspruchbarkeiten der Verbindungen und Anschlüsse		
Grenzabscherkraft	$F_{v,Rd}$	6.5.5 - 6.5.7, 6.5.13
Grenzlochleibungskraft	$F_{b,Rd}$	6.5.5 - 6.5.7, 6.5.13
Grenzzugkraft	$F_{t,Rd}$	6.5.5 - 6.5.7, 6.5.13
Grenzgleitkraft	$F_{s,Rd}$	6.5.8
Grenzkraft einer Kehlnaht	$F_{w,Rd}$	6.6.6
Grenzkraft einer Stumpfnaht	$F_{w,Rd}$	6.6.6
Grenzkraft einer Lochschweißung	$F_{w,Rd}$	6.6.7
Grenzmoment einer Träger-Stützen-Verbindung	M_{Rd}	6.9.3, 6.9.6.3
Rotationsvermögen	$\Phi_{C,Rd}$	6.9.5, 6.9.7.3
Gestaltfestigkeit von Hohlprofilanschlüssen (als Grenzkräfte)	$N_{i,Rd}$	6.10
4 Ermüdung		
Ermüdungsfestigkeit	$\Delta\sigma_R$	9.6

Tabelle 2.3 Klassifizierung von Verbindungen nach Eurocode 3

		Verbindung	Merkmale der Verbindung
Klassifizierung nach der Verformbarkeit	1	Gelenkige	- Die Verbindung ist so ausgebildet, dass keine größeren Momente entstehen, die für die Bauteile schädlich wären - Sie sollten die ihnen zugewiesenen Kräfte übertragen und die unterstellten Gelenkverdrehungen aufnehmen können
	2	Unverformbare	- Die Verbindung ist so auszubilden, dass ihre Deformation einen vernachlässigbaren Einfluss auf die Schnittgrößenverteilung und die Gesamtverformungen des Tragwerks hat - Die Deformationen dieser Verbindungen sollten die Tragfähigkeit eines Tragwerks nicht um mehr als 5% abmindern - Sie sollen die ihnen zugewiesenen Kräfte und Momente übertragen können
	3	Verformbare	- Eine Verbindung, die die Merkmale für gelenkige Verbindungen nach 1 und unverformbare Verbindungen nach 2 nicht erfüllt, ist als eine verformbare Verbindung einzustufen - Sie sollte aufgrund der Momenten-Rotations-Charakteristiken der Anschlüsse in einer Weise mit den verbundenen Bauteilen zusammenwirken, die vorausberechenbar ist - Sie sollten die ihnen zugewiesenen Kräfte und Momente übertragen können
Klassifizierung nach der Festigkeit	4	Gelenkige	- Eine gelenkige Verbindung muss die ihr zugewiesenen Kräfte übertragen können, ohne dass Momente entstehen, die für die Bauteile schädlich wären - Das Rotationsvermögen von gelenkigen Verbindungen sollte groß genug sein, damit sich im Grenzzustand der Tragfähigkeit alle notwendigen Fließgelenke bilden können
	5	Volltragfähige	- Der Grenzwiderstand einer Verbindung muss mindestens gleich dem des angeschlossenen Bauteils sein - Ist das Rotationsvermögen der Verbindungen begrenzt, sollten die Auswirkungen möglicher Überfestigkeiten berücksichtigt werden. Beträgt der Grenzwiderstand der Verbindung mindestens das 1,2 fache des plastischen Grenzwiderstandes des Bauteils, braucht das Rotationsvermögen der Verbindung nicht überprüft zu werden - Die Verformbarkeit der Verbindungen unter Bemessungslasten sollte so sein, dass die Verdrehungen in allen notwendigen Fließgelenken das Rotationsvermögen nicht überschreiten
	6	Teiltragfähige	- Der Grenzwiderstand dieser Verbindung darf kleiner sein als der des angeschlossenen Bauteils, muss jedoch so groß sein, dass die berechneten Schnittgrößen übertragen werden können - Das Rotationsvermögen einer Verbindung, in dem ein Fließgelenk entsteht, muss groß genug sein, damit sich unter Bemessungslasten alle anderen notwendigen Fließgelenke bilden können - Das Rotationsvermögen einer Verbindung darf durch Versuche nachgewiesen werden. Versuchsnachweise brauchen nicht geführt zu werden, wenn erprobte Ausführungen angewendet werden - Die Verformbarkeit einer Verbindung unter Bemessungslasten sollte so sein, dass an keinem der auftretenden Fließgelenke das Rotationsvermögen überschritten wird

Tabelle 2.4 Bemessungsannahmen nach Eurocode 3 [3]

Art der Tragwerke	Berechnungsverfahren	Verbindungsform nach Tabelle 2.4	EC 3 Abschnitt
Gelenktragwerke	Alle	- gelenkig - gelenkig	6.4.2.1 6.4.3.1
Biegesteife Durchlauf- und Rahmentragwerke	Elastisch	- gelenkig - unverformbar	6.4.2.1 6.4.2.2
	Fließgelenkverfahren n. Theorie 1. Ordnung	- gelenkig - volltragfähig	6.4.2.1 6.4.3.2
	Elastisch-plastische Berechnungsverfahren	- gelenkig - volltragfähig - unverformbar	6.4.3.1 6.4.2.2 6.4.3.2
Biegeweiche Durchlauf- und Rahmentragwerke	Elastisch	- gelenkig - unverformbar - verformbar	6.4.2.1 6.4.2.2 6.4.2.2
	Fließgelenkverfahren n. Theorie 1. Ordnung	- gelenkig - teiltragfähig - volltragfähig	6.4.3.1 6.4.3.3 6.4.3.2
	Elastisch-plastische Berechnungsverfahren	- gelenkig - teiltragfähig - verformbar - teiltragfähig - unverformbar - volltragfähig - verformbar - volltragfähig - unverformbar	6.4.2.1 6.4.3.3 6.4.2.3 6.4.3.3 6.4.2.2 6.4.2.2 6.4.2.3 6.4.2.2 6.4.3.2

Tabelle 2.5 Berechnungsverfahren für den Tragsicherheitsnachweis

Verfahren		Beanspruchungen S_d	Beanspruchbarkeit R_d	Erforderliche Querschnittsklasse
	Kürzel	Berechnung nach		
Elastisch-Elastisch	El - El	Elastizitätstheorie	Elastizitätstheorie	1, 2, 3, 4
Elastisch-Plastisch	El - Pl	Elastizitätstheorie	Plastizitätstheorie	1, 2
Plastisch-Plastisch	Pl - Pl	Plastizitätstheorie	Plastizitätstheorie	1

Tabelle 2.6 Begriffe von Modellen, Systemen und Verbindungen nach DASt-Ri 103, Tabelle B1

Bezeichnung: - deutsch/- *english*	Erläuterungen
1 Modellunterscheidung am Beispiel: Durchlaufträger	
- Gelenktragwerke - *Simple framing*	
- Biegeweiche Durchlauf- und Rahmentragwerke - *Semi-continuous framing*	
- Biegesteife Durchlauf- und Rahmentragwerke - *continuous framing*	
2 Systemunterscheidung	
- unverschieblich - *braced*	System seitenverschieblich gehalten durch Verband, Ortbetonkern u. ä
- verschieblich - *unbraced*	System nicht seitenverschieblich gehalten
- seitenweich - *sway*	Nach Berechnungstheorie 1. Ordnung, Überprüfung der Auswirkungen und Kontrolle: Wenn $V/V_{cr} > 0,1$ (seitenweich), Berechnung nach Theorie 2. Ordnung erforderlich
- seitensteif - *non-sway*	Wenn $V/V_{cr} \leq 0,1$ (seitensteif), Berechnung nach Theorie 2. Ordnung erforderlich
3 Verformbarkeit der Verbindungen (Kriterien bei elast. Schnittgrößenermittlung)	
- gelenkig - *pinned*	Beliebiger Verdrehungswinkel ohne Verdrehungswiderstand, Voraussetzung ausreichendes Rotationsvermögen.
- verformbar - *semi-rigid*	Erkennbarer Einfluss auf die Tragfähigkeit
- unverformbar - *rigid*	Kein erkennbarer Einfluss auf die Tragfähigkeit
4 Festigkeit der Verbindungen (Kriterien bei plast. Schnittgrößenermittlung 1. Ord.)	
- gelenkig - *pinned*	Das Grenzmoment der Verbindung ist kleiner als 25% des Grenzmomentes der angeschlossenen Bauteile
- teiltragfähig - *partial strength*	Festigkeit zwischen gelenkig und volltragfähig (Fließgelenk in der Verbindung)
- volltragfähig - *full strength*	Kein Fließgelenk in der Verbindung
Bei plast. Schnittgrößenermittlung 2. Ordnung erfolgt die Klassifizierung der Verbindungen nach 3 u. 4	

Tabelle 2.7 Nachweisverfahren zur Tragwerksberechnung nach DASt-Ri 103, Anhang D1

Ermittlung der Bemessungs-schnittgrößen S_d	Bestimmung der Beanspruch-barkeit der Querschnitte R_d	Querschnittsklasse gemäß DIN V ENV 1993-1-1 Tabelle 5.3.1
Elastische Tragwerksberechnung	Elastisch mit reduzierter wirksamer Breite infolge lokalen Beulens	Klasse 4
	Elastisch, volle Querschnittsmitwirkung bis zum Erreichen der Streckgrenze in der ungünstigsten Faser	Klasse 3
	Plastisch, im Gleichgewicht befindliche Spannungsblöcke in Höhe der Streckgrenze über den Querschnitt	Klasse 2
Plastische Tragwerksberechnung siehe Tabelle 2.8	Plastisch, im Gleichgewicht befindliche Spannungsblöcke in Höhe der Streckgrenze über den Querschnitt	Klasse 1

Tabelle 2.8 Verfahren zur plastischen Tragwerksberechnung nach DASt-Ri 103, Anhang D2

Einteilung	Verfahren: - deutsche Bezeichnung - *englische Bezeichnung*	Erläuterungen
Berechnung mit Starrkörpern	- Fließgelenkverfahren Theorie 1.Ordnung - *Rigid-plastic*	- Elastische Verformung der Bauteile für Gleichgewichtszustand ohne Bedeutung und darf daher vernachlässigt werden - Plastische Verformungen in plastische Gelenkpunkte konzentriert gedacht
Elastisch-plastische Berechnung	- Fließgelenkverfahren Theorie 2.Ordnung - *Elastic-perfectly plastic*	- Elastische Verformung der Bauteile für Gleichgewichtszustand von Bedeutung und darf daher nicht vernachlässigt werden - Plastische Verformungen in plastische Gelenkpunkte konzentriert gedacht
	- Fließzonenverfahren - *Elasto-plastic*	- Elastische Verformung der Bauteile für Gleichgewichtszustand von Bedeutung und darf daher nicht vernachlässigt werden - Plastische Verformungen in Fließzonen gedacht

Tabelle 2.9 Berechnungsverfahren für den Tragsicherheitsnachweis von Tragwerken nach der Theorie kleiner Verschiebungen [4]

	Verfahren	Charakteristik	Last- Verschiebungsdiagramm
1. Ordnung	Elastizitätstheorie 1. Ordnung	Gleichgewicht am unverformten System, Superposition gültig *Anwendung:* Statisch bestimmte bzw. unbestimmte Systeme ohne große N-Beanspruchung (N/Ncr < 0, 1) auch zum Gebrauchstauglichkeits- und Ermüdungsnachweis *Nachteile:* Unwirtschaftlich (keine Nutzung von plastischen Systemreserven)	
	Fließgelenktheorie 1. Ordnung	Gleichgewicht am unverformten System, Superpos. i.a. nicht mehr gültig (jedoch zwischen den einzelnen FG linear elast. Verhalten)Traglastsätze anwendbar *Anwendung:* Statisch unbestimmte Systeme unter vorwiegend ruhender Belastung ohne Stabilitätsgefährdung die aufgrund der Querschnittsklasse ausreichendes Verformungsvermögen aufweisen um Kräfteumlagerungen zu ermöglichen *Vorteile*: Ausnützung der Systemreserven- Systemfestigkeit bis zur Traglast	
2. Ordnung	Elastizitätstheorie 2. Ordnung	Gleichgewicht am verformten System, Superpos. i.a. nicht mehr möglich. *Anwendung:* Statisch bestimmte u. unbestimmte Systeme unter großer N-Beanspruchung *Vor-, Nachteile:* Unter Ansatz von zur 1. Knickform affinen Vorverformungen direkter Stabilitätsnachweis des Systems möglich (Spannungsnachweis mit Schnittgrößen n. Th. 2. Ord.), Kenntnis der 1. Eigenform bei komplizierten Systemen rechenaufwendig	
	Fließgelenktheorie 2. Ordnung	Gleichgewicht am verformten System, Superpos. nicht mehr möglich (zw. den einzelnen FG Berechnung nach E-Th. 2. Ord.) Traglastsätze unter alleiniger Berücksichtigung des Gleichgewichtes nicht anwendbar *Anwendung:* Stat. unbest. Systeme unter vorwiegend ruhender Belastung und großer N-Beanspruchung. *Vor-, Nachteile:* Ausnützung von plast. Reserven auch bei stabilitätsgefährdeten Systemen, hoher Rechenaufwand, notwendig theoretische Kenntnisse des Anwenders von Programmen	

2.3 Bemessungs- und Nachweisbedingungen

Für ein Tragwerk ist nachzuweisen, dass unter Berücksichtigung aller maßgebenden Bemessungssituationen und Lastfälle die maßgebenden Grenzzustände nicht überschritten werden.

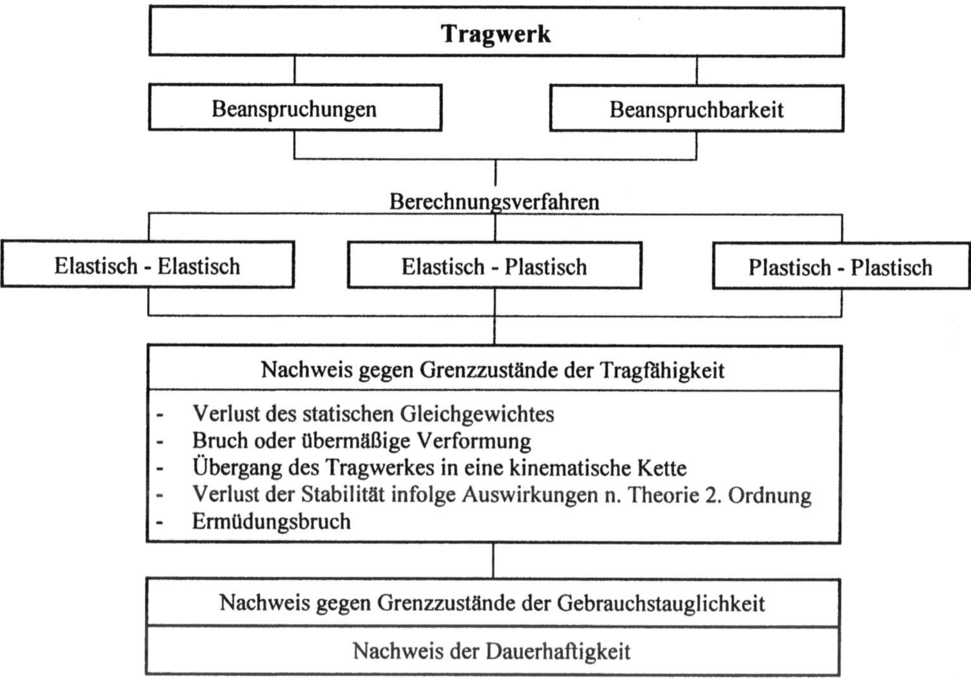

Bild 2-1 Allgemeiner Nachweis eines Tragwerkes

2.3.1 Nachweisbedingungen für Grenzzustände der Tragfähigkeit

Grenzzustand	Bedingung
- Statisches Gleichgewicht (Umstürzen, Gleiten)	$E_{d,dst} \leq E_{d,stb}$
- Bruch oder dem Bruch gleichgestellte Verformungen	$S_d \leq R_d$
- Entstehung einer kinematischen Kette	
- Ermüdungsbruch (siehe dazu Bild 2-4)	$D_{d...} \leq 1$ Siehe Abschnitt 2.10

$E_{d,dst}$ = destabilisierende Einwirkungen (ungünstig wirkende)

$E_{d,stb}$ = stabilisierende Einwirkungen (günstig wirkende)

S_d = Bemessungswert einer Schnittgröße, bzw. eines Vektors mehrerer Schnittgrößen

R_d = zugehöriger Bemessungswert der Beanspruchbarkeit

Bei der Untersuchung eines Grenzzustandes „Verlust der Stabilität infolge Auswirkungen nach Theorie 2. Ordnung" ist nachzuweisen, dass der Stabilitätsverlust nicht auftritt bevor die Bemessungswerte der Einwirkungen überschritten werden. Alle Tragwerkseigenschaften sind dabei mit ihren Bemessungswerten einzubeziehen.

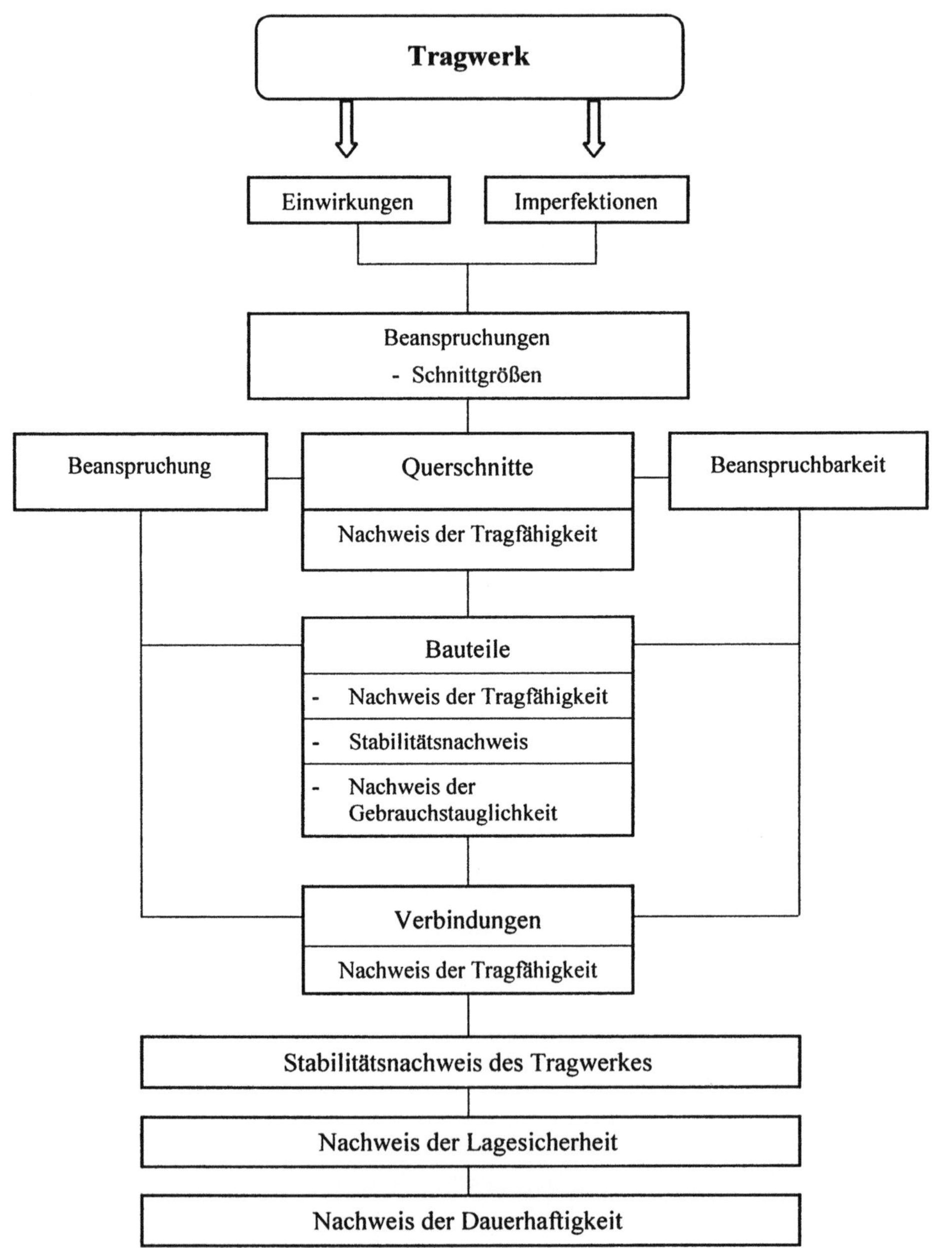

Bild 2-2 Bemessungs- und Nachweisschema eines Tragwerkes

2.3.2 Nachweisbedingungen für Querschnitte und Bauteile

Beim Querschnitts- und Bauteilnachweis dürfen die Einzelstäbe als aus dem Tragwerk herausgeschnitten betrachtet werden, wobei die Schnittgrößen an den Stabenden entsprechend den Ergebnissen der Tragwerksberechnung zu berücksichtigen sind. Die Art der Lagerung an den Stabenden muss den Annahmen für das Zusammenwirken mit den übrigen Teilen des Tragwerks in der statischen Berechnung (nach EC 3 Abschnitt 5.2.1 und 5.2.2) und für die Versagensart (nach EC 3, Abschnitt 5.2.6) entsprechen.

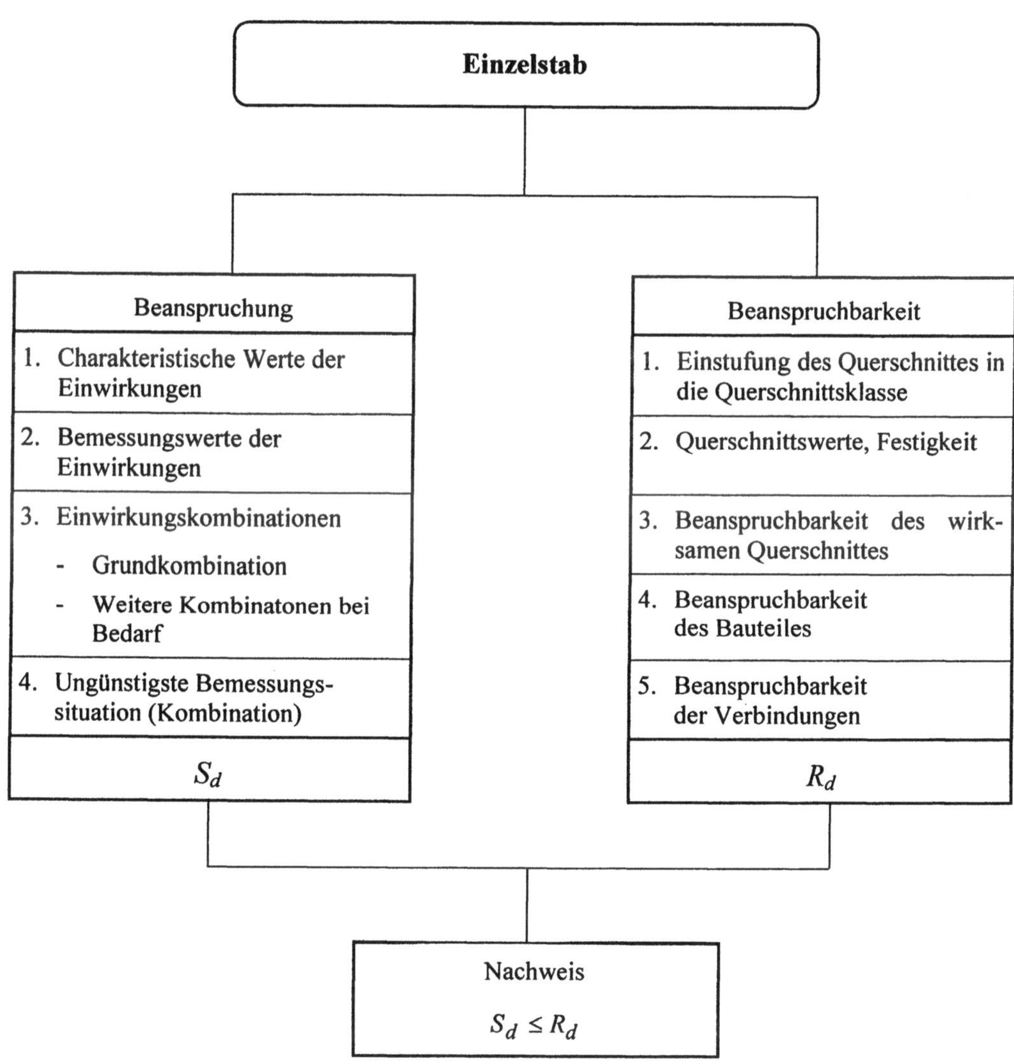

Bild 2-3 Bemessungs- und Nachweisschema eines Einzelstabes

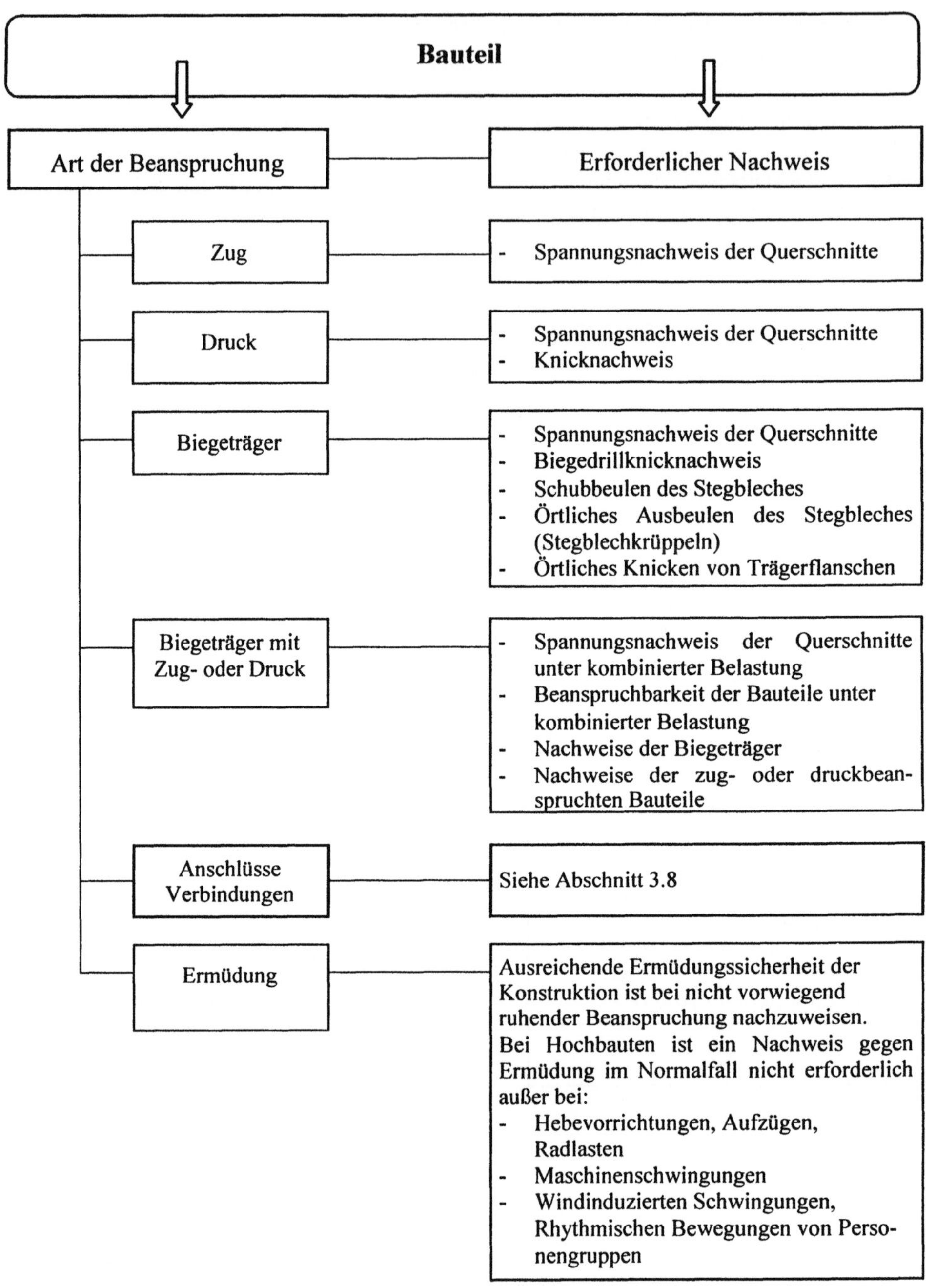

Bild 2-4 Nachweis- und Abgrenzungskriterien für Bauteile

Alle Nachweise sind mit Bemessungswerten der Beanspruchungen anhand von Kombinationen von Bemessungswerten der Einwirkungen zu führen.

2.3.3 Einwirkungskombinationen für Grenzzustände der Tragfähigkeit

- Für jeden Lastfall sind die Bemessungswerte E_d der Beanspruchungen anhand von Kombinationsregeln zu bestimmen.

  - Allgemein ist zu gewährleisten:

  $$E_d \leq C_d$$

  C_d = Bemessungswert der Beanspruchbarkeit für den Wert der Beanspruchung

- Bemessungssituationen sind so zu wählen, dass sie für Bauwerk, Bauteil, Querschnitt, Querschnittsfaser oder Verbindungselement die jeweils höchste Beanspruchung ergeben.

- Die Bemessungswerte der Einwirkungen sind nach Tabelle 2.10 anzunehmen, ausgenommen die Nachweise auf Ermüdung.

- Kombinationsbeiwerte ψ_0, ψ_1, ψ_2 nach Tabelle 2.11

- Bedeutung der Formelzeichen

  $G_{k,j}$ = charakteristische Werte der ständigen Einwirkungen

  $Q_{k,1}$ = charakteristischer Wert einer der veränderlichen Einwirkung

  $Q_{k,i}$ = charakteristische Werte der weiteren veränderlichen Einwirkungen

  A_d = Bemessungswert der außergewöhnlichen Einwirkung

  $\gamma_{G,i}$ = Teilsicherheitsbeiwerte für ständige Einwirkungen

  $\gamma_{QA,i}$ = Teilsicherheitsbeiwert für außergewöhnliche Bemessungssituationen

  $\gamma_{Q,i}$ = Teilsicherheitsbeiwerte für veränderliche Einwirkungen $Q_{k,i}$

  ψ_0, ψ_1, ψ_2 = Kombinationsbeiwerte nach Tabelle 2.12

- Ausführliche Regeln für die Bildung von Kombinationen von Einwirkungen sind enthalten in: DIN ENV 1991 Eurocode 1

Tabelle 2.10 Bemessungswerte der Einwirkungen bei der Kombination von Einwirkungen

Bemessungssituation	Einwirkungen			
	Ständige G_d	Veränderliche Q_d		Außergewöhnliche A_d
		führende [1]	begleitende	
Ständig und vorübergehend [2]	$\gamma_G \cdot G_k$	$\gamma_Q \cdot Q_k$	$\psi_0 \cdot \gamma_Q \cdot Q_k$	-
außergewöhnlich	$\gamma_{GA} \cdot G_k$	$\psi_1 \cdot Q_k$	$\psi_2 \cdot Q_k$	$\gamma_A \cdot A_k$

[1] Die führende veränderliche Einwirkung ist jene, die die größte Beanspruchung hervorruft.
[2] Nicht für Nachweise auf Ermüdung.

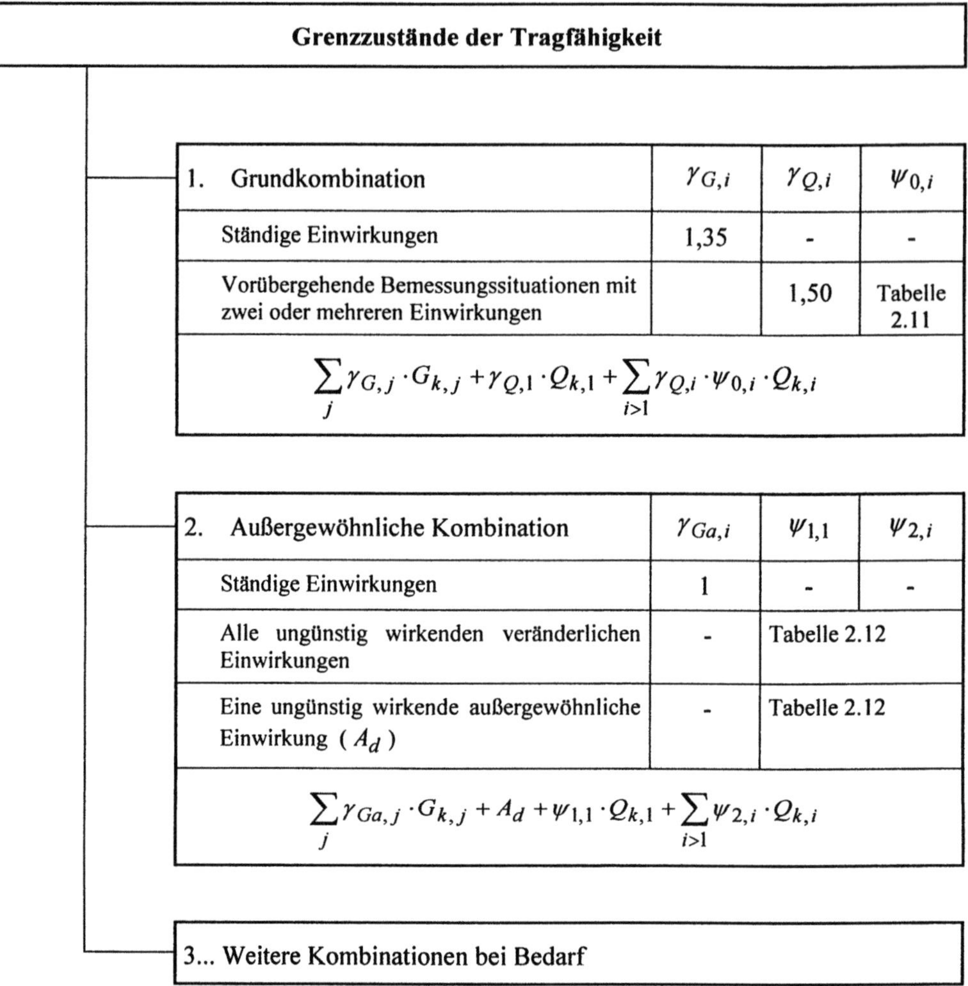

1. Grundkombination	$\gamma_{G,i}$	$\gamma_{Q,i}$	$\psi_{0,i}$
Ständige Einwirkungen	1,35	-	-
Vorübergehende Bemessungssituationen mit zwei oder mehreren Einwirkungen		1,50	Tabelle 2.11

$$\sum_j \gamma_{G,j} \cdot G_{k,j} + \gamma_{Q,1} \cdot Q_{k,1} + \sum_{i>1} \gamma_{Q,i} \cdot \psi_{0,i} \cdot Q_{k,i}$$

2. Außergewöhnliche Kombination	$\gamma_{Ga,i}$	$\psi_{1,1}$	$\psi_{2,i}$
Ständige Einwirkungen	1	-	-
Alle ungünstig wirkenden veränderlichen Einwirkungen	-	Tabelle 2.12	
Eine ungünstig wirkende außergewöhnliche Einwirkung (A_d)	-	Tabelle 2.12	

$$\sum_j \gamma_{Ga,j} \cdot G_{k,j} + A_d + \psi_{1,1} \cdot Q_{k,1} + \sum_{i>1} \psi_{2,i} \cdot Q_{k,i}$$

3... Weitere Kombinationen bei Bedarf

Bild 2-5 Bildung von Einwirkungskombinationen für Grenzzustände der Tragfähigkeit

Vereinfachung für Hochbauten

Die Gleichungen für Grundkombinationen dürfen wie folgt ersetzt werden:

Eine veränderliche Einwirkung	$\sum_j \gamma_{G,j} \cdot G_{k,j} + \gamma_{Q,1} \cdot Q_{k,1}$
Zwei oder mehr veränderliche Einwirkungen	$\sum_j \gamma_{G,j} \cdot G_{k,j} + 0,9 \cdot \sum_{i\geq 1} \gamma_{Q,i} \cdot Q_{k,i}$

Der jeweils ungünstigere Wert ist maßgebend.

Tabelle 2.11 Teilsicherheitsbeiwerte für Einwirkungen in Tragwerken für ständige und vorübergehende Bemessungssituationen bei Hochbauten

Einwirkung:	Einwirkungen nach ihrer zeitlichen Veränderlichkeit			
	Ständige	Veränderliche		Außergewöhnliche
		führende	begleitende	
	Beiwert			
günstig wirkend $\gamma_{F,inf}$	$\gamma_G = 1,0$			
ungünstig wirkend $\gamma_{F,sup}$	$\gamma_G = 1,35$	$\gamma_Q = 1,5$	$\gamma_Q = 1,5$	$\gamma_{GA} = 1,0$ [1]
	Eigenständige Einwirkungen aus günstigen und ungünstigen Anteilen einer ständigen Einwirkung			
günstig wirkend $\gamma_{F,inf}$	$\gamma_{G,inf} = 1,10$	Voraussetzung. Es treten für beide Teile keine ungünstigen Auswirkungen auf bei Ansatz: $\gamma_{G,inf} = 1,0$		
ungünstig wirkend $\gamma_{F,sup}$	$\gamma_{G,sup} = 1,35$			

[1] *Darf-Bestimmung, sofern nicht anders angegeben.*

Tabelle 2.12 Kombinationsbeiwerte ψ nach DASt-Ri 103, Tabelle R 1

Einwirkungen		Kombinationsbeiwert		
		ψ_0	ψ_1	ψ_2
Verkehrslasten auf Decken	- Wohnräume - Büroräume - Verkaufsräume bis 50 m² - Flure - Balkone - Räume in Krankenhäusern	0,7	0,5	0,3
	- Versammlungsräume - Garagen und Parkhäuser - Turnhallen, Tribünen - Flure in Lehrgebäuden - Büchereien, Archive	0,8	0,8	0,5
	- Austellungs- und Verkaufsräume - Geschäfts- und Warenhäuser	0,8	0,8	0,8
Windlasten		0,6	0,5	0
Schneelasten		0,7	0,2	0
Alle anderen Einwirkungen		0,8	0,7	0,5

2.3.4 Nachweisbedingungen für Grenzzustände der Gebrauchstauglichkeit

Es ist nachzuweisen, dass:

$$E_d \leq C_d \text{ oder } E_d \leq R_d$$

E_d = Bemessungswert der Beanspruchungen, der auf der Grundlage der Einwirkungskombinationen nach Bild 2-6 bestimmt wird

C_d = Für die Bemessung maßgebender Nennwert oder maßgebende Funktion bestimmter Werkstoffeigenschaften, die auch den Bemessungsschnittgrößen zugrunde liegen

R_d = Bemessungswert der Beanspruchbarkeit

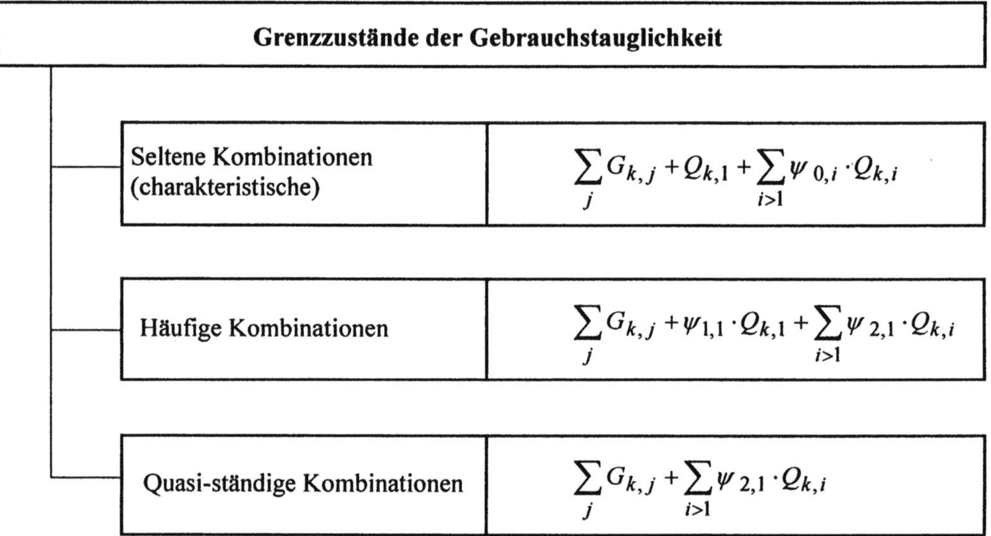

Bild 2-6 Einwirkungskombinationen für Grenzzustände der Gebrauchstauglichkeit

Vereinfachung für Hochbauten

Die Gleichungen für seltene und häufige Kombinationen dürfen wie folgt ersetzt werden:

Bei Berücksichtigung der ungünstigsten veränderlichen Einwirkung	$\sum_{j} G_{k,j} + Q_{k,1}$
Bei Berücksichtigung von zwei oder mehr ungünstig wirkenden veränderlichen Einwirkungen	$\sum_{j} G_{k,j} + 0{,}9 \cdot \sum_{i>1} Q_{k,i}$

Der jeweils ungünstigere Wert ist maßgebend.

2.4 Teilsicherheitsfaktoren für Festigkeiten

Tabelle 2.13 Teilsicherheitsfaktoren für Festigkeiten nach EC 3

Bezug		Teilsicherheitsfaktor
1. Bauteile und Querschnitte	Festigkeiten für: - Querschnitte der Klassen 1, 2, 3 - Querschnitte der Klasse 4 - Knicken und Beulen von Bauteilen - Nettoquerschnitte geschraubter Anschlüsse, Versagen auf Zug	$\gamma_{M0} = 1,1$ $\gamma_{M1} = 1,1$ $\gamma_{M1} = 1,1$ $\gamma_{M2} = 1,25$
2. Verbindungen unter vorwiegend ruhender Belastung	Beanspruchbarkeit von: - Schrauben - Nieten - Bolzen - Schweißnähten	$\gamma_{Mb} = 1,25$ $\gamma_{Mr} = 1,25$ $\gamma_{Mp} = 1,25$ $\gamma_{Mw} = 1,25$
2.1 Gleitfeste Verbindungen mit hochfesten vorgespannten Schrauben	Schraubenlöcher mit normalem Lochspiel und Langlöchern mit Kraftrichtung rechtwinklig zur Lochachse: - Tragfähigkeitsnachweis - Gebrauchstauglichkeisnachweis	$\gamma_{Ms,ult} = 1,25$ $\gamma_{Ms,ser} = 1,1$
	Verbindungen mit übergroßen Schrauben- oder Langlöchern mit Kraftrichtung in Langlochachse. (Kategorie C-Verbindungen) - Grenzgleitkraft	$\gamma_{Ms,ult} = 1,40$
2.2 Geschweißte Hohlprofil-Fachwerk-Verbindungen (informativ)	- Gestaltfestigkeit	$\gamma_{Mj} = 1,1$
Teilsicherheitsbeiwerte für die Ermüdungsfestigkeit siehe Tabelle 2.28		

2.5 Widerstand und Beanspruchbarkeit

Der Widerstand des Tragwerkes gegen die Lastkombinationen wird bestimmt durch:

1. Geometrische Größen; diese werden im Allgemeinen durch ihre Nennwerte beschrieben, es sind im einzelnen:

   - Systemabmessungen
   - Querschnittsabmessungen

2. Werkstoffeigenschaften; diese werden durch die charakteristischen Werte festgelegt. Es sind die:

   - Streckgrenze
   - Zugfestigkeit
   - E-Modul
   - Schubmodul
   - Querdehnungs- (Poisson-) Zahl

Nach EC 3 sind die Berechnungen mit den Werkstoffkennwerten nach Tabelle 2.14 und Tabelle 2.16 durchzuführen.

Die in diesem Abschnitt angegebenen Werkstoffeigenschaften sind Nennwerte, die als charakteristische Werte der Bemessung angenommen werden.

Weitere Werkstoffeigenschaften werden in den entsprechenden Bezugsnormen angegeben, die im normativen Anhang B definiert sind.

2.5.1 Baustähle

Tabelle 2.14 Nennwerte der Streckgrenze und Zugfestigkeit für Baustahl nach EN 10025, prEN 10113

Baustahl nach:	Bezeichnung nach:		Bauteildicke in mm			
			$t \leq 40$		$40 < t \leq 100$	
			f_y	f_u	f_y	f_u
	DIN EN 10025	EC 3	N/mm^2	N/mm^2	N/mm^2	N/mm^2
DIN EN 10025	S 235	Fe 360	235	360	215	340
	S 275	Fe 430	275	430	255	410
	S 355	Fe 510	355	510	335	490
prEN 10113	S 275 N(M)	Fe E 275	275	390	255	370
	S 355 N(M)	Fe E 355	355	490	335	470
63 mm für Bleche und Flachprodukte aus Stahl gemäß den Lieferbedingungen nach prEN 10113-3						

Tabelle 2.15 Auswahl der Stahlsorten nach DASt Richtlinie 103

	DIN V ENV 1993-1-1 (EC 3)	EN 10027 Teil 1 Bezeichnungen	EN 10027 Teil 2 Werkstoff-Nr	Früherer Kurzname in Deutschland
EN 10025	Fe 360 B	S 235 JR	1.0037	St3 7-2
	Fe 360 BFU	S 235 JR G1	1.0036	Ust 37-2
	Fe 360 BFN	S 235 JR G2	1.0038	RSt 37-2
	Fe 360 C	S 235 J0	1.0114	St 37-3U
	Fe 360 D1	S 235 J2 G3	1.0116	St 37-3N
	Fe 360 D2	S 235 J2 G4	1.0117	-
	Fe 430 B	S 275 JR	1.0044	St 44 -2
	Fe 430 C	S 275 J0	1.0143	St 44 -3U
	Fe 430 D1	S 275 J2 G3	1.0144	St 44 - 3N
	Fe 430 D2	S 275 J2 G4	1.0145	-
	Fe 510 B	S 355 JR	1.0045	St 52 - 3U
	Fe 510 C	S 355 J0	1.0553	St 52 - 3N
	Fe 510 D1	S 355 J2 G3	1.0570	–
	Fe 510 D2	S 355 J2 G4	1.0577	–
	Fe 510 DD1	S 355 K1 G3	1.0595	–
	Fe 510 DD2	S 355 K2 G4	1.0596	–
prEN 10113	Fe E 275 KG	S 275 M	1.8818	-
		S 275 N	1.0490	StE 285
	Fe E 275 KT	S 275 ML	1.8819	-
		S 275 NL	1.0491	TStE 285
	Fe E 275 KG	S 355 M	1.8823	BStE 355 TM
		S 355 N	1.0545	StE 335
	Fe E 275 KT	S 355 ML	1.8834	TBStE 355 TM
		S 355 NL	1.0546	TStE 355

Tabelle 2.16 Werkstoffkennwerte für Stahl

Elastizitätsmodul	E	210 000	N/mm²
Schubmodul	G	81 000	N/mm²
Poissonsche Zahl	ν	0,3	
Temperaturdehnzahl	α	$12 \cdot 10^{-6}$	K^{-1}
Dichte	ρ	7850	Kg/m³

Tabelle 2.17 Maximale Dicke statisch belasteter Bauteilelemente

Stahlsorte nach		Betriebsbedingungen					
		S1	S2	S1	S2	S1	S2
		Maximale Dicke [mm] für die niedrigste Betriebstemperatur von:					
EC 3	DIN EN 10025	0° C		-10° C		-20° C	
Fe 360 B	S 235 JR	150	41	108	30	74	22
Fe 360 C	S 235 J0	250	110	250	75	187	53
Fe 360 D	S 235 J2	250	250	250	212	250	150
Fe 430 B	S 275 JR	90	26	63	19	45	14
Fe 430 C	S 275 J0	250	63	150	45	123	33
Fe 430 D	S 275 J2	250	150	150	127	250	84
Fe 510 B	S 355 JR	40	12	29	9	21	6
Fe 510 C	S 355 J0	106	29	73	21	52	16
Fe 510 D	S 355 J2	250	73	177	52	150	38
Fe 510 DD	S 355 K2	250	128	250	85	250	59

Anmerkungen:
1. Betriebsbedingungen:
   - S1 Nichtgeschweißt oder im Druckbereich
   - S2 Geschweißt, im Zugbereich

   Für beide Fälle ist die Belastungsgeschwindigkeit R1 und die Schadensfolge C2 gemäß informativer Anhang C nach ENV 1993-1-1 1992 zugrunde gelegt.
2. Für warmgewalzte Profile mit $t > 100$ mm ist die Mindestkerbschlagarbeit nach DIN EN 10025 zu vereinbaren. Mindestwerte: 27 J für $t \le 150$ mm und 23 J für $150 < t \le 250$ mm
3. Für die Stahlgüte Fe 510 DD (S 355 K2) beträgt die Mindestkerbschlagarbeit 40 J bei -20° C. Ein entsprechender Vergleichswert von 27 J bei -30° C wird vorausgesetzt.

Tabelle 2.18 Charakteristische Werte zur Berechnung des Grenzdruckes nach Hertz in Stahllagern mit nicht mehr als 2 Rollen

Werkstoff		$\sigma_{H,k}$ N/mm^2
Fe 360	S 235	800
FE 510	S 355	1000

2.5.2 Verbindungsmittel

Tabelle 2.19 Nennwerte der Streckgrenze und der Zugfestigkeit für Schrauben nach EC 3, Tabelle 3.3

Festigkeitsklasse der Schraube	4.6	4.8	5.6	5.8	6.8	8.8	10.9
$f_{y,b}$ [N/mm²]	240	320	300	400	480	640	900
$f_{u,b}$ [N/mm²]	400	400	500	500	600	800	1000

2.5.3 Bescheinigungen

Für alle verwendeten Werkstoffe sind Übereinstimmungsnachweise nach der gültigen Bauregelliste A, siehe [10] und Zeugnisse nach EN 10204 vorzulegen.

Für Blech und Breitflachstahl in geschweißten Bauteilen mit Dicken über 30 mm, die im Bereich der Schweißnaht auf Zug beansprucht werden, muss ein Aufschweißbiegeversuch nach SEP 1390 durchgeführt und durch ein Abnahmeprüfzeugnis belegt sein.

Tabelle 2.20 Zeugnisse nach EN 10204

Norm Bez.	Bescheinigung	Art der Prüfung	Inhalt der Bescheinigung	Lieferbedingungen	Bestätigung der Bescheinigung durch
2.1	Werksbescheinigung	Nicht spezifisch	Keine Prüfergebnisse	Nach den Lieferbedingungen der Bestellung oder, falls verlangt, nach amtlichen Vorschriften	Den Hersteller
2.2	Werkszeugnis		Prüfergebnisse auf Grundlage nichtspezifischer Prüfung		
2.3	Werksprüfzeugnis	Spezifisch	Prüfergebnisse auf der Grundlage spezifischer Prüfung	Nach amtlichen Vorschriften und den zugehörigen technischen Regeln	Den in den amtlichen Vorschriften genannten Sachverständigen
3.1A	Abnahmeprüfzeugnis 3.1A				
3.1B	Abnahmeprüfzeugnis 3.1B			Nach den Lieferbedingungen der Bestellung oder, falls verlangt, nach amtlichen Vorschriften	Den vom Hersteller beauftragten, von der Fertigungsabteilung unabhängigen Sachverständigen
3.1C	Abnahmeprüfzeugnis 3.1C			Nach den Lieferbedingungen der Bestellung	Den vom Besteller beauftragten Sachverständigen
3.2	Abnahmeprüfprotokoll 3.2				Den vom Hersteller u. Besteller beauftragten Sachverständigen

2.5.4 Übereinstimmungszeichen

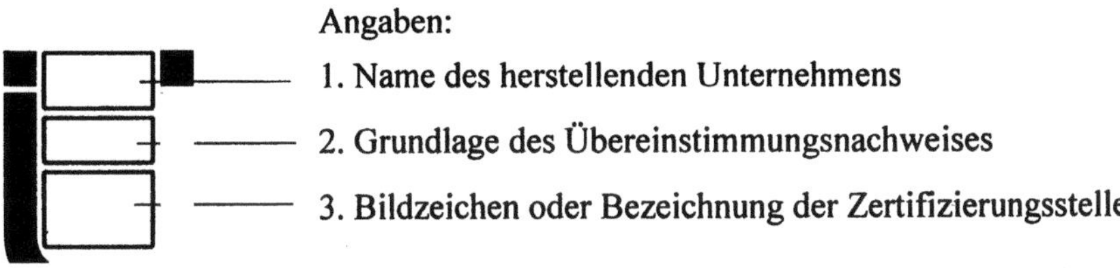

Bild 2-7 Ü-Zeichen [10]

2.6 Grenzzustände der Gebrauchstauglichkeit

2.6.1 Typische Grenzzustände

Grenzzustand	Auswirkungen
1. Verformungen oder Durchbiegungen	Beeinträchtigt wird: - Das Erscheinungsbild - Die vorgesehene Nutzung des Tragwerkes - Das ordnungsgemäße Funktionieren von Maschinen und Versorgungseinrichtungen
2. Vibrationen, Schwingungen und Schwankungen	Hervorgerufen werden: - Unbehagen bei den Nutzern des Gebäudes - Schäden an den Einrichtungen
3. Verformungen, Durchbiegungen, Vibrationen, Schwingungen oder Schwankungen	Schäden wie z.B. - Am Endausbau - An mittragenden Elementen - Rißbildungen an den Einrichtungen

Anforderungen

Verformungen, Durchbiegungen und Schwingungen müssen begrenzt werden, um die Grenzzustände nicht zu überschreiten.

Die in den nachfolgenden Tabelle angegebenen Grenzwerte sind einzuhalten, sofern nicht zwischen Bauherrn, Entwurfsingenieur und zuständiger Behörde entsprechende Grenzwerte vereinbart werden.

2.6.2 Verformungen

Stahltragwerke und ihre Bauteile müssen so ausgelegt sein, dass die Verformungen die zwischen Bauherrn, Entwurfsingenieur und zuständiger Behörde vereinbarten Grenzwerte nicht überschreiten. Sie müssen der vorgesehenen Nutzung des Gebäudes und der Art der verwendeten Werkstoffe genügen.

In Einzelfällen können höhere (oder ausnahmsweise geringere) Grenzwerte erforderlich sein, um die Gebäudenutzung, die Anforderungen für die Verkleidung oder den ordnungsgemäßen Betrieb von Aufzügen usw. zu gewährleisten.

Bei der Berechnung der Verformungen sollten folgende Einflüsse berücksichtigt werden:
- Auswirkungen aus Theorie 2. Ordnung
- Rotationssteifigkeiten von allen verformbaren Verbindungen
- Mögliche plastische Verformungen im Grenzzustand der Gebrauchstauglichkeit.

Die Bemessungswerte für seltene Kombinationen sollten in Verbindung mit den Grenzwerten nach Tabelle 2.22 angewendet werden.

Die Grenzwerte für lotrechte Verformungen in Tabelle 2.22 sind am Beispiel eines Einfeldträgers dargestellt, siehe Tabelle 2.21.

Tabelle 2.21   Lotrechte Verformungen eines Trägers

		Zustand	
δ_0	0	Vorkrümmung im unbelasteten Zustand	
δ_1	1	Änderung der Verformung unter ständiger Last unmittelbar nach Aufbringung der Last	
δ_2	2	Änderung der Verformung unter veränderlichen Lasten einschließlich aller zeitabhängigen Verformungen unter ständiger Last	
$\delta_{max} = \delta_1 + \delta_2 - \delta_0$			Endzustand bezogen auf die Stabachse

Tabelle 2.22   Empfohlene Grenzwerte für lotrechte Verformungen

Lotrechte Verformungen	Grenzen	
	δ_{max}	δ_2
Dächer generell	$l/200$	$l/250$
Dächer mit häufiger Begehung	$l/250$	$l/300$
Decken allgemein	$l/250$	$l/300$
Decken und Dächer mit Putz, spröden Deckschichten oder anderen nicht flexiblen Teilen	$l/250$	$l/350$
Decken, die Stützen tragen	$l/400$	$l/500$
Das Aussehen des Gebäudes wird beeinträchtigt	$l/250$	-
Waagerechte Auslenkungen am oberen Stützenende		
Portalrahmen ohne Krangerüst	$h/150$	
Andere eingeschossige Gebäude	$h/300$	
Mehrgeschossige Gebäude: in jedem Stockwerk	$h/300$	
im gesamten Tragwerk	$h/500$	

Entwässerung

Der ordnungsgemäße Abfluss von Regenwasser ist für Dächer mit einer Neigung unter 5 % nachzuweisen. Regenwasser darf sich nicht in Lachen sammeln. Mögliche Ausführungsungenauigkeiten, Fundamentsetzungen, Verformungen von tragenden Bauteilen und die Auswirkung von Vorkrümmungen sind zu berücksichtigen. Das gleiche gilt für Decken von Parkhäusern und anderen offenen Tragwerken.

Bei Dachneigungen unter 3% ist nachzuweisen, dass kein Versagen auftreten kann:

- durch Ansammlung von Wasser in Lachen
- durch Schnee gestaut (Schneesäcke)

2.6.3 Dynamische Auswirkungen

Im Entwurf müssen möglichst zutreffende Annahmen für die Einwirkungen von Nutzlasten getroffen werden, die durch Anprallkräfte, Schwingungen usw. hervorgerufen werden können.

Durch Schwingungen von Maschinen und periodische Schwingungen aus harmonischer Resonanz hervorgerufene dynamische Auswirkungen sind zu berücksichtigen.

Die Eigenfrequenzen von Tragwerken oder Tragwerksteilen müssen sich zur Vermeidung von Resonanz, ausreichend von denen der Erregerquelle unterscheiden.

Tragwerke für öffentliche Bauten

- Schwingungen und Vibrationen von Tragwerken für öffentliche Bauten müssen so begrenzt sein, dass ein spürbares Unbehagen der Nutzer ausgeschlossen wird. Bei Bedarf ist der Nachweis mit einer Schwingungsberechnung zu erbringen.

- Für Decken, die regelmäßig von Menschen begangen werden, sind die Grenzwerte der untersten Eigenfrequenz nach Tabelle 2.23 einzuhalten. Diese Bedingung gilt bei gleichzeitig eingehaltener Gesamtverformung, $\delta_1 + \delta_2$ berechnet nach Tabelle 2.21, unter Verwendung der häufigsten Kombination.

Tabelle 2.23 Grenzwerte der untersten Eigenfrequenz für begangene Decken

Bezug	Gesamtverformung (eingehalten)	Unterste Eigenfrequenz
Decken, die regelmäßig von Menschen begangen werden, wie z.B. Decken von: - Wohnungen - Büros - ähnlichen	$\delta_1 + \delta_2 \leq 28$ mm	$f > 3$ Hz
Decken, auf denen rhythmisch gesprungen oder getanzt wird, wie z.B. - Decken von Turnhallen - Decken von Tanzsälen	$\delta_1 + \delta_2 \leq 10$ mm	$f > 5$ Hz

Die Grenzwerte dürfen bei Nachweis hoher Dämpfungswerte überschritten werden.

Wind-angeregte periodische Schwingungen

Bei außergewöhnlich nachgiebigen Tragwerken, wie z.B. schlanken Hochhäusern oder sehr großen Dächern, sowie außergewöhnlich nachgiebigen Bauteilen, wie z.B. leichte zugbeanspruchte Bauteile, müssen dynamische Windlasten quer und längs der Windrichtung untersucht werden.

Im Einzelnen sind die Tragwerke zu untersuchen auf:

- böenerregte Schwingungen
- wirbelresonanzerregte Schwingungen.

Siehe dazu DIN 1055-4 Lastannahmen für Bauten: Verkehrslasten, Windlasten, bzw. ENV 1991 Eurocode 1.

2.7 Grenzzustände der Tragfähigkeit

2.7.1 Statische Systeme

Tragwerk	Charakteristik
Einfache Bauteile	Einfeldträger und einzelne zug- oder druckbeanspruchte Bauteile sind im Allgemeinen statisch bestimmt. Die Schnittgrößen von statisch bestimmten Tragwerken sind aus den Gleichgewichtsbedingungen zu ermitteln.
Durchlaufträger und seitensteife Rahmentragwerke	Die seitlichen Verformungen sind vernachlässigbar oder werden durch geeignete Vorkehrungen verhindert. Die Berechnungen sind für solche Lastfälle durchzuführen, die zu den für den Nachweis der Bauteile und Verbindungen maßgebenden Schnittgrößenkombinationen führen.
Seitenweiche Rahmentragwerke	Sind für Kombinationen der veränderlichen Lasten zu berechnen, die für das Versagen durch seitliches Ausweichen maßgebend sind. Nachweis wie seitensteife Rahmentragwerke.
Teilsysteme	Für die statische Berechnung darf ein statisches System in Teilsysteme aufgeteilt werden, wenn: - das Zusammenwirken der Teilsysteme im statischen Modell zutreffend erfasst wird, - die Anordnung der Teilsysteme dem Gesamtsystem entspricht, - mögliche ungünstige Auswirkungen beim Zusammenwirken mehrerer Teilsysteme berücksichtigt werden.
Gelenktragwerke	- Die Übertragung von Biegemomenten in der Verbindung darf vernachlässigt werden - Verbindungen, Bedingung $M_{Rd} = 0$
Steifigkeit der Fundamente	Bei eingespannten Stützen ist die Verformbarkeit der Fundamente durch Steifigkeitsannahmen bei der Berechnung zu berücksichtigen, ausgenommen bei Anwendung des Fließverfahrens nach Theorie 1. Ordnung. Bei Bolzen- oder Kipplagerung muss die Verdrehsteifigkeit mit Null angesetzt werden.

Bei der Berechnung aller Tragwerke sind die Auswirkungen von Anfangsschiefstellungen zu berücksichtigen.

2.7.2 Imperfektionen

Die Auswirkungen von Imperfektionen einschließlich Eigenspannungen und geometrischer Imperfektionen sind immer durch geeignete Berechnungsansätze zu berücksichtigen.

Imperfektionen sind z.B.

- Schiefstellungen
- Krümmungen
- Passungenauigkeiten
- kleinere Anschlussexzentrizitäten

Zur Abdeckung sämtlicher Arten von Imperfektionen dürfen geeignete wirkungsäquivalente geometrische Imperfektionen angesetzt werden.

Imperfektionen müssen berücksichtigt werden bei:

- der Tragwerksberechnung,
- der Berechnung von aussteifenden Systemen,
- den Bauteilnachweisen.

In der statischen Berechnung sind Imperfektionen durch entsprechende additive Größen zu berücksichtigen, im einzelnen sind es die:

- Tragwerksimperfektionen
- Bauteilimperfektionen
- Imperfektionen für die Berechnung aussteifender Systeme.

Die Auswirkungen von Tragwerksimperfektionen sind bei der Berechnung des Gesamtsystems zu erfassen.

Die Auswirkungen der Imperfektionen von aussteifenden Systemen sind auch bei der Berechnung dieser Systeme zu berücksichtigen.

Alle aus den Imperfektionen resultierenden Schnittgrößen sind für die Bemessung der einzelnen Bauteile zu verwenden.

Auswirkungen von Bauteilimperfektionen dürfen bei der Tragwerksberechnung außer acht gelassen werden, außer bei seitenweichen Tragwerken mit druckbeanspruchten Bauteilen und momentenübertragenden Verbindungen, wenn der bezogene Schlankheitsgrad des druckbeanspruchten Bauteiles folgende Bedingung erfüllt:

$$\bar{\lambda} > 0{,}5 \cdot \sqrt{\frac{A \cdot f_y}{N_{Sd}}}$$

Mit:

N_{Sd} = Bemessungsdruckkraft

$\bar{\lambda}$ = bezogener Schlankheitsgrad des druckbeanspruchten Bauteils in der Tragwerksebene berechnet mit einer Knicklänge = Systemlänge.

2.7.3 Tragwerksimperfektionen

Die Auswirkungen der Tragwerksimperfektionen sind bei der Berechnung des Gesamtsystems, zu erfassen durch Ansatz von:

1. äquivalenten geometrischen Imperfektionen in Form von Anfangsschiefstellungen oder

2. äquivalenten Horizontalkräften nach Bild 2-8.

Imperfektionen in Form von Anfangsschiefstellungen

Anfangsschiefstellung	$\phi = k_c \cdot k_s \cdot \phi_0$ mit: $\phi_0 = 1/200$
- Faktor: Stützen in der Tragwerksebene	$k_c = \sqrt{0{,}5 + \dfrac{1}{nc}} \le 1{,}0$ n_c = Anzahl der Stützen, die durch alle Geschosse gehen und die folgende Bedingung erfüllen: $N_{Sd} \ge 0{,}50 \cdot N$ N = mittlere Druckkraft pro Stütze
- Faktor: Anzahl der Geschosse	$k_s = \sqrt{0{,}2 + \dfrac{1}{n_s}} \le 1{,}0$ n_s = Anzahl der Geschosse, wobei nur die Decken- oder Dachträger berücksichtigt werden, die mit allen zu n_c gerechneten Stützen verbunden sind

Anwendung und Ansätze

Anfangsschiefstellungen wirken in allen Grundrissrichtungen, brauchen aber gleichzeitig jeweils nur in einer Richtung wirkend berücksichtigt zu werden.

Mögliche Torsionsauswirkungen, die von unsymmetrischen Schiefstellungen in verschiedenen Ebenen ausgehen können, sind zu beachten.

Anstelle von Anfangsschiefstellungen dürfen auch äquivalente Horizontalkräfte angesetzt werden, siehe Bild 2-8.

Bei Stockwerksrahmen sollten die äquivalenten Horizontalkräfte in jeder Dach- und Deckenträgerhöhe angesetzt werden, sie sollten proportional zu den Vertikallasten in der jeweiligen Höhe sein.

Die Horizontalreaktionen an jedem Stützenfuß sollten mit den Anfangsschiefstellungen und nicht mit den äquivalenten Horizontalkräften bestimmt werden. Treten keine wirklichen Horizontalkräfte auf dann ist die resultierende Horizontalreaktion = Null.

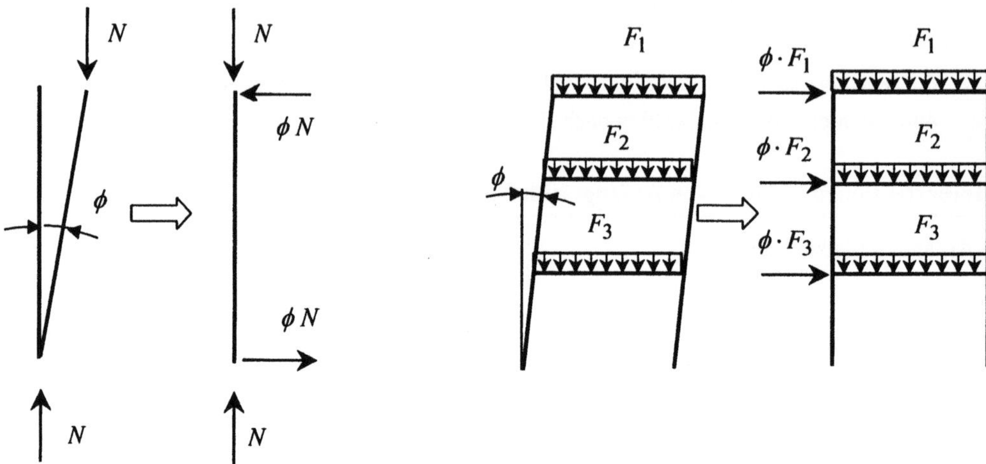

Bild 2-8 Ersatz der Anfangsschiefstellungen durch äquivalente Horizontalkräfte

Imperfektionen für die Berechnung aussteifender Systeme

Auswirkungen von Imperfektionen bei aussteifenden Systemen, die ein seitliches Ausweichen von Trägern oder druckbeanspruchten Bauteilen vermindern sollen, sind durch geometrische Anfangskrümmungen der abgestützten Bauteile zu berücksichtigen, und zwar durch einen Bogenstich.

Bogenstich aus Anfangskrümmung	$e_0 = \dfrac{k_r \cdot L}{500}$ $k_r = \sqrt{0,2 + \dfrac{1}{n_r}} < 1,0$ $L =$ Spannweite des aussteifenden Systems $n_r =$ Anzahl der am Ausweichen gehinderten Bauteile
Normalkraft Für die Abstützung des Druckgurtes eines Biegeträgers	$N = \dfrac{M}{h}$ $M =$ Maximalmoment des Trägers $h =$ Bauhöhe des Trägers

Die Anfangskrümmung der abgestützten Bauteile darf durch eine wirkungsäquivalente stabilisierende Kraft N nach Bild 2-9 ersetzt werden. Diese Last wird als konstant wirkend auf der sicheren Seite liegend, über die Spannweite L angenommen.

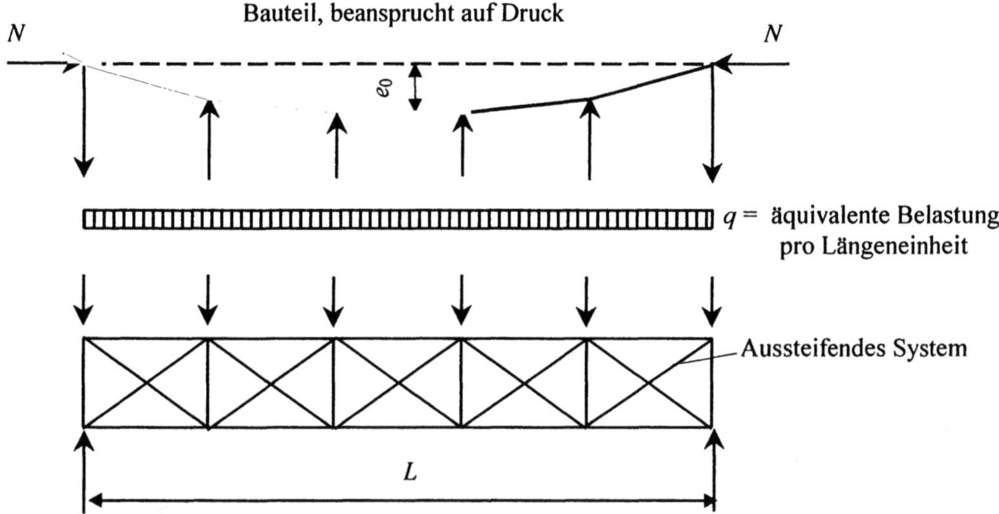

Bild 2-9 Äquivalente Stabilisierungskräfte

Äquivalente Stabilisierungskräfte

Aussteifende Systeme	Verformung in der Ebene des austeifenden Systems	
	$\delta_q \leq \dfrac{L}{2500}$	$\delta_q > \dfrac{L}{2500}$
	Äquivalente Belastung	
- Systeme, die nur ein druck-beanspruchtes Bauteil abstützen	$q = \dfrac{N}{50 \cdot L}$	$q = \dfrac{N}{60 \cdot L} \cdot (1 + \alpha)$ mit: $\alpha = \dfrac{500 \cdot \delta_q}{L} \geq 0{,}2$
- Systeme, die mehrere druck-beanspruchte Bauteile abstützen	$q = \dfrac{\sum N}{60 \cdot L} \cdot (k_r + 0{,}2)$	$q = \dfrac{\sum N}{60 \cdot L} \cdot (k_r + \alpha)$

An Stellen, an denen druckbeanspruchte Bauteile nicht kontinuierlich durchlaufen, ist an den aussteifenden Systemen eine zusätzliche örtliche Kraft anzusetzen, siehe Bild 2-10.

Bei dem Nachweis für diese örtliche Kraft sind auch weitere horizontale Lasten auf das aussteifende System zu berücksichtigen, außer den Kräften, die aus einem Bogenstichansatz resultieren.

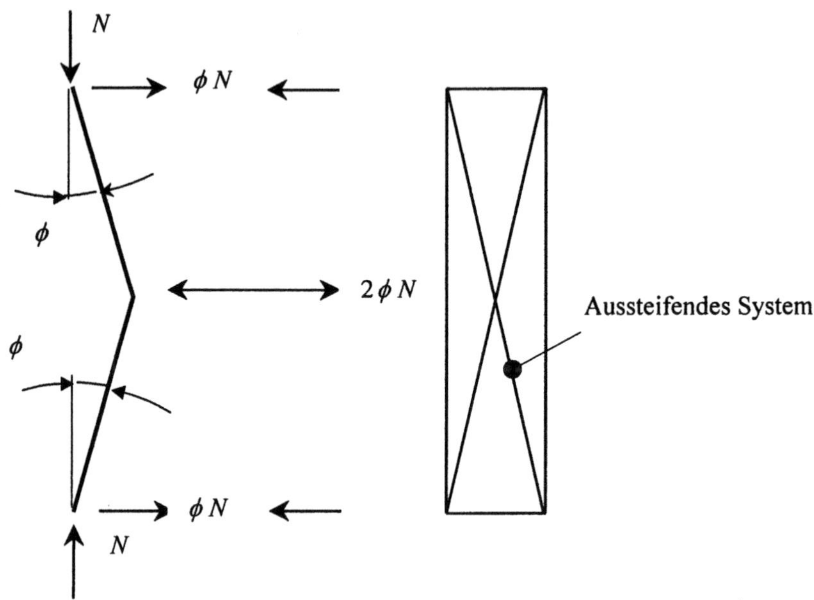

Bild 2-10 Äquivalente Stabilisierungskräfte bei nicht durchlaufenden druckbeanspruchten Bauteilen

Zusätzliche örtliche Kraft	$2 \cdot \phi \cdot N = k_r \cdot \dfrac{N}{100}$
	$\phi = k_r \cdot \phi_0$ $\phi_0 = \dfrac{1}{200}$

2.7.4 Bauteilimperfektionen

Bei Anwendung der Stabilitätsnachweise gemäß EC 3 sind die Auswirkungen der Imperfektionen für Bauteile im Allgemeinen bereits berücksichtigt.

Alternativ darf der Nachweis für ein druckbeanspruchtes Bauteil auch nach Theorie 2. Ordnung mit Ansatz der Anfangskrümmungen des Bauteils gemäß ENV 1993-1-1:1992 Abschnitt 5.5.1.3 erbracht werden.

Wenn die Berücksichtigung von Bauteilimperfektionen bei der Tragwerksberechnung notwendig ist, ist diese Tragwerksberechnung nach Theorie 2. Ordnung mit Anfangskrümmungen nach ENV 1993-1-1:1992 Abschnitt 5.5.1.3 durchzuführen.

2.7.5 Stabilität gegen seitliches Ausweichen

Um seitliche Verschiebungen zu begrenzen müssen alle Tragwerke eine ausreichende Steifigkeit aufweisen. Dieses kann erreicht werden durch die:

1. Seitensteifigkeit von Tragwerken, die Steifigkeit kann dabei ergänzt werden durch:
   - Fachwerkwirkung
   - die Steifigkeit der Verbindungen
   - Einspannung der Stützen

2. Seitensteifigkeit aussteifender Systeme wie z.B.
   - Fachwerktragwerke
   - Tragwerke mit unverformbaren Verbindungen
   - Schubwände, Kernbauwerke oder ähnliches

Bei der Anwendung von verformbaren Verbindungen muss nachgewiesen werden, dass die verfügbare Rotationssteifigkeit die Anforderungen zur Verhinderung des Stabilitätsversagens infolge seitlichen Ausweichens erfüllt.

Seitensteife Tragwerke

Ein Tragwerk darf als seitensteif eingestuft werden, wenn die Verschiebungen infolge von Horizontalkräften so klein sind, dass die zusätzlichen Schnittgrößen infolge der horizontalen Knotenverschiebungen vernachlässigt werden können.

Für den vorgegebenen Lastfall muss folgende Bedingung erfüllt sein:

$$\frac{V_{Sd}}{V_{cr}} \leq 0{,}1$$

V_{Sd} = Bemessungswert der gesamten Vertikallast

V_{cr} = elastische Knicklast bei seitlichem Ausweichen

Stockwerksrahmen in Gebäuden mit regelmäßigen Anschlüssen von Trägern und Stützen, siehe Bild 2-11, dürfen für den gegebenen Lastfall als seitensteif betrachtet werden, wenn bei Anwendung der Theorie 1. Ordnung folgendes Kriterium eingehalten wird. Die Horizontalverschiebungen δ in jedem Stockwerk infolge der horizontalen und vertikalen Bemessungslasten einschließlich der äquivalenten Horizontalkräfte aus der Anfangsschiefstellung nach Bild 2-8, erfüllen folgende Bedingung:

$$\left(\frac{\delta}{h}\right) \cdot \left(\frac{V}{H}\right) \leq 0{,}1$$

δ = Horizontalverschiebung an der Stockwerksoberkante gegenüber der Stockwerksunterkante

h = Stockwerkshöhe

H = Gesamthorizontalkraft in Höhe der Stockwerksunterkante

V = Gesamtvertikalkraft in Höhe der Stockwerksunterkante

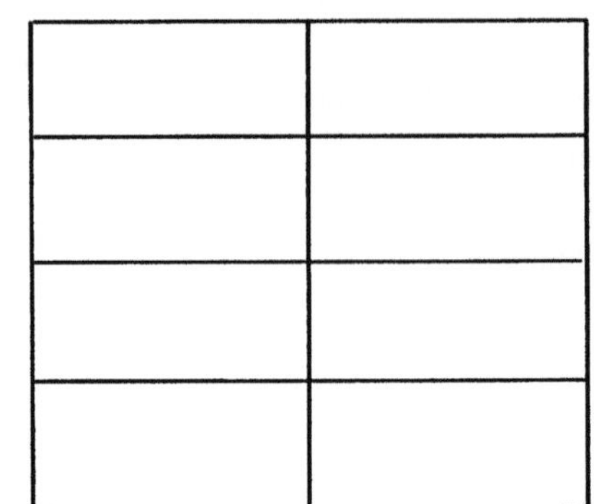

Bild 2-11 Stockwerkrahmen mit Trägeranschlüssen an jeder Stütze in jeder Stockwerkebene

Seitenweiche Tragwerke

Alle Tragwerke welche die Kriterien für seitensteife Tragwerke nicht erfüllen, sind als seitenweich einzustufen. Die Stabilitätsanforderungen nach 2.7.6 sind dabei zu berücksichtigen.

Unverschiebliche Tragwerke

Tragwerke bei denen in der Ebene der horizontal angreifenden Lasten ein System mit ausreichender Steifigkeit alle Horizontalkräfte abträgt.

Ein Stahlrahmentragwerk darf als unverschieblich angenommen werden, wenn seine Seitenverschiebung durch das aussteifende System um mindestens 80% reduziert wird.

Ein unverschiebliches Tragwerk darf als seitlich starr gestützt berechnet werden.

Bei der Berechnung des aussteifenden Systems sind Anfangsschiefstellungen des unverschieblichen Tragwerks zu berücksichtigen.

Angenommen werden darf, dass die Anfangsschiefstellungen oder die äquivalenten Horizontallasten zuzüglich aller äußeren Horizontallasten auf das unverschiebliche Tragwerk alleine von dem aussteifenden System abgetragen werden.

Das aussteifende System sollte bemessen werden für

- alle Horizontallasten auf die Tragwerke, welche es aussteift
- alle Horizontal- und Vertikallasten, die direkt am aussteifenden System angreifen
- die Auswirkungen aller Anfangsschiefstellungen oder der äquivalenten Horizontalkräfte, die aus dem aussteifenden System selbst und allen Tragwerken, welche es aussteift, herrühren.

Weitere Einzelheiten und Kriterien sind bei Bedarf der Vornorm ENV 1993-1-1: 1992 zu entnehmen.

Verschiebliche Tragwerke

Alle Tragwerke welche die Bedingungen für unverschiebliche Systeme nicht erfüllen, sind als verschiebliche Tragwerke zu betrachten.

2.7.6 Stabilität von Tragwerken

Jedes Tragwerk ist ausreichend gegen Stabilitätsversagen infolge seitlichen Ausweichens zu bemessen. Der Stabilitätsnachweis für das Gesamtsystem ist bei seitensteifen Tragwerken nicht erforderlich.

Alle Tragwerke, auch unverschiebliche, sind gegen Stabilitätsversagen ohne seitliches Ausweichen nachzuweisen.

In die Nachweise sollte die Möglichkeit des Versagens einzelner Stockwerke einbezogen werden.

Tragwerke mit flachen Dachträgerneigungen sind auch im Hinblick auf Durchschlagen der Riegel zu überprüfen.

Bei Anwendung des Fließgelenkverfahrens nach Theorie 1. Ordnung sind Fließgelenke in den Stützen nur zulässig, wenn nachgewiesen wird, dass diese Gelenke ein ausreichendes Rotationsvermögen aufweisen.

Elastische Berechnung seitenweicher Tragwerke

Die Auswirkungen aus den Seitenverschiebungen nach Theorie 2. Ordnung sind zu berücksichtigen, entweder durch direkte Anwendung der Theorie 2. Ordnung oder indirekt durch folgende Alternativverfahren:

- Vergrößerung der Biegemomente mit Dischingerfaktoren.

  Dieses Verfahren darf nicht angewendet werden bei Verhältnissen: $V_{Sd}/V_{cr} > 0,25$

Dischingerfaktor	$\dfrac{1}{1 - \dfrac{V_{Sd}}{V_{cr}}}$ V_{Sd} = Bemessungswert der gesamten Vertikallast V_{cr} = elastische Knicklast bei seitlichem Ausweichen
Verhältniswert V_{Sd}/V_{cr} *Darf bei Stockwerkrahmen gemäß Bild 2-11 näherungsweise bestimmt werden.*	$\dfrac{V_{Sd}}{V_{cr}} = \left(\dfrac{\delta}{n}\right)\cdot\left(\dfrac{V}{H}\right)$ δ = Horizontalverschiebung an der Stockwerksoberkante gegenüber der Stockwerksunterkante h = Stockwerkshöhe H = Gesamthorizontalkraft in Höhe der Stockwerksunterkante V = Gesamtvertikalkraft in Höhe der Stockwerksunterkante

Bei Anwendung dieses Verfahrens, sind die einzelnen Bauteile mit Knicklängen für die Knickfiguren ohne Seitenverschiebung nachzuweisen.

- Ersatzstabverfahren

  Wird dieses Verfahren für die Bemessung von Stützen angewendet, so sind die Biegemomente infolge Seitenverschiebung in den Trägern und in den Träger-Stützen-Verbindungen mindestens 1,2 fach zu vergrößern, es sei denn, eine genauere Berechnung wird durchgeführt.

Plastische Berechnung seitenweicher Tragwerke

Bei Anwendung plastischer Berechnungsverfahren sind die Auswirkungen aus den Seitenverschiebungen nach Theorie 2. Ordnung zu berücksichtigen. Diese Anforderung sollte durch die direkte Anwendung elastisch-plastischer Berechnungsverfahren nach Theorie 2. Ordnung erfüllt werden.

Das Fließgelenkverfahren nach Theorie 1. Ordnung mit indirekter Berücksichtigung der Auswirkungen nach Theorie 2. Ordnung durch Vergrößerung der Biegemomente mit Dischingerfaktoren darf verwendet werden, wenn die nachfolgenden Bedingungen für die Anwendung dieses Verfahrens eingehalten werden.

Tragwerk mit:	Bedingung
- ein oder zwei Geschossen	In den Stützen entstehen keine plastischen Gelenke oder die Stützen weisen ein ausreichendes Rotationsvermögen in den plastischen Gelenken auf. Einzelheiten siehe EC 3 Abschnitt 5.2.7.
- eingespannten Stützen	Fließgelenke infolge seitlichen Ausweichens treten nur an den Stützenfüßen auf, siehe Bild 2-12 . Der Bemessung für den Grenzzustand der Tragfähigkeit ist ein unvollständiger Gelenkmechanismus zugrunde zu legen, bei dem die Stützen an den rechnerischen Fließgelenken so zu bemessen sind, dass sie elastisch bleiben.
Verhältnis	$V_{Sd}/V_{cr} < 0,2$

Alle Schnittgrößen infolge Seitenverschiebung sind mit dem Dischingerfaktor zu vergrößern.

Für die Bauteilnachweise dürfen die Knicklängen für die Knickfiguren ohne Seitenverschiebung verwendet werden. Knicklängen sind unter Berücksichtigung der Auswirkungen der Fließgelenke zu ermitteln.

2.7.7 Stützen bei plastischer Berechnung

Treten plastische Gelenke in druckbeanspruchten Bauteilen von Tragwerken auf, ist nachzuweisen, dass ausreichendes Rotationsvermögen in den plastischen Gelenken gewährleistet ist. Diese Bedingung darf als erfüllt angesehen werden, wenn bei elastisch-plastischer Tragwerksberechnung die Querschnitte den Anforderungen für plastische Tragwerksberechnung nach Abschnitt 2.8.2 entsprechen.

Bei Bildung von plastischen Gelenken in Stützen von Tragwerken, die nach dem Fließgelenkverfahren nach Theorie 1. Ordnung berechnet werden, sollte der bezogene Schlankheitsgrad der Stützen in Abhängigkeit von der Zuordnung des Tragwerkes die vorgegebenen Grenzwerte nicht überschreiten.

Grenzwerte des bezogenen Schlankheitsgrades

Anwendung:	Grenzwert
- unverschiebliche Tragwerke	$\bar{\lambda} \leq 0{,}40 \cdot \sqrt{\dfrac{A \cdot f_y}{N_{Sd}}}$
- verschiebliche Tragwerke	$\bar{\lambda} \leq 0{,}32 \cdot \sqrt{\dfrac{A \cdot f_y}{N_{Sd}}}$

$\bar{\lambda}$ = bezogener Schlankheitsgrad mit Knicklänge = Systemlänge

Bei Tragwerken, die nach dem Fließgelenkverfahren nach Theorie 1. Ordnung berechnet werden, sollten für die Stützen, in denen Fließgelenke auftreten, Knicknachweise geführt werden. Als Knicklänge ist dabei jeweils die Systemlänge anzusetzen.

Für verschiebliche Tragwerke mit mehr als zwei Stockwerken darf das Fließgelenkverfahren nach Theorie 1. Ordnung nicht angewendet werden. Ausnahme im Falle von seitenweichen Tragwerken mit eingespannten Stützen, bei denen Fließgelenke infolge seitlichen Ausweichens nur an den Stützenfüßen auftreten.

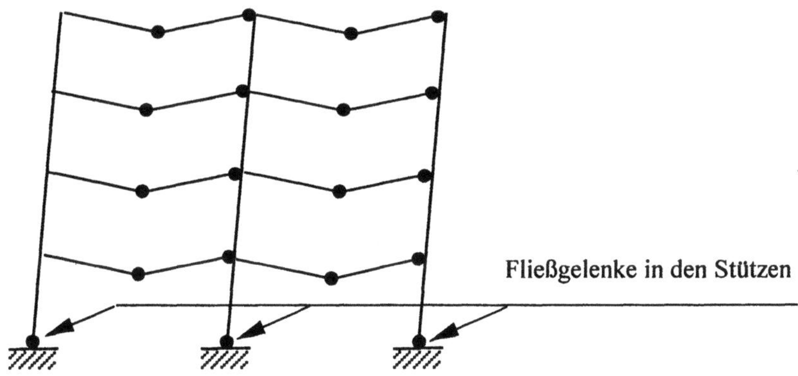

Bild 2-12 Verschiebungskinematik mit plastischen Gelenken nur an den Stützenfüßen

2.8 Querschnitte

2.8.1 Einteilung in Querschnittsklassen

Querschnitte werden nach den Abmessungsverhältnissen *(b/t)* der druckbeanspruchten Teile in 4 Klassen (QKl) eingeteilt, siehe Tabelle 2.24. Kriterien der Einstufung siehe Abschnitt 3.2.

Druckbeanspruchte Teile sind solche Querschnittselemente, die infolge Längskraft oder Biegemoment eines Lastfalles ganz oder teilweise druckbeansprucht sind.

Tabelle 2.24 Einstufung in Querschnittsklassen

Klasse 1	QKl 1	Querschnitte bilden plastische Gelenke mit ausreichendem Rotationsvermögen für plastische Berechnungen
Klasse 2	QKl 2	Querschnitte weisen plastische Widerstände mit begrenztem Rotationsvermögen auf
Klasse 3	QKl 3	Die Streckgrenze wird nur in der Randfaser erreicht, wegen örtlichen Ausbeulens können die plastischen Reserven nicht ausgenützt werden
Klasse 4	QKl 4	Die Widerstände gegen Momenten- oder Druckbeanspruchungen müssen unter Berücksichtigung des örtlichen Ausbeulens bestimmt werden (wirksame Breiten)

2.8.2 Anforderungen an Querschnitte bei Tragwerksberechnungen

Plastische Berechnung

Querschnitte der Bauteile müssen an den Fließgelenken eine Symmetrieachse in der Lastebene aufweisen. Das Rotationsvermögen an Fließgelenken sollte durch einen Rotationssicherheitsnachweis belegt werden, es muss mindestens die Rotationsanforderungen erfüllen.

Bei Hochbauten für die keine Rotationssicherheitsnachweise geführt werden, müssen alle Bauteile an den Fließgelenken Querschnitte der Klasse 1 aufweisen.

Sind die Querschnittswerte längs der Bauteilachse veränderlich, so sollten die zusätzlichen Kriterien nach EC 3 eingehalten werden.

Elastische Berechnung

Alle Querschnittsklassen dürfen verwendet werden unter der Voraussetzung, dass bei der Bemessung die Begrenzung der Beanspruchbarkeiten durch lokales Beulen berücksichtigt wird.

Die vollen plastischen Beanspruchbarkeiten der Querschnitte dürfen in Ansatz gebracht werden, wenn für alle druckbeanspruchten Teile die Grenzwerte der QKl 2 eingehalten sind.

Erfüllen alle druckbeanspruchten Querschnittsteile die für Querschnitte der QKl 3 definierten Grenzen nach Tabelle 3.2, so darf die Beanspruchbarkeit durch eine elastische Spannungsverteilung, begrenzt durch Fließspannungen an den Randfasern, definiert werden.

Die Beanspruchbarkeit eines Querschnitts mit einem Druckflansch der Klasse 2, aber einem Steg der Klasse 3 darf auch mit Berechnungsverfahren der ENV 1994-1-1 Eurocode 4: Teil 1-1 bestimmt werden.

2.9 Verbindungen unter vorwiegend ruhender Beanspruchung

Die Verbindungen eines Bauteiles bzw. eines Tragwerkes müssen so ausgeführt und bemessen sein, dass diese tragsicher bleiben sowohl während der vorgesehenen Nutzung, wie auch während der einzelnen Bauphasen. Die Verbindung muss die grundlegenden Anforderungen gemäß Abschnitt 2.3 erfüllen.

Die Schwerachsen bei Bauteilanschlüssen müssen sich in der Regel in einem Punkt schneiden.

Die Teilsicherheitsbeiwerte für Beanspruchbarkeiten sind der Tabelle 2.13 zu entnehmen.

Bei nicht vorwiegend ruhender Beanspruchung sind zusätzlich Ermüdungsnachweise zu führen, siehe dazu Abschnitt 2.11

2.9.1 Schnittgrößen

Der Tragsicherheitsnachweis einer jeden Verbindung ist mit den maßgebenden Schnittgrößen zu führen, die sich aus der Tragwerksberechnung ergeben. Dabei sind auch folgende Einflüsse zu berücksichtigen:

- Auswirkungen infolge Theorie 2. Ordnung
- Imperfektionen, siehe 2.7.6
- Verformbarkeit der Verbindungen bei verformbaren Anschlüssen
- Exzentrizitäten an Anschlüssen, außer wenn bei besonderen Tragwerksarten nachgewiesen wird, dass dies nicht notwendig ist
- Andere Einwirkungen, soweit sie negative Auswirkungen auf die Verbindung haben.

2.9.2 Beanspruchbarkeit von Verbindungen

Die Beanspruchbarkeit einer Verbindung ist anhand der Grenzkräfte der einzelnen Verbindungsmittel zu bestimmen.

Im Allgemeinen ist eine linear-elastische Berechnung für die Bemessung der Verbindungen anzuwenden. Eine nicht lineare Berechnung darf vorgenommen werden, wenn diese das Last-Verformungsverhalten aller Verbindungselemente berücksichtigt.

Die Bemessung unter der Annahme von Fließlinien darf durchgeführt werden, jedoch nur, wenn deren Anwendbarkeit durch Versuche nachgewiesen ist.

2.9.3 Bemessungsannahmen

Bei der Bemessung von Verbindungen darf jede zweckmäßige Verteilung der Schnittgrößen angenommen werden, wenn folgende Kriterien erfüllt sind:

- Die angenommenen Schnittgrößen sind im Gleichgewicht mit den angreifenden Kräften und Momenten.
- Die Grenzbeanspruchbarkeiten der einzelnen Verbindungselemente werden nicht überschritten.
- Die Verbindungsmittel wie auch die Anschlussteile besitzen das Verformungsvermögen, das bei Annahme der Kräfteverteilung vorausgesetzt wird.
- Verformungen, die den Bemessungsmodellen mit Fließlinien zugrunde liegen, resultieren aus physikalisch möglichen Starrkörperverdrehungen.

Die angenommene Verteilung der Schnittgrößen bezüglich der Steifigkeitsverhältnisse in dem Anschluss muss wirklichkeitsnah sein, wobei der Kraftfluss aus den Schnittgrößen den Steifigkeitsverhältnissen folgen muss. Der Kraftfluss in einer Verbindung muss bei der Bemessung dieser eindeutig dargestellt und konsequent verfolgt werden.

Nicht rechnerisch verfolgt werden brauchen normalerweise zusätzliche Spannungen wie z.B. Eigenspannungsverteilungen, Spannungen infolge des Anziehens von Verbindungsmitteln oder solche, die mit der üblichen Passgenauigkeit zusammenhängen.

Im Fall von Schraubanschlüssen von Winkeln oder T-Profilen mit wenigstens 2 Schrauben dürfen die Risslinien, auf denen die Schrauben angeordnet sind, im Hinblick auf den Versatz im Knotenpunkt des Anschlusses wie Schwerachsen behandelt werden.

2.9.4 Herstellung und Montage

Die Regeln für die Herstellung und Montage sind in EC 3, Abschnitt 7 enthalten.

Eine einwandfreie Ausführung von Anschlüssen und Stößen bei der Herstellung wie auch bei der Montage ist bei der konstruktiven Gestaltung sicherzustellen.

Dazu gehören im Allgemeinen:

- ausreichende Platzverhältnisse für den Zusammenbau,
- ausreichende Zugänglichkeit für Schweißarbeiten,
- ausreichende Zugänglichkeit für das Anziehen von Schrauben,
- Einhaltung der Bedingungen für das gewählte Schweißverfahren,
- Auswirkung von Ausführungstoleranzen auf die Passgenauigkeit.

Weiterhin sollte auf Folgendes geachtet werden:

- Prüfungen der Verbindungen,
- Oberflächenbehandlung,
- Erhaltung der Dauerhaftigkeit.

2.9.5 Schubbeanspruchte Anschlüsse mit Schwingbelastung und Lastumkehr

Bei schubbeanspruchten Anschlüssen, die Stoßbelastungen oder erheblichen Schwingbelastungen ausgesetzt sind, sind entsprechende Sicherheitsvorkehrungen vorzusehen. Sicherheitsmaßnahmen sind z.B.

- Schweißnähte,
- Schrauben mit Sicherung gegen unbeabsichtigtes Lösen,
- vorgespannte Schrauben, Injektionsschrauben,
- andere Schrauben, die Verschiebungen verhindern.

Soll Schlupf in den Anschlüssen verhindert werden, z.B. bei der Umkehr von Querkräften oder aus anderen Gründen, sind anzuwenden

- gleitfeste Verbindungen je nach Anforderung Kategorie B oder C nach 3.8.1,
- Passschrauben, Schweißnähte.

Für Windverbände oder Verbände zur Abstützung stabilitätsgefährdeter Bauteile dürfen im Allgemeinen Scher-/Lochleibungsverbindungen der Kategorie A nach Abschnitt 3.8.1 verwendet werden.

2.9.6 Klassifizierung von Verbindungen

Die konstruktiven Eigenschaften von Verbindungen müssen den Annahmen entsprechen, die bei der Berechnung und Bemessung eines Tragwerks gemacht werden.

Die charakteristischen Merkmale der Verbindungen sind in Tabelle 2.4 zusammengestellt.

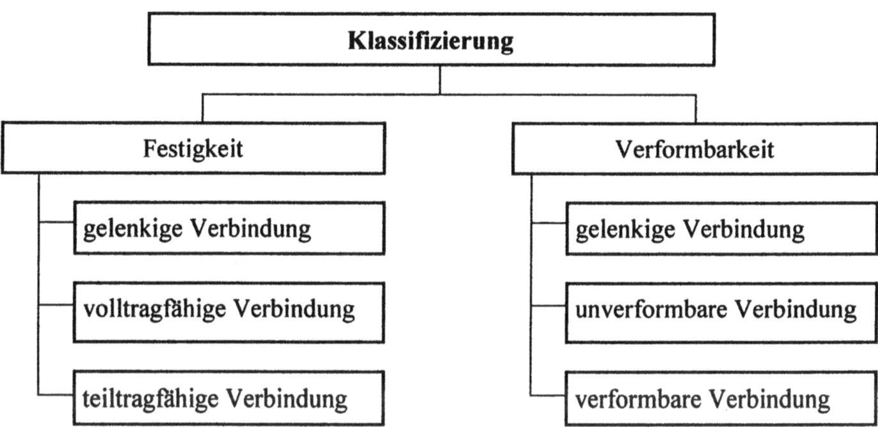

Bild 2-13 Klassifizierungsmerkmale von Verbindungen

2.9.7 Verbindungsarten und Einteilung nach EC 3

- Schraubenverbindungen	Beanspruchung	Kategorie
Einteilung und Nachweise siehe Abschnitt 3.8	- quer zur Schraubenachse	A, B, C
	- parallel zur Schraubenachse auf Zug	D, E

- Nietverbindungen
- Bolzenverbindungen
- Schweißverbindungen
- Hybridverbindungen

2.9.8 Stöße

Stöße sind so zu bemessen, dass die verbundenen Bauteile in ihrer Lage gehalten werden. Die Schwerachsen der Anschlussteile sollten nach Möglichkeit mit der Schwerachse des Bauteiles zusammenfallen. Bei Exzentrizitäten sind die daraus resultierenden Kräfte bei der Bemessung zu berücksichtigen.

Stöße in druckbeanspruchten Bauteilen

Bei Übertragung der Druckkraft durch vollständigen Kontakt mit entsprechender Bauteilvorbereitung ist der Stoß so zu bemessen, dass eine kontinuierliche Steifigkeit um beide Achsen vorliegt und dass Zugkräfte aus Momentenbeanspruchungen übertragen werden.

Wird die Druckkraft nicht durch Kontakt übertragen, so sind an der Kontaktfuge Anschlussteile vorzusehen, welche die Übertragung der Schnittgrößen einschließlich der Momente aus Exzentrizität, Anfangsimperfektionen und Verformungen infolge Theorie 2. Ordnung sicherstellen.

Eine ausreichende Sicherung der gegenseitigen Lage der Bauteile ist sicherzustellen, z.B. durch Knaggen oder andere Mittel. Es ist nachzuweisen, dass Anschlussteile und Befestigungsmittel in der Lage sind, einer normal zur Bauteilachse wirkenden Kraft von min. 2,5 % der Druckkraft im Bauteil zu widerstehen.

Stöße in zugbeanspruchten Bauteilen

Bemessung für die angreifenden Schnittgrößen.

2.9.9 Verbindungen von Trägern mit Stützen

Das Grenzmoment einer Träger-Stützenverbindung darf nicht kleiner sein als das einwirkende Bemessungsmoment.

$$M_{Sd} \leq M_{Rd}$$

Die Momenten-Rotations-Charakteristiken der Verbindung müssen mit den Annahmen für die Schnittgrößenermittlung des Tragwerkes und der Bemessung der Bauteile übereinstimmen.

Momenten-Rotations-Charakteristik

Die Bestimmung der Momenten-Rotations-Charakteristiken von Träger-Stützen-Verbindungen muss einer auf Versuchen entwickelten Theorie entsprechen.

Das wirkliche Verhalten der Träger-Stütze-Verbindung darf mit Hilfe eines Drehfederanschlusses im Schnittpunkt der Schwerachsen von Träger und Stütze bestimmt werden, siehe dazu Bild 2-14.

Weitere Einzelheiten sowie Momenten-Rotations-Charakteristiken sind bei Bedarf der Vornorm zu entnehmen. [3]

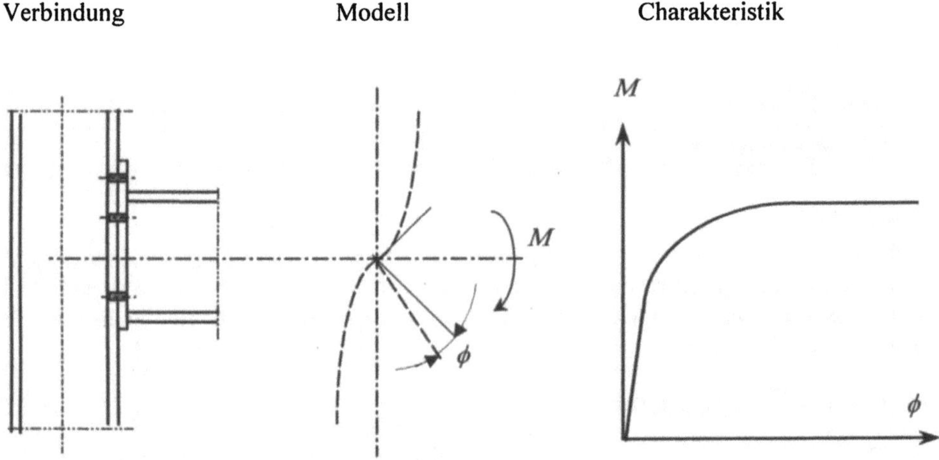

Bild 2-14 Momenten- Rotations-Charakteristik einer Verbindung

Klassifizierung von Träger-Stützen-Verbindungen

Die Klassifizierung darf erfolgen nach:

- Der Rotationssteifigkeit (Verformbarkeit)
- Dem Grenzmoment (Festigkeit)

Siehe dazu Abschnitt 2.9.6

- Rotationssteifigkeit

Einstufung der Verbindung

Gelenkige Verbindung, die Rotationssteifigkeit erfüllt folgende Bedingung:

$$S_i \leq 0,5 \cdot EI_b \, / \, L_b$$

S_i = Sekantensteifigkeit der Verbindung
I_b = Flächenmoment 2. Grades des angeschlossenen Trägers
L_b = Länge des angeschlossenen Trägers

Empfohlene Klassifizierungsgrenzen für unverformbare Träger-Stützen-Verbindungen

$\bar{\phi} = \dfrac{EI_b \cdot \phi}{L_b \cdot M_{pl,Rd}}$	$\bar{m} = \dfrac{M}{M_{pl,Rd}}$	
Verschiebliche Rahmentragwerke 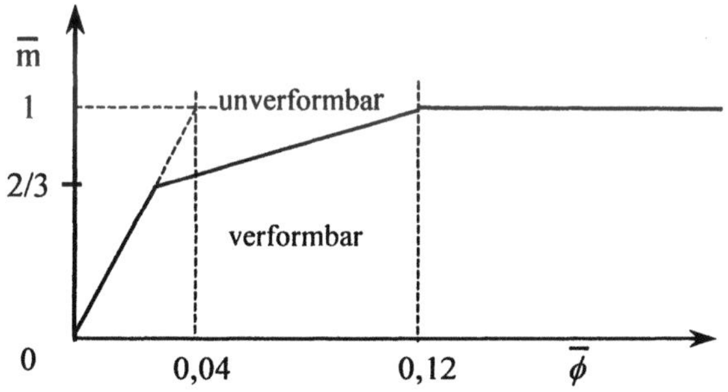	$2/3 \leq \bar{m} \leq 1,0$	$\bar{m} \leq 2/3$
	$\bar{m} = \dfrac{25 \cdot \bar{\phi} + 4}{7}$	$\bar{m} = 25 \cdot \bar{\phi}$

Bedingung:

$$K_b \, / \, K_c \geq 0,1$$

K_b = Mittelwert von $I_b \, / \, L_b$ aller Träger an der Tragwerksoberkante
K_c = Mittelwert von $I_c \, / \, L_c$ aller Stützen im betrachteten Stockwerk

Unverschiebliche Rahmentragwerke 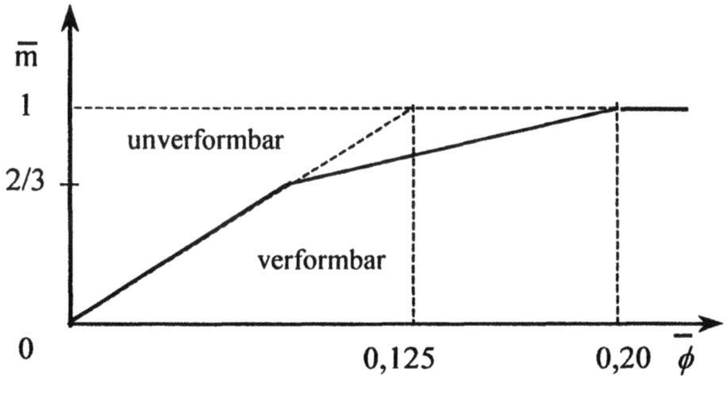	$2/3 \leq \bar{m} \leq 1,0$	$\bar{m} \leq 2/3$
	$\bar{m} = \dfrac{20 \cdot \bar{\phi} + 3}{7}$	$\bar{m} = 8 \cdot \bar{\phi}$

Entsprechende Beispiele für die Klassifizierung sind in DIN ENV 1993-1-1, Abschnitt 6.9 enthalten, Änderungen im NAD beachten.

- Grenzmoment

Das Grenzmoment einer Träger- Stützen-Verbindung hängt von den Beanspruchbarkeit der kritischen Bereiche ab (Bild 2-15) und ist unter Berücksichtigung der folgenden Kriterien zu bestimmen:

1. Zugbereich

    - Fließen des Flansches
    - Fließen des Trägerstegbleches
    - Fließen des Trägerflansches
    - Fließen der Anschlussteile wie z.B. Kopfplatte
    - Schweißnahtversagen
    - Schraubenversagen

2. Druckbereich

    - Stauchen des Stützenstegbleches
    - Ausbeulen des Stützenstegbleches

3. Schubbereich

    - Schubversagen des Stegblech–Schubfelds der Stütze

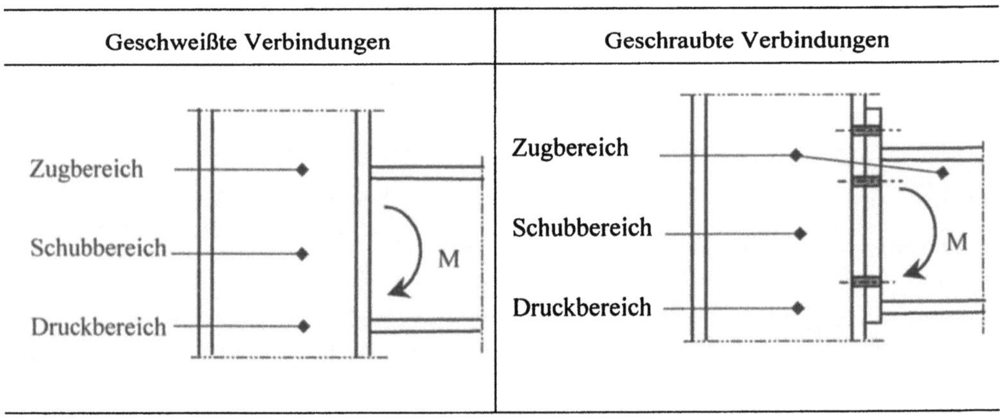

Bild 2-15 Kritische Bereiche in Träger-Stützen-Verbindungen

Das Grenzmoment einer Träger-Stützenverbindung ergibt sich aus der kleinsten Beanspruchbarkeit dieser drei Bereiche, multipliziert mit dem Abstand zur Schwerachse. Bei Bedarf ist eine Abminderung vorzunehmen.

2.9.10 Hohlprofil-Fachwerkknoten-Anschlüsse

Der Bemessung von Hohlprofil-Fachwerk-Knoten kann mit den Anwendungsregeln nach dem normativen Anhang K der DIN ENV 1993-1-1 erfolgen.

Alternative Anwendungsregeln sind zugelassen, unter der Voraussetzung, dass sie mit den Grundregeln übereinstimmen und mindesten, das gleiche Sicherheitsniveau aufweisen.

Gestaltfestigkeit

Die Kriterien sind Versagensformen durch:
- Plastizierung des Gurtstab-Flansches
- Plastizieren oder Instabilität des Gurtstab-Stegbleches bzw. der Gurtstab-Wand
- Abscheren des Gurtstab-Querschnitts
- Durchstanzen des Gurtstab-Flansches
- Abreissen des Füllstabes mit mitwirkender Breite
- Örtliches Ausbeulen

Schweißnähte müssen eine ausreichende Grenzkraft und Duktilität aufweisen, die Umverteilung der ungleichförmigen Spannungsverteilungen und der sekundären Biegemomente muss möglich sein.

2.9.11 Stützenfüße

Stützen sind mit entsprechenden Fußplatten zu versehen, die die Druckkräfte im Stützendruckbereich über eine entsprechende Auflagerfläche in das Fundament ableiten. Die Lagerpressung darf die Grenzpressung in der Lagerfuge nicht überschreiten.

Die Beanspruchbarkeit der Fuge zwischen der Fußplatte und dem Fundament ist zu ermitteln. Maßgebend sind die Materialeigenschaften des Mörtels und des Fundamentes.

Ankerschrauben sind für die Einwirkungen aus den Bemessungskräften auszulegen. Bei Zugbeanspruchung infolge abhebender Kräfte und Biegemomente sind entsprechende Nachweise erforderlich.

Bei Zugkräften infolge Biegebeanspruchungen sind die Hebelarme nicht größer als der Abstand zwischen den Schwerpunkten: der Auflagerfläche auf der Druckseite und der Ankerschraubengruppe. Toleranzen bezüglich der Lage der Ankerschrauben sind zu berücksichtigen.

Sind zur Übertragung der Querkräfte keine gesonderten Elemente vorgesehen, ist nachzuweisen, dass die Beanspruchung folgende Grenzbeanspruchbarkeiten nicht überschreitet:
- Grenzgleitkraft des Anschlusses zwischen Fußplatte und Fundament
- Grenzabscherkraft der Schrauben
- Grenzquerkraft der Einfassung des Fundamentes

Die informativen Anwendungsregeln nach Anhang L können angewendet werden.

Alternative Anwendungsregeln sind zugelassen, unter der Voraussetzung, dass sie mit den Grundregeln übereinstimmen und mindesten, das gleiche Sicherheitsniveau aufweisen.

2.10 Ausführung - Toleranzabmaße

Der Eurocode 3 behandelt Toleranzabmaße für Tragwerke aus Stahl in Abschnitt 7

2.10.1 Toleranzklassen nach EC 3

Bezeichnung	Anforderungen
Normale Toleranzabmaße	Grundlegende Begrenzungen der Maßabweichungen, um: - Entwurfsannahmen für vorwiegend ruhend beanspruchte Tragwerke sicherzustellen, - akzeptable Toleranzen für Hochbautragwerke mangels anderer Anforderungen zu definieren.
Besondere Toleranzabmaße	Engere Toleranzen, um Entwurfsannahmen sicherzustellen für: - andere als übliche Hochbautragwerke, - Tragwerke mit nicht vorwiegend ruhender Beanspruchung.
Spezielle Toleranzabmaße	Engere Toleranzen, um die Funktionsfähigkeit besonderer Tragwerke oder Bauteile sicherzustellen, wie z.B. - Anschlüsse an andere konstruktive oder sonstige Bauteile, - Fahrstuhlschächte, - Kranbahnen für Laufkrane, - andere Kriterien wie Lichtraumprofile, - Ausrichtung der Gebäudeaußenfläche, - usw.

2.10.2 Anwendung der Toleranzen

Sämtliche Toleranzen nach diesem Abschnitt sind als normale Toleranzabmaße zu betrachten.

Normale Toleranzabmaße gelten für übliche ein- und mehrgeschossige stählerne Rahmentragwerke für:

- Wohngebäude
- Öffentliche Gebäude
- Geschäfts- und Industriehallen

Ausnahmen gelten dort, wo besondere oder spezielle Toleranzabmaße festgelegt sind.

Sämtliche besonderen oder speziellen Toleranzabmaße sind in der Projektspezifikation genau festzulegen und zu beschreiben.

Sämtliche erforderlichen besonderen oder speziellen Toleranzabmaße sollten ebenfalls in den entsprechenden Ausführungszeichnungen enthalten sein.

2.10.3 Normale Fertigungstoleranzen

Die normalen Fertigungstoleranzen für Hochbauten sind in der Bezugsnormengruppe 6 angegeben. Nach DASt-Ri 103 sind das die Normen DIN 18800 T7 und DIN 18801.

Die Toleranzen an die Geradheit nach Tabelle 2.25 wurden im Hinblick auf die Bemessungsregeln für die entsprechenden Bauteile angenommen. Sofern die Krümmungen diese Werte übersteigen, ist diese zusätzliche Krümmung in der Bemessung zu berücksichtigen.

Tabelle 2.25 Toleranzen an die Geradheit in Abstimmung mit den Bemessungsregeln

Kriterium	Zulässige Abweichung		
Geradheit zwischen Punkten, die beim Zusammenbau in der Montage seitlich gehalten werden:	L = Länge zwischen den seitlich gehaltenen Punkten		
- einer Stütze - druckbeanspruchter Bauglieder	Allgemein $\pm\,0{,}001\,L$	Bauglieder mit Hohlprofilstützen $\pm\,0{,}002\,L$	
- Geradheit eines druckbeanspruchten Trägerflansches, bezogen auf die schwache Achse	Allgemein $\pm\,0{,}001\,L$	Hohlprofilträger $\pm\,0{,}002\,L$	

2.10.4 Normale Montagetoleranzabmaße

Das unbelastete stählerne Tragwerk muss nach der Montage den in Tabelle 2.26 festgelegten Kriterien zusammen mit den festgelegten Toleranzgrenzen genügen.

Sämtliche in den Tabellen angegebenen Kriterien sind als voneinander getrennte Anforderungen zu betrachten, die unabhängig von allen anderen Toleranzkriterien zu erfüllen sind.

Die Montagetoleranzabmaße gemäß Tabelle 2.26 gelten für folgende Bezugspunkte:

Bezugspunkt	
Stütze	**Träger**
- der tatsächliche Mittelpunkt der Stütze in jeder Geschossebene und dem Fußboden, ohne Berücksichtigung von Fuß- und Kopfplatten	- der tatsächliche Mittelpunkt der äußeren Begrenzungsfläche an beiden Trägerenden, ohne Berücksichtigung von Endplatten

Tabelle 2.26 Normale Toleranzabmaße nach Abschluss der Montage

Kriterium	Beschreibung	Zulässige Abweichung
Abweichung der Entfernung zwischen nebeneinanderliegenden Stützen		$e = \pm 5$ mm
Schrägstellung einer Stütze zwischen übereinander liegenden Geschossdecken		$e \leq 0,002\,h$
Abweichung der Stützenstellung an einer beliebigen Geschossdecke von der Lotrechten durch den angenommenen Fußpunkt im Stützenfuß		$e \leq \dfrac{0,0035 \cdot \sum h}{\sqrt{n}}$
Schrägstellung einer Stütze in einem eingeschossigen Gebäude ohne Kranbrücke, die nicht als Portalrahmen ausgebildet ist		$e \leq 0,0035\,h$
Schrägstellung der Stütze eines Portalrahmens, ohne Auflagerung einer Kranbrücke		Schrägstellung einzelner Stützen $e_1 \leq 0,01\,h$ $e_2 \leq 0,01\,h$ Mittlere Schrägstellung eines Rahmentragwerkes $\dfrac{e_1 + e_2}{2} \leq 0,002\,h$ mit $e_1 \geq e_2$

2.10.5 Lage von Ankerschrauben

Toleranzabmaße für die Lageabweichung der Ankerschrauben sind derart festzulegen, dass die Toleranzgrenzen für die Montage von Stahlbauten erfüllt werden.

Toleranzen für die Höhenabweichung von Ankerschrauben sind derart festzulegen, dass die Toleranzforderungen erfüllt werden, unter Berücksichtigung folgender Einflussfaktoren:

- Niveau der Fußplatte,
- Dicke der Vergussfuge unter der Fußplatte,
- Überstand der Schraube gegenüber der Mutter,
- freie Gewindeanzahl unterhalb der Mutter.

Tabelle 2.27 Zulässige Abweichung der Lochabstände zwischen den einzelnen Schrauben einer Gruppe von Ankerschrauben

Anordnung	Abweichung	Zulässig
Starr vergossene Schrauben	zwischen den Schraubenmittelpunkten	$\mu \leq 5$ mm
In Hülsen versetzte Schrauben	zwischen den Mittelpunkten der Hülsen	$\mu \leq 10$ mm

Bild 2-16 Abweichungen der Lochabstände einer Verankerung

2.11 Werkstoffermüdung

Im deutschen nationalen Normenwerk, wie auch in der deutschen Fachliteratur wird im Allgemeinen die Bezeichnung Betriebsfestigkeit verwendet.

2.11.1 Allgemeines

Der Ermüdungsfestigkeitsnachweis ist im Allgemeinen nur für Konstruktionen die nicht vorwiegend ruhend beansprucht sind erforderlich.

Der EC 3 behandelt die Problematik der Werkstoffermüdung in Abschnitt 9. Er regelt den ermüdungssicheren Entwurf, die Berechnung und Bemessung eines Tragwerks mit einem annehmbaren Sicherheitsniveau. Es soll damit sichergestellt werden, dass während der gesamten Nutzungsdauer des Tragwerkes kein Versagen oder keine reparaturbedürftige Schäden durch Werkstoffermüdung entstehen.

Das erforderliche Sicherheitsniveau ist durch Anwendung geeigneter Teilsicherheitsbeiwerte beim Ermüdungsnachweis (siehe EC 3, Abschnitt 9.3) zu erreichen. Der Abschnitt enthält ein allgemeines Verfahren für den Ermüdungsnachweis für Tragwerke und Tragwerksteile, die durch wiederholte Spannungsschwankungen beansprucht werden.

Die Ermüdungsnachweisverfahren setzen voraus, dass das Tragwerk ebenfalls gegenüber den anderen Grenzzuständen der Norm ausreichend bemessen ist.

Die in dem Abschnitt enthaltenen Ermüdungsnachweisverfahren sind anwendbar, wenn die Werkstoffeigenschaften, Verbindungsmittel und Schweißzusatzwerkstoffe den Anforderungen des EC 3, Abschnitt 3 entsprechen.

Beim Ermüdungsnachweis müssen alle Nennspannungen innerhalb des elastischen Bereiches des Werkstoffes sein. Spannungsschwingbreiten der Spannungen dürfen folgende Grenzwerte nicht überschreiten.

Spannungsschwingbreite der:	Grenzwert
Längsspannungen	$\Delta\sigma \leq 1{,}5 \cdot f_y$
Schubspannungen	$\Delta\tau \leq 1{,}5 \cdot \dfrac{f_y}{\sqrt{3}}$

Die Ermüdungsfestigkeiten nach EC 3, Abschnitt 9, gelten für Tragwerke

- mit geeignetem Korrosionsschutz, beansprucht nur durch mäßigen Korrosionsangriff, sowie normale atmosphärische Bedingungen (Rauhtiefe $\leq$ 1 mm) und
- die durch Temperaturen nicht höher als 150 °C beansprucht werden.

Im Hoch- und Industriebau wird im Normalfall kein Ermüdungsnachweis verlangt, außer für:

- Bauteile, die Hebezeuge oder rollende Lasten tragen,
- Bauteile mit wiederholten Spannungsspielen aus vibrierenden Maschinen,
- Bauteile mit windinduzierten Schwingungen,
- Bauteile, die von Menschen hervorgerufenen Schwingungen unterworfen sind.

Es ist kein Ermüdungsnachweis erforderlich, wenn eine der folgenden Bedingungen erfüllt ist

Bereich		Bedingung
größte Nennspannungsschwingbreite	$\Delta\sigma$	$$\gamma_{Ff}\cdot\Delta\sigma \le \frac{26}{M_f}\ \text{N/mm}^2$$
gesamte Anzahl der Spannungsspiele	N	$$N \le 2\cdot10^6\cdot\left[\frac{36/\gamma_{Mf}}{\gamma_{Ff}\cdot\Delta\sigma_{E,2}}\right]^3$$ $\Delta\sigma_{E,2} =$ schadensäquivalente periodische Spannungsschwingbreite in N/mm²
Kerbfall mit maximaler Spannungsschwingbreite und festgelegter Dauerfestigkeit $\Delta\sigma_D$ *(Nennspannung mit oder ohne geometrischen Kerbfaktor)*	$\Delta\sigma$	$$\gamma_{Ff}\cdot\Delta\sigma \le \frac{\Delta\sigma_D}{\gamma_{Mf}}$$

2.11.2 Definitionen nach EC 3

Begriff	Charakteristik
Ermüdung	Schaden in einem Bauteil infolge Rissfortschritt, hervorgerufen durch wiederholte Spannungsschwankungen
Ermüdungsbelastung	Eine Reihe typischer Belastungsereignisse, beschrieben durch die Anordnung und Größen der Lasten und ihre relative Auftretenshäufigkeit
Belastungszyklus	Eine definierte Folge von auf das Tragwerk aufgebrachten Lasten, die Ursache für einen Spannungs-Zeit-Verlauf ist
Schadensäquivalente Ermüdungsbelastung	Vereinfachte Ermüdungsbelastung, die periodische Spannungsamplituden erzeugt und hinsichtlich Ermüdung die gleiche Auswirkung wie die wirklichen Belastungszyklen mit nichtperiodischen Spannungsamplituden hervorruft
Spannungs-Zeit-Verlauf	Eine Messaufzeichnung oder eine Berechnung der Spannungsschwankung an einem besonderen Punkt des Tragwerks unter einem Belastungszyklus
Spannungsschwingbreite	Die (algebraische) Differenz zwischen zwei Extremwerten eines Spannungszyklus innerhalb des Spannungs-Zeit-Verlaufs $$\Delta\sigma = \sigma_{max} - \sigma_{min}\quad\text{oder}$$ $$\Delta\tau = \tau_{max} - \tau_{min}$$

Begriff	Charakteristik
Nennspannung	Die Spannung im Grundwerkstoff unmittelbar an der erwarteten Rissstelle, berechnet nach der elastischen Spannungstheorie ohne Berücksichtigung der örtlichen Kerbwirkung
Korrigierte Nennspannung	Die Nennspannung, vergrößert um den geometrischen Kerbfaktor, der die geometrische Abweichung erfasst, die bei der Einstufung eines besonderen Konstruktionsdetails nicht berücksichtigt wurde
Lokale Bezugsspannung	Die maximale Hauptspannung im Grundmaterial unmittelbar an der potentiellen Rissstelle am Schweißnahtübergang einschließlich der lokalen Spannungsspitzen aufgrund der geometrischen Ausbildung des Bauteils, aber ohne die Kerbwirkung infolge Nahtausbildung und Fehlstellen in Naht und Grundmaterial
Rainflowmethode und Reservoirmethode	Besondere Zählverfahren zur Bestimmung eines Spannungsschwingbreitenspektrums aus einem vorgegebenen Spannungs-Zeit-Verlauf *Anmerkung: Beide Methoden sind gleichwertig*
Spannungsschwingbreitenspektrum	Darstellung der Auftretenshäufigkeit der Spannungsschwingbreiten verschiedener Größe aus der Messung oder Berechnung für einen besonderen Belastungszyklus
Bemessungsspektrum	Die Gesamtheit aller Spannungsschwingbreitenspektren, die für den Ermüdungsnachweis zugrunde gelegt werden, siehe Bild 2-17
Schadensäquivalente Spannungsschwingbreite	Die periodische Spannungsschwingbreite, die nach der Miner-Summe zur gleichen Lebensdauer führt wie das Spektrum nichtperiodischer Spannungsschwingbreiten
Lebensdauer	Die Gesamtzahl der Spannungsspiele bis zum Ermüdungsversagen
Miner-Regel	Eine lineare Schadensakkumulationshypothese nach Palmgren und Miner
Dauerfestigkeit	Die Spannungsschwingbreite, oberhalb welcher ein Ermüdungsnachweis erforderlich wird
Kerbfall	Bezeichnung eines besonderen geschweißten oder geschraubten Konstruktionsdetails zwecks Zuordnung einer Ermüdungsfestigkeitskurve für den Ermüdungsnachweis
Ermüdungsfestigkeitskurve (Wöhlerkurve)	Die quantitative Beziehung zwischen der Spannungsschwingbreite und dem Spannungsspiel, die zum Ermüdungsversagen führt. Sie wird für den Ermüdungsnachweis eines Kerbfalls für ein Konstruktionsdetail verwendet, siehe Bild 2-18
Nutzungsdauer	Der Bezugszeitraum, für den mit ausreichender Zuverlässigkeit planmäßiges Verhalten des Tragwerks ohne Versagen durch Ermüdungsrisse verlangt wird
Schwellenwert der Ermüdungsfestigkeit	Grenze, unterhalb derer die Spannungsschwingbreiten eines Bemessungsspektrums nicht mehr zum Ermüdungsschaden beitragen

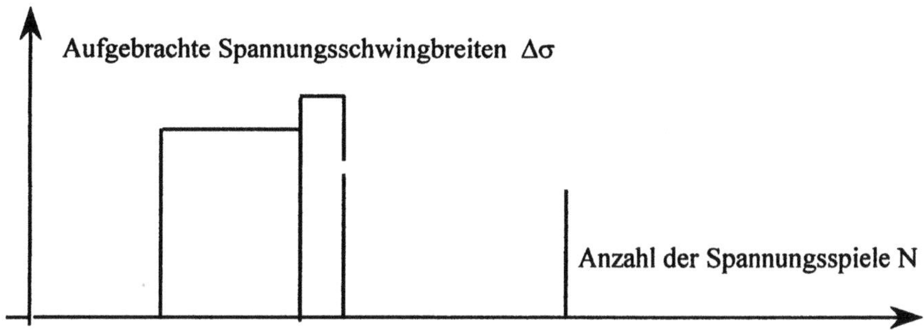

Bild 2-17 Bemessungsspektrum

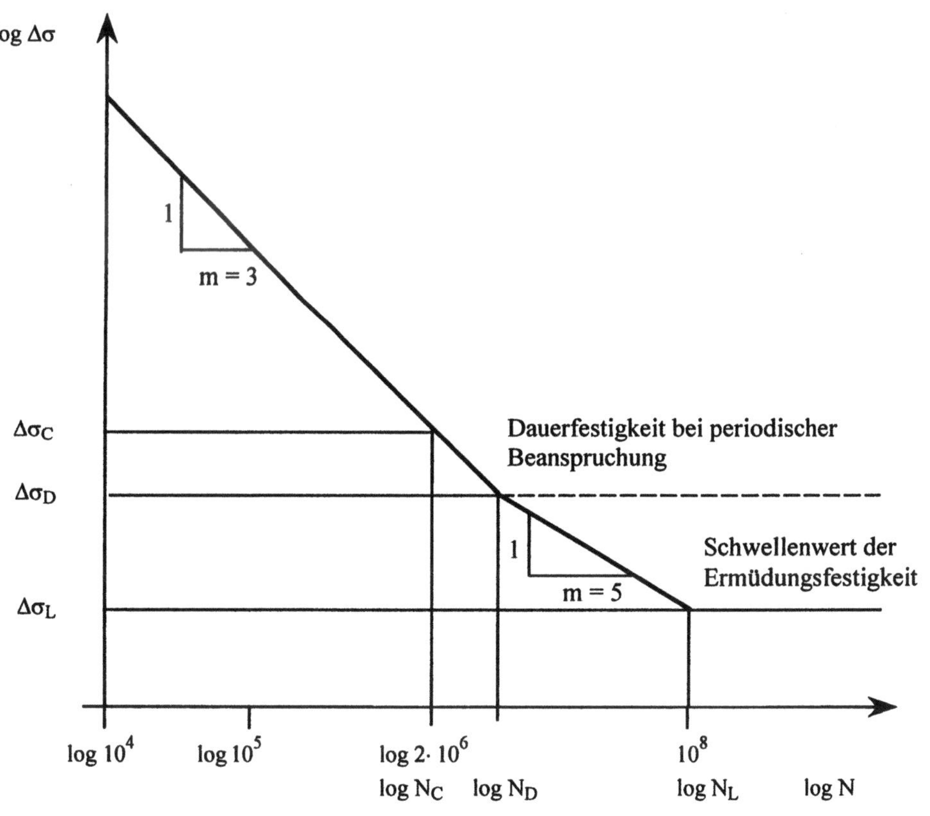

Bild 2-18 Ermüdungsfestigkeitskurve nach EC 3

2.11.3 Ermüdungsbelastung

Die Ermüdungsbelastung ist ENV 1991 Eurocode 1 oder anderen maßgebenden Lastnormen zu entnehmen.

Anmerkung: Eurocode 1 ist in Deutschland nicht eingeführt, es sind somit die Lastnormen der DIN Reihe 1050 anzusetzen.

Die dem Ermüdungsnachweis zugrundezulegende Belastung eines Bauteiles ist jeweils als charakteristischer Wert anzunehmen, welcher unter wirklichkeitsnahen Betriebsbedingungen mit ausreichender Zuverlässigkeit die Betriebslasten für die gesamte vorgesehene Nutzungsdauer des Tragwerks umfasst.

Die Ermüdungsbelastung darf in der Regel aus verschiedenen Belastungszyklen bestehen.

Die Belastungszyklen sind durch vollständige Belastungsfolgen (Lastkollektive) zu definieren welche Folgendes einbeziehen:

- Die Häufigkeit und Reihenfolge,
- die Größe der Belastungen,
- die Laststellung auf das Tragwerk.

Dynamische Auswirkungen sind zu berücksichtigen, wenn die Reaktion des Tragwerks zu einer Veränderung des Bemessungsspektrums führt.

Schwingbeiwerte, die für die statischen Nachweise benutzt werden, dürfen verwendet werden soweit keine genaueren Angaben vorliegen.

Die Auswirkung eines Belastungszyklus ist in einem *Spannungs-Zeit-Diagramm* darzustellen.

Weitere informative Angaben sind dem EC 3 zu entnehmen.

2.11.4 Teilsicherheitsbeiwerte

Die beim Ermüdungsnachweis anzuwendenden Teilsicherheitsbeiwerte sind mit dem Bauherrn, dem Entwurfsingenieur und der Bauaufsichtsbehörde festzulegen. Als Kriterien sind zu beachten

- Die möglichen Schadensfolgen,
- die Zugänglichkeit für Wartung oder Instandsetzung,
- regelmäßige Überwachung und Unterhaltung.

Teilsicherheitsbeiwerte für die Ermüdungsbelastung

Die Spannungsschwingbreiten für den Ermüdungsnachweis sind mit Hilfe des Teilsicherheitsbeiwertes γ_{Ff} zu bestimmen.

$\gamma_{Ff} = 1{,}0$ *(Darf angewendet werden, wenn in anderen Teilen der Norm nicht andere Werte aufgeführt sind).*

Der Teilsicherheitsbeiwert deckt Unsicherheiten aus der Abschätzung der folgenden Punkte ab:

- Größe der Belastung
- Umrechnung der Belastung in Spannungen und Spannungsschwingbreiten
- Bestimmung der schadensäquivalenten Spannungsschwingbreiten aus dem Bemessungsspektrum aller Spannungsschwingbreiten
- Nutzungsdauer des Tragwerks und die Entwicklung der Ermüdungsbelastung während der geforderten Nutzungsdauer

Teilsicherheitsbeiwerte für die Ermüdungsfestigkeit

Die Ermüdungsfestigkeit beim Ermüdungsnachweis ist mit dem Teilsicherheitsbeiwert γ_{Mf} zu bestimmen.

Dieser Teilsicherheitsbeiwert deckt Unsicherheiten ab wie:

- Größe des Bauteiles,
- Abmessungen, Form und Nähe von Fehlstellen,
- örtliche Spannungskonzentration infolge Zufälligkeiten der Nahtgüte,
- verschiedene Schweißverfahren und metallurgische Auswirkungen.

Empfohlene Werte für γ_{MF}

Bei Anwendung der Beiwerte nach Tabelle 2.28 sind die Güteanforderungen für ermüdungsbelastete Tragwerke nach Bezugsnormengruppe 9, Anhang B des EC 3 einzuhalten.

In Bezug auf die Schadensfolgen dürfen zwei Fälle in Betracht gezogen werden:

- „Schadenstolerante" Tragwerksteile mit begrenzter Schadensfolge, bei denen örtliches Versagen eines Bauteils nicht zum Einsturz des Tragwerks führt,
- „Nicht-schadenstolerante" Tragwerksteile, bei denen örtliches Versagen eines Bauteils schnell zum Versagen des gesamten Tragwerks führt.

Tabelle 2.28 Teilsicherheitsbeiwert für die Ermüdungsfestigkeit γ_{Mf}

Überprüfung und Zugänglichkeit	Bauteil	
	Schadenstolerant γ_{Mf}	Nicht-schadenstolerant γ_{Mf}
Regelmäßige Überprüfung und Unterhaltung bei:		
- zugänglicher Kerbstelle	1,00	1,25
- schlechter Zugänglichkeit zur Kerbstelle	1,15	1,35
Bei der Überwachung dürfen Ermüdungsschäden entdeckt werden, bevor weitere Schadensfolgen eintreten. Solche Überwachungen erfolgen nach Sichtprüfungen, wenn nicht andere Verfahren in der Projektspezifikation festgelegt werden. *Anmerkung:* *Eine innerbetriebliche Überwachung ist keine Anforderung nach Teil 1.1 des EC 3 und sollte, wenn notwendig, vertraglich vereinbart werden.*		

2.11.5 Spannungsspektren bei Ermüdungsbelastung

Berechnung der Spannungen

Spannungen infolge Ermüdungsbelastung sind durch eine elastische Tragwerksberechnung zu bestimmen. Wo notwendig, sind die dynamischen Auswirkungen des Tragwerks oder die Stoßauswirkungen zu berücksichtigen.

Spannungsschwingbreite im Grundmaterial

Abhängig vom durchzuführenden Ermüdungsnachweis ist zu ermitteln

- die Nennspannungsschwingbreite oder
- die korrigierte Nennspannungsschwingbreite

Bei der Bestimmung der Spannungen an einer Kerbstelle sind u.A. zu berücksichtigen die Auswirkungen von:

- Anschlussexzentrizitäten,
- eingeprägten Verformungen,
- Nebenspannungen infolge Anschlusssteifigkeit,
- Spannungsumlagerungen infolge Beulens,
- Schubverformung und der Abstützwirkungen.

Weitere Einzelheiten siehe EC 3, Abschnitt 6.

Spannungsschwingbreite in der Schweißnaht

Bei kraftübertragenden nichtdurchgeschweißten Nähten oder Kehlnähten sind die auf die Längeneinheit bezogenen Kräfte in ihre Komponenten quer und längs zur Naht zu zerlegen.

Ermüdungswirksame Schweißnahtspannungen	Längsspannung quer zur Naht	$\sigma_w = \sqrt{\sigma_\perp^2 + \tau_\perp^2}$
	Schubspannung längs zur Naht	$\tau_w = \tau_l$

Bemessungsspektrum der Spannungsschwingbreite

Das Spannungsschwingbreitenspektrum kann bestimmt werden durch Auswertung des Spannungs-Zeit-Verlaufes eines Belastungszyklus mittels eines anerkannten Zählverfahrens in Verbindung mit der Palmgren-Miner-Regel.

Zu den anerkannten, gleichwertigen Zählverfahren gehören die:

- Rainflowmethode
- Reservoirmethode

Das Bemessungsspektrum der Spannungsschwingbreiten ist aus allen Spannungsschwingbreitenspektren zu bestimmen, die für einen bestimmten Kerbfall für die verschiedenen Belastungszyklen ermittelt wurden.

Das Bemessungsspektrum der Spannungsschwingbreiten für einen typischen Kerbfall oder ein Bauteil darf aus Spannungs-Zeit-Verläufen infolge geeigneter Messungen oder aus Berechnungen nach der elastischen Spannungstheorie bestimmt werden.

3 Bemessung und Nachweise

3.1 Häufige Formelzeichen und Bezeichnungen

3.1.1 Koordinaten, Verschiebungs- und Schnittgrößen, Spannungen

x	Stabachse
y, z	Hauptachsen des Querschnitts, bei einteiligen Stäben so gewählt, dass $I_y \geq I_z$
δ_x, $\delta_{...}$	Verschiebungen in Richtung der Achsen x, y, z
N_{pl}	Normalkraft im vollplastischen Zustand
M_y, M_z	Biegemomente um die Biegeachse y, z
M_x	Torsionsmoment
M_{el}	Biegemoment, an der ungünstigsten Stelle des Querschnitts wird f_y erreicht
M_{pl}	Plastisches Moment
V_y, V_z	Querkräfte in Richtung der Achse y, z
V_{pl}	Querkraft im vollplastischen Zustand
σ	Längsspannung
τ	Schubspannung

3.1.2 Kenngrößen, Festigkeiten

f_y	Streckgrenze: charakteristischer Wert = $f_{y,k}$, Bemessungswert = $f_{y,d}$
f_u	Zugfestigkeit
$f_{y,b}$	Streckgrenze für Schraubenwerkstoffe
$f_{u,b}$	Zugfestigkeit für Schraubenwerkstoffe

3.1.3 Querschnittsgrößen

A	Querschnittsfläche, A_S Stegfläche
b	Querschnitts-Breite
d	Stegblech-Höhe
h	Querschnitts-Höhe
r	Ausrundungsradius
t_f	Flanschdicke
t_w	Stegblechdicke
d_L	Lochdurchmesser, d_{Sch} Schaftdurchmesser
I_y, I_z	Flächenmoment 2. Grades um die Achsen y, z

I_T	Torsionsflächenmoment 2. Grades, auch I_{Tor}
I_w	Wölbflächenmoment 2. Grades
i_y, i_z	Trägheitsradius um die Achsen y, z
$W_{el,y}$	Elastisches Widerstandsmoment um die Achse y-y, auch W_y
$W_{el,z}$	Elastisches Widerstandsmoment um die Achse z-z, auch W_z
$W_{pl,y}$	Plastisches Widerstandsmoment um die Achse y-y
$W_{pl,z}$	Plastisches Widerstandsmoment um die Achse z-z

3.1.4 Systemgrößen

ℓ	Zu N_{cr} gehörende Knicklänge eines Stabes
ε	Beiwert zur Bestimmung der Grenzverhältnisse
λ	Schlankheitsgrad
λ_1	Bezugsschlankheitsgrad
$\bar{\lambda}$	Bezogener Schlankheitsgrad bei Druckbeanspruchung
N_{cr}	Ideale kritische Knicklast (Verzweigungslast nach der Elastizitätstheorie)
M_{cr}	Ideales Biegedrillknickmoment nach der Elastizitätstheorie
χ	Abminderungsfaktor nach Europäischen Knickspannungslinien (KSL)
$\beta_{M,y}, \beta_{M,z}$	Momentenbeiwerte zur Erfassung der Form der Biegemomente M_y, M_z

3.1.5 Einwirkungen, Widerstandsgrößen und Sicherheitselemente

F	Einwirkung (allgemeines Formelzeichen)
G	Ständige Einwirkung
Q	Veränderliche Einwirkung
F_A	Außergewöhnliche Einwirkung
F_E	Erddruck
M	Widerstandsgröße (allgemeines Formelzeichen)
R	Beanspruchbarkeit (allgemeines Formelzeichen)
S	Beanspruchung (allgemeines Formelzeichen)
γ_F	Teilsicherheitsbeiwert für Einwirkungen
γ_M	Teilsicherheitsbeiwert für Widerstandsgrößen
ψ	Kombinationsbeiwert für Einwirkungen

3.1.6 Nebenzeichen

Index b	Schrauben, Niete, Bolzen
Index d	Bemessungswert einer Größe
Index k	Charakteristischer Wert einer Größe

3.1.7 Graphische Darstellung von Koordinaten, Schnittgrößen, Verschiebungen

Koordinaten: - x - y - z 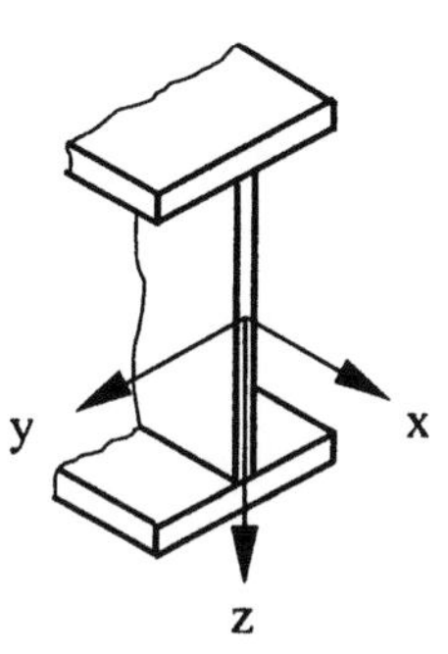	Verschiebungen: - δ_x - δ_y - δ_z 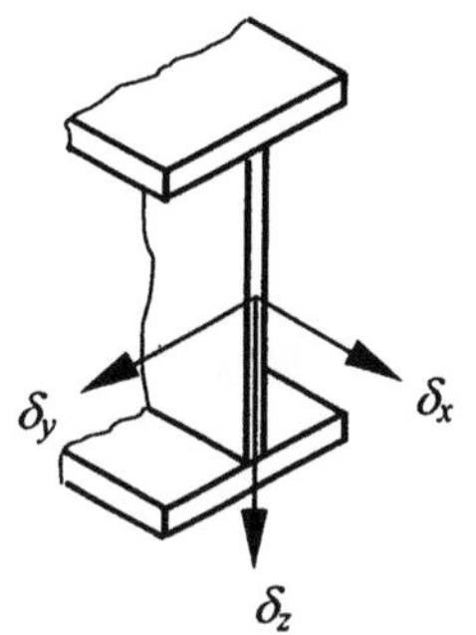
Schnittgrößen: - Querkraft V_y - Querkraft V_z - Normalkraft N_x 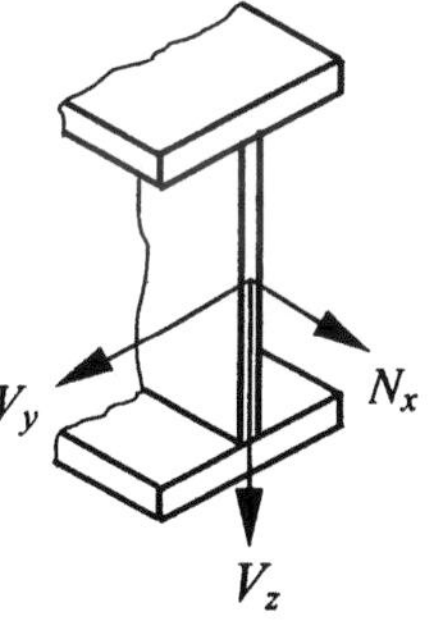	Schnittgrößen: - Biegemoment M_y - Biegemoment M_z - Torsionsmoment M_x 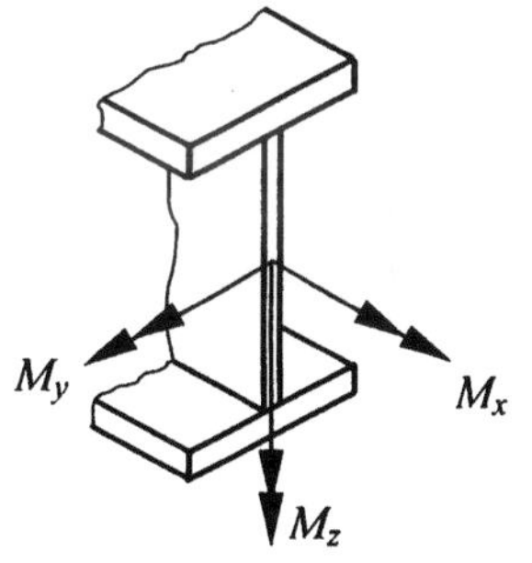

3.1.8 Graphische Darstellung von Momenten

In der Zeichenebene wirkendes Moment	Senkrecht zur Zeichenebene wirkendes Moment
• P = Angriffspunkt	P

3.2 Querschnittsklassen

3.2.1 Kriterien der Einstufung in Querschnittsklassen

Querschnitte werden nach dem Verhältnis *b/t* der druckbeanspruchten Teile in 4 Klassen (QKl) eingeteilt, siehe dazu auch Abschnitt 2.8.

Tabelle 3.1 Kriterien zur Einstufung von druckbeanspruchten Bauteilen in Querschnittsklassen (QKl)

QKl	Kriterium	Tabelle
1	Maximale b/t Verhältnisse - Beidseitig gestützte Teile rechtwinklig zur Biegeachse z.B. Stegbleche.	3.3
2	- Beidseitig gestützte Teile parallel zur Biegeachse z.B. Flanschteile von geschlossenen, bzw. halboffenen Profilen.	3.4
3	- Einseitig gestützte Teile, z.B. Flanschteile	3.5
	- Winkelquerschnitte, Rohre	3.6; 3.7
4	Wirksame Querschnittswerte durch Ansatz wirksamer Breiten - Wirksame Breite von beidseitig gestützten druckbeanspruchten Teilen	3.7
	- Wirksame Breite von einseitig gestützten, druckbeanspruchten Teilen	3.8
	- Verschiebung der Hauptachse des wirksamen Querschnittes	3.9

- Die Einstufung eines Querschnitts erfolgt in der Regel nach der ungünstigsten Klasse seiner druckbeanspruchten Teile
- Erfüllt ein druckbeanspruchtes Bauteil die Grenzverhältnisse der Klasse 3 nicht, sollte es in Klasse 4 eingestuft werden
- Die verschiedenen, druckbeanspruchten Teile eines Querschnitts (z.B. Stegblech oder Gurt) können allgemein in verschiedenen Klassen eingestuft sein
- Auflistung der Flansch- und Stegblecheinstufung

3.2.2 Maximale b/t Verhältnisse - Grenzwerte

Beiwert zur Bestimmung der Grenzverhältnisse in Abhängigkeit von der Stahlsorte

$$\varepsilon = \sqrt{235/f_y}$$

Tabelle 3.2 Beiwert ε für übliche Baustähle

Werkstoff	Fe 360	Fe 430	Fe 510
f_y	235	275	355
ε	1	0,92	0,81

Tabelle 3.3 Maximale *b/t* Verhältnisse für beidseitig gestützte Teile rechtwinklig zur Biegeachse

Stegblechteile			

Steg		Spannungsverteilung über Querschnittsteil (Druck positiv)	QKl		Grenzverhältnis
Beanspruchung	Biegung		1		$d\,/\,t_w \le 72 \cdot \varepsilon$
			2		$d\,/\,t_w \le 83 \cdot \varepsilon$
			3		$d\,/\,t_w \le 124 \cdot \varepsilon$
	Druck		1		$d\,/\,t_w \le 33 \cdot \varepsilon$
			2		$d\,/\,t_w \le 38 \cdot \varepsilon$
			3		$d\,/\,t_w \le 42 \cdot \varepsilon$
	Biegung und Druck		1	$\alpha > 0{,}5$	$d\,/\,t_w \le 396 \cdot \varepsilon\,/(13\alpha - 1)$
				$\alpha \le 0{,}5$	$d\,/\,t_w \le 36 \cdot \varepsilon\,/\,\alpha$
			2	$\alpha > 0{,}5$	$d\,/\,t_w \le 456 \cdot \varepsilon\,/(13\alpha - 1)$
				$\alpha \le 0{,}5$	$d\,/\,t_w \le 41{,}5 \cdot \varepsilon\,/\,\alpha$
			3	$\psi > -1$	$d\,/\,t_w \le 42 \cdot \varepsilon\,/(0{,}67 + 0{,}33\psi)$
				$\psi \le -1$	$d\,/\,t_w \le 62 \cdot \varepsilon \cdot (1 - \psi) \cdot \sqrt{(-\psi)}$

Tabelle 3.4 Maximale b/t Verhältnisse für beidseitig gestützte Teile parallel zur Biegeachse

Flanschteile				

Flansch		Spannungsverteilung über Querschnittsteil und Querschnitt (Druck positiv)	Grenzverhältnis		
			QKl	Querschnitt	
				gewalzte Hohlprofile	andere
Beanspruchung	Biegung	$+f_y$	1	$\dfrac{b-3\cdot t_f}{t_f}\le 33\cdot\varepsilon$	$\dfrac{b}{t_f}\le 33\cdot\varepsilon$
			2	$\dfrac{b-3\cdot t_f}{t_f}\le 38\cdot\varepsilon$	$\dfrac{b}{t_f}\le 38\cdot\varepsilon$
		f_y	3	$\dfrac{b-3\cdot t_f}{t_f}\le 42\cdot\varepsilon$	$\dfrac{b}{t_f}\le 42\cdot\varepsilon$
	Druck	f_y	1		
			2	$\dfrac{b-3\cdot t_f}{t_f}\le 42\cdot\varepsilon$	$\dfrac{b}{t_f}\le 42\cdot\varepsilon$
			3		

Tabelle 3.5 Maximale b/t Verhältnisse für einseitig gestützte Flanschteile

Gewalzte Querschnitte			Geschweißte Querschnitte	
Flansch	Spannungsverteilung über Querschnittsteil (Druck positiv)	QKl	Grenzverhältnis	
			Querschnitt	
			gewalzt	geschweißt
Druck		1	$c/t_f \leq 10 \cdot \varepsilon$	$c/t_f \leq 9 \cdot \varepsilon$
		2	$c/t_f \leq 11 \cdot \varepsilon$	$c/t_f \leq 10 \cdot \varepsilon$
		3	$c/t_f \leq 15 \cdot \varepsilon$	$c/t_f \leq 14 \cdot \varepsilon$
Beanspruchung: Druck und Biegung — Flanschende im Druckbereich		1	$c/t_f \leq 10 \cdot \varepsilon/\alpha$	$c/t_f \leq 9 \cdot \varepsilon/\alpha$
		2	$c/t_f \leq 11 \cdot \varepsilon/\alpha$	$c/t_f \leq 10 \cdot \varepsilon/\alpha$
		3	$c/t_f \leq 23 \cdot \varepsilon \cdot \sqrt{k_\sigma}$	$c/t_f \leq 21 \cdot \varepsilon \cdot \sqrt{k_\sigma}$
Beanspruchung: Druck und Biegung — Flanschende im Zugbereich		1	$c/t_f \leq 10 \cdot \varepsilon/(\alpha \cdot \sqrt{\alpha})$	$c/t_f \leq 9 \cdot \varepsilon/(\alpha \cdot \sqrt{\alpha})$
		2	$c/t_f \leq 11 \cdot \varepsilon/(\alpha \cdot \sqrt{\alpha})$	$c/t_f \leq 10 \cdot \varepsilon/(\alpha \cdot \sqrt{\alpha})$
		3	$c/t_f \leq 23 \cdot \varepsilon \cdot \sqrt{k_\sigma}$	$c/t_f \leq 21 \cdot \varepsilon \cdot \sqrt{k_\sigma}$

Beulwert k_σ nach Tabelle 3.9

Tabelle 3.6 Maximale b/t Verhältnisse für druckbeanspruchte Winkelquerschnitte

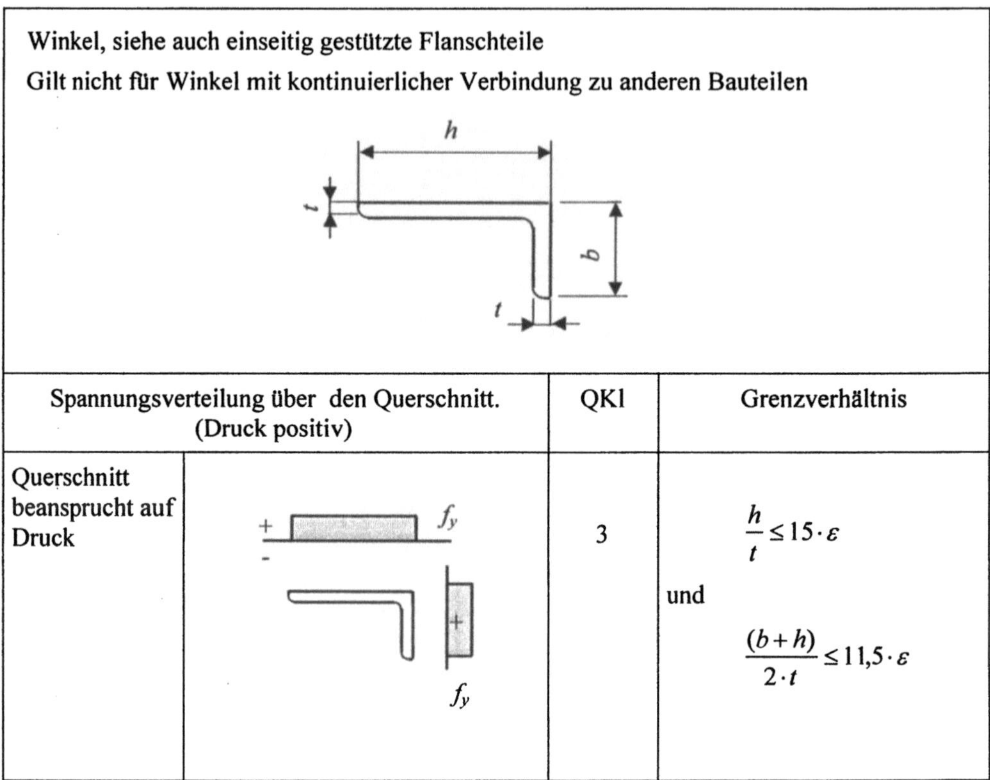

Winkel, siehe auch einseitig gestützte Flanschteile Gilt nicht für Winkel mit kontinuierlicher Verbindung zu anderen Bauteilen		
Spannungsverteilung über den Querschnitt. (Druck positiv)	QKl	Grenzverhältnis
Querschnitt beansprucht auf Druck	3	$\dfrac{h}{t} \leq 15 \cdot \varepsilon$ und $\dfrac{(b+h)}{2 \cdot t} \leq 11{,}5 \cdot \varepsilon$

Tabelle 3.7 Maximale b/t Verhältnisse für druckbeanspruchte Rohrquerschnitte

Rohrquerschnitte		QKl	Grenzverhältnis	
beansprucht auf: - Biegung - Biegung mit Druck - Druck		1	$d/t \leq 50 \cdot \varepsilon^2$	
		2	$d/t \leq 70 \cdot \varepsilon^2$	
		3	$d/t \leq 90 \cdot \varepsilon^2$	
		ε^2		
		Fe 360	Fe 430	Fe 510
		1	0,85	0,66

3.2.3 Wirksame Querschnittswerte durch Ansatz wirksamer Breiten

Abminderungsfaktor und Plattenschlankheit

	Bereich	Faktor
Abminderungsfaktor: ρ	$\overline{\lambda}_p \leq 0{,}673$	$\rho = 1$
	$\overline{\lambda}_p > 0{,}673$	$\rho = \dfrac{\overline{\lambda}_p - 0{,}22}{\overline{\lambda}_p{}^2}$

Plattenschlankheit

$$\overline{\lambda}_p = \sqrt{\frac{f_y}{\sigma_{cr}}} = \frac{b/t}{28{,}4 \cdot \varepsilon \cdot \sqrt{k_\sigma}}$$

mit:

σ_{cr} = kritische Plattenbeulspannung

k_σ = Beulwert entsprechend dem Spannungsverhältnis ψ gemäß Tabelle 3.8 bzw. 3.9

t = maßgebende Dicke

Bezugsbreite $\overline{b}$ (siehe Tabelle 3.8, 3.9)

- Stegblech	$\overline{b} = d$
- beidseitig gestützte Flansche	$\overline{b} = b$
- Flansche von RHP	$\overline{b} = b - 3 \cdot t$
- einseitig gestützte Flansche	$\overline{b} = c$
- gleichschenklige Winkel	$\overline{b} = (b + h)/2$
- ungleichschenklige Winkel	$\overline{b} = h \quad$ oder $\quad (b + h)/2$

Bei Bestimmung der wirksamen Breiten der Flansche darf das Spannungsverhältnis ψ gemäß Tabelle 3.5 oder Tabelle 3.6 mit Querschnittswerten des Bruttoquerschnitts gebildet werden.

Bei Bestimmung der wirksamen Breite des Stegbleches darf das Spannungsverhältnis ψ gemäß Tabelle 3.6 mit der wirksamen Fläche des Druckflansches und der Bruttofläche des Stegbleches gebildet werden.

Im Allgemeinen verschiebt sich die Hauptachse des wirksamen Querschnitts gegenüber der Hauptachse des Bruttoquerschnitts um den Betrag e, siehe Tabelle 3.10. Diese Verschiebung sollte bei der Bestimmung der Querschnittswerte berücksichtigt werden.

Bei Beanspruchung des Querschnitts durch eine Längskraft sollte das Zusatzmoment ΔM berücksichtigt werden.

$$\Delta M = N \cdot e_N$$

mit: e_N = Verschiebung der Hauptachse, unter Annahme einer gleichmäßigen Druckspannungsverteilung, siehe Tabelle 3.10.

Tabelle 3.8 Wirksame Breite von beidseitig gestützten, druckbeanspruchten Teilen

Spannungsverteilung (Druck positiv)	QKl	$\psi = \sigma_2 / \sigma_1$	Wirksame Breite
		$\psi = 1$	$b_{\it eff} = \rho \cdot \bar{b}$ $b_{e1} = 0{,}5 \cdot b_{\it eff}$ $b_{e2} = 0{,}5 \cdot b_{\it eff}$
	4	$1 > \psi \geq 0$	$b_{\it eff} = \rho \cdot \bar{b}$ $b_{e1} = 2 \cdot b_{\it eff} / (5 - \psi)$ $b_{e2} = b_{\it eff} - b_{e1}$
		$\psi < 0$	$b_{\it eff} = \rho \cdot b_c = \rho \cdot \bar{b} / (1 - \psi)$ $b_{e1} = 0{,}4 \cdot b_{\it eff}$ $b_{e2} = 0{,}6 \cdot b_{\it eff}$

Beulen	Bereich	Beulwert
	$\psi = 1$	$k_\sigma = 4$
	$1 > \psi > 0$	$k_\sigma = 8{,}2 / (1{,}05 + \psi)$
	$\psi = 0$	$k_\sigma = 7{,}81$
	$0 > \psi > -1$	$k_\sigma = 7{,}81 - 6{,}29 \cdot \psi + 9{,}78 \cdot \psi^2$
	$\psi = -1$	$k_\sigma = 23{,}9$
	$-1 > \psi > -2$	$k_\sigma = 5{,}98 \cdot (1 - \psi)^2$
Alternativ für:	$1 \geq \psi \geq -1$	$k_\sigma = \dfrac{16}{\sqrt{(1+\psi)^2 + 0{,}112 \cdot (1-\psi)^2} + (1+\psi)}$

Tabelle 3.9 Wirksame Breite von einseitig gestützten, druckbeanspruchten Teilen

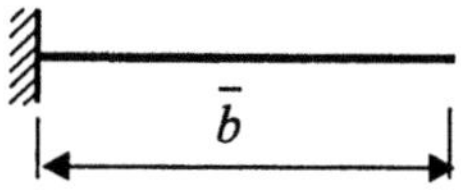

Spannungsverteilung (Druck positiv)	QKl	$\psi = \sigma_2 / \sigma_1$	Wirksame Breite
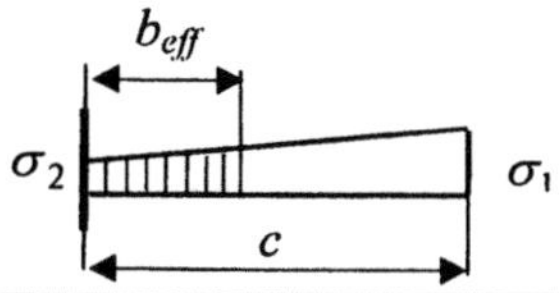	4	$1 > \psi \geq 0$	$b_{eff} = \rho \cdot c$
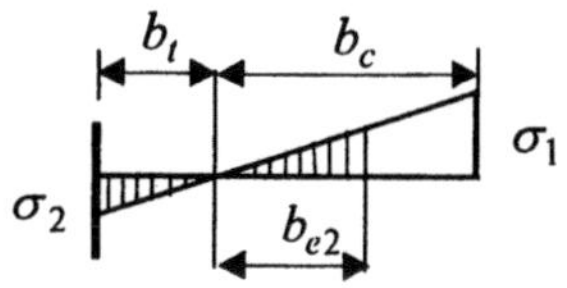		$\psi < 0$	$b_{eff} = \rho \cdot b_c = \dfrac{\rho \cdot c}{1 - \psi}$

Beulen		Bereich	Beulwert
		$\psi = 1$	$k_\sigma = 0{,}43$
		$\psi = 0$	$k_\sigma = 0{,}57$
		$\psi = -1$	$k_\sigma = 0{,}85$
		$1 > \psi > -1$	$k_\sigma = 0{,}57 - 0{,}21 \cdot \psi + 0{,}07 \cdot \psi^2$

Spannungsverteilung (Druck positiv)	QKl	$\psi = \sigma_2 / \sigma_1$	Wirksame Breite
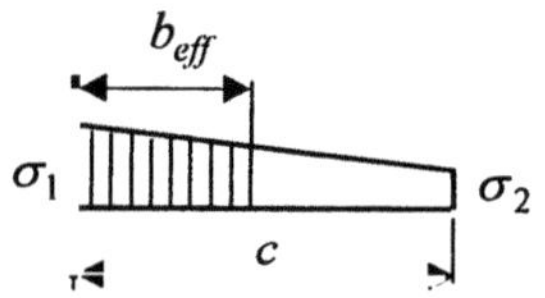	4	$1 > \psi \geq 0$	$b_{eff} = \rho \cdot c$
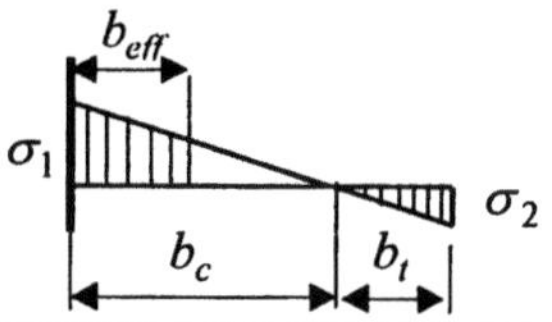		$\psi < 0$	$b_{eff} = \rho \cdot b_c = \dfrac{\rho \cdot c}{1 - \psi}$

Beulen		Bereich	Beulwert
		$\psi = 1$	$k_\sigma = 0{,}43$
		$1 > \psi > 0$	$k_\sigma = 0{,}578 / (\psi + 0{,}34)$
		$\psi = 0$	$k_\sigma = 1{,}7$
		$0 > \psi > -1$	$k_\sigma = 1{,}7 - 5 \cdot \psi + 17{,}1 \cdot \psi^2$
		$\psi = -1$	$k_\sigma = 23{,}8$

Tabelle 3.10 Verschiebung der Hauptachse des wirksamen Querschnittes für Querschnitte der Klasse 4

	Bruttoquerschnitt	Wirksamer Querschnitt
Druckbeanspruchte Querschnitte der Klasse 4	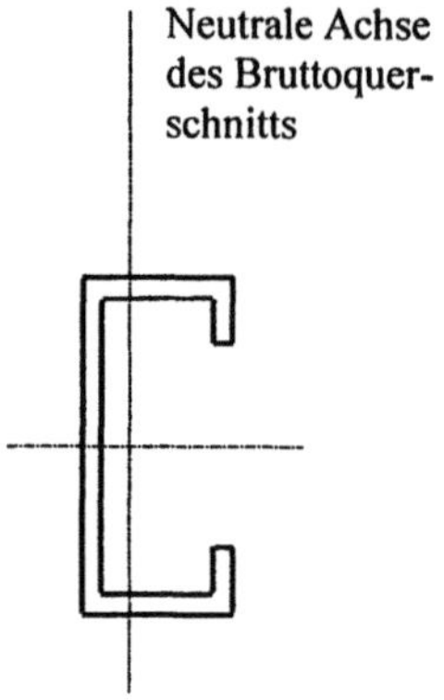 Neutrale Achse des Bruttoquerschnitts	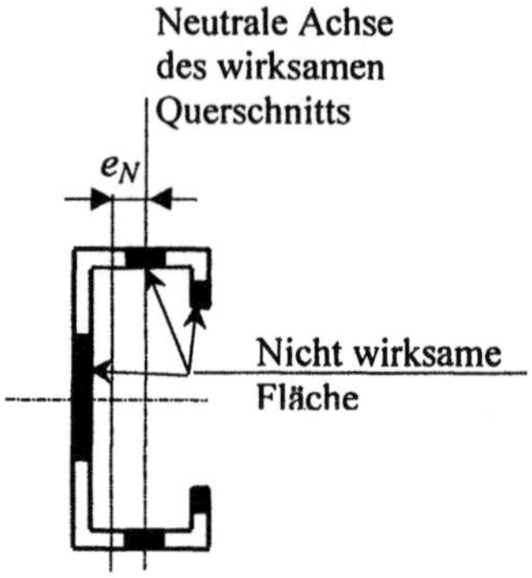 Neutrale Achse des wirksamen Querschnitts e_N Nicht wirksame Fläche
Biegebeanspruchte Querschnitte der Klasse 4	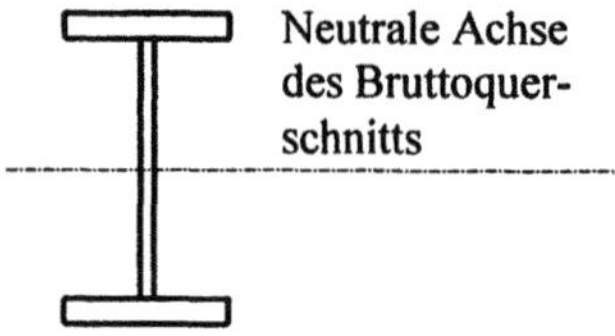 Neutrale Achse des Bruttoquerschnitts	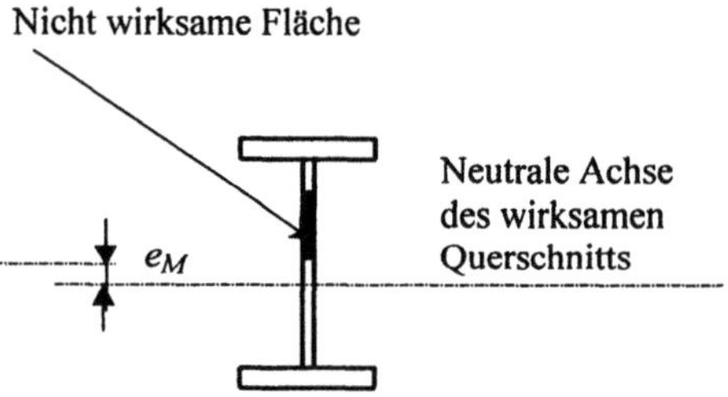 Nicht wirksame Fläche Neutrale Achse des wirksamen Querschnitts e_M
	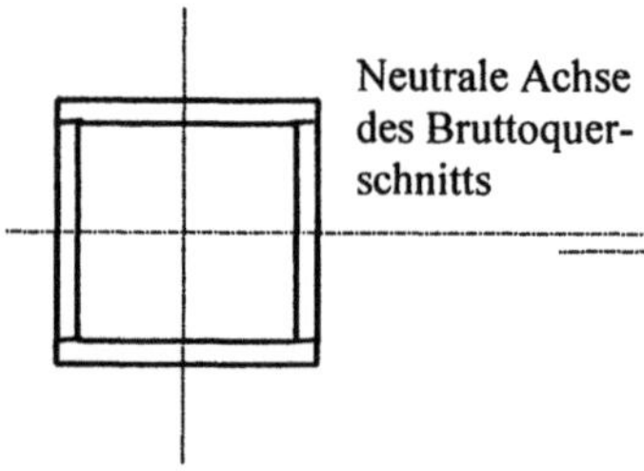 Neutrale Achse des Bruttoquerschnitts	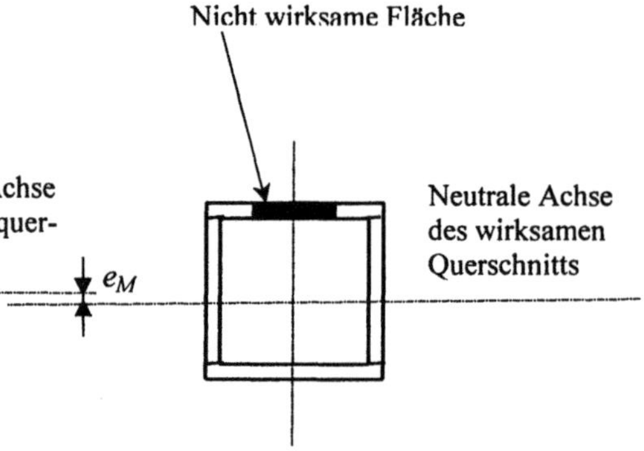 Nicht wirksame Fläche Neutrale Achse des wirksamen Querschnitts e_M

3.2.4 Wirksame Querschnittwerte von I-Querschnitten der Klasse 4

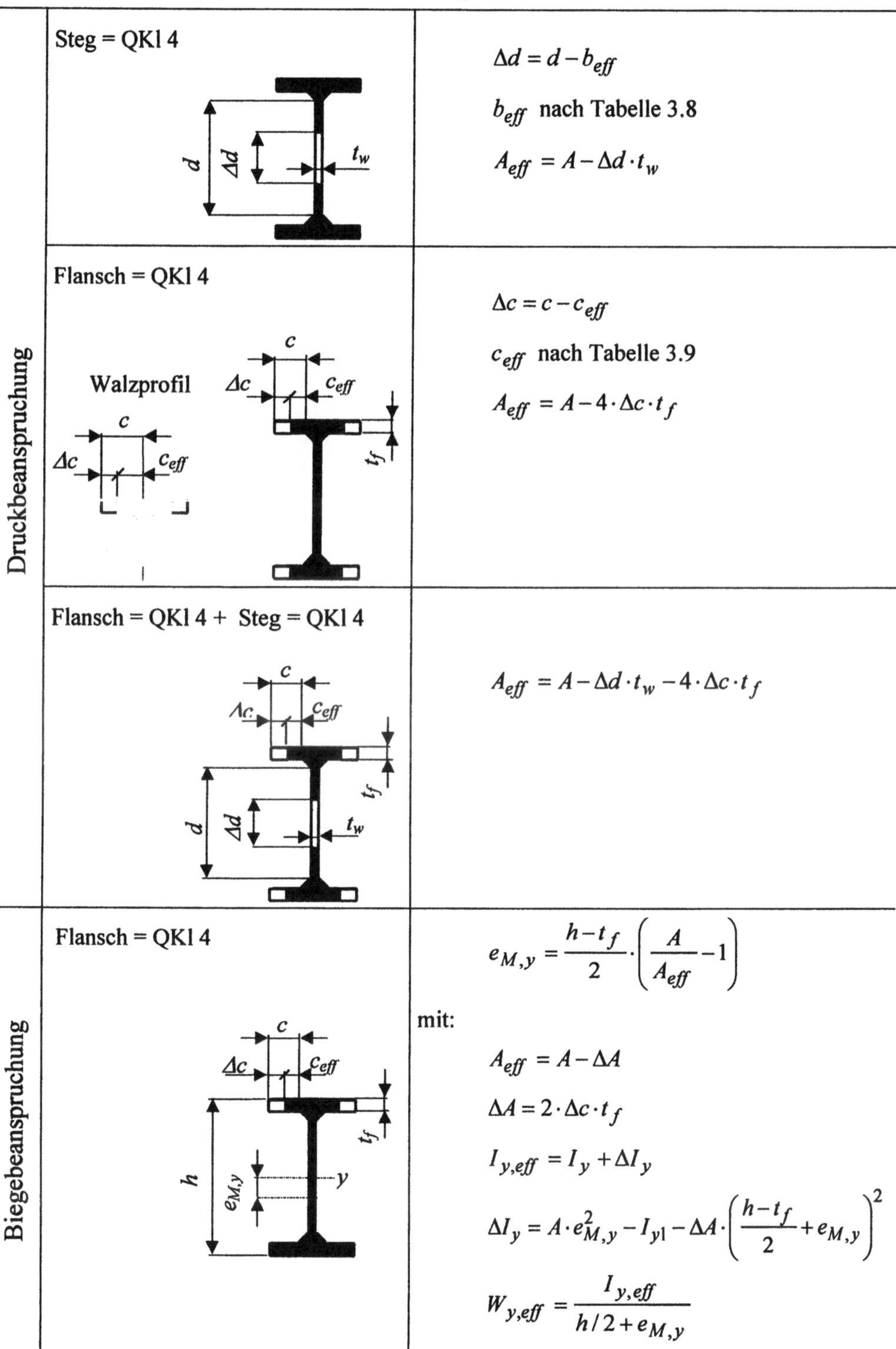

Steg = QKl 4

$$\Delta d = d - b_{eff}$$

b_{eff} nach Tabelle 3.8

$$A_{eff} = A - \Delta d \cdot t_w$$

Flansch = QKl 4

$$\Delta c = c - c_{eff}$$

c_{eff} nach Tabelle 3.9

$$A_{eff} = A - 4 \cdot \Delta c \cdot t_f$$

Flansch = QKl 4 + Steg = QKl 4

$$A_{eff} = A - \Delta d \cdot t_w - 4 \cdot \Delta c \cdot t_f$$

Flansch = QKl 4

$$e_{M,y} = \frac{h - t_f}{2} \cdot \left(\frac{A}{A_{eff}} - 1 \right)$$

mit:

$$A_{eff} = A - \Delta A$$

$$\Delta A = 2 \cdot \Delta c \cdot t_f$$

$$I_{y,eff} = I_y + \Delta I_y$$

$$\Delta I_y = A \cdot e_{M,y}^2 - I_{y1} - \Delta A \cdot \left(\frac{h - t_f}{2} + e_{M,y} \right)^2$$

$$W_{y,eff} = \frac{I_{y,eff}}{h/2 + e_{M,y}}$$

Tabelle 3. 11 Werte von genormten I-Profilen, bei Druckbeanspruchung eingestuft in QKl 4 (γ_{M0}=1,1)

								Fe 360
Profil	QKl	$\overline{\lambda}_p$	ρ	b_{eff}	A_{eff}	A_{eff} / A	N_{pl}	$N_{pl,Rd}$
				cm	cm²		kN	kN
IPE 550	4	0,742	0,948	44,3	131,7	0,980	3096	2814
IPE 600	4	0,754	0,939	48,3	152,2	0,976	3578	3252
HE-A 800	4	0,791	0,913	61,5	277,0	0,969	6509	5917
HE-A 900	4	0,847	0,874	67,3	305,0	0,951	7167	6515
HE-A 1000	4	0,926	0,823	71,5	321,5	0,927	7556	6869
HE-B 1000	4	0,804	0,903	78,4	384,1	0,960	9026	8205
								Fe 430
IPE 450	4	0,771	0,927	35,1	96,2	0,974	2646	2405
IPE 500	4	0,799	0,907	38,6	111,5	0,965	3065	2787
IPE 550	4	0,806	0,902	42,2	129,3	0,962	3556	3233
IPE 600	4	0,820	0,893	45,9	149,4	0,958	4107	3734
HE-A 650	4	0,757	0,937	50,0	237,1	0,981	6520	5928
HE-A 700	4	0,768	0,929	54,1	254,5	0,977	6998	6362
HE-A 800	4	0,860	0,865	58,3	272,2	0,952	7486	6805
HE-A 900	4	0,921	0,826	63,6	299,1	0,933	8226	7479
HE-A 1000	4	1,007	0,776	67,4	314,8	0,908	8657	7870
HE-B 900	4	0,796	0,909	70,0	358,3	0,965	9852	8957
HE-B 1000	4	0,874	0,856	74,3	376,3	0,941	10348	9407
HE-M 1000	4	0,791	0,913	79,2	428,3	0,964	11778	10707
								Fe 510
IPE 300	4	0,761	0,934	23,2	52,6	0,978	1869	1699
IPE 330	4	0,785	0,917	24,8	60,9	0,973	2162	1966
IPE 360	4	0,811	0,898	26,8	70,3	0,967	2496	2269
IPE 400	4	0,837	0,881	29,2	81,1	0,960	2878	2617
IPE 450	4	0,876	0,855	32,4	93,7	0,948	3325	3023
IPE 500	4	0,908	0,835	35,6	108,3	0,938	3846	3496
IPE 550	4	0,916	0,830	38,8	125,6	0,934	4458	4053
IPE 600	4	0,931	0,820	42,2	144,9	0,929	5144	4676
HE-A 550	4	0,762	0,934	40,9	208,1	0,983	7389	6717
HE-A 600	4	0,813	0,897	43,6	220,0	0,971	7809	7099
HE-A 650	4	0,860	0,865	46,2	231,9	0,960	8234	7485
HE-A 700	4	0,872	0,857	49,9	248,4	0,954	8819	8017
HE-A 800	4	0,977	0,793	53,5	264,9	0,927	9405	8550
HE-A 900	4	1,046	0,755	58,1	290,3	0,906	10307	9370
HE-A 1000	4	1,143	0,706	61,3	304,8	0,879	10820	9836
HE-B 700	4	0,744	0,947	55,1	301,1	0,983	10689	9717
HE-B 800	4	0,837	0,881	59,4	320,1	0,958	11363	10330
HE-B 900	4	0,905	0,837	64,4	348,0	0,937	12354	11231
HE-B 1000	4	0,993	0,784	68,0	364,4	0,911	12937	11761
HE-M 900	4	0,797	0,908	69,9	408,8	0,965	14513	13193
HE-M 1000	4	0,898	0,841	73,0	415,1	0,935	14737	13398

3.3 Grenzbeanspruchbarkeiten nach EC 3

3.3.1 Grenzbeanspruchbarkeiten der Querschnitte

	Bezug	Formel
Zugkraft	Grenzzugkraft des Querschnittes	$N_{t,Rd} = \min \begin{cases} N_{pl,Rd} \\ N_{u,Rd} \end{cases}$
	Plastische Grenzzugkraft eines Querschnittes bzw. des Bruttoquerschnittes bei Schraubenlöchern	$N_{pl,Rd} = A \cdot \dfrac{f_y}{\gamma_{M0}}$
	Grenzzugkraft des Nettoquerschnittes Allgemein im kritischen Schnitt durch die Löcher	$N_{u,Rd} = 0{,}9 \cdot A_{net} \dfrac{f_u}{\gamma_{M2}}$
	Grenzzugkraft des Nettoquerschnittes Winkel, mit einschenkligem Anschluss und einer Schraubenreihe mit n Schrauben	$n = 1$ $N_{u,Rd} = 2 \cdot (e_2 - 0{,}5 \cdot d_0) \cdot t \cdot \dfrac{f_u}{\gamma_{M2}}$
		$n = 2$ $N_{u,Rd} = \beta_2 \cdot A_{net} \cdot \dfrac{f_u}{\gamma_{M2}}$ β_2 nach Tabelle 3.12
		$n \geq 3$ $N_{u,Rd} = \beta_3 \cdot A_{net} \cdot \dfrac{f_u}{\gamma_{M2}}$ β_3 nach Tabelle 3.12
Druckkraft	Grenzdruckkraft des Bruttoquerschnittes [1]	$N_{pl,Rd} = A \cdot \dfrac{f_y}{\gamma_{M0}}$
	Grenzdruckkraft des wirksamen, durch örtliches Ausbeulen reduzierten Querschnittes	QKl 1, ...2, ...3 $N_{c,Rd} = A \cdot \dfrac{f_y}{\gamma_{M0}}$
		QKl 4 $N_{c,Rd} = A_{eff} \cdot \dfrac{f_y}{\gamma_{M1}}$

[1] Lochabzug nicht erforderlich, außer bei übergroßen Löchern und Langlöchern

Bezug	Formel
Querkraft	
Plastische Grenzquerkraft	$$V_{pl,Rd} = A_v \cdot \dfrac{f_y}{\sqrt{3} \cdot \gamma_{M0}}$$ A_v = wirksame Schubfläche nach Tabelle 3.13
Grenzwert gegen Scherbruch	$$V_{eff,Rd} = A_{v,eff} \cdot \dfrac{f_y}{\sqrt{3} \cdot \gamma_{M0}}$$ $A_{v,eff}$ nach Tabelle 3.14
Biegung allgemein	
Grenzmoment des Querschnittes	$$M_{c,Rd} = \min \begin{cases} M_{pl,Rd} \\ M_{o,Rd} \\ M_{u,Rd} \end{cases}$$
Plastisches Grenzmoment des Bruttoquerschnittes.	$$M_{pl,Rd} = W_{pl} \cdot \dfrac{f_y}{\gamma_{M0}}$$
Elastisches Grenzmoment	$$M_{el,Rd} = W_{el} \cdot \dfrac{f_y}{\gamma_{M0}}$$
Grenzmoment des wirksamen Querschnittes, durch örtliches Ausbeulen reduziert	$$M_{o,Rd} = W_{eff} \cdot \dfrac{f_y}{\gamma_{M1}}$$
Einachsige Biegung	
Grenzmoment des Querschnittes ohne Schraubenlöcher	QKl 1, ...2 $$M_{c,Rd} = M_{pl,Rd}$$ QKl 3 $$M_{c,Rd} = M_{el,Rd}$$ QKl 4 $$M_{c,Rd} = M_{o,Rd}$$
Grenzmoment des Nettoquerschnitts mit Schraubenlöchern	$M_{u,Rd}$ Kein Lochabzug in den Zugflanschen wenn: $$0{,}9 \cdot \frac{A_{f,net}}{A_f} \geq \frac{f_y}{f_u} \cdot \frac{\gamma_{M2}}{\gamma_{M0}}$$ A_f = Flanschfläche Bei Nichteinhaltung der Bedingung ist eine reduzierte Flanschfläche anzusetzen

Bezug		Formel
Grenzmoment		
Anteil der Querkraft	Abminderung	
$V_{Sd} \leq 0{,}5 \cdot V_{pl,Rd}$	nein	$M_{V,Rd} = M_{c,Rd}$
$V_{Sd} > 0{,}5 \cdot V_{pl,Rd}$	ja	$M_{V,Rd} \leq M_{c,Rd}$
Abminderungsfaktoren: - Reduktionsbeiwert		$\rho = \left(\dfrac{2 \cdot V_{S,d}}{V_{pl,Rd}} - 1 \right)^2$
- Reduzierte Streckgrenze		$f_{y,red} = (1 - \rho) \cdot f_y$
Abgemindertes Grenzmoment:		$M_{V,Rd} \leq M_{c,Rd}$
- Querschnitte mit gleichen Flanschen und Biegung um die Hauptachse		$M_{Vy,Rd} = \left(W_{pl,y} - \rho \cdot \dfrac{A_v^2}{4 \cdot t_w} \right) \cdot \dfrac{f_y}{\gamma_{M0}}$
- Andere Querschnitte		$M_{Vy,Rd} = \left(W_{pl,y} - \rho \cdot \dfrac{A_v^2}{4 \cdot t_w} \right) \cdot \dfrac{f_{y,red}}{\gamma_{M0}}$
Längskräfteverhältnis		$n = \dfrac{N_{Sd}}{N_{pl,Rd}}$
N-Beanspruchung: - niedrig		$N_{Sd} \leq \min \begin{cases} 0{,}25 \cdot N_{Rd} \\ 0{,}5 \cdot d \cdot t \cdot f_y / \gamma_{M0} \end{cases}$
- hoch		$N_{Sd} > \min \begin{cases} 0{,}25 \cdot N_{Rd} \\ 0{,}5 \cdot d \cdot t \cdot f_y / \gamma_{M0} \end{cases}$
Plastische Grenzzugkraft des Stegbleches (Näherung)		$N_{pl,w,Rd} = a \cdot N_{pl,Rd}$ $a = \dfrac{A - 2 \cdot b \cdot t_f}{A} \leq 0{,}5$
• N-Beanspruchung = niedrig, Biegung um die Hauptachse Querschnitte mit Flanschen ohne Schraubenlöcher		
Plastisches Grenzmoment		$M_{N,Rd} = M_{pl,y,Rd}$

Spaltenbeschriftung (linke Randbeschriftung): Biegung und Querkraft / Biegung und Längskraft, QKl 1 und QKl 2

Bezug	Formel
• N-Beanspruchung = hoch, Biegung um die Hauptachse Querschnitte mit Flanschen ohne Schraubenlöcher.	
Abgemindertes plastisches Grenzmoment:	$M_{N,Rd} \leq M_{pl,Rd}$
- Rechteckige Querschnitte	$M_{N,Rd} = M_{pl,Rd} \cdot (1 - n^2)$
Näherung = darf Bestimmung - Gewalzte I-, H- Normprofile - Geschweißte I- H- Profile mit gleichen Flanschen	$M_{Ny,Rd} = M_{pl,y,Rd} \cdot \dfrac{1-n}{1-0,5 \cdot a}$
$n \leq a$	$M_{Nz,Rd} = M_{pl,z,Rd}$
$n > a$	$M_{Nz,Rd} = M_{pl,z,Rd} \cdot \left[1 - \left(\dfrac{n-a}{1-a} \right)^2 \right]$
Weitere Näherungen - Gewalzte, I-, H- Normprofile	$M_{Ny,Rd} = 1,11 \cdot M_{pl,y,Rd} \cdot (1-n)$
$n \leq 0,2$	$M_{Nz,Rd} = M_{pl,z,Rd}$
$n > 0,2$	$M_{Nz,Rd} = 1,56 \cdot M_{pl,z,Rd} \cdot (1-n) \cdot (n+0,6)$
- Rechteck-Hohlprofile - Kastenquerschnitte, geschweißt mit gleichen Flanschen und gleichen Stegblechen	$M_{Ny,Rd} = M_{pl,y,Rd} \cdot \dfrac{1-n}{1-0,5 \cdot a_w}$ mit: $\;a_w = (A - 2 \cdot b \cdot t_f)/A \leq 0,5$ $M_{Nz,Rd} = M_{pl,y,Rd} \cdot \dfrac{1-n}{1-0,5 \cdot a_f}$ mit: $\;a_f = (A - 2 \cdot h \cdot t_w)/A \leq 0,5$
- Quadratische Hohlprofile mit konstanter Wanddicke	$M_{N,Rd} = 1,26 \cdot M_{pl,Rd} \cdot (1-n)$
- Rechteckige Hohlprofile mit konstanter Wanddicke	$M_{Ny,Rd} = 1,33 \cdot M_{pl,y,Rd} \cdot (1-n)$ $M_{Nz,Rd} = M_{pl,z,Rd} \cdot \dfrac{1-n}{0,5 \cdot h \cdot t / A}$
- Rundrohre	$M_{N,Rd} = 1,04 \cdot M_{pl,Rd} \cdot (1 - n^{1,7})$

Biegung und Längskraft, QKl 1 und QKl 2

Querschnittswerte

- Mittragende Breiten. Keine Reduzierung bei Einhaltung der Grenzwerte für c, b

Bauteil:	Grenzwert
- einseitig gestützt	$c \leq L_0 / 20$
- beidseitig gestützt	$b \leq L_0 / 10$

L_0 = Bauteillänge zwischen Momentennullpunkten

- Nettofläche geschraubter Bauteile

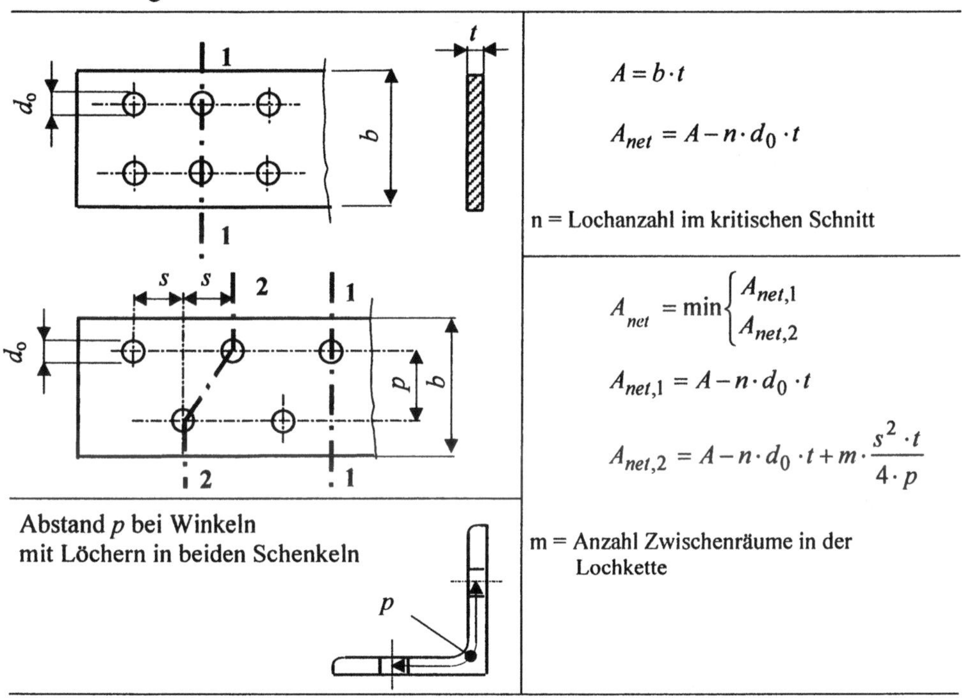

$$A = b \cdot t$$

$$A_{net} = A - n \cdot d_0 \cdot t$$

n = Lochanzahl im kritischen Schnitt

$$A_{net} = \min \begin{cases} A_{net,1} \\ A_{net,2} \end{cases}$$

$$A_{net,1} = A - n \cdot d_0 \cdot t$$

$$A_{net,2} = A - n \cdot d_0 \cdot t + m \cdot \frac{s^2 \cdot t}{4 \cdot p}$$

Abstand p bei Winkeln mit Löchern in beiden Schenkeln

m = Anzahl Zwischenräume in der Lochkette

Tabelle 3.12 Abminderungsbeiwerte bei Winkelprofilen mit einschenkligem Anschluss, bei einer Schraubenreihe. (Zwischenwerte dürfen interpoliert werden)

		$p_1 \leq 2{,}5 \cdot d_0$	$p_1 \geq 5 \cdot d_0$
2 Schrauben		$\beta_2 = 0{,}4$	$\beta_2 = 0{,}7$
3 Schrauben und mehr		$\beta_3 = 0{,}5$	$\beta_3 = 0{,}7$

Tabelle 3.13 Wirksame Schubflächen A_v

Querschnitt		Lastrichtung	Schubfläche
Gewalzte Profile	I-Profil	Stegblechebene	$A_v = A - 2 \cdot b \cdot t_f + (t_w + 2 \cdot r) \cdot t_f$ *vereinfacht:* $A_v = 1{,}04 \cdot h \cdot t_w$
		Flanschebene	$A_v = 2 \cdot b \cdot t_f + (t_w + r) \cdot t_w$
	U- und C-Profil	Stegblechebene	$A_v = A - 2 \cdot b \cdot t_f + (t_w + r) \cdot t_f$
	Hohlprofil	Profilhöhe	$A_v = \dfrac{A \cdot h}{b + h}$
		Profilbreite	$A_v = \dfrac{A \cdot b}{b + h}$
Schweißprofile	I- und Kastenquerschnitt	Stegblechebene	$A_v = \sum d \cdot t_w$
		Flanschebene	$A_v = A - \sum d \cdot t_w$
Andere	Rundhohlprofile und Rohre		$A_v = \dfrac{2 \cdot A}{\pi}$
	Bleche und Vollquerschnitte		$A_v = A$

Tabelle 3.14 Wirksame Scherbruchfläche bei Querschnittsanschlüssen

<table>
<tr><th colspan="2">Bezug</th><th>Formel</th></tr>
<tr><td colspan="2">Wirksame Scherbruchfläche</td><td>$A_{v,eff} = t \cdot L_{v,eff}$</td></tr>
<tr><td>Anschluss</td><td>Beiwert</td><td rowspan="5">$L_{v,eff} = L_v + L_1 + L_2 \le L_3$
$L_1 = a_1 \le 5 \cdot d_0$
$L_2 = \left(a_2 - k \cdot d_{0,t}\right) \cdot \frac{f_u}{f_y}$
$L_3 = L_v + a_1 + a_3$
jedoch:
$L_3 \le \left(L_v + a_1 + a_3 - n \cdot d_{0,v}\right) \cdot \frac{f_u}{f_y}$</td></tr>
<tr><td>1 Schraubenreihe</td><td>$k = 0{,}5$</td></tr>
<tr><td colspan="2">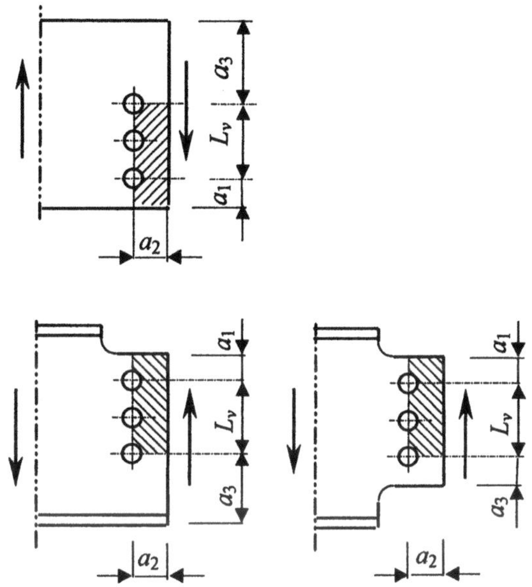
</td></tr>
<tr><td>2 Schraubenreihen</td><td>$k = 2{,}5$</td></tr>
<tr><td colspan="2">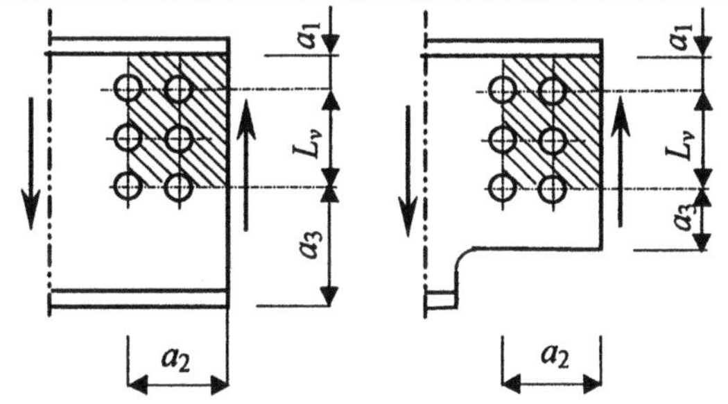
</td></tr>
<tr><td colspan="3">Bezeichnungen:
$d_{0,t}$ = Lochabmessung auf der Zugseite, für horizontale Langlöcher die Länge
$d_{0,v}$ = Lochabmessung auf der Abscherseite, für vertikale Langlöcher die Länge
n = Anzahl Löcher auf der Abscherseite
t = Blechdicke</td></tr>
</table>

3.3.2 Grenzbeanspruchbarkeiten der Bauteile

Systemgrößen bei Druckbeanspruchung (Ersatzstab)				
Knicklänge eines Stabes	$\ell = (\ell / L) \cdot L$			
	$(\ell / L) = 2$	$(\ell / L) = 1$	$(\ell / L) = 0,7$	$(\ell / L) = 0,5$
Schlankheitsgrad	$\lambda = \dfrac{\ell}{i}$			
Bezugsschlankheitsgrad	$\lambda_1 = \pi \cdot \sqrt{\dfrac{E}{f_{y,k}}}$			

Stahl:	Fe 360	Fe 430	Fe 510
$\lambda_1 =$	93,9	86,8	76,4

Bezogener Schlankheitsgrad bei Druckbeanspruchung	QKl 1, ...2, ...3 $$\overline{\lambda} = \frac{\lambda}{\lambda_1} = \sqrt{\frac{A \cdot f_y}{N_{cr}}}$$ QKl 4 $$\overline{\lambda} = \frac{\lambda}{\lambda_1} \cdot \sqrt{\frac{A_{eff}}{A}} = \sqrt{\frac{A_{eff} \cdot f_y}{N_{cr}}}$$
Verzweigungslast nach Elastizitätstheorie für den entsprechenden Knickfall	$$N_{cr} = \frac{\pi^2 \cdot E \cdot I}{\ell^2}$$
Schlankheitsgrad bei Biegemomentenbeanspruchung	$$\lambda_{LT} = \sqrt{\frac{\pi^2 \cdot E \cdot W_{pl,y}}{M_{cr}}}$$ M_{cr} nach Abschnitt 4.3
Bezogener Schlankheitsgrad bei Biegemomentenbeanspruchung	$$\overline{\lambda}_{LT} = \frac{\lambda_{LT}}{\lambda_1} \cdot \sqrt{\beta_w}$$ β_w siehe Biegedrillknicken

Bezug		Formel	
Biegeknicken	Grenzwert gegen Knicken	$N_{b,Rd} = \chi \cdot \beta_A \cdot A \cdot f_y / \gamma_{M1}$	
		QKl 1, ... 2, ... 3	$\beta_A = 1$
		QKl 4	$\beta_A = A_{eff}/A$
	Querschnitt gleichbleibend - Abminderungsfaktor Der Faktor ist für die jeweils ungünstigere Ausweichrichtung zu ermitteln.	$\overline{\lambda} \le 0,2$ $\chi = 1,0$	
		$0,2 < \overline{\lambda} \le 3,0$ $\chi = \dfrac{1}{\phi + \sqrt{\phi^2 - \overline{\lambda}^2}} \le 1$ $\phi = 0,5 \cdot \left[1 + \alpha \cdot \left(\overline{\lambda} - 0,2\right) + \overline{\lambda}^2\right]$ Imperfektionsbeiwert α nach Tabelle 3.15	
Biegedrillknicken	Grenzwert gegen Biegedrillknicken	$M_{b,Rd} = \chi_{LT} \cdot \beta_w \cdot W_{pl,y} \cdot f_y / \gamma_{M1}$	
		QKl 1, ... 2	$\beta_w = 1$
		QKl 3	$\beta_w = W_{el,y}/W_{pl,y}$
		QKl 4	$\beta_w = W_{eff,y}/W_{pl,y}$
	- Abminderungsfaktor	$\overline{\lambda}_{LT} > 0,4$ $\chi_{LT} = \dfrac{1}{\phi_{LT} + \sqrt{\phi_{LT}^2 - \overline{\lambda}_{LT}^2}} \le 1$ $\phi = 0,5 \cdot \left[1 + \alpha_{LT} \cdot \left(\overline{\lambda}_{LT} - 0,2\right) + \overline{\lambda}_{LT}^2\right]$ Imperfektionsbeiwert für: - gewalzte Querschnitte $\quad \alpha_{LT} = 0,21$ - geschweißte Querschnitte $\quad \alpha_{LT} = 0,49$	

Zahlenwerte der Abminderungsfaktoren können Tabellen entnommen werden

$\chi \quad \Rightarrow \quad$ Tabelle 3.17

$\chi_{LT} \quad \Rightarrow \quad$ Tabelle 3.18

Bezug	Formel

Schubfeldbeulen

$\bar{\lambda}_w$ = Stegblechschlankheit $\Rightarrow$ EC 3 Abschnitt 5.6.3

- Vereinfachtes Nachweisverfahren, Berücksichtigung überkritischer Auswirkungen

Grenzwert gegen Schubbeulen	$V_{ba,Rd} = d \cdot t_w \cdot \tau_{ba} / \gamma_{M1}$
- Schubbeulfestigkeit $\quad \bar{\lambda}_w \leq 0{,}8$	$\tau_{ba} = f_{yw} / \sqrt{3}$
$0{,}8 < \bar{\lambda}_w < 1{,}2$	$\tau_{ba} = \left[1 - 0{,}625 \cdot \left(\bar{\lambda} - 0{,}8\right)\right] \cdot f_{yw} / \sqrt{3}$
$\bar{\lambda}_w \geq 1{,}2$	$\tau_{ba} = \dfrac{0{,}9}{\bar{\lambda}_w} \cdot \dfrac{f_{yw}}{\sqrt{3}}$

- Zugfeldmethode

  Geometrie, Spannungen und weitere Werte siehe Tabelle 3.21

Grenzwert gegen Schubbeulen	$V_{bb,Rd} = \dfrac{\left[(d \cdot t_w \cdot \tau_{bb}) + 0{,}9 \cdot (g \cdot t_w \cdot \sigma_{bb} \cdot \sin \phi)\right]}{\gamma_{M1}}$
- Schubbeulfestigkeit $\quad \bar{\lambda}_w \leq 0{,}80$	$\tau_{bb} = f_{yw} / \sqrt{3}$
$0{,}8 < \bar{\lambda}_w < 1{,}25$	$\tau_{bb} = \left[1 - 0{,}8 \cdot \left(\bar{\lambda}_w - 0{,}8\right)\right] \cdot f_{yw} / \sqrt{3}$
$\bar{\lambda}_w \geq 1{,}25$	$\tau_{bb} = \dfrac{1}{\bar{\lambda}_w{}^2} \cdot \dfrac{f_{yw}}{\sqrt{3}}$
- Zugfeldfestigkeit	$\sigma_{bb} = \sqrt{f_{yw}{}^2 - 3 \cdot \tau_{bb}{}^2 + \psi^2} - \psi$ $\psi = 1{,}5 \cdot \tau_{bb} \cdot \sin 2\phi$
- Breite des Zugfeldes	$g = d \cdot \cos \phi - \left(a - s_c - s_t\right) \cdot \sin \phi$
- Verankerungslängen des Schubfeldes am Druck- bzw. Zugflansch	$s = \dfrac{2}{\sin \phi} \cdot \sqrt{\dfrac{M_{Nf,Rk}}{t_w \cdot \sigma_{bb}}} \leq a$
- Zugfeldverankerungskraft	$F_{bb} = t_w \cdot s_s \cdot \sigma_{bb} \cdot \cos^2 \phi$ $s_s = d - \left(a - s_t\right) \cdot \tan \phi$
Abgemindertes plastisches Grenzmoment des Flansches	$M_{Nf,Rk} = 0{,}25 \cdot b \cdot t_f^2 \cdot f_{yf} \cdot \left(1 - \dfrac{N_{f,Sd}}{\left(b \cdot t_f \cdot f_{yt} / \gamma_{M0}\right)^2}\right)$

Bezug	Formel
Grenzwert gegen plastisches Stauchen	$R_{y,Rd} = (s_s + s_y) \cdot t_w \cdot \dfrac{f_{yw}}{\gamma_{M1}}$ Am Bauteilende $R_{y,Rd} = (s_s + 0,5 \cdot s_y) \cdot t_w \cdot \dfrac{f_{yw}}{\gamma_{M1}}$ s_s = Verankerungslänge nach Tabelle 3.21
- Stegbleche von I-, H- und U-Profilen:	$s_y = 2 \cdot t_f \cdot \sqrt{\dfrac{b_f \cdot f_{yf}}{t_w \cdot f_{yw}}} \cdot \sqrt{1 - \left(\dfrac{\sigma_{f,Ed} \cdot \gamma_{M0}}{f_y}\right)^2}$ $b_f \le 25 \cdot t_f$ $\sigma_{f,Ed}$ = Längsspannung im Flansch
Darf Bestimmung - Stegbleche von gewalzten I-, H- und U-Profilen	$s_y = \dfrac{2,5 \cdot (h-d) \cdot \sqrt{1 - (\sigma_{f,Ed} \cdot \gamma_{M0})^2}}{1 + 0,8 \cdot s_s / (h-d)}$
Grenzwert gegen plastisches Stauchen bei Lasteinleitung von Kranradlasten über Kranschienen, die auf dem Trägerflansch lose aufgelegt sind	$R_{y,Rd} = s_y \cdot t_w \cdot \dfrac{f_{yw}}{\gamma_{M1}}$ mit: $s_y = k_R \cdot \left[\dfrac{I_f + I_R}{t_w}\right]^{1/3} \cdot \left[1 - \left(\dfrac{\sigma_{f,Ed}}{f_{yf}}\right)^2\right]^{1/2}$ I_f, I_R = Flächenmomente 2. Grades um die horizontale Hauptachse (Flansch, Kranschiene)

Kranschiene direkt auf dem Flansch	Kunststoffzwischenschicht $t \ge 5$ mm unter der Kranschiene
$k_R = 3,25$	$k_R = 4,0$

Näherungsweise

$$s_y = 2 \cdot (h_r + t_f) \cdot \sqrt{1 - (\gamma_{M0} \cdot \sigma_{f,Ed} / f_{yf})^2}$$

h_r = Höhe der Kranschiene

Plastisches Stauchen

Bezug	Formel
Stegblechkrüppeln — Grenzwert gegen Stegblechkrüppeln[*] - Stegbleche von I-, H-, U-Profilen	$$R_{a,Rd} = \frac{t_w^2 \cdot \sqrt{E \cdot f_{yw}}}{2} \cdot \frac{\sqrt{t_f / t_w} + 3 \cdot (t_w / t_f) \cdot (s_s / d)}{\gamma_{M1}}$$ mit: s_s = Lastverteilungsbreite nach Tabelle 3.21 Bedingung: $s_s / d \le 0,2$
Beulen des Gesamtfeldes — Grenzwert gegen Beulen des Gesamtfeldes eines Stegbleches von I-, H-, U-Profilen	$$R_{b,Rd} \quad \Rightarrow \quad N_{b,Rd}$$ Bestimmung durch Modellierung des Stegbleches als virtuelles druckbeanspruchtes Bauteil mit einer wirksamen Breite b_{eff}, Knickspannungslinie c und $\beta_A = 1$. Die Knicklänge des virtuellen Bauteils ist entsprechend den Randbedingungen zu bestimmen. $$b_{eff} = \sqrt{h^2 + s_s^2}$$ mit: s_s nach Tabelle 3.21

[*] Stegblechkrüppeln ist eine Form des lokalen Beulens und ist nachzuweisen bei Lasteinleitung an einem Flansch.

Tabelle 3.15 Imperfektionsbeiwerte α

Knickspannungslinie	a	b	c	d
Imperfektionsbeiwert α	0,21	0,34	0,49	0,76

Tabelle 3.16 Zuordnung von Querschnitten zu den europäischen Knickspannungslinien (KSL)

Querschnitt	Begrenzungen	Ausweichen rechtwinklig zur Achse	Knickspannungslinie
Gewalzte I-Profile	$h/b > 1{,}2$ $t_f \le 40$ mm	y - y z - z	a b
	$h/b > 1{,}2$ 40 mm $< t_f \le 100$ mm	y - y z - z	b c
	$h/b \le 1{,}2$ $t_f \le 100$ mm	y - y z - z	b c
	$h/b \le 1{,}2$ $t_f > 100$ mm	y - y z - z	d d
Geschweißte I-Querschnitte	$t_f \le 40$ mm	y - y z - z	b c
	$t_f > 40$ mm	y - y z - z	c d
Hohlprofile	warm gefertigt	jede	a
	kaltgeformt bei Ansatz von f_{yb}	jede	b
	kaltgeformt bei Ansatz von f_{ys}	jede	c
Geschweißte Kastenquerschnitte	Allgemein, außer den nachfolgenden Fällen	jede	b
	Dicke Schweißnähte und $b/t_f < 30$ $h/t_w < 30$	y - y z - z	c c
U-, L-, T- und Vollquerschnitte		jede	c

Zuordnung von genormten Walzprofilen zu den Knickspannungslinien (KSL)

Tabelle 3.17 Knickspannungslinien für warmgewalzte I-Träger

Nenn-höhe	IPE		HE-A		HE-B		HE-M	
	KSL	KSL	KSL	KSL	KSL	KSL	KSL	KSL
	$\perp$ y-y	$\perp$ z-z	$\perp$ y-y	$\perp$ z-z	$\perp$ y-y	$\perp$ z-z	$\perp$ y-y	$\perp$ z-z
80	a	b	-	-	-	-	-	-
100	a	b	b	c	b	c	b	c
120	a	b	b	c	b	c	b	c
140	a	b	b	c	b	c	b	c
160	a	b	b	c	b	c	b	c
180	a	b	b	c	b	c	b	c
200	a	b	b	c	b	c	b	c
220	a	b	b	c	b	c	b	c
240	a	b	b	c	b	c	b	c
260	-	-	b	c	b	c	b	c
270	a	b	-	-	-	-	-	-
280	a	b	b	c	b	c	b	c
300	a	b	b	c	b	c	b	c
320	-	-	b	c	b	c	b	c
330	a	b	-	-	-	-	-	-
340	-	-	b	c	b	c	a	b
360	a	b	b	c	b	c	a	b
400	a	b	a	b	a	b	a	b
450	a	b	a	b	a	b	a	b
500	a	b	a	b	a	b	a	b
550	a	b	a	b	a	b	a	b
600	a	b	a	b	a	b	a	b
650	-	-	a	b	a	b	a	b
700	-	-	a	b	a	b	a	b
800	-	-	a	b	a	b	a	b
900	-	-	a	b	a	b	a	b
1000	-	-	a	b	a	b	a	b

Tabelle 3.18 Knickspannungslinien für diverse warmgewalzte Profile

Profil	$\perp$ y - y	$\perp$ z - z
	KSL	KSL
U-Stahl	c	c
L-Stahl	c	c
T-Stahl	c	c

Abminderungsfaktoren für den Knicknachweis

$\overline{\lambda} \leq 0{,}2$	$\overline{\lambda} > 0{,}2 \leq 3{,}0$
$\chi = 1$	$\chi = \dfrac{1}{\phi + \sqrt{\phi^2 - \overline{\lambda}^2}} \leq 1$ $\phi = 0{,}5 \cdot \left[1 + \alpha \cdot \left(\overline{\lambda} - 0{,}2\right) + \overline{\lambda}^2 \right]$

Tabelle 3.19 Werte der Abminderungsfaktoren χ für den Knicknachweis

$\overline{\lambda}$	χ für Knickspannungslinie				$\overline{\lambda}$	χ für Knickspannungslinie			
	a	b	c	d		a	b	c	d
$\leq 0{,}20$	1	1	1	1	0,78	0,8069	0,7367	0,6747	0,5921
0,22	0,9956	0,9929	0,9898	0,9843	0,80	0,7957	0,7245	0,6622	0,5797
0,24	0,9912	0,9858	0,9797	0,9688	0,82	0,7841	0,7120	0,6496	0,5675
0,26	0,9867	0,9786	0,9695	0,9535	0,84	0,7721	0,6995	0,6371	0,5556
0,28	0,9821	0,9714	0,9593	0,9384	0,86	0,7597	0,6868	0,6246	0,5438
0,30	0,9775	0,9641	0,9491	0,9235	0,88	0,7470	0,6740	0,6122	0,5322
0,32	0,9728	0,9567	0,9389	0,9086	0,90	0,7339	0,6612	0,5998	0,5208
0,34	0,9680	0,9492	0,9286	0,8939	0,92	0,7206	0,6483	0,5876	0,5096
0,36	0,9630	0,9417	0,9183	0,8793	0,94	0,7071	0,6354	0,5755	0,4987
0,38	0,9580	0,9339	0,9078	0,8648	0,96	0,6934	0,6226	0,5635	0,4879
0,40	0,9528	0,9261	0,8973	0,8504	0,98	0,6796	0,6098	0,5516	0,4774
0,42	0,9474	0,9181	0,8867	0,8360	1,00	0,6656	0,5970	0,5399	0,4671
0,44	0,9419	0,9099	0,8760	0,8218	1,02	0,6516	0,5844	0,5284	0,4570
0,46	0,9363	0,9015	0,8651	0,8075	1,04	0,6376	0,5719	0,5171	0,4472
0,48	0,9304	0,8930	0,8541	0,7934	1,06	0,6236	0,5595	0,5059	0,4375
0,50	0,9243	0,8842	0,8430	0,7793	1,08	0,6098	0,5473	0,4950	0,4281
0,52	0,9179	0,8752	0,8317	0,7653	1,10	0,5960	0,5352	0,4842	0,4189
0,54	0,9114	0,8661	0,8204	0,7514	1,12	0,5824	0,5234	0,4737	0,4099
0,56	0,9045	0,8566	0,8088	0,7375	1,14	0,5690	0,5117	0,4634	0,4012
0,58	0,8974	0,8470	0,7972	0,7237	1,16	0,5557	0,5003	0,4533	0,3926
0,60	0,8900	0,8371	0,7854	0,7100	1,18	0,5427	0,4891	0,4434	0,3843
0,62	0,8823	0,8269	0,7735	0,6964	1,20	0,5300	0,4781	0,4338	0,3762
0,64	0,8742	0,8165	0,7614	0,6829	1,22	0,5175	0,4674	0,4243	0,3683
0,66	0,8657	0,8058	0,7493	0,6695	1,24	0,5053	0,4569	0,4151	0,3605
0,68	0,8569	0,7949	0,7370	0,6563	1,26	0,4934	0,4466	0,4061	0,3530
0,70	0,8477	0,7837	0,7247	0,6431	1,28	0,4817	0,4366	0,3974	0,3457
0,72	0,8382	0,7723	0,7123	0,6301	1,30	0,4703	0,4269	0,3888	0,3385
0,74	0,8282	0,7606	0,6998	0,6173	1,32	0,4593	0,4174	0,3805	0,3316
0,76	0,8178	0,7488	0,6873	0,6046	1,34	0,4485	0,4081	0,3724	0,3248

Tabelle 3.19 Fortsetzung

$\overline{\lambda}$	a	b	c	d	$\overline{\lambda}$	a	b	c	d
1,36	0,4380	0,3991	0,3644	0,3182	**2,20**	0,1867	0,1765	0,1662	0,1508
1,38	0,4278	0,3903	0,3567	0,3118	**2,22**	0,1836	0,1736	0,1636	0,1486
1,40	0,4179	0,3817	0,3492	0,3055	**2,24**	0,1805	0,1708	0,1611	0,1463
1,42	0,4083	0,3734	0,3419	0,2994	**2,26**	0,1775	0,1681	0,1585	0,1442
1,44	0,3989	0,3653	0,3348	0,2935	**2,28**	0,1746	0,1654	0,1561	0,1420
1,46	0,3898	0,3574	0,3279	0,2877	**2,30**	0,1717	0,1628	0,1537	0,1399
1,48	0,3810	0,3497	0,3211	0,2821	**2,32**	0,1690	0,1602	0,1514	0,1379
1,50	0,3724	0,3422	0,3145	0,2766	**2,34**	0,1663	0,1577	0,1491	0,1359
1,52	0,3641	0,3350	0,3081	0,2712	**2,36**	0,1636	0,1553	0,1468	0,1340
1,54	0,3561	0,3279	0,3019	0,2660	**2,38**	0,1610	0,1529	0,1446	0,1320
1,56	0,3482	0,3211	0,2959	0,2609	**2,40**	0,1585	0,1506	0,1425	0,1302
1,58	0,3406	0,3144	0,2900	0,2560	**2,42**	0,1560	0,1483	0,1404	0,1283
1,60	0,3332	0,3079	0,2842	0,2512	**2,44**	0,1536	0,1461	0,1384	0,1265
1,62	0,3261	0,3016	0,2786	0,2465	**2,46**	0,1513	0,1439	0,1364	0,1248
1,64	0,3191	0,2955	0,2732	0,2419	**2,48**	0,1490	0,1418	0,1344	0,1231
1,66	0,3124	0,2895	0,2679	0,2375	**2,50**	0,1467	0,1397	0,1325	0,1214
1,68	0,3058	0,2837	0,2627	0,2331	**2,52**	0,1445	0,1376	0,1306	0,1197
1,70	0,2994	0,2781	0,2577	0,2289	**2,54**	0,1424	0,1356	0,1287	0,1181
1,72	0,2933	0,2726	0,2528	0,2248	**2,56**	0,1403	0,1337	0,1269	0,1165
1,74	0,2872	0,2672	0,2481	0,2208	**2,58**	0,1382	0,1318	0,1252	0,1149
1,76	0,2814	0,2620	0,2434	0,2168	**2,60**	0,1362	0,1299	0,1234	0,1134
1,78	0,2757	0,2570	0,2389	0,2130	**2,62**	0,1342	0,1281	0,1217	0,1119
1,80	0,2702	0,2521	0,2345	0,2093	**2,64**	0,1323	0,1263	0,1201	0,1104
1,82	0,2649	0,2473	0,2302	0,2057	**2,66**	0,1304	0,1245	0,1184	0,1090
1,84	0,2597	0,2426	0,2260	0,2021	**2,68**	0,1285	0,1228	0,1168	0,1076
1,86	0,2546	0,2381	0,2220	0,1987	**2,70**	0,1267	0,1211	0,1153	0,1062
1,88	0,2497	0,2337	0,2180	0,1953	**2,72**	0,1250	0,1195	0,1137	0,1048
1,90	0,2449	0,2294	0,2141	0,1920	**2,74**	0,1232	0,1178	0,1122	0,1035
1,92	0,2403	0,2252	0,2104	0,1888	**2,76**	0,1215	0,1162	0,1108	0,1022
1,94	0,2358	0,2211	0,2067	0,1856	**2,78**	0,1198	0,1147	0,1093	0,1009
1,96	0,2314	0,2171	0,2031	0,1826	**2,80**	0,1182	0,1132	0,1079	0,0997
1,98	0,2271	0,2132	0,1996	0,1796	**2,82**	0,1166	0,1117	0,1065	0,0984
2,00	0,2229	0,2095	0,1962	0,1766	**2,84**	0,1150	0,1102	0,1051	0,0972
2,02	0,2188	0,2058	0,1929	0,1738	**2,86**	0,1135	0,1088	0,1038	0,0960
2,04	0,2149	0,2022	0,1896	0,1710	**2,88**	0,1120	0,1074	0,1025	0,0948
2,06	0,2110	0,1987	0,1864	0,1683	**2,90**	0,1105	0,1060	0,1012	0,0937
2,08	0,2073	0,1953	0,1833	0,1656	**2,92**	0,1091	0,1046	0,0999	0,0926
2,10	0,2036	0,1920	0,1803	0,1630	**2,94**	0,1077	0,1033	0,0987	0,0914
2,12	0,2001	0,1887	0,1774	0,1604	**2,96**	0,1063	0,1020	0,0975	0,0904
2,14	0,1966	0,1855	0,1745	0,1580	**2,98**	0,1049	0,1007	0,0963	0,0893
2,16	0,1932	0,1825	0,1717	0,1555	**3,00**	0,1036	0,0994	0,0951	0,0882
2,18	0,1899	0,1794	0,1689	0,1532					

Abminderungsfaktoren für den Biegedrillknicknachweis

$\overline{\lambda}_{LT} \leq 0,4$	Kein Biegedrillknicknachweis erforderlich	
$\overline{\lambda}_{LT} > 0,4 \leq 3,0$	$\chi_{LT} = \dfrac{1}{\phi + \sqrt{\phi^2 - \overline{\lambda}_{LT}^2}} \leq 1$	W-P = Walzprofil mit $\alpha = 0,21$ S-P = Walzprofil mit $\alpha = 0,49$

Tabelle 3.20 Werte der Abminderungsfaktoren für den Biegedrillknicknachweis

$\overline{\lambda}_{LT}$	χ_{LT} W-P	χ_{LT} S-P	$\overline{\lambda}_{LT}$	χ_{LT} W-P	χ_{LT} S-P	$\overline{\lambda}_{LT}$	χ_{LT} W-P	χ_{LT} S-P	$\overline{\lambda}_{LT}$	χ_{LT} W-P	χ_{LT} S-P
0,40	0,9528	0,8973	1,06	0,6236	0,5059	1,72	0,2933	0,2528	2,38	0,1610	0,1446
0,42	0,9474	0,8867	1,08	0,6098	0,4950	1,74	0,2872	0,2481	2,40	0,1585	0,1425
0,44	0,9419	0,8760	1,10	0,5960	0,4842	1,76	0,2814	0,2434	2,42	0,1560	0,1404
0,46	0,9363	0,8651	1,12	0,5824	0,4737	1,78	0,2757	0,2389	2,44	0,1536	0,1384
0,48	0,9304	0,8541	1,14	0,5690	0,4634	1,80	0,2702	0,2345	2,46	0,1513	0,1364
0,50	0,9243	0,8430	1,16	0,5557	0,4533	1,82	0,2649	0,2302	2,48	0,1490	0,1344
0,52	0,9179	0,8317	1,18	0,5427	0,4434	1,84	0,2597	0,2260	2,50	0,1467	0,1325
0,54	0,9114	0,8204	1,20	0,5300	0,4338	1,86	0,2546	0,2220	2,52	0,1445	0,1306
0,56	0,9045	0,8088	1,22	0,5175	0,4243	1,88	0,2497	0,2180	2,54	0,1424	0,1287
0,58	0,8974	0,7972	1,24	0,5053	0,4151	1,90	0,2449	0,2141	2,56	0,1403	0,1269
0,60	0,8900	0,7854	1,26	0,4934	0,4061	1,92	0,2403	0,2104	2,58	0,1382	0,1252
0,62	0,8823	0,7735	1,28	0,4817	0,3974	1,94	0,2358	0,2067	2,60	0,1362	0,1234
0,64	0,8742	0,7614	1,30	0,4703	0,3888	1,96	0,2314	0,2031	2,62	0,1342	0,1217
0,66	0,8657	0,7493	1,32	0,4593	0,3805	1,98	0,2271	0,1996	2,64	0,1323	0,1201
0,68	0,8569	0,7370	1,34	0,4485	0,3724	2,00	0,2229	0,1962	2,66	0,1304	0,1184
0,70	0,8477	0,7247	1,36	0,4380	0,3644	2,02	0,2188	0,1929	2,68	0,1285	0,1168
0,72	0,8382	0,7123	1,38	0,4278	0,3567	2,04	0,2149	0,1896	2,70	0,1267	0,1153
0,74	0,8282	0,6998	1,40	0,4179	0,3492	2,06	0,2110	0,1864	2,72	0,1250	0,1137
0,76	0,8178	0,6873	1,42	0,4083	0,3419	2,08	0,2073	0,1833	2,74	0,1232	0,1122
0,78	0,8069	0,6747	1,44	0,3989	0,3348	2,10	0,2036	0,1803	2,76	0,1215	0,1108
0,80	0,7957	0,6622	1,46	0,3898	0,3279	2,12	0,2001	0,1774	2,78	0,1198	0,1093
0,82	0,7841	0,6496	1,48	0,3810	0,3211	2,14	0,1966	0,1745	2,80	0,1182	0,1079
0,84	0,7721	0,6371	1,50	0,3724	0,3145	2,16	0,1932	0,1717	2,82	0,1166	0,1065
0,86	0,7597	0,6246	1,52	0,3641	0,3081	2,18	0,1899	0,1689	2,84	0,1150	0,1051
0,88	0,7470	0,6122	1,54	0,3561	0,3019	2,20	0,1867	0,1662	2,86	0,1135	0,1038
0,90	0,7339	0,5998	1,56	0,3482	0,2959	2,22	0,1836	0,1636	2,88	0,1120	0,1025
0,92	0,7206	0,5876	1,58	0,3406	0,2900	2,24	0,1805	0,1611	2,90	0,1105	0,1012
0,94	0,7071	0,5755	1,60	0,3332	0,2842	2,26	0,1775	0,1585	2,92	0,1091	0,0999
0,96	0,6934	0,5635	1,62	0,3261	0,2786	2,28	0,1746	0,1561	2,94	0,1077	0,0987
0,98	0,6796	0,5516	1,64	0,3191	0,2732	2,30	0,1717	0,1537	2,96	0,1063	0,0975
1,00	0,6656	0,5399	1,66	0,3124	0,2679	2,32	0,1690	0,1514	2,98	0,1049	0,0963
1,02	0,6516	0,5284	1,68	0,3058	0,2627	2,34	0,1663	0,1491	3,00	0,1036	0,0951
1,04	0,6376	0,5171	1,70	0,2994	0,2577	2,36	0,1636	0,1468			

Tabelle 3.21 Zugfeldmethode, Zugfeldspannungen

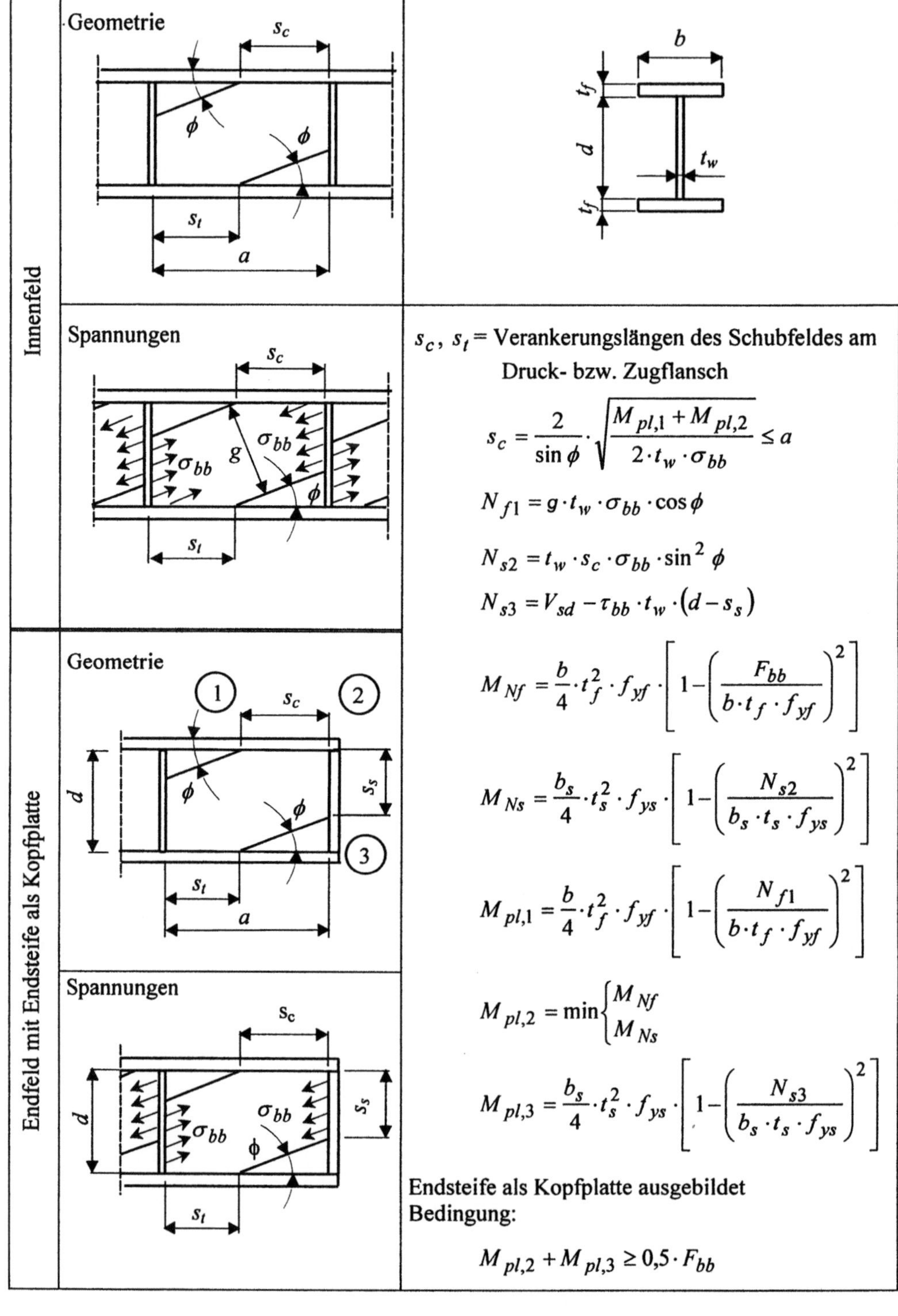

s_c, s_t = Verankerungslängen des Schubfeldes am Druck- bzw. Zugflansch

$$s_c = \frac{2}{\sin\phi}\cdot\sqrt{\frac{M_{pl,1}+M_{pl,2}}{2\cdot t_w\cdot\sigma_{bb}}}\le a$$

$$N_{f1}=g\cdot t_w\cdot\sigma_{bb}\cdot\cos\phi$$

$$N_{s2}=t_w\cdot s_c\cdot\sigma_{bb}\cdot\sin^2\phi$$

$$N_{s3}=V_{sd}-\tau_{bb}\cdot t_w\cdot(d-s_s)$$

$$M_{Nf}=\frac{b}{4}\cdot t_f^2\cdot f_{yf}\cdot\left[1-\left(\frac{F_{bb}}{b\cdot t_f\cdot f_{yf}}\right)^2\right]$$

$$M_{Ns}=\frac{b_s}{4}\cdot t_s^2\cdot f_{ys}\cdot\left[1-\left(\frac{N_{s2}}{b_s\cdot t_s\cdot f_{ys}}\right)^2\right]$$

$$M_{pl,1}=\frac{b}{4}\cdot t_f^2\cdot f_{yf}\cdot\left[1-\left(\frac{N_{f1}}{b\cdot t_f\cdot f_{yf}}\right)^2\right]$$

$$M_{pl,2}=\min\begin{cases}M_{Nf}\\M_{Ns}\end{cases}$$

$$M_{pl,3}=\frac{b_s}{4}\cdot t_s^2\cdot f_{ys}\cdot\left[1-\left(\frac{N_{s3}}{b_s\cdot t_s\cdot f_{ys}}\right)^2\right]$$

Endsteife als Kopfplatte ausgebildet
Bedingung:

$$M_{pl,2}+M_{pl,3}\ge 0{,}5\cdot F_{bb}$$

Tabelle 3.22 Wirksame Lastverteilungsbreite für den Beulnachweis von Stegblechen

Lage	Wirksame Lastverteilungsbreite
Trägerende	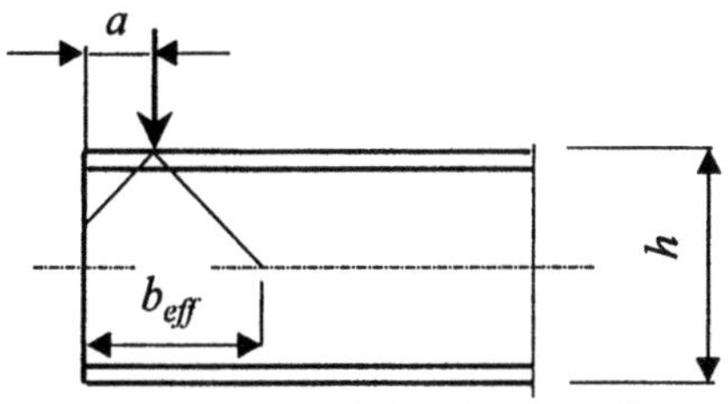 $b_{eff} = \dfrac{h}{2} + a \leq h$
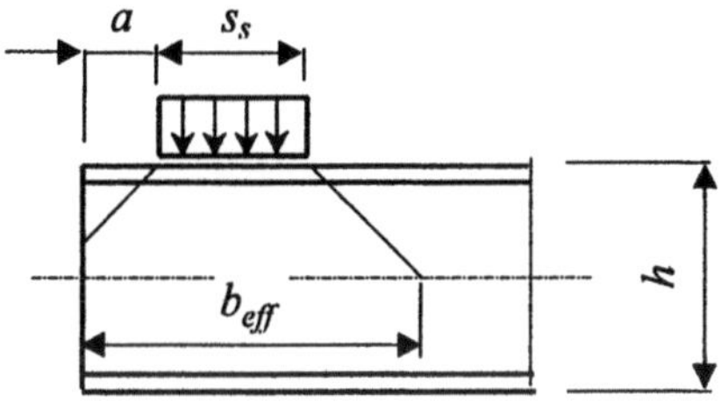	$b_{eff} = \dfrac{\sqrt{h^2 + s_s^{\,2}}}{2} + \dfrac{s_s}{2} + a$ jedoch: $b_{eff} \leq \sqrt{h^2 + s_s^{\,2}}$
Auflager im Feld	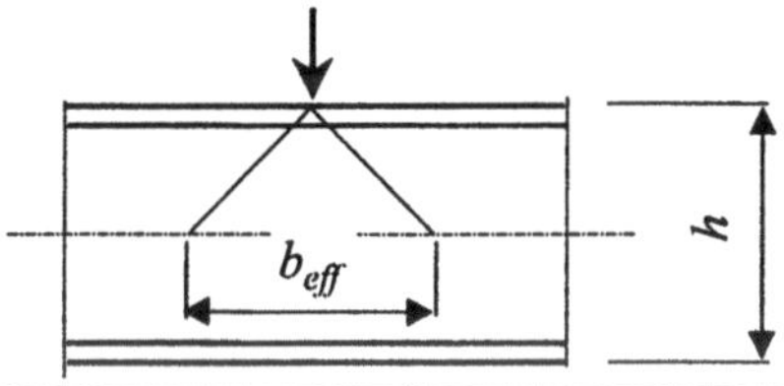 $b_{eff} = h$
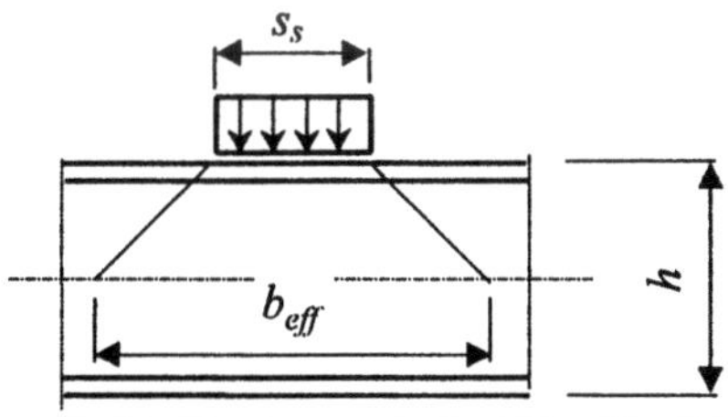	$b_{eff} \leq \sqrt{h^2 + s_s^{\,2}}$

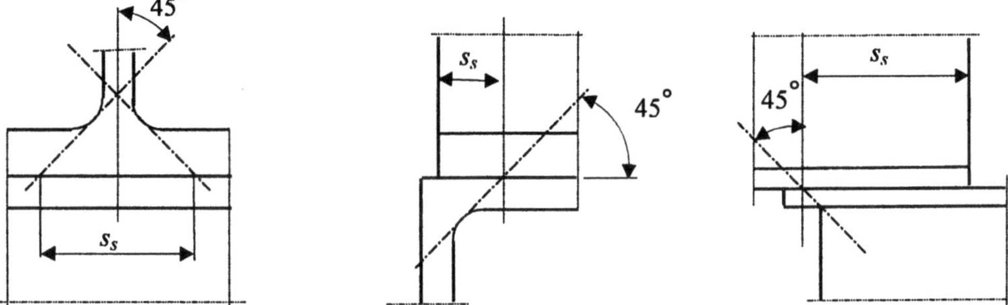

Bild 3-1 Lastverteilungsbreite an den Flanschen

Quersteifen

Stegbleche mit $d\,/\,t_w > 69\cdot\varepsilon$ sind mit Quersteifen an den Auflagern auszubilden.

Zwischenquersteifen

Druckkraft bei Anwendung der Zugfeldmethode		$N_{Sd} = V_{Sd} - d\cdot t_w\cdot\tau_{bb} \geq 0$
Erforderliches Flächenmoment 2. Ordnung	$\dfrac{a}{d} < \sqrt{2}$	$I_z \geq 1{,}5\cdot\dfrac{d^3\cdot t_w^{\,3}}{a^2}$
	$\dfrac{a}{d} \geq \sqrt{2}$	$I_z \geq 0{,}75\cdot d\cdot t_w$
Biegeknicknachweis aus der Ebene nach Abschnitt 3.3.2 mit Knickspannunglinie c	Knicklänge	$\ell \geq 0{,}75\cdot d$

a = lichter Abstand zwischen den Quersteifen

d = Stegblechhöhe

Tabelle 3.23 Schubbeulwert

Stegbleche mit Steifen nur an den Auflagern		$k_\tau = 5.34$
Stegbleche mit Quersteifen an den Auflagern und Zwischenquersteifen	$\dfrac{a}{d} < 1$	$k_\tau = 4 + \dfrac{5{,}34}{(a\,/\,d)^2}$
	$\dfrac{a}{d} \geq 1$	$k_\tau = 5{,}34 + \dfrac{4}{(a\,/\,d)^2}$

Steife einseitig   Steifen beidseitig

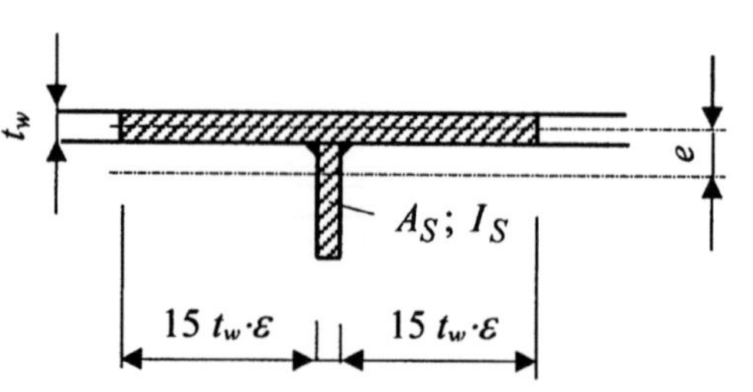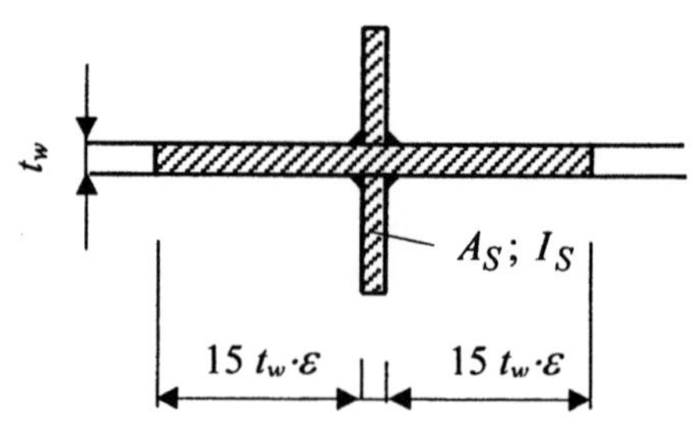

Bild 3-2 Wirksamer Querschnitt von Quersteifen

3.3.3 Grenzbeanspruchbarkeiten der Verbindungen

Bezug	Formel
Schrauben-Verbindungen	
Grenzzugkraft	$F_{t,Rd} = 0{,}9 \cdot A_s \dfrac{f_{ub}}{\gamma_{Mb}}$ A_s = Spannungsquerschnittsfläche der Schraube
Grenzabscherkraft pro Scherfuge - Schaft in der Scherfuge alle Festigkeitsklassen	A = Schaftquerschnittsfläche der Schraube $F_{v,Rd} = 0{,}6 \cdot A \cdot \dfrac{f_{ub}}{\gamma_{Mb}}$
- Gewindeteil in der Scherfuge FK 4.6; 5.6; 8.8	$F_{v,Rd} = 0{,}6 \cdot A_s \cdot \dfrac{f_{ub}}{\gamma_{Mb}}$
- Gewindeteil in der Scherfuge FK 10.9	$F_{v,Rd} = 0{,}5 \cdot A_s \cdot \dfrac{f_{ub}}{\gamma_{Mb}}$
Grenzlochleibungskraft	$F_{b,Rd} = 2{,}5 \cdot \alpha \cdot d \cdot t \cdot \dfrac{f_u}{\gamma_{Mb}}$ $\alpha = \min \begin{cases} 1 \\ e_1 / 3 \cdot d_0 \\ p_1 / 3 \cdot d_0 - 0{,}25 \\ f_{ub} / f_u \end{cases}$ d = Schaftdurchmesser der Schraube d_0 = Lochdurchmesser der Schraube
Grenzdurchstanzkraft des Schraubenkopfes / Mutter	$B_{p,Rd} = 0{,}6 \cdot \pi \cdot d_m \cdot t_p \cdot \dfrac{f_u}{\gamma_{Mb}}$ d_m = Mittelwert aus Eckmaß und Schlüsselweite t_p = Blechdicke unter dem Schraubenkopf/ Mutter
Gleitfeste Verbindungen	
Grenzvorspannkraft	$F_{p,Cd} = 0{,}7 \cdot A_s \cdot f_{ub}$
Grenzgleitkraft, Grenzzustand der: - Tragfähigkeit	$F_{s,Rd} = F_{p,Cd} \cdot \dfrac{n \cdot \mu \cdot k_s}{\gamma_{Ms}}$
- Gebrauchstauglichkeit	$F_{ser,Rd} = F_{p,Cd} \cdot \dfrac{n \cdot \mu \cdot k_s}{\gamma_{Mser}}$ μ = Reibungszahl nach Tabelle 3.28 n = Anzahl Gleitfugen k_s = Beiwert nach Tabelle 3.26

	Bezug	Formel
Niete	Grenzzugkraft	$F_{t,Rd} = 0,6 \cdot A_0 \cdot \dfrac{f_{ur}}{\gamma_{Mr}}$ A_0 = Querschnittsfläche des Nietloches f_{ur} = Zugfestigkeit des Niets
	Grenzabscherkraft pro Scherfuge	$F_{v,Rd} = 0,6 \cdot A_0 \cdot \dfrac{f_{ur}}{\gamma_{Mr}}$
	Grenzlochleibungskraft	$F_{b,Rd} = 2,5 \cdot \alpha \cdot d_0 \cdot t \cdot \dfrac{f_u}{\gamma_{Mr}}$ $\alpha = \min \begin{cases} 1 \\ e_1/3 \cdot d_0 \\ p_1/3 \cdot d_0 - 0,25 \\ f_{ur}/f_u \end{cases}$ d_0 = Durchmesser des Nietloches
Bolzen	Grenzabscherkraft	$F_{v,Rd} = 0,6 \cdot A \cdot \dfrac{f_{up}}{\gamma_{Mp}}$
	Grenzlochleibungskraft	$F_{b,Rd} = 1,5 \cdot d \cdot t \cdot \dfrac{f_y}{\gamma_{Mp}}$
	Grenzmoment	$M_{Rd} = 0,8 \cdot W_{el} \cdot \dfrac{f_y}{\gamma_{Mp}}$
Schweißnähte	Grenzscherfestigkeit	$f_{vw,d} = \dfrac{f_u}{\sqrt{3} \cdot \beta_w \cdot \gamma_{Mw}}$ f_u = Zugfestigkeit des schwächeren verbundenen Bauteiles β_w = Korrelationsfaktor nach Tabelle 3.29
	Grenzkraft einer Kehlnaht pro Längeneinheit	$F_{w,Rd} = f_{vw,d} \cdot a$ a = Nahtdicke
	Grenzkraft einer Stumpfnaht (durchgeschweißt) Siehe dazu auch 3.3.	$F_{w,Rd} = F_{min,Rd}$ wobei: $F_{min,Rd}$ = Grenzkraft des schwächeren verbundenen Bauteiles

Andere Grenzbeanspruchbarkeiten wie Grenzmoment einer Träger-Stützen-Verbindung, Rotationsvermögen, usw. siehe Abschnitt 4.4

Tabelle 3.24 Lochspiele für Schrauben nach EC 3

	M 12	M 14	M 16	M 20	M 22	M 24	M27	M 30	$\geq$ M 36
Lochspiel	mm	mm	mm	mm	mm	mm	mm	mm	mm
Normal	1	1	2	2	2	2	3	3	3
Darf-	2	2	*Bestimmung bei Abminderung der Grenzabscherkräfte*						
Löcher mit kleinerem Lochspiel als für normale Schraubenverbindungen dürfen festgelegt werden.									

Tabelle 3.25 Auf der sicheren Seite liegende Grenzlochleibungskräfte für normale Lochspiele in Abhängigkeit vom Schraubendurchmesser d

Lochleibungsbeanspruchung		Kleinste Abstände		Grenzlochleibungskraft
		e_1	p_1	mit: $\gamma_{Mb} = 1,25$
	Niedrig	1,7 d	2,5 d	$F_{b,Rd} = d \cdot t \cdot f_u$
	Mittel	2,5 d	3,4 d	$F_{b,Rd} = 1,5 \cdot d \cdot t \cdot f_u$
Kraftrichtung $\longrightarrow$	Hoch	3,4 d	4,3 d	$F_{b,Rd} = 2,0 \cdot d \cdot t \cdot f_u$
		Für alle gilt:		$F_{b,Rd} \leq 2 \cdot d \cdot t \cdot f_{ub}$

Tabelle 3.26 Beiwert k_s für gleitfeste Verbindungen

Bereich	Beiwert	Anmerkungen
Löcher mit normalem Lochspiel	$k_s = 1,0$	
Übergroße Löcher oder Langlöcher	$k_s = 0,85$	In Verbindungen von tragenden Bauteilen ist eine bauaufsichtliche Zulassung erforderlich.
Große Langlöcher	$k_s = 0,7$	

Tabelle 3.27 Güteklassen der Vorbehandlung von Gleitflächen

Güteklasse	Vorbehandlung
A	- Oberflächen mit Stahlkies oder Sand metallisch blank gestrahlt, keine Unebenheiten - Oberflächen mit Stahlkies oder Sand gestrahlt und aluminisiert - Oberflächen mit Stahlkies oder Sand gestrahlt und mit einem Produkt aus Zinkbasis metallisiert, das einen Reibbeiwert von min. 0,5 erzeugt
B	- Alkali-Zink-Silikatanstrich mit einer Schichtdicke von 50-80 µm, aufgetragen auf eine mit Stahlkies oder Sand gestrahlte Oberfläche
C	- Oberfläche mit Drahtbürsten oder Flammstrahlen metallisch blank gereinigt
D	- Oberfläche unbehandelt

Tabelle 3.28 Reibungszahl für gleitfeste Verbindungen

Güteklasse	A	B	C	D
Reibungszahl μ =	0,50	0,40	0,30	0,20

Tabelle 3.29 Korrelationsfaktor und Grenzschweißnahtspannungen für Baustähle, mit γ_{Mw} =1,25

Stahl		Zugfestigkeit f_u	Korrelationsfaktor β_w	$f_{vw,d} = \dfrac{f_u}{\sqrt{3} \cdot \beta_w \cdot 1{,}25}$	
EN 10025		N/mm²		N/mm²	kN/cm²
S 235	Fe 360	360	0,80	208	20,8
S 275	Fe 430	430	0,85	234	23,4
S 355	Fe 510	510	0,90	262	26,2
prEN 10113					
S 275	Fe E 275	390	0,80	225	22,5
S 355	Fe E 355	490	0,90	251	25,1

3.4 Nachweis der Querschnitte

3.4.1 Spannungsnachweise

Bezug		Nachweis Grenzwerte ggf. abgemindert nach 3.3.1
Allgemein	Zugkraft	$N_{Sd} \le N_{t,Rd}$
	Druckkraft	$N_{Sd} \le N_{c,Rd}$
	Querkraft	$V_{Sd} \le V_{pl,Rd}$
	Einachsige Biegung ohne Querkraft	$M_{Sd} \le M_{c,Rd}$
	Biegung und Querkraft	$M_{Sd} \le M_{v,Rd}$
	Einachsige Biegung und Längskraft	$M_{Sd} \le M_{N...,Rd}$
Biegung und Längskraft	• Querschnittsklassen 1 und 2 (QKl 1, ... 2)	
	Rechteckiger Querschnitt ohne Loch-schwächungen	$\dfrac{M_{Sd}}{M_{pl,Rd}} + \left[\dfrac{N_{Sd}}{N_{pl,Rd}}\right]^2 \le 1$
	Zweiachsige Biegung - Näherungskriterium *Darf-Bestimmung*	$\left[\dfrac{M_{y,Sd}}{M_{Ny,Rd}}\right]^\alpha + \left[\dfrac{M_{z,Sd}}{M_{Nz,Rd}}\right]^\beta \le 1$ *Auf der sicheren Seite liegend darf angenommen werden:* $\alpha = 1$ und $\beta = 1$ sonst: $n = N_{Sd} / N_{pl,Rd}$
	- I- und H-Profile	$\alpha = 2, \quad \beta = 5 \cdot n \ge 1$
	- Rundrohre	$\alpha = \beta = 2$
	- Rechteckhohlprofile	$\alpha = \beta = 1{,}66/(1 - 1{,}13 \cdot n^2) \le 6$
	- Volle Rechteckquerschnitte	$\alpha = \beta = 1{,}73 + 1{,}8 \cdot n^3$
	Zweiachsige Biegung - Interaktionskriterium *Darf-Bestimmung*	$\dfrac{N_{Sd}}{N_{pl,Rd}} + \dfrac{M_{y,Sd}}{M_{pl,y,Rd}} + \dfrac{M_{z,Sd}}{M_{pl,z,Rd}} \le 1$

Bezug	Nachweis
Biegung und Längskraft	• **Querschnittsklasse 3**
	Längsspannung — $\sigma_{x,Ed} \leq f_{yd}$ mit: $f_{yd} = f_y / \gamma_{M0}$
	Interaktionskriterium für Querschnitte ohne Lochschwächungen — $\dfrac{N_{Sd}}{A \cdot f_{yd}} + \dfrac{M_{y,Sd}}{W_{el,y} \cdot f_{yd}} + \dfrac{M_{z,Sd}}{W_{el,z} \cdot f_{yd}} \leq 1$
	• **Querschnittsklasse 4**
	Längsspannung — $\sigma_{x,Ed} \leq f_{yd}$ mit: $f_{yd} = f_y / \gamma_{M1}$
	Interaktionskriterium für Querschnitte ohne Lochschwächungen — $\dfrac{N_{Sd}}{A_{eff} \cdot f_{yd}} + \dfrac{M_{y,Sd} + N_{Sd} \cdot e_{Ny}}{W_{eff,y} \cdot f_{yd}} + \dfrac{M_{z,Sd} + N_{Sd} \cdot e_{Nz}}{W_{eff,z} \cdot f_{yd}} \leq 1$ $e_{N...}$ = Verschiebung der jeweiligen Hauptachse infolge der Abminderung des wirksamen Querschnittes bei Druckbeanspruchung
Querbelastung von Stegblechen	**Fließkriterium an allen Punkten erfüllt** — $\left(\dfrac{\sigma_{x,Ed}}{f_{yd}}\right)^2 + \left(\dfrac{\sigma_{z,Ed}}{f_{yd}}\right)^2 - \left(\dfrac{\sigma_{x,Ed}}{f_{yd}}\right) \cdot \left(\dfrac{\sigma_{z,Ed}}{f_{yd}}\right) \leq 1$ $f_{yd} = \dfrac{f_y}{\gamma_{M0}}$ Mit folgenden Werten am untersuchten Punkt: $\sigma_{x,Ed}$ = Bemessungswert der lokalen Längsspannung aus Biegung und Längskraft $\sigma_{z,Ed}$ = Bemessungswert der Querspannung infolge Querbeanspruchung $\sigma_{x,Ed}$, $\sigma_{z,Ed}$ bei Druck positiv, bei Zug negativ Spannungen im Stegblech, siehe Bild 3-3

Bezug	Nachweis
Fließkriterium $V_{Sd} > 0{,}5 \cdot V_{pl,Rd}$	$\left(\dfrac{\sigma_{x,Ed}}{f_{yd}}\right)^2 + \left(\dfrac{\sigma_{z,Ed}}{f_{yd}}\right)^2 - \left(\dfrac{\sigma_{x,Ed}}{f_{yd}}\right)\cdot\left(\dfrac{\sigma_{z,Ed}}{f_{yd}}\right) \le 1-\rho$ mit: $\rho = \left(\dfrac{2 \cdot V_{Sd}}{V_{pl,Rd}} - 1\right)^2$
Näherung Grenzmoment bei plastischer Verteilung der Spannungen im Querschnitt	$\left(\dfrac{\sigma_{xM,Ed}}{f_{yd}}\right)^2 + \left(\dfrac{\sigma_{z,Ed}}{f_{yd}}\right)^2 - k \cdot \left(\dfrac{\sigma_{xM,Ed}}{f_{yd}}\right)\cdot\left(\dfrac{\sigma_{z,Ed}}{f_{yd}}\right) \le 1-\rho-\beta_m$ mit: $\quad \beta_m = M_{w,Sd}/M_{pl,w,Rd}$ $M_{pl,w,Rd} = 0{,}25 \cdot t_w \cdot d^2 \cdot f_y/\gamma_{M0}$ $\sigma_{xm,Ed}$ = Bemessungswert der mittleren Längsspannung im Stegblech $M_{w,Sd}$ = Bemessungswert des Stegblechmomentes

Beiwert k	$\sigma_{xM,Ed}/\sigma_{z,Rd} \le 0$		$k = 1-\beta_m$
	$\sigma_{xM,Ed}/\sigma_{z,Rd} > 0$	$\beta_m \le 0{,}5$	$k = 0{,}5 \cdot (1+\beta_m)$
		$\beta_m > 0{,}5$	$k = 1{,}5 \cdot (1-\beta_m)$

(linke Randbeschriftung der Tabelle: Querbelastung von Stegblechen)

Bei Bedarf sind weitere Einzelheiten der Vornorm ENV 1993-1-1, Abschnitt 5.4.10 zu entnehmen.

3.4.2 Weitere Nachweise für Stegbleche

Bezug	Nachweis
Schubbeulen von unausgesteiften Stegblechen mit $d/t_w > 69 \cdot \varepsilon$	$V_{z,Sd} \le V_{ba,Rd}$ oder $V_{z,Sd} \le V_{bb,Rd}$
Plastisches Stauchen	$F_{Sd} \le R_{y,Rd}$
Stegblechkrüppeln von I-, H-, U-Profilen	$F_{Sd} \le R_{a,Rd}$
- Bei zusätzlichen Biegemomenten	$M_{Sd} \le M_{c,Rd}$ und $\dfrac{R_{Sd}}{R_{a,Rd}} + \dfrac{M_{Sd}}{M_{c,Rd}} \le 1{,}5$

Beanspruchungssituation

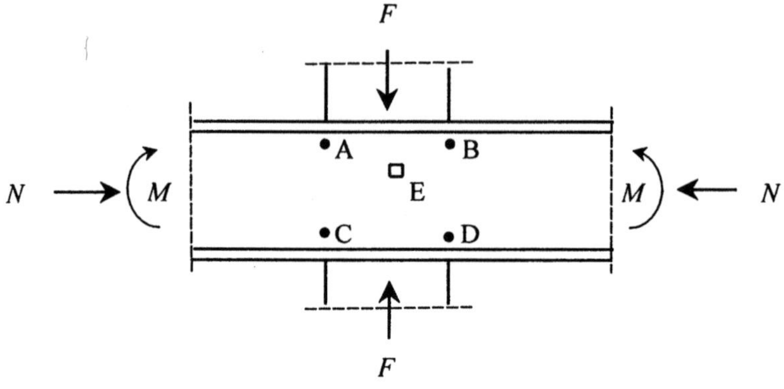

Spannungen im Element E   Spannungen im Schubfeld

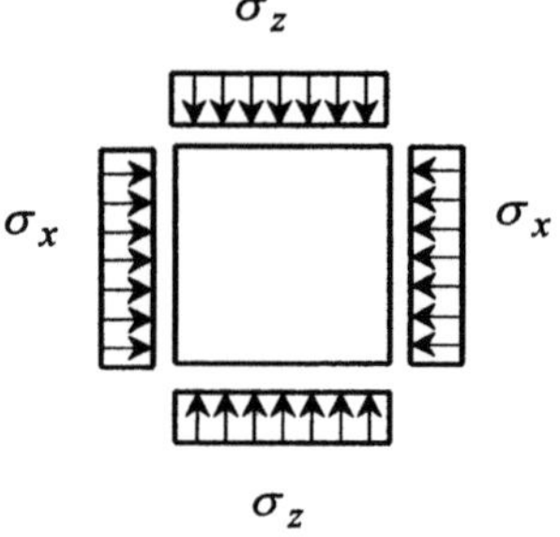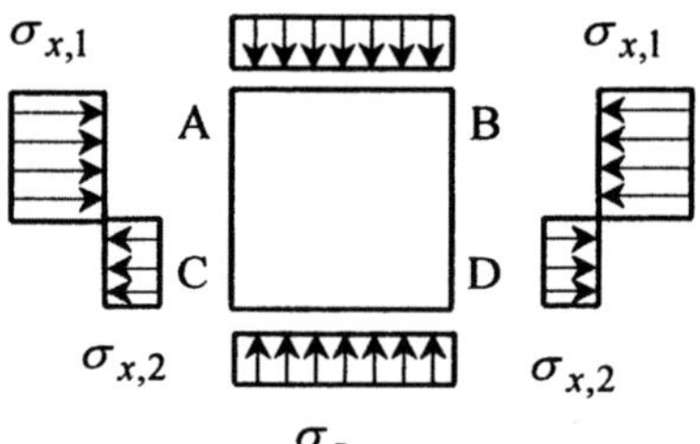

Äquivalente Längsspannungen näherungsweise bestimmt.

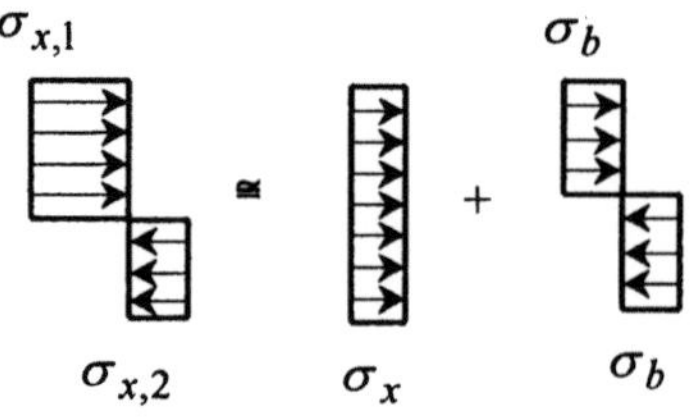

$$\sigma_b = \beta_m \cdot f_y$$

Bild 3-3 Beanspruchungssituation im Stegblech aus Biegemoment, Längskraft und Querkraft

3.5 Stabilitätsnachweise der Bauteile

3.5.1 Nachweis nach dem Ersatzstabverfahren

	Bezug	Nachweis gegen Biegeknicken N
Mittiger Druck	Allgemein, alle Querschnitte	$\dfrac{N_{Sd}}{N_{b,Rd}} \leq 1$
	- QKl 1, ... 2, ... 3	$N_{b,Rd} = \min\begin{cases} \chi_y \cdot A \cdot f_y / \gamma_{M1} \\ \chi_z \cdot A \cdot f_y / \gamma_{M1} \end{cases}$
	- QKl 4	$N_{b,Rd} = \min\begin{cases} \chi_y \cdot A_{eff} \cdot f_y / \gamma_{M1} \\ \chi_z \cdot A_{eff} \cdot f_y / \gamma_{M1} \end{cases}$

	Bezug	Nachweis gegen Biegedrillknicken M
Biegung	Allgemein, alle Querschnitte	$\dfrac{M_{Sd}}{M_{b,Rd}} \leq 1$
	- QKl 1, ... 2	$\dfrac{M_{Sd}}{\chi_{LT} \cdot W_{pl,y} \cdot f_y / \gamma_{M1}} \leq 1$
	- QKl 3	$\dfrac{M_{Sd}}{\chi_{LT} \cdot W_{el,y} \cdot f_y / \gamma_{M1}} \leq 1$
	- QKl 4	$\dfrac{M_{Sd}}{\chi_{LT} \cdot W_{eff,y} \cdot f_y / \gamma_{M1}} \leq 1$

Biegung und Zug	**Nachweis gegen Biegedrillknicken**
	Biegemoment und Zugkraft als vektorielle Wirkung behandeln, Nachweis mit dem wirksamen Ersatzmoment führen. Verändern sich Zugkraft und Biegemoment unabhängig voneinander, dann Zugkraft mit dem Beiwert $\psi_{vec} = 0{,}8$ abmindern.
	Alle Querschnitte $\qquad M_{eff,Sd} \leq M_{b,Rd}$
	Wirksames Ersatzmoment $\qquad M_{eff,Sd} = W_{com} \cdot \sigma_{com,Ed}$ $\sigma_{com,Ed} = M_{Sd} / W_{com} - \psi_{vec} \cdot N_{t,Sd} / A$

$N_{t,Rd}$ = Bemessungswert der Zugkraft

W_{com} = elastisches Flächenmoment 1. Grades der gedrückten Randfaser

<table>
<tr><td rowspan="13" style="writing-mode: vertical-rl; transform: rotate(180deg)">Einachsige Biegung und Druckkraft</td></tr>
<tr><td>Bezug</td><td>Nachweis gegen Biegeknicken $\boldsymbol{M_y + N}$</td></tr>
<tr><td>QKl 1
QKl 2</td><td>$$\frac{N_{Sd}}{\chi_y \cdot A \cdot f_y / \gamma_{M1}} + k_y \cdot \frac{M_{y,Sd}}{W_{pl,y} \cdot f_y / \gamma_{M1}} \le 1$$</td></tr>
<tr><td>QKl 3</td><td>$$\frac{N_{Sd}}{\chi_y \cdot A \cdot f_y / \gamma_{M1}} + k_y \cdot \frac{M_{y,Sd}}{W_{el,y} \cdot f_y / \gamma_{M1}} \le 1$$
$$k_y = 1 - \frac{\mu_y \cdot N_{Sd}}{\chi_y \cdot A \cdot f_y} \le 1{,}5$$
$$\mu_y = \overline{\lambda}_y \cdot (2 \cdot \beta_{My} - 4) + \left(\frac{W_{pl,y} - W_{el,y}}{W_{el,y}} \right) \le 0{,}9$$</td></tr>
<tr><td>QKl 4</td><td>$$\frac{N_{Sd}}{\chi_y \cdot A_{eff} \cdot f_y / \gamma_{M1}} + k_y \cdot \frac{M_{y,Sd} + N_{Sd} \cdot e_{Ny}}{W_{eff,y} \cdot f_y / \gamma_{M1}} \le 1$$
$$k_y = 1 - \frac{\mu_y \cdot N_{Sd}}{\chi_y \cdot A_{eff} \cdot f_y} \le 1{,}5$$
e_{Ny} nach Tabelle 3.10</td></tr>
<tr><td>Zusätzlich für alle
Querschnittsklassen</td><td>$$\frac{N_{Sd}}{\chi_z \cdot A \cdot f_y / \gamma_{M1}} \le 1$$</td></tr>
<tr><td>Querschnittsklasse</td><td>Nachweis gegen Biegedrillknicken $\boldsymbol{M_y + N}$</td></tr>
<tr><td>QKl 1
QKl 2</td><td>$$\frac{N_{Sd}}{\chi_z \cdot A \cdot f_y / \gamma_{M1}} + k_{LT} \cdot \frac{M_{y,Rd}}{\chi_{LT} \cdot W_{pl,y} \cdot f_y / \gamma_{M1}} \le 1$$</td></tr>
<tr><td>QKl 3</td><td>$$\frac{N_{Sd}}{\chi_z \cdot A \cdot f_y / \gamma_{M1}} + k_{LT} \cdot \frac{M_{y,Rd}}{\chi_{LT} \cdot W_{el,y} \cdot f_y / \gamma_{M1}} \le 1$$</td></tr>
<tr><td>QKl 4</td><td>$$\frac{N_{Sd}}{\chi_z \cdot A_{eff} \cdot f_y / \gamma_{M1}} + k_{LT} \cdot \frac{M_{y,Sd} + N_{Sd} \cdot e_{Ny}}{W_{eff,y} \cdot f_y / \gamma_{M1}} \le 1$$</td></tr>
<tr><td>Alle Klassen</td><td>$$k_{LT} = 1 - \frac{\mu_{LT} \cdot N_{Sd}}{\chi_z \cdot A \cdot f_y} \le 1$$
$$\mu_{LT} = 0{,}15 \cdot \overline{\lambda}_z \cdot \beta_{M,LT} - 0{,}15 \le 0{,}9$$
$\beta_{M,LT}$ = Beiwert nach Tabelle 3.30</td></tr>
</table>

Bezug	Nachweis gegen Biegeknicken	$M_y + M_z + N$
QKl 1 **QKl 2**	$\dfrac{N_{Sd}}{\chi_{min} \cdot A \cdot f_{y,d}} + k_y \cdot \dfrac{M_{y,Sd}}{W_{pl,y} \cdot f_{y,d}} + k_z \cdot \dfrac{M_{z,Sd}}{W_{pl,z} \cdot f_{y,d}} \le 1$ mit: $$f_{y,d} = f_y / \gamma_{M1}$$ $$k_y = 1 - \dfrac{\mu_y \cdot N_{Sd}}{\chi_y \cdot A \cdot f_y} \le 1,5$$ $$\mu_y = \overline{\lambda}_y \cdot \left(2 \cdot \beta_{My} - 4\right) + \left(\dfrac{W_{pl,y} - W_{el,y}}{W_{el,y}}\right) \le 0,9$$ $$k_z = 1 - \dfrac{\mu_z \cdot N_{Sd}}{\chi_z \cdot A \cdot f_y} \le 1,5$$ $$\mu_z = \overline{\lambda}_z \cdot \left(2 \cdot \beta_{Mz} - 4\right) + \left(\dfrac{W_{pl,z} - W_{el,z}}{W_{el,z}}\right) \le 0,9$$	
QKl 3	$\dfrac{N_{Sd}}{\chi_{min} \cdot A \cdot f_{y,d}} + k_y \cdot \dfrac{M_{y,Sd}}{W_{el,y} \cdot f_{y,d}} + k_z \cdot \dfrac{M_{z,Sd}}{W_{el,z} \cdot f_{y,d}} \le 1$ k_y; k_z wie für QKl 1 und QKl 2, jedoch mit: $$\mu_y = \overline{\lambda}_y \cdot \left(2 \cdot \beta_{My} - 4\right) \le 0,9$$ $$\mu_z = \overline{\lambda}_z \cdot \left(2 \cdot \beta_{Mz} - 4\right) \le 0,9$$	
QKl 4	$\dfrac{N_{Sd}}{\chi_{min} \cdot A_{eff} \cdot f_{y,d}} + k_y \dfrac{M_{y,Sd} + N_{Sd} \cdot e_{Ny}}{W_{eff,y} \cdot f_{y,d}} + k_z \cdot \dfrac{M_{z,Sd} + N_{Sd} \cdot e_{Nz}}{W_{eff,z} \cdot f_{y,d}} \le 1$ k_y; k_z wie QKl 3 jedoch mit $A = A_{eff}$ *Anmerkung: Nachweis zulässig, wenn der Einfluss der Schubspannung vernachlässigbar ist, siehe NAD.*	

$\overline{\lambda}_y, \overline{\lambda}_z$	bezogener Schlankheitsgrad
β_{My} und β_{My}	Momentenbeiwerte nach Tabelle 3.30
e_{Ny}; e_{Nz}	siehe Tabelle 3.10

Die linke Randspalte (vertikal): **Zweiachsige Biegung und Druck**

Bezug	Nachweis gegen Biegedrillknicken $\quad M_y + M_z + N$

<table>
<tr><td rowspan="4">Zweiachsige Biegung und Druck</td><td>QKl 1
QKl 2</td><td>

$$\frac{N_{Sd}}{\chi_z \cdot A \cdot f_{y,d}} + k_{LT} \cdot \frac{M_{y,Rd}}{\chi_{LT} \cdot W_{pl,y} \cdot f_{y,d}} + k_z \cdot \frac{M_{z,Sd}}{W_{pl,z} \cdot f_{y,d}} \le 1$$

mit:

$$f_{y,d} = f_y / \gamma_{M1}$$

$$k_{LT} = 1 - \frac{\mu_{LT} \cdot N_{Sd}}{\chi_z \cdot A \cdot f_y} \le 1$$

$$\mu_{LT} = 0{,}15 \cdot \overline{\lambda}_z \cdot \beta_{M,LT} - 0{,}15 \le 0{,}9$$

$$k_z = 1 - \frac{\mu_z \cdot N_{Sd}}{\chi_z \cdot A \cdot f_y} \le 1{,}5$$

$$\mu_z = \overline{\lambda}_z \cdot \left(2 \cdot \beta_{Mz} - 4\right) + \frac{W_{pl,z} - W_{el,z}}{W_{el,z}} \le 0{,}9$$

</td></tr>
<tr><td>QKl 3</td><td>

$$\frac{N_{Sd}}{\chi_z \cdot A \cdot f_{y,d}} + k_{LT} \cdot \frac{M_{y,Rd}}{\chi_{LT} \cdot W_{el,y} \cdot f_{y,d}} + k_z \cdot \frac{M_{z,Sd}}{W_{el,z} \cdot f_{y,d}} \le 1$$

k_{LT} wie für QKl 1, QKl 2

k_z wie vorher, jedoch mit:

$$\mu_z = \overline{\lambda}_z \cdot \left(2 \cdot \beta_{Mz} - 4\right) \le 0{,}9$$

</td></tr>
<tr><td>QKl 4</td><td>

$$\frac{N_{Sd}}{\chi_z \cdot A_{eff} \cdot f_{y,d}} + k_{LT} \cdot \frac{M_{y,Sd} + N_{SD} \cdot e_{Ny}}{\chi_{LT} \cdot W_{eff,y} \cdot f_{y,d}} + k_z \cdot \frac{M_{z,Sd} + N_{Sd} \cdot e_{Nz}}{W_{eff,z} \cdot f_{y,d}} \le 1$$

$$k_{LT} = 1 - \frac{\mu_{LT} \cdot N_{Sd}}{\chi_z \cdot A_{eff} \cdot f_y} \le 1$$

$$\mu_{LT} = 0{,}15 \cdot \overline{\lambda}_z \cdot \beta_{M,LT} - 0{,}15 \le 0{,}9$$

$\beta_{M,LT}$ bestimmen mit: $\quad M_{Sd} + N_{Sd} \cdot e_N$

Anmerkung: Nachweis zulässig, wenn der Einfluss der Schubspannung vernachlässigbar ist, siehe NAD.

</td></tr>
</table>

$\overline{\lambda}_y$, $\overline{\lambda}_z$ bezogener Schlankheitsgrad

$\beta_{M,LT}$ Momentenbeiwert nach Tabelle 3.30

e_{Ny}; e_{Nz} siehe Tabelle 3.10

Tabelle 3.30 Momentenbeiwerte β_M für Biegeknicken und Biegedrillknicken

Momentenverlauf	Momentenbeiwert β_M
Stabendmomente M_1 $\psi \cdot M_1$ $-1 \leq \psi \leq 1$	$\beta_{M,\psi} = 1,8 - 0,7 \cdot \psi$
Momente aus Querbelastung M_Q	$\beta_{M,Q} = 1,3$
M_Q	$\beta_{M,Q} = 1,4$
Momente aus Querbelastung mit Stabendmomenten M_1 ΔM M_Q M_1 ΔM M_Q M_1 ΔM M_Q M_1 ΔM M_Q	$\beta_M = \beta_{M,\psi} + \dfrac{M_Q}{\Delta M} \cdot (\beta_{M,Q} - \beta_{M,\psi})$ $M_Q = \lvert \max\ M \rvert$ nur infolge Querbelastung Momentenverlauf ohne Vorzeichenwechsel $\Delta M = \lvert \max\ M \rvert$ Momentenverlauf mit Vorzeichenwechsel $\Delta M = \lvert \max\ M \rvert + \lvert \min\ M \rvert$

3.5.2 Nachweis nach Theorie 2. Ordnung

Beim Nachweis nach Theorie 2. Ordnung ist von einer geeigneten geometrischen Ersatzimperfektion in Form einer Krümmung gemäß Tabelle 3.31 auszugehen. Anwendung siehe [3]

Tabelle 3.31 Bemessungswerte der Stichmaße für Ersatzimperfektionen nach EC 3 [3]

$$N_{Sd} \longrightarrow \qquad e_{o,d} \qquad \longleftarrow N_{Sd}$$
$$\ell$$

Querschnitt		Berechnungsverfahren
Verfahren zur Bestimmung der Beanspruchbarkeit	Querschnittsform und Achse	Elastisch oder Fließgelenktheorie 1. oder 2. Ordnung
Elastisch QKl 3	jede	$e_{o,d} = \alpha \cdot \left(\overline{\lambda} - 0,2\right) \cdot k_\gamma \cdot W_{el}\big/A$
Plastisch mit linearer Interaktion QKl 1 und QKl 2	jede	$e_{o,d} = \alpha \cdot \left(\overline{\lambda} - 0,2\right) \cdot k_\gamma \cdot W_{pl}\big/A$
Plastisch QKl 1 und QKl 2	I-Profil, y-Achse Rechteckhohlprofil	$e_{o,d} = 1,33 \cdot \alpha \cdot \left(\overline{\lambda} - 0,2\right) \cdot k_\gamma \cdot W_{pl}\big/A$
	I-Profil, z-Achse	$e_{o,d} = 2,0 \cdot k_\gamma \cdot e_{eff}\big/\varepsilon$
	Rundhohlprofil	$e_{o,d} = 1,5 \cdot k_\gamma \cdot e_{eff}\big/\varepsilon$
Plastisch		Fließzonenverfahren
	I-Profil, y-Achse Rechteckhohlprofil	$e_{o,d} = \alpha \cdot \left(\overline{\lambda} - 0,2\right) \cdot k_\gamma \cdot W_{pl}\big/A$
	I-Profil, z-Achse Rundhohlprofil	$e_{o,d} = k_\gamma \cdot e_{eff}\big/\varepsilon$
$k_\gamma = (1 - k_\delta) + 2 \cdot k_\delta \cdot \overline{\lambda} \geq 1,0$		
Knickspannungslinie	α	e_{eff}	$\gamma_{M1} = 1,10$ für andere Werte siehe [3]
a	0,21	$\ell/600$	$k_\delta = 0,23$
b	0,34	$\ell/380$	$k_\delta = 0,15$
c	0,49	$\ell/270$	$k_\delta = 0,11$
d	0,76	$\ell/180$	$k_\delta = 0,08$
Bei ungleichförmigem Querschnitt sind W_{el}, W_{pl}, A, in der Mitte der Knicklänge ℓ anzusetzen.			

3.6 Mehrteilige, druckbeanspruchte Bauteile

3.6.1 Allgemeine Regeln

Die Verfahren zu Entwurf, Berechnung und Bemessung nach EC 3, beziehen sich nur auf mehrteilige druckbeanspruchte Bauteile mit 2 Gurtstäben wie in Bild 3-5 dargestellt. Ausnahmen nur, wenn die Anwendbarkeit auf Bauteile mit mehr als 2 Gurtstäben ausdrücklich gestattet ist.

Schnittgrößen für die Einzelelemente wie: Gurtstäbe, Anschlüsse, Bindebleche, Gitterstäbe, sind unter Berücksichtigung der Verformungen zu ermitteln.

Mehrteilige druckbeanspruchte Bauteile, die zu einem Bauteil verbunden werden, sind unter Berücksichtigung einer geometrischen Anfangskrümmung zu bemessen.

Bei der Bemessung sind außer den Längskräften auch alle anderen Kräfte und Momente zu berücksichtigen, die während der Nutzung auftreten können.

3.6.2 Ausführungsformen

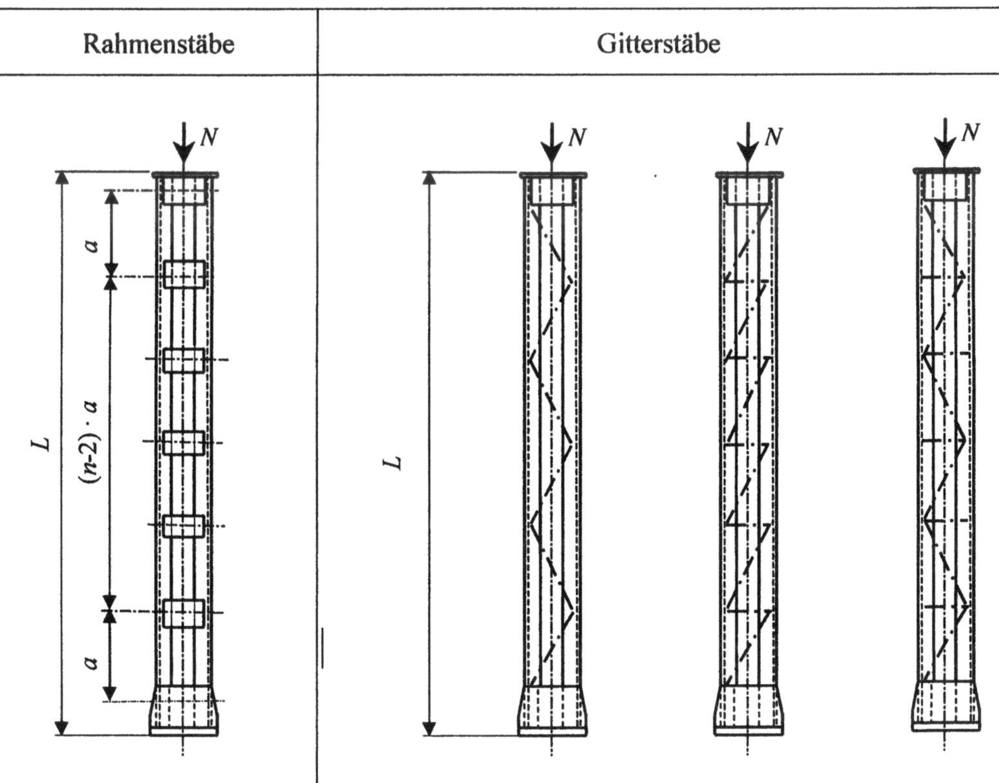

Bild 3-4 Mehrteilige Stäbe, Ausführungsbeispiele

3.6.3 Konstruktive Durchbildung

Rahmenstäbe

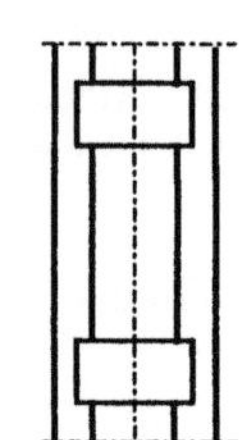

Zwei gleichbleibende, parallel angeordnete Gurtstäbe sind in einem gleichbleibenden Abstand durch Bindebleche miteinander verbunden.

- Die Gurtstäbe können aus Einzelbauteilen oder mehrteiligen Bauteilen rechtwinklig zur betrachteten Ebene bestehen.

- Bindeblechverbindungen sind vorzusehen an den Bauteilenden, an Lasteinleitungspunkten sowie an seitlichen Abstützungen.

Gitterstäbe

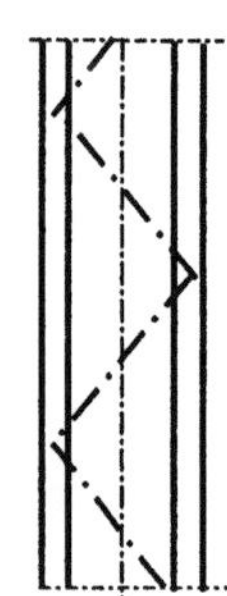

Zwei gleichbleibende, parallel angeordnete Gurtstäbe, sind im gleichbleibenden Abstand mit einer regelmäßigen Dreiecksvergitterung verbunden.

- Die Gurtstäbe können aus Einzelbauteilen oder mehrteiligen Bauteilen rechtwinklig zur betrachteten Ebene bestehen.

- Auf gegenüberliegenden Seiten sind einfache Vergitterungen möglichst gleichläufig auszuführen, Bild 3-5.

- Gegenläufige, einfache Vergitterungen auf gegenüberliegenden Seiten nach Bild 3-6 sind möglichst zu vermeiden, sonst sind Torsionsverformungen zu berücksichtigen.

- An Enden, wo die Vergitterung unterbrochen ist, sowie in Anschlussbereichen sind Querverbindungen zwischen den Gurtstäben erforderlich. Diese können in Form von Bindeblechen oder als gleichsteife fachwerkartige Bauteile ausgebildet werden.

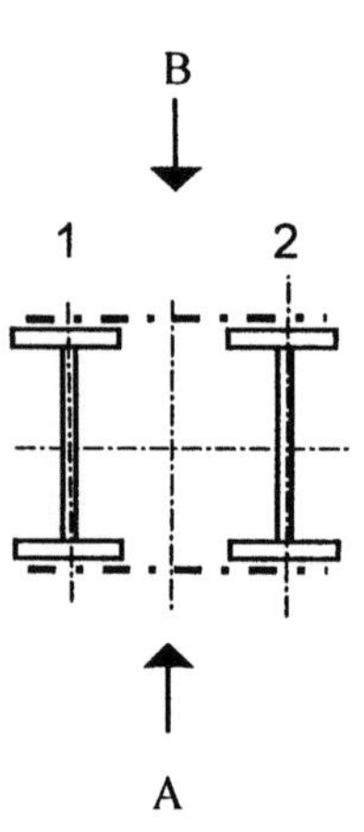
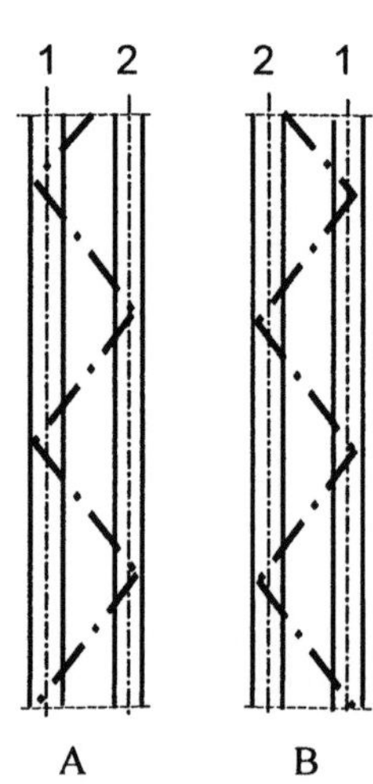
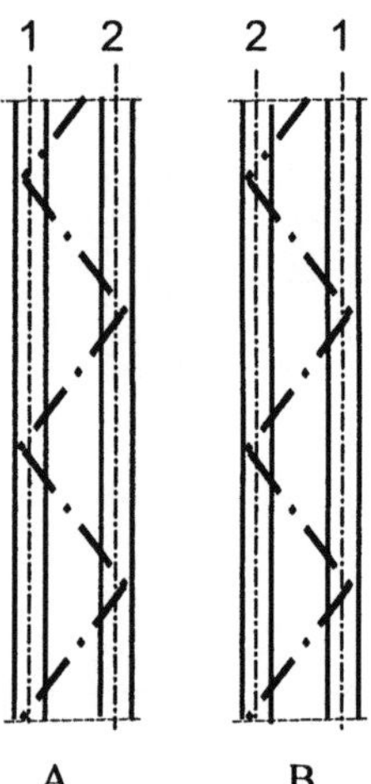

Bild 3-5 Vergitterung: gleichläufig, *empfohlen*   gegenläufig, *nicht empfohlen*

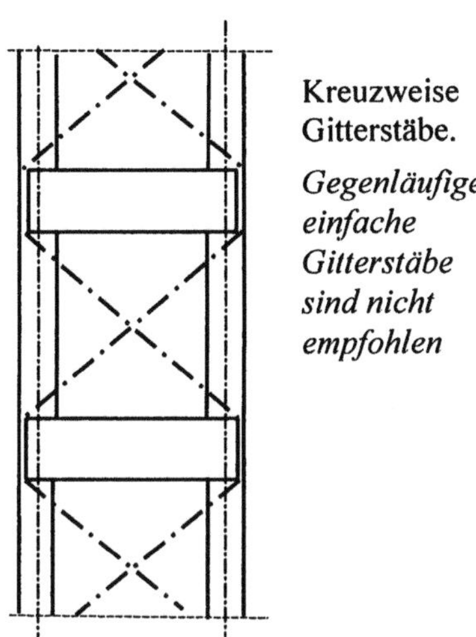

Kreuzweise Gitterstäbe.

Gegenläufige einfache Gitterstäbe sind nicht empfohlen

Tabelle 3.32 Stichmaß einer geometrischen Anfangskrümmung

System	Vorkrümmung
N ... e_0 ... $\ell/2$ ... $\ell/2$ ... N	$e_0 = \dfrac{\ell}{500}$

Bild 3-6 Vergitterung in Verbindung mit Bindeblechen

Eine Stoffachse		Zwei stofffreie Achsen
Anzahl Gurte (r)		
r = 2	r = 2	r = 4

Bild 3-7 Allgemein gebräuchliche Querschnitte

Tabelle 3.33 Schubsteifigkeit der Vergitterung von Gitterstäben

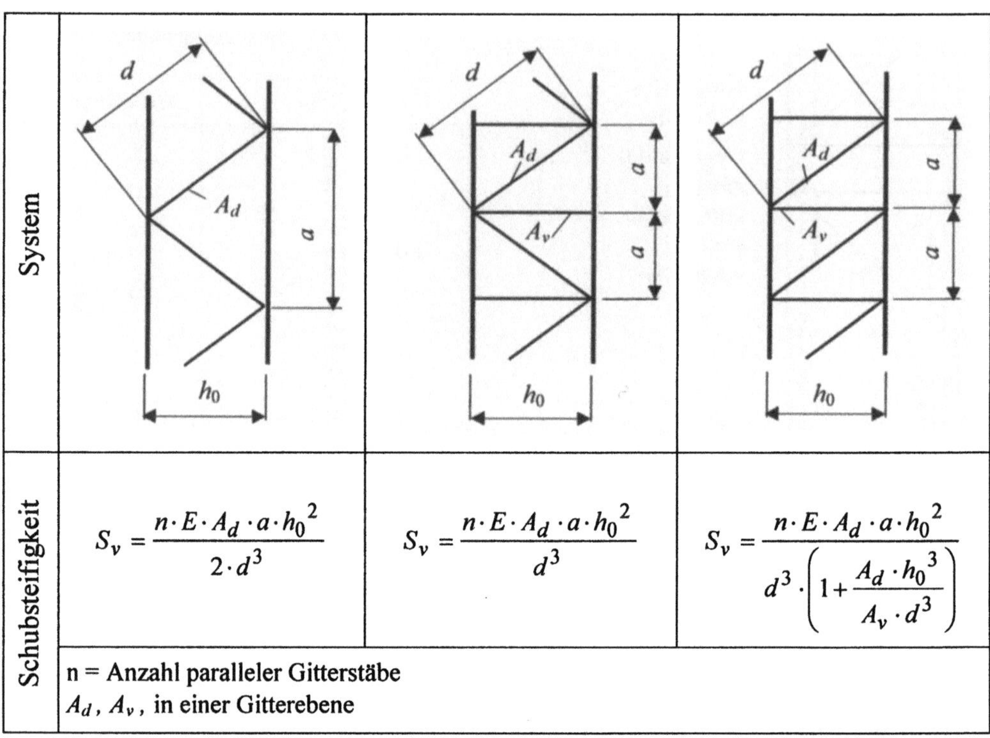

System		

Schubsteifigkeit		
$S_v = \dfrac{n \cdot E \cdot A_d \cdot a \cdot h_0^{\,2}}{2 \cdot d^3}$	$S_v = \dfrac{n \cdot E \cdot A_d \cdot a \cdot h_0^{\,2}}{d^3}$	$S_v = \dfrac{n \cdot E \cdot A_d \cdot a \cdot h_0^{\,2}}{d^3 \cdot \left(1 + \dfrac{A_d \cdot h_0^{\,3}}{A_v \cdot d^3}\right)}$

n = Anzahl paralleler Gitterstäbe
A_d, A_v, in einer Gitterebene

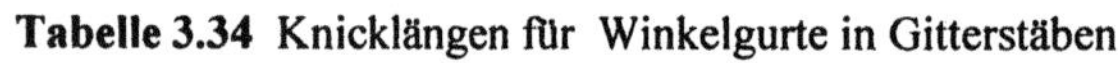

Tabelle 3.34 Knicklängen für Winkelgurte in Gitterstäben

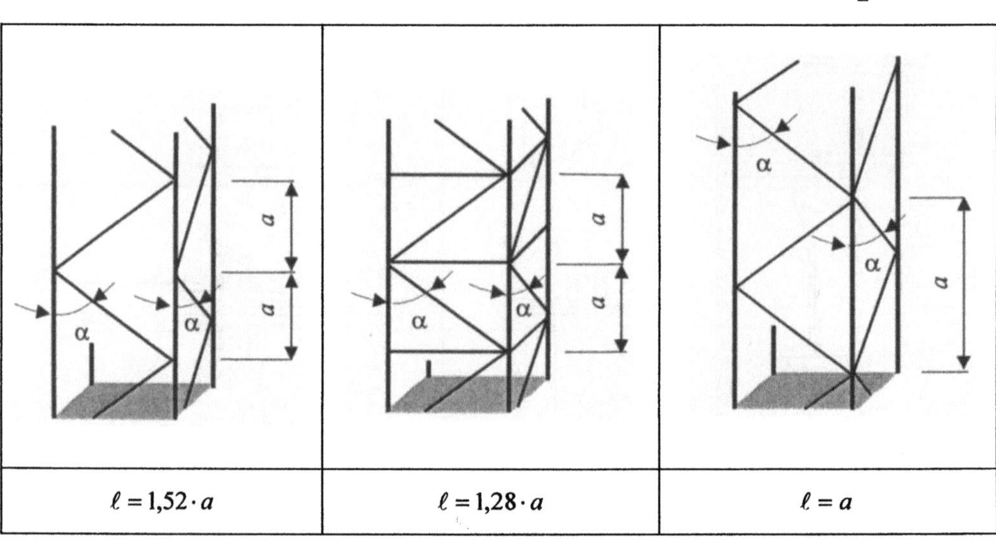

$\ell = 1{,}52 \cdot a$	$\ell = 1{,}28 \cdot a$	$\ell = a$

3.6.4 Berechnungsgrößen für mehrteilige Gitterstäbe

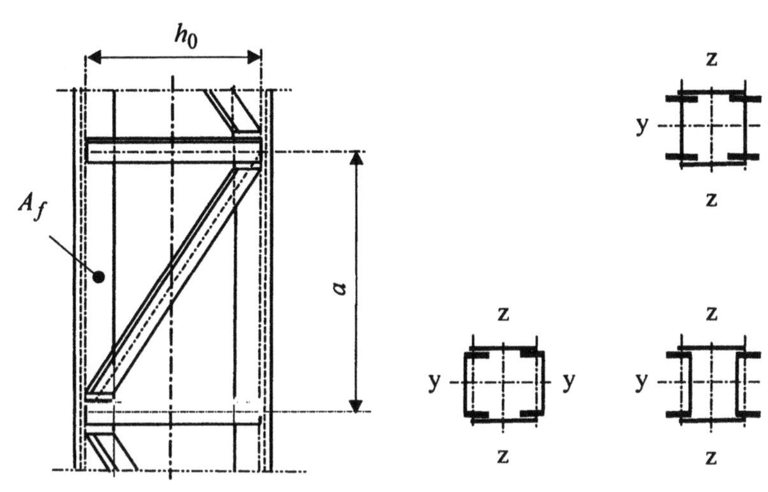

<table>
<tr><td rowspan="10">Gitterstab mit 2 Gurtstäben</td><td>Flächenmoment 2. Grades</td><td>

$I_{eff} = 0.5 \cdot h_0^2 \cdot A_f$

h_0 = Schwerpunktabstand der Gurtstäbe

A_f = Querschnittsfläche eines Gurtstabes
</td></tr>
<tr><td>Gurtstabkraft in Stabmitte</td><td>

$$N_{f,Sd} = 0.5 N_{Sd} + \frac{M_s}{h_0}$$

mit:

$$M_s = \frac{N_{Sd} \cdot e_0}{1 - \dfrac{N_{Sd}}{N_{cr}} - \dfrac{N_{Sd}}{S_v}}$$

$$e_0 = \frac{\ell}{500}$$

$$N_{cr} = \frac{\pi^2 \cdot E \cdot I_{eff}}{\ell^2}$$

S_v = Schubsteifigkeit der Vergitterung, siehe Tabelle 3.33
</td></tr>
<tr><td>Vergitterung:
- Querkraft an den Bauteilenden</td><td>

$$V_s = \frac{\pi \cdot M_s}{\ell}$$
</td></tr>
<tr><td>- Längskraft in einer Diagonalen</td><td>

$$N_d = \frac{V_s \cdot d}{n \cdot h_0}$$
</td></tr>
</table>

3.6.5 Berechnungsgrößen für mehrteilige Rahmenstäbe

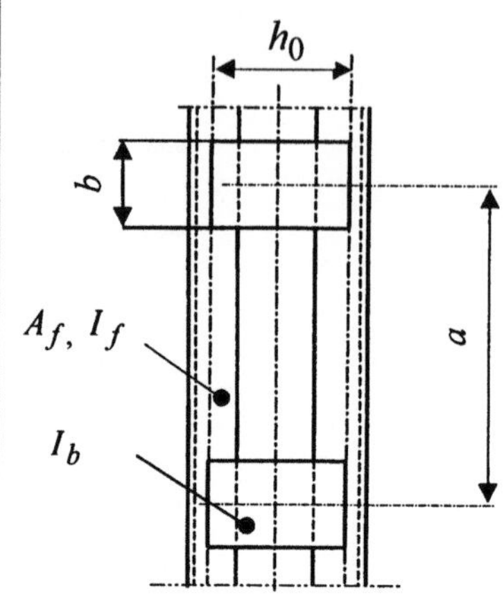

I_f = Flächenmoment 2. Grades eines Gurtstabes

I_b = Flächenmoment 2. Grades eines Bindebleches

Rahmenstab		
Flächenmoment 2. Grades	$I_{eff} = 0{,}5 \cdot h_0{}^2 \cdot A_f + 2 \cdot \mu \cdot I_f$ $i_0 = \sqrt{0{,}5 \cdot I_1 / A_f}$ $I_1 = I_{eff}$ mit $\mu = 1$	

$$I_{eff} = 0{,}5 \cdot h_0{}^2 \cdot A_f + 2 \cdot \mu \cdot I_f$$

$$i_0 = \sqrt{0{,}5 \cdot I_1 / A_f}$$

$$I_1 = I_{eff} \quad \text{mit } \mu = 1$$

Korrekturwerte μ

$$\lambda = \ell / i_0$$

$\lambda \le 75$	$75 < \lambda \le 150$	$\lambda > 150$
$\mu = 1$	$\mu = 2 - \lambda / 75$	$\mu = 0$

Gurtstabkraft in Stabmitte

$$N_{f,Sd} = 0{,}5 \cdot \left(N_{Sd} + \frac{M_s \cdot h_0 \cdot A_f}{I_{eff}} \right)$$

$$M_s = \frac{N_{Sd} \cdot e_0}{1 - N_{Sd} / N_{cr} - N_{Sd} / S_v}$$

Schubsteifigkeit

1. Die Biegeverformung der Bindebleche wird vernachlässigt

Bedingung: $\dfrac{n \cdot I_b}{h_0} \ge 10 \cdot \dfrac{I_f}{a}$ sonst nach Punkt 2

$$S_v = \frac{2 \cdot \pi^2 \cdot E \cdot I_f}{a^2}$$

2. Die Verformbarkeit der Bindebleche wird berücksichtigt

$$S_v = \frac{24 \cdot E \cdot I_f}{a^2 \cdot \left(1 - \dfrac{2 \cdot I_f}{n \cdot I_b} \cdot \dfrac{h_0}{a} \right)} \le \frac{2 \cdot \pi^2 \cdot E \cdot I_f}{a^2}$$

Schnittgrößenverteilung in Bindeblechen von Rahmenstäben

Querschnitt mehrteiliger Rahmenstäbe	
Statisches Model	
Biegemomentenverteilung in der Querverbindung unter den Schubkräften	
Schubkraft in der Querverbindung	$$T = \frac{V \cdot a}{h_0}$$
Querkraft an den Bauteilenden	$$V_s = \frac{\pi \cdot M_s}{\ell}$$

3.6.6 Nachweis der Gurtstäbe

Nachweise der Gurtstäbe sind wie für einteilige Stäbe nach Abschnitt 3.4 und 3.5 zu führen.

Knicknachweise mit folgenden Knicklängen:

- Gitterstäbe: ℓ = Systemlänge zwischen den Gitteranschlüssen
- Rahmenstäbe: ℓ = Abstand zwischen den Systemachsen der Bindebleche

3.6.7 Nachweis der Bindebleche

Bindebleche bei Rahmenstäben sind folgendermaßen anzuordnen:

- an den Stabenden

- in gleichen bzw. annähernd gleichen Abständen mit $a \leq 70 \cdot i_1$, wobei Anzahl Felder $n \geq 3$

Nachweise des Querschnittes nach Abschnitt 3.4.1

3.6.8 Mehrteilige Rahmenstäbe mit geringer Spreizung

Querschnitte mit einer stofffreien Achse nach Tabelle 3.35, bei denen der lichte Abstand der Einzelstäbe nicht/oder nur wenig größer ist als die Dicke des Bindebleches.

Diese Stäbe dürfen auch für das Ausweichen der Stäbe rechtwinklig zur stofffreien Achse wie einteilige Stäbe nach Abschnitt 3.3 berechnet werden, unter folgenden Voraussetzungen:

- Die Abstände der Bindebleche oder Flachfutterstücke betragen: $a \leq 15\, i_1$ oder

- zur Verbindung wird ein durchgehendes Flachstahlfutter verwendet, das in Abständen $a \leq 15\, i_1$ angeschlossen wird.

Tabelle 3.35 Querschnitte von mehrteiligen Rahmenstäben mit geringer Spreizung

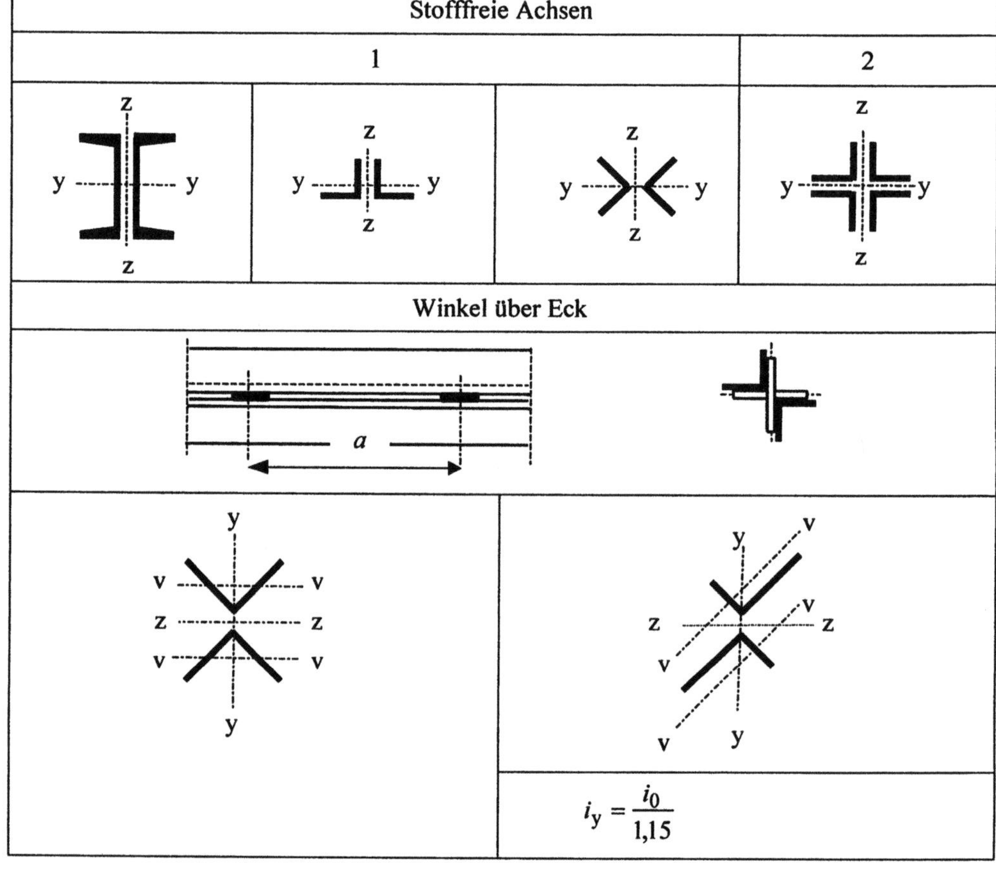

$$i_y = \frac{i_0}{1{,}15}$$

3.7 Fachwerkartige Tragwerke

Fachwerkartige Tragwerke wie Gitterträger oder Fachwerkverbände, mit vorwiegend ruhender Beanspruchung, dürfen unter Annahme gelenkiger Knotenpunktausbildungen berechnet werden.

Knicknachweise für druckbeanspruchte Bauteile in diesen Tragwerken dürfen nach Abschnitt 3.3.2 geführt werden.

3.7.1 Knicklängen

Tabelle 3.36 Knicklängen für Stäbe von fachwerkartigen Tragwerken

Stab mit der Systemlänge L		Knicklänge ℓ
- Gurtstäbe allgemein		$\ell = L$
- Füllstäbe, Knicken aus der Fachwerkebene		$\ell = L$
- Füllstäbe, Knicken in der Fachwerkebene	1. Behinderung der Endverdrehung dieser Füllstäbe, durch die Gurte, und Anschlüsse mit Minimum 2 Schrauben. Ausgenommen davon sind Winkel.	$\ell = 0,9 \cdot L$
	2. Alle anderen	$\ell = L$

3.7.2 Winkel als druckbeanspruchte Füllstäbe

Bei Füllstäben aus Winkelprofilen, die durch Gurte und die Anschlusskonstruktion (mindestens 2 Schrauben) an der Endverdrehung gehindert werden, dürfen die Anschlussexzentrizitäten vernachlässigt und ein wirksamer Schlankheitsgrad nach Tabelle 3.37 zugrunde gelegt werden.

Der Knicknachweis sollte mit dem wirksamen Schlankheitsgrad $\overline{\lambda}_{eff}$ und der Knickspannungslinie c, geführt werden.

Bei Anschlüssen von Winkelstäben mit nur einer Schraube oder ähnlichen, verformbaren Anschlüssen, sollte die Anschlussexzentrizität berücksichtigt und die Knicklänge $\ell = L$ angesetzt werden.

Tabelle 3.37 Wirksamer Schlankheitsgrad bei Füllstäben

Knicken um Achse	
v - v	$\overline{\lambda}_{eff,v} = 0,35 + 0,7 \cdot \overline{\lambda}_v$
y - y	$\overline{\lambda}_{eff,y} = 0,50 + 0,7 \cdot \overline{\lambda}_y$
z - z	$\overline{\lambda}_{eff,z} = 0,50 + 0,7 \cdot \overline{\lambda}_z$
$\overline{\lambda}_v , \overline{\lambda}_y , \overline{\lambda}_z$ = bezogener Schlankheitsgrad nach 3.3.2	

3.8 Schrauben-, Nieten- und Bolzenverbindungen

3.8.1 Einteilung und Nachweise von Schraubenverbindungen

Kategorie			Anforderungen	Nachweiskriterium
Scher-/Lochleibungs- und Gleitfeste Verbindungen	A	Scher-/Lochleibungs- verbindung	- Schraubenfestigkeiten FK 4.6, 5.6, 8.8, 10.9 - Keine Vorspannung	$F_{v,Sd} \le F_{v,Rd}$ $F_{v,Sd} \le F_{b,Rd}$
	B	Gleitfeste Verbindung im Grenzzustand der Gebrauchstauglichkeit	- Hochfeste Schrauben FK 8.8, 10.9 - Vorspannung - Kein Gleiten im Grenzzustand	$F_{v,Sd,ser} \le F_{s,Rd,ser}$ $F_{v,Sd} \le F_{v,Rd}$ $F_{v,Sd} \le F_{b,Rd}$
	C	Gleitfeste Verbindung im Grenzzustand der Tragfähigkeit	- Hochfeste Schrauben FK 8.8, 10.9 - Vorspannung - Kein Gleiten im Grenzzustand	$F_{v,Sd} \le F_{s,Rd}$ $F_{v,Sd} \le F_{b,Rd}$
Zugbeanspruchte Verbindungen	D	Nicht vorgespannt	- Schraubenfestigkeiten FK 4.6, 5.6, 8.8, 10.9 - Keine Vorspannung	$F_{t,Sd} \le F_{t,Rd}$
	E	Vorgespannt	- Hochfeste Schrauben FK 8.8, 10.9 - Vorspannung	$F_{t,Sd} \le F_{t,Rd}$

Bezeichnungen:

- Bemessungswerte

$F_{v,Sd}$ Abscherkraft pro Schraube im Grenzzustand der Tragfähigkeit

$F_{v,Sd,ser}$ Abscherkraft pro Schraube im Grenzzustand der Gebrauchstauglichkeit

$F_{t,Sd}$ Zugkraft pro Schraube im Grenzzustand der Tragfähigkeit

- Grenzbeanspruchbarkeiten (siehe Abschnitt 3.3.4)

$F_{v,Rd}$ Grenzabscherkraft pro Schraube

$F_{b,Rd}$ Grenzlochleibungskraft pro Schraube

$F_{t,Rd}$ Grenzzugkraft pro Schraube

$F_{s,Rd}$ Grenzgleitkraft pro Schraube im Grenzzustand der Tragfähigkeit

$F_{s,Rd,ser}$ Grenzgleitkraft pro Schraube im Grenzzustand der Gebrauchstauglichkeit

Hinweis: Bei Verwendung von verzinkten Schrauben sind nur komplette Garnituren (Schrauben, Muttern, Scheiben) eines Herstellers zu verwenden.

Tabelle 3.38 Schraubenverbindungen mit nicht vorgespannten Schrauben nach DASt-Ri 103 Tabelle R4

Schrauben		Muttern			Unterlegscheiben	
Festig-keitsklasse	Norm	Kombination FK / M	Norm	Güte	Norm	Klasse
FK 4.6	EN 24016	FK 4, $d > $ M16	EN 24034	C	ISO 7089	140HV
	EN 24018	FK 5, $d \leq $ M16			ISO 7091	100 HV
FK 5.6	EN 24014	FK 5	EN 24034	C		
	EN 24017	alle d				
FK 8.8	EN 24014	FK 8, $d \leq $ M16	EN 24032	A	ISO 7089	200HV
	EN 24017	FK 8, $d > $ M16		B	ISO 7090	
	prEN 781	FK 8	prEN 780	B	prEN 784	HRC35-45
		M 12 $\leq d \leq$ M36			prEN 785	
FK 10.9	EN 24014	FK 10, $d \leq $ M16	EN 24032	A	prEN 784	HRC35-45
	EN 24017	FK 10, $d > $ M16		B		
		FK 10, $d \leq $ M16	EN 24033	A		
		FK 10, $d > $ M16		B		
	prEN 781	FK 10	prEN 780	B	prEN 785	HRC35-45
		M 12 $\leq d \leq$ M36				
	prEN 781	FK 10	prEN 783	B	prEN 785	HRC35-45
		M 12 $\leq d \leq$ M36				

Tabelle 3.39 Schraubenverbindungen mit vorgespannten Schrauben nach DASt-Ri 103 Tabelle R5

Schrauben		Muttern			Unterlegscheiben	
Festig-keitsklasse	Norm	Kombination FK / M	Norm	Güte	Norm	Klasse
FK 8.8	EN 24014	FK8, $d \leq $ M16	EN 24032	B	ISO 7090	200 Hv
	EN 24017	FK 8, $d > $ M16		A		
	prEN 781	FK 8	prEN 780	B	prEN 784	HRC35-45
		M12 $\leq d \leq$ M36			prEN 785	
FK 10.9	prEN 781	FK 10	prEN 780	B	prEN 784	HRC35-45
		M12 $\leq d \leq$ M36			prEN 785	

Für die Festigkeitsklassen 5.6 bis 10.9 dürfen Schrauben ebenfalls in Maßen und Toleranzen gemäß ISO 4016 hergestellt werden.

3.8.2 Rand- und Lochabstände für Schrauben und Niete

Lochabstände für Schrauben und Niete sind so festzulegen, dass Korrosion und lokales Ausbeulen der Bleche vermieden wird.

Der einwandfreie Einbau der Schrauben oder Niete muss möglich sein.

Lochabstände müssen den Grenzbedingungen für die Beanspruchbarkeit genügen. Die Grenzwerte der Lochabstände sind der Tabelle 3.40 zu entnehmen.

In Hinsicht auf die örtliche Beulsicherheit der Innenfelder sind b/t Begrenzungen einzuhalten.

Tabelle 3.40 Rand- und Lochabstände für Schrauben und Niete nach EC 3

	Randabstände in Kraftrichtung		Lochabstände in Kraftrichtung
Min	$e_1 = 1{,}2 \cdot d_0$		$p_1 = 2{,}2 \cdot d_0$
Max	$e_1 = 40\,\mathrm{mm} + 4 \cdot t$	Bauteile der Witterung oder anderen korrosiven Einflüssen ausgesetzt	$p_1 = 14 \cdot t \leq 200\,\mathrm{mm}$
	$e_1 = 12 \cdot t \leq 150\,\mathrm{mm}$	Alle anderen Fälle	
	Randabstände quer zur Kraftrichtung		Lochabstände quer zur Kraftrichtung
Min	$e_2 = 1{,}5 \cdot d_0$		$p_2 = 3{,}0 \cdot d_0$
	$e_2 = 1{,}2 \cdot d_0$	*Grenzlochleibungskraft reduziert*	$p_2 = 2{,}4 \cdot d_0$ *Grenzlochleibungskraft reduziert*
Max	$e_2 = 40\,\mathrm{mm} + 4 \cdot t$ $e_2 = 12 \cdot t \leq 150\,\mathrm{mm}$		$p_2 = 14 \cdot t \leq 200\,\mathrm{mm}$

Tabelle 3.41 Minimale Lochabstände in Abhängigkeit vom Lochdurchmesser

	Abstände in mm			
	In Kraftrichtung		Quer zur Kraftrichtung	
d_0	e_1	p_1	e_2	p_2
mm	$1{,}2\,d_0$	$2{,}2\,d_0$	$1{,}5\,d_0$	$3\,d_0$
13	16	29	20	39
18	22	40	27	54
22	27	49	33	66
24	19	53	36	72
26	32	58	39	78
30	36	66	45	90
33	40	73	50	99
39	47	86	59	117

Empfohlene Werte: 20, 25, 30, 35, 40, 45, 50, 55, 60, 65, 70, 75, 80, 85, 90, 95, 100, usw.

Tabelle 3.42 Rand- und Lochabstände für Schrauben und Niete

Allgemein	Kraftrichtung: ⟷ 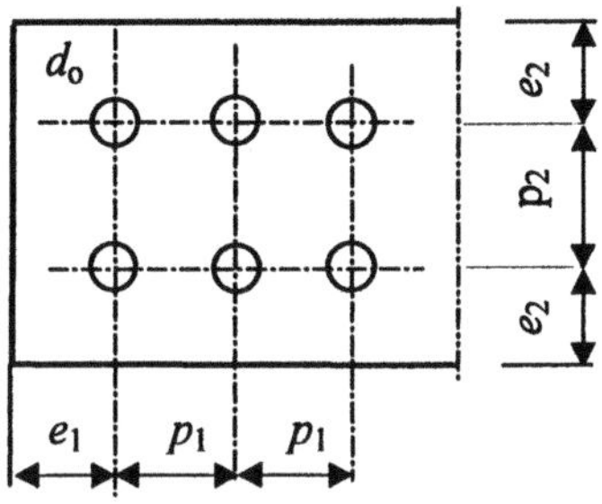	$e_1 \geq 1{,}2 \cdot d_o$ $p_1 \geq 2{,}2 \cdot d_o$ $e_2 \geq 1{,}5 \cdot d_o$ $p_2 \geq 3{,}0 \cdot d_o$
Versetzte Lochanordnung Beanspruchung - Druck	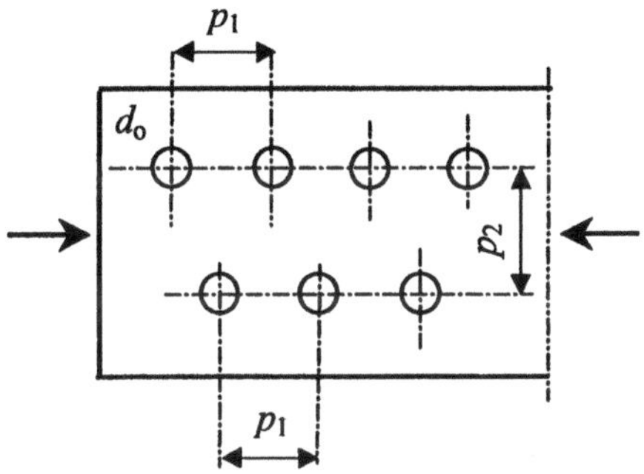	$p_1 \leq 14 \cdot t \leq 200$ mm $p_2 \leq 14 \cdot t \leq 200$ mm
Versetzte Lochanordnung Beanspruchung - Zug	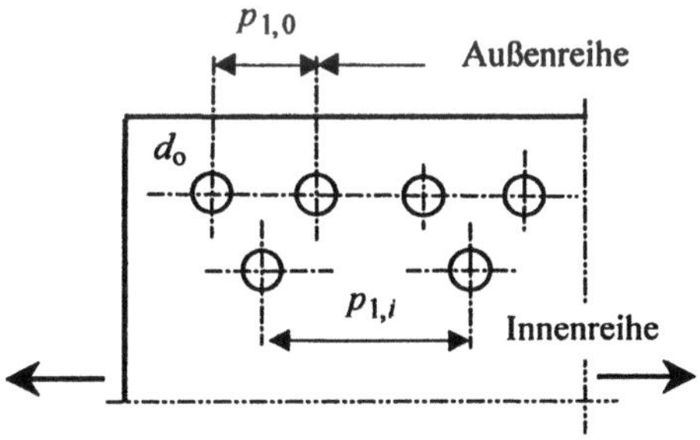	$p_{1,0} \leq 14 \cdot t \leq 200$ mm $p_{1,i} \leq 28 \cdot t \leq 400$ mm
Langlöcher Abstände in und quer zur Kraftrichtung	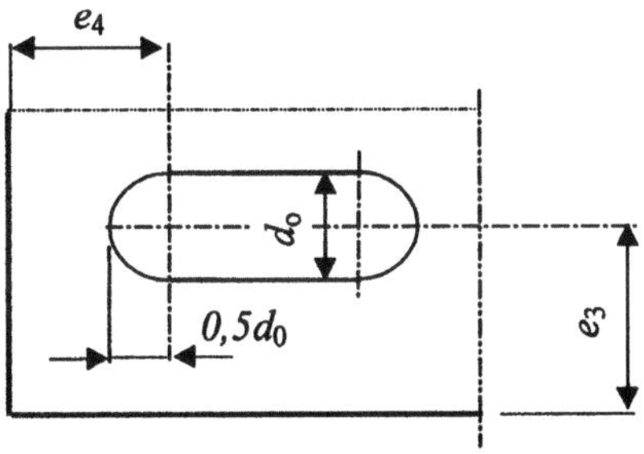	$e_3 \geq 1{,}5 \cdot d_0$ $e_4 \geq 1{,}5 \cdot d_0$

Tabelle 3.43 Winkelanschlüsse mit einer Schraubenreihe

	Schrauben	Abstände	
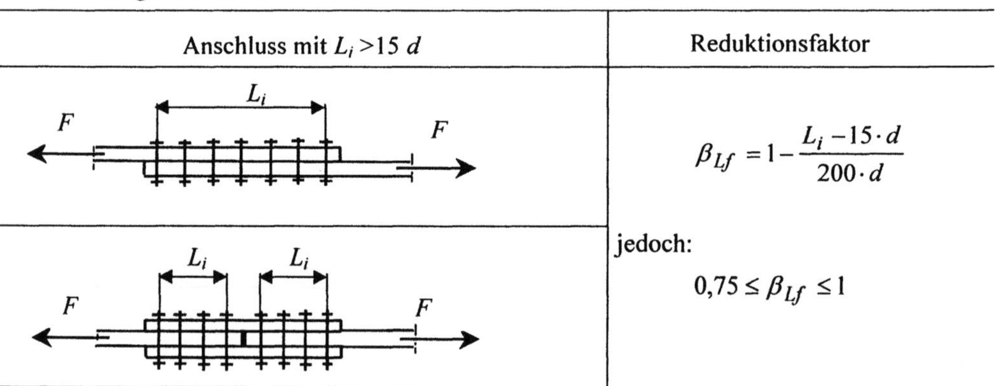	1		$e_1 \geq 1{,}2 \cdot d_o$ $e_2 \geq 1{,}5 \cdot d_o$
	2		
	3		

3.8.3 Lange Anschlüsse

Bei Anschlüssen mit $L_i > 15 \cdot d$ und nicht kontinuierlicher Lasteinleitung, ist die Grenzabscherkraft $F_{v,Rd}$ aller Verbindungsmittel mit dem Reduktionsfaktor β_{Lf} abzumindern.

Die Abminderung ist nicht erforderlich bei gleichmäßiger Verteilung der Kraftübertragung über die Länge des Anschlusses.

Anschluss mit $L_i > 15\ d$	Reduktionsfaktor
	$\beta_{Lf} = 1 - \dfrac{L_i - 15 \cdot d}{200 \cdot d}$
	jedoch: $0{,}75 \leq \beta_{Lf} \leq 1$

3.8.4 Einschnittige Überlappungsstöße mit einer Schraube

Anschluss	Abgeminderte Lochleibungskraft
	$F_{b,Rd} \leq \dfrac{1{,}5 \cdot f_u \cdot d \cdot t}{\gamma_{Mb}}$

3.8.5 Verbindungsmittel in Futterblechen

Abminderung der Grenzabscherkraft $F_{v,Rd}$ für Schrauben oder Niete, die eine Last durch Abscheren und Lochleibung über Futterbleche übertragen.

Gesamtdicke der Futterbleche	Grenzabscherkraft	Abminderungsfaktor
$t_p \leq \dfrac{d}{3}$	Keine Abminderung	
$t_p > \dfrac{d}{3}$	Abminderung erforderlich	$\beta_p = \dfrac{9 \cdot d}{8 \cdot d + 3 \cdot t_p} \leq 1$

Bei zweischnittigen Scher-/Lochleibungsverbindungen mit Futterblechen an beiden Seiten des Stoßes sollte t_p = Dicke des dickeren Futterbleches sein.

Durch die Abminderung erforderliche, zusätzliche Verbindungsmittel dürfen in der Verlängerung des Futterbleches angeordnet werden.

3.8.6 Beanspruchungen und Nachweise von Schraubenverbindungen

Beanspruchung / Bezug		Nachweis
Abscheren	$F_{v,Sd} = \dfrac{F_{Sd}}{m}$ m = Anzahl Scherflächen	$F_{v,Sd} / F_{v,Rd} \leq 1$
Lochleibung	$F_{v,Sd} = F_{Sd}$	$F_{v,Sd} / F_{b,Rd} \leq 1$
Zug	$F_{t,Sd} = F_{SD}$	$F_{t,Sd} / F_{t,Rd} \leq 1$
Abscheren + Zug	Interaktion	$\dfrac{F_{v,Sd}}{F_{v,Rd}} + \dfrac{F_{t,Sd}}{1{,}4 \cdot F_{t,Rd}} \leq 1$
Durchstanzen Schraubenkopf / Mutter	$F_{t,Sd} = F_{Sd}$	$F_{t,Sd} / B_{t,Rd} \leq 1$ mit $B_{t,Rd} = \min \begin{cases} F_{t,Rd} \\ B_{p,Rd} \end{cases}$
Gleiten in gleitfesten Verbindungen	Tragfähigkeit $F_{v,Sd} = F_{Sd}$	$F_{v,Sd} / F_{s,Rd} \leq 1$
	Gebrauchstauglichkeit $F_{v,Sd,ser} = F_{Sd,ser}$	$F_{v,Sd,ser} / F_{s,Rd,ser} \leq 1$

Tabelle 3.44 Verteilung der Schnittgrößen auf die Verbindungsmittel, Beispiele

		Verteilung	Abscherkraft
Lineare Verteilung	Proportional zum Abstand vom Rotationszentrum	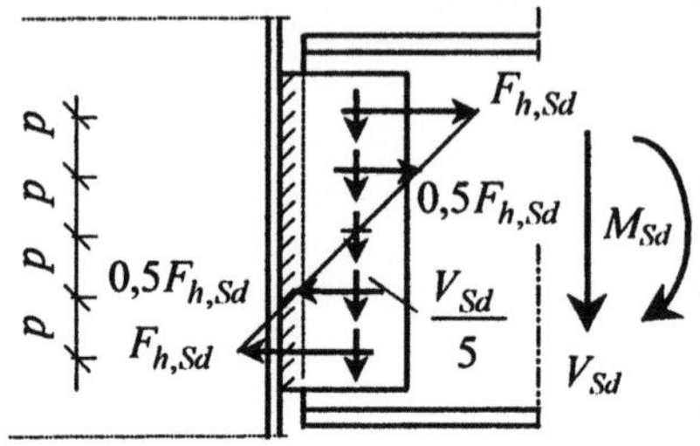 	$F_{h,Sd} = \frac{M_{Sd}}{5 \cdot p}$ $F_{v,Sd} = \sqrt{\left(\frac{M_{Sd}}{5 \cdot p}\right)^2 + \left(\frac{V_{Sd}}{5}\right)^2}$
Plastische Verteilung – mögliche Verteilung mit je n Verbindungsmitteln zur Übertragung von V_{Sd}, M_{Sd}	V_{Sd} $n = 1$ M_{Sd} $n = 4$	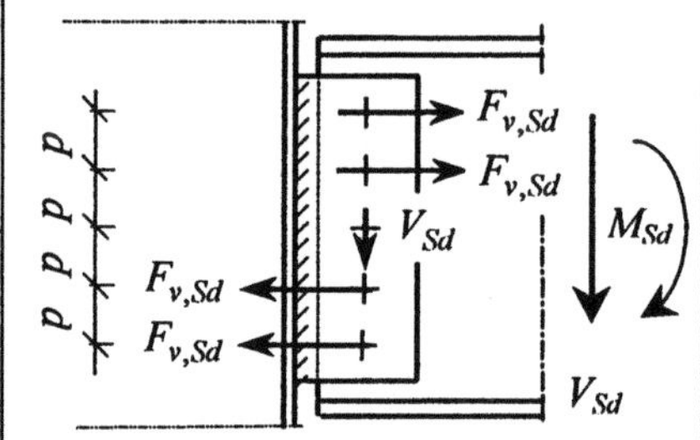 	$F_{v,Sd} = \frac{M_{Sd}}{6 \cdot p}$
	V_{Sd} n = 3 M_{Sd} $n = 2$	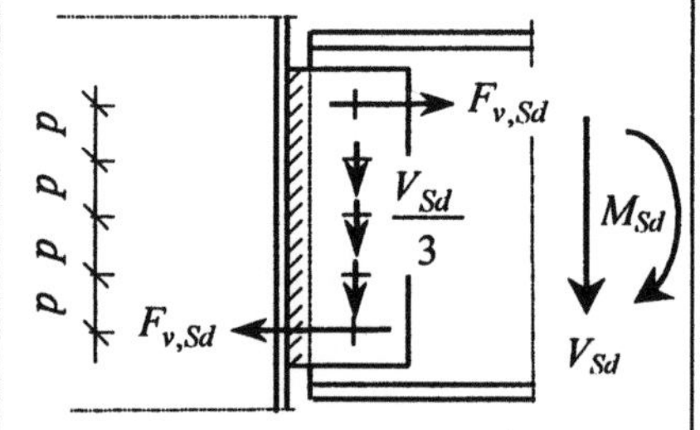 	$F_{v,Sd} = \frac{M_{Sd}}{4 \cdot p}$
	V_{Sd} $n = 3$	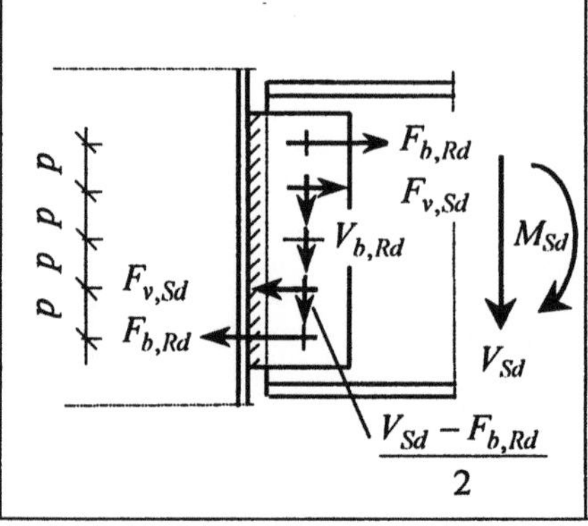 	$F_{v,Sd} = \frac{M_{Sd}}{2 \cdot p} - 2 \cdot F_{b,Rd}$

3.8.7 Beanspruchung und Nachweise von Nieten

Beanspruchung / Bezug		Nachweis
Abscheren	$F_{v,Sd} = \dfrac{F_{Sd}}{m}$ m = Anzahl Scherflächen	$F_{v,Sd} / F_{v,Rd} \leq 1$
Lochleibung	$F_{b,Sd} = F_{Sd}$ $\Delta d_L \leq 0{,}1 \cdot d_L < 3\,\mathrm{mm}$	$F_{b,Sd} / F_{b,Rd} \leq 1$
Zug	$F_{t,Sd} = F_{Sd}$	$F_{t,Sd} / F_{t,Rd} \leq 1$
Abscheren + Zug	Interaktion	$\dfrac{F_{v,Sd}}{F_{v,Rd}} + \dfrac{F_{t,Sd}}{1{,}4 \cdot F_{t,Rd}} \leq 1$

3.8.8 Beanspruchungen und Nachweise von Bolzen

Beanspruchung / Bezug		Nachweis	
Abscheren	$F_{v,Sd} = \dfrac{F_{Sd}}{m}$ m = Anzahl Scherflächen	$F_{v,Sd} / F_{v,Rd} \leq 1$ mit:	$F_{v,Rd} = 0{,}6 \cdot A \cdot \dfrac{f_{up}}{\gamma_{Mp}}$
Lochleibung	$F_{b,Sd} = F_{Sd}$ $\Delta d_L \leq 0{,}1 \cdot d_L$ und $\Delta d_L \leq 3\,\mathrm{mm}$	$F_{b,Sd} / F_{b,Rd} \leq 1$ mit:	$F_{b,Rd} = 1{,}5 \cdot t \cdot d \cdot \dfrac{f_y}{\gamma_{Mp}}$
Biegung	$M_{Sd} = \dfrac{F_{Sd}}{8} \cdot (b + 4c + 2a)$	$M_{Sd} / M_{Rd} \leq 1$ mit:	$M_{Rd} = 0{,}8 \cdot W_{el} \cdot \dfrac{f_{yp}}{\gamma_{Mp}}$
Abscheren + Biegung	Interaktion	$\left(\dfrac{M_{Sd}}{M_{Rd}}\right)^2 + \left(\dfrac{F_{v,Sd}}{F_{v,Rd}}\right)^2 \leq 1$	

Tabelle 3.45 Abmessungen von Anschlussblechen in Bolzenverbindungen

Vorgabe	System	Werte
Bauteildicke		$a \geq \dfrac{F_{Sd} \cdot \gamma_{Mp}}{2 \cdot t \cdot f_y} + \dfrac{2 \cdot d_0}{3}$ $c \geq \dfrac{F_{Sd} \cdot \gamma_{Mp}}{2 \cdot t \cdot f_y} + \dfrac{d_0}{3}$
Geometrie		$t \geq 0{,}7 \cdot \sqrt{\dfrac{F_{Sd} \cdot \gamma_{Mp}}{f_y}}$ $d_0 \leq 2{,}5 \cdot t$

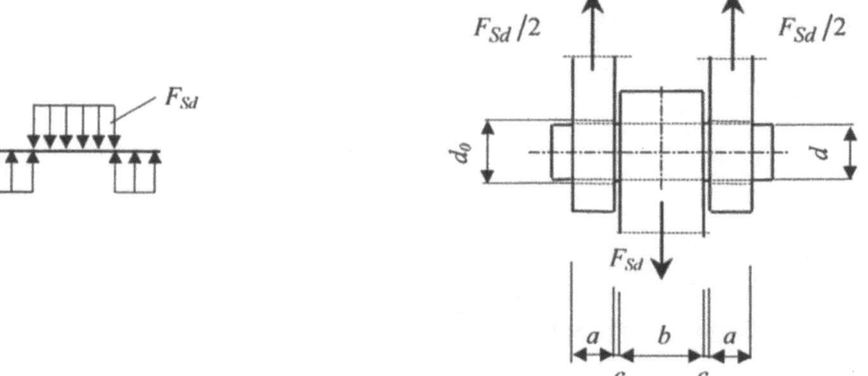

Bild 3-8 Biegemoment in einem Bolzen, Berechnungsmodel

3.9 Schweißverbindungen

3.9.1 Allgemeine Grundsätze

Bauteile und ihre Verbindungen sind schweißgerecht zu konstruieren. Anhäufungen von Schweißnähten sind zu vermeiden.

Stahlsorten sind entsprechend dem Verwendungszweck und ihrer Schweißeignung zu wählen, die Auswahl sollte nach folgenden Richtlinien erfolgen:

- EC 3, Anhang C (informativ)
- DASt-Richtlinie 009 „Empfehlungen zur Wahl der Stahlgütegruppen für geschweißte Stahlbauten"
- DASt-Richtlinie 014 „Empfehlungen zum Vermeiden von Terrassenbrüchen in geschweißten Konstruktionen"

In kaltgeformten Bauteilen darf im kaltgeformten und im angrenzenden Bereich mit einer Breite von $5 \cdot t$ nur geschweißt werden, wenn die Grenzwerte min (r/t) nach Tabelle 3.46 eingehalten sind. Diese Regelung gilt nicht für Bauteile, die vor dem Schweißen normalgeglüht werden.

Bei besonderer Korrosionsbeanspruchung dürfen unterbrochene und einseitig nicht durchgeschweißte Nähte nur ausgeführt werden, wenn entsprechende Maßnahmen einen ausreichenden Korrosionschutz sicherstellen, z.B. durch Versiegelung des Spaltes.

Tabelle 3.46 Grenzwerte min (r/t) für das Schweißen in kaltgeformten Bereichen

	max t [mm]	min (r/t) [mm]
	50	10
	24	3
	12	2
	8	1,5
	4 (6)	1
	< 4 (6)	1
Anmerkungen:		
- Klammerwerte für Bauteile aus Fe 360 C, Fe 360 D1 und Fe 360 D2		
- Zwischen Werten $\geq$ 4 (6) darf linear interpoliert werden		
- Die angegebenen Werte brauchen nicht eingehalten zu werden, wenn kaltgeformte Teile vor dem Schweißen normalgeglüht werden.		

Tabelle 3.47 Schweißnahtarten nach EC 3

Schweißnahtart	Art der Verbindung		
	Stumpfstoß	T-Stoß	Überlappter Stoß
Kehlnaht		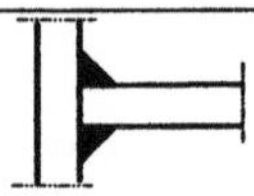	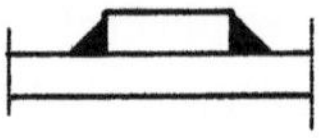
Schlitznaht			
Durchgeschweißte Naht [*]	V-Naht 	HV-Naht 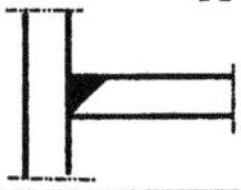	
	Doppel V- Naht 	Doppel HV-Naht 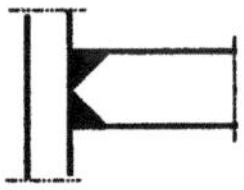	
	U-Naht 	J-Naht 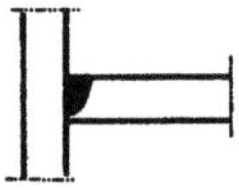	
	Doppel U-Naht 	Doppel J-Naht 	
Nicht durchgeschweißte Naht [*]	Doppel Y- Naht 	Doppel HY - Naht 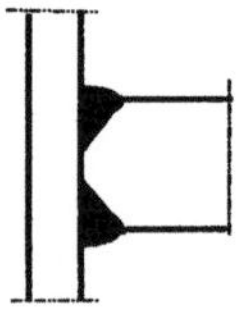	
	Doppel U -Naht 		
Lochschweißung		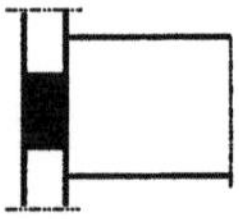	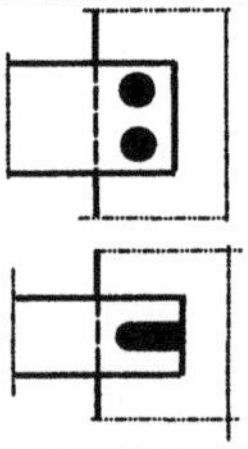

[*]   Stumpfnähte können in bestimmten Fällen ohne Schweißnahtvorbereitung der jeweiligen Verbindungsteile durchgeführt werden.

Tabelle 3.48 Empfehlungen bei einseitigen Kehl- und teilweise durchgeschweißten Stumpfnähten

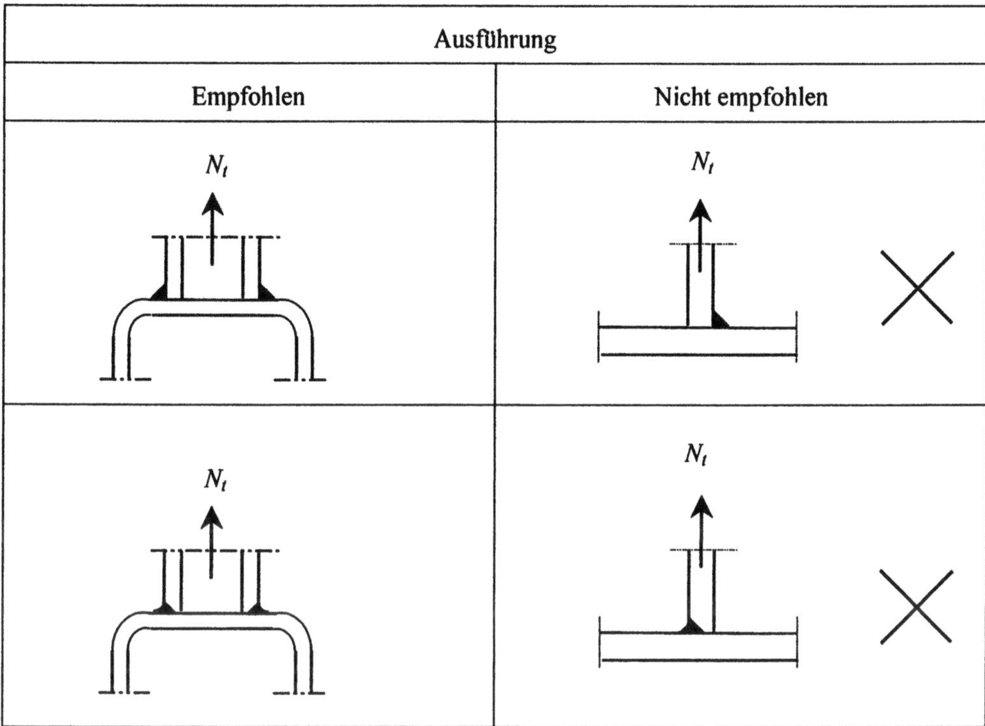

Tabelle 3.49 Empfehlungen zur Vermeidung eines Terrassenbruchs

Zu vermeiden sind Schweißdetails, bei denen Spannungen in Dickenrichtung durch Dehnung und Schrumpfung hervorgerufen werden.

Tabelle 3.50 Schweißnahtdicke nach EC 3

Nahtart	Nahtbild	Nahtdicke
Kehlnaht		Die Nahtdicke ist gleich der bis zum theoretischen Wurzelpunkt gemessenen Höhe des einschreibbaren gleichschenkligen Dreiecks. $a \geq 3$ mm
Kehlnaht mit tiefem Einbrand	theoretischer Wurzelpunkt Der über den theoretischen Wurzelpunkt hinausgehende Einbrand ist durch eine Verfahrensprüfung sicherzustellen.	Bei Ausführung der Naht mit einem UP-Verfahren darf die Nahtdicke um $20\% \leq 2$ mm, ohne Prüfung vergrößert werden.
Durchgeschweißte Stumpfnaht		$a = t$ $a = t_1$ $a = t$
Durchgeschweißte Stumpfnaht mit Kehlnaht		$a = t$ Bedingungen: $a_{nom,1} + a_{nom,2} \geq 1$ $c_{nom} \leq \dfrac{t}{5} \leq 3,0\,mm$

Tabelle 3.50 Schweißnähte, Fortsetzung

Nicht durchgeschweißte Naht	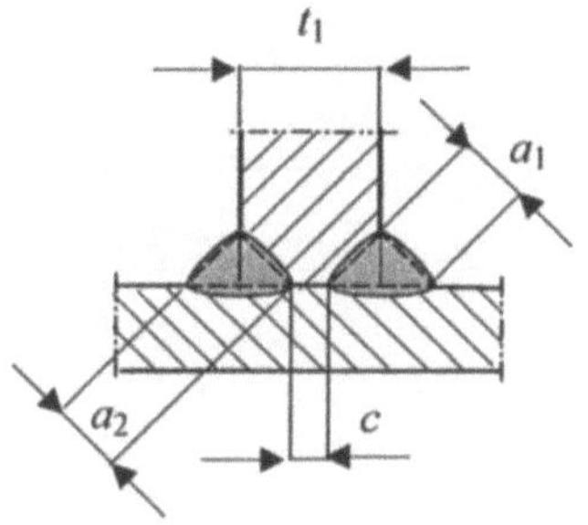	Der über den theoretischen Wurzelpunkt hinausgehende Einbrand ist durch eine Verfahrensprüfung sicherzustellen. Wird keine Verfahrensprüfung durchgeführt, so sind folgende Werte anzusetzen: $$a_1 = a_{nom,1} - 2 \text{ mm}$$ $$a_2 = a_{nom,2} - 2 \text{ mm}$$
	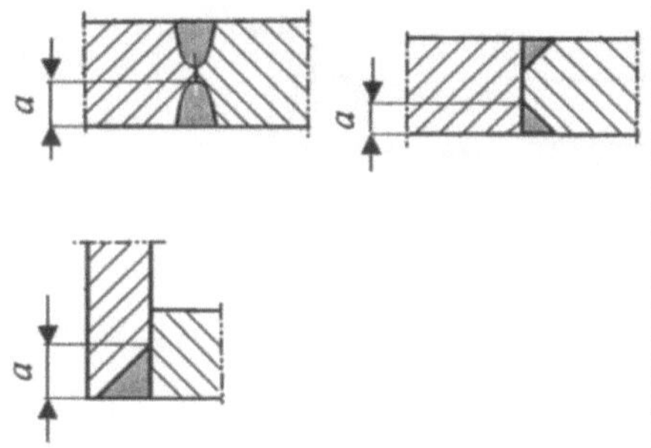	Der über den theoretischen Wurzelpunkt hinausgehende Einbrand ist durch eine Verfahrensprüfung sicherzustellen Wird keine Verfahrensprüfung durchgeführt so sind folgende Werte anzunehmen: $$a = a_{nom} - 2 \text{ mm}$$
Hohlkehlnähte an Vollquerschnitten	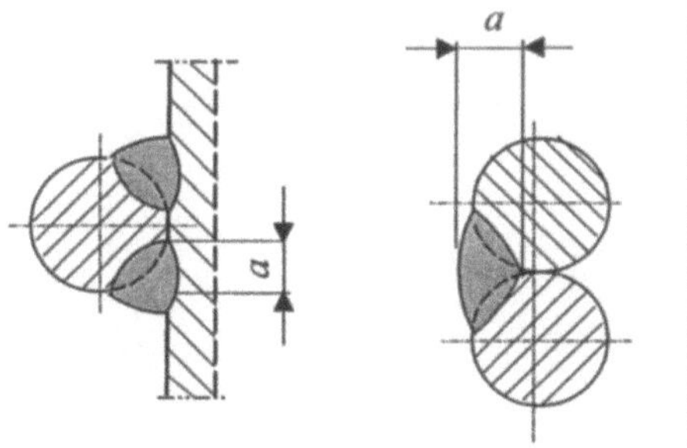	Die wirksame Nahtdicke ist durch Bildung des Mittelwertes der Schweißnähte an Bauteilproben zu ermitteln.
Hohlnähte an Rechteckquerschnitten	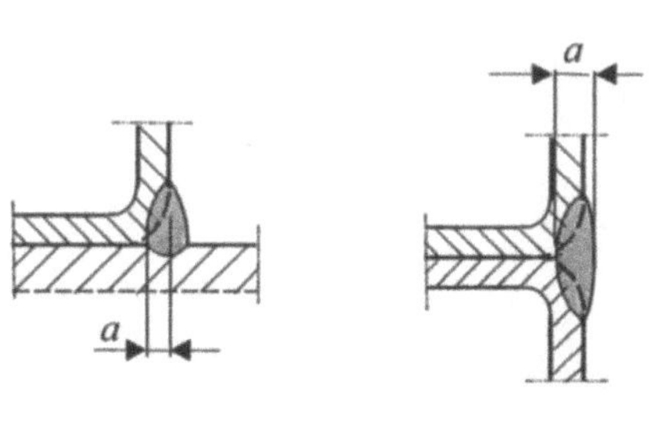	Die Schweißnähte an den Proben sind durchzuschneiden und zu messen.

Tabelle 3.51 Längen von unterbrochen geschweißten Kehlnähten

Nahtanordung	Nahtlänge
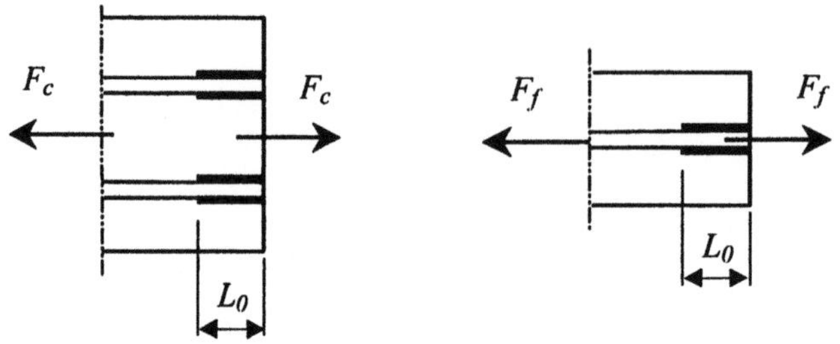	$L_0 \geq 0{,}75 \cdot b$ $L_0 \geq 0{,}75 \cdot b_1$ der kleinere Wert ist maßgebend
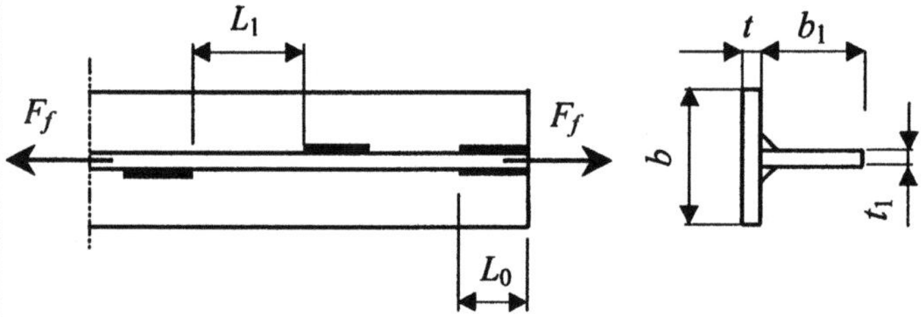	$L_1 \leq 16 \cdot t \leq 200$ $L_1 \leq 16 \cdot t_1 \leq 200$ der kleinere Wert ist maßgebend
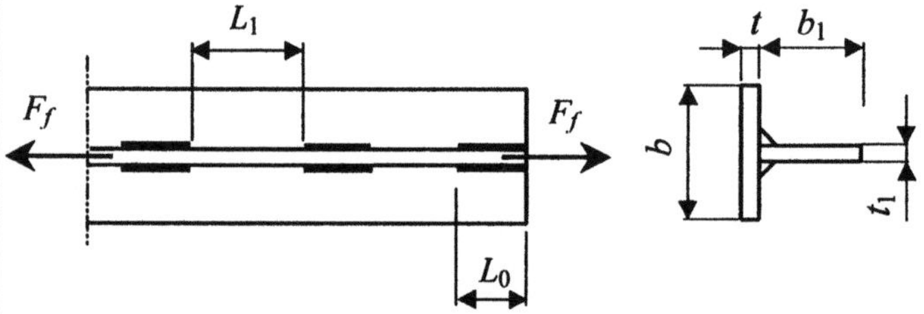	
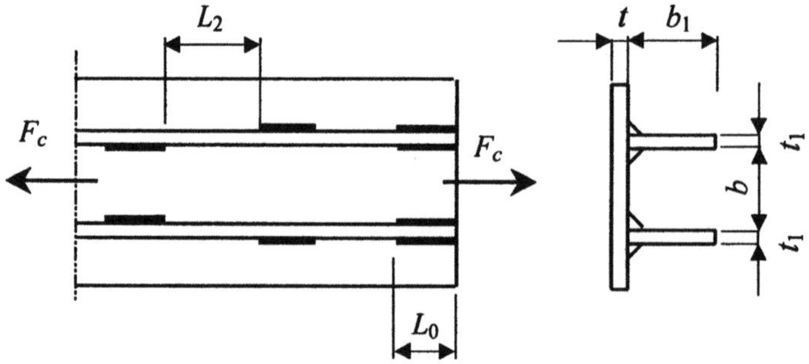	$L_2 \leq 12 \cdot t \leq 200$ $L_2 \leq 12 \cdot t_1 \leq 200$ $L_2 \leq 0{,}25 \cdot b \leq 200$ der kleinste Wert ist maßgebend

Tabelle 3.52 Mitwirkende Breite eines unausgesteiften T-Stoß-Anschlusses

Stoß	Mittragende Breite
I- oder H- Querschnitt	$b_{eff} = t_w + 2 \cdot r + 7 \cdot t_f$ jedoch $b_{eff} \le t_w + 2 \cdot r + 7 \cdot \dfrac{t_f^{\,2}}{t_p} \cdot \dfrac{f_y}{f_{yp}}$
Kastenquerschnitt	$b_{eff} = t_w + 5 \cdot t_f$ jedoch $b_{eff} \le t_w + 5 \cdot \dfrac{t_f^{\,2}}{t_p} \cdot \dfrac{f_y}{f_{yp}}$

3.9.2 Reduktion der Grenzkraft einer Kehlnaht bei langen Anschlüssen

In überlappenden Stößen ist die Grenzkraft einer Kehlnaht mit einem Reduktionsfaktor $\beta_{Lw,i}$ nach Tabelle 3.53 abzumindern.

Tabelle 3.53 Reduktionsfaktor bei Kehlnähten in langen Anschlüssen

Überlappende Stöße mit $L_w > 150 \cdot a$	$\beta_{Lw,1} = 1{,}2 - 0{,}2 \cdot \dfrac{L_j}{150 \cdot a} \le 1$ L_j = Gesamtlänge der Überlappung
Kehlnähte an Quersteifen von Blechträgern mit $L_w > 1{,}7\,\mathrm{m}$	$\beta_{Lw,2} = 1{,}1 - \dfrac{L_w}{17} \ge 0{,}6$ L_w = Länge der Schweißnaht in m

3.9.3 Beanspruchung und Nachweis von Schweißnähten

Beanspruchung / Bezug			Nachweis
Rechnerische Schweißnahtfläche		$A_\text{w} = \sum_i (a_\text{i} \cdot l_\text{i})$ mit: a_i = Einzelnahtdicke l_i = Einzelnahtlänge	
Kehlnaht	Längskraft	$\tau_{\text{II}} = \dfrac{N_{Sd}}{A_w}$	$\tau_{\text{II}} \leq F_{w,Rd}$
	Biegung	$\sigma_\perp = \dfrac{M_{Sd}}{I_w} \cdot e$	$\sigma_\perp \leq F_{w,Rd}$
	Querkraft	$\tau_{\text{II}} = \dfrac{V_{Sd}}{A_w}$	$\tau_{\text{II}} \leq F_{w,Rd}$
Stumpfnaht	Längskraft	$\sigma_\perp = \dfrac{N_{Sd}}{A_w}$	$\sigma_\perp \leq F_{w,Rd}$
	Biegung	$\sigma_\perp = \dfrac{M_{Sd}}{I_w} \cdot e$	$\sigma_\perp \leq F_{w,Rd}$
	Querkraft	$\tau_{\text{II}} = \dfrac{V_{Sd}}{A_w}$	$\tau_{\text{II}} \leq F_{w,Rd}$
Alle	Zusammengesetzte Beanspruchung	$\sigma_{vw,Sd} = \sqrt{\sigma_{\perp,Sd}^2 + \tau_{\text{II},Sd}^2 + \tau_{\perp,Sd}^2}$	$\sigma_{vw,Sd} \leq F_{w,Rd}$
Halsnähte von Vollwandträgern	Schubspannung in der Steg-Flansch-Verbindung	$\tau_{\text{II}} = \dfrac{V \cdot S}{I \cdot \sum a}$ mit: S = Flächenmoment 1. Grades der angeschlossenen Gurtfläche I = Flächenmoment 2. Grades des Gesamtquerschnitts	$\tau_{\text{II}} \leq F_{w,Rd}$

3.10 Ermüdungsnachweis

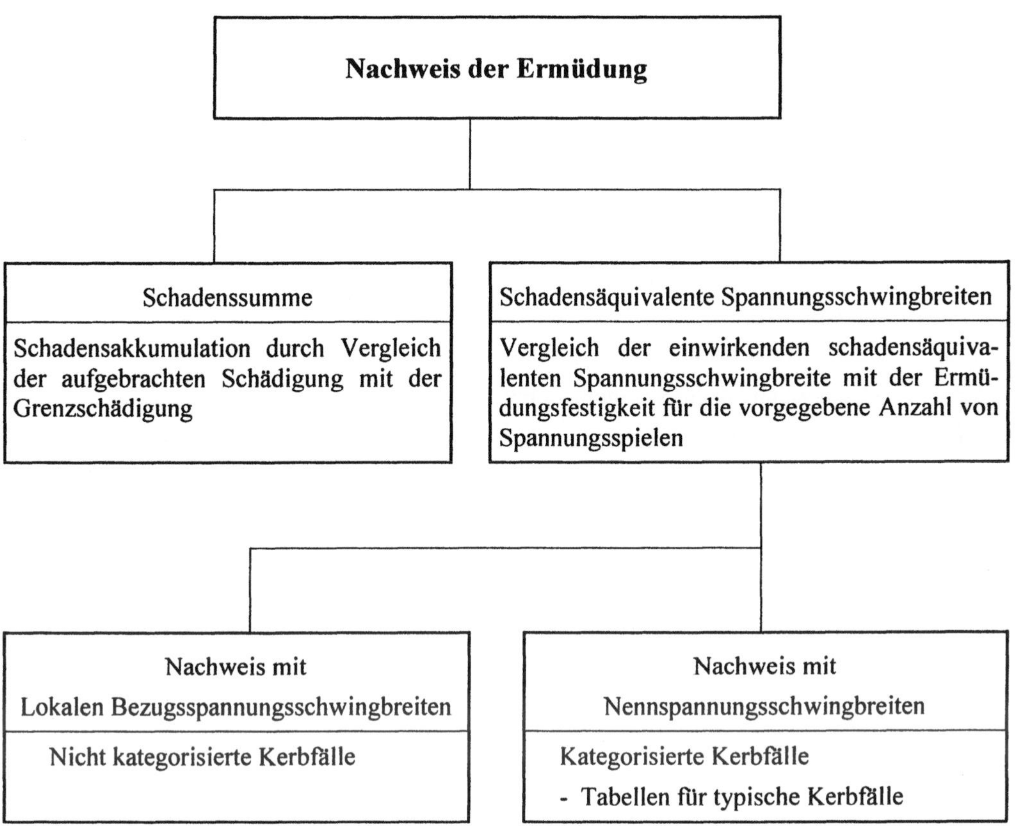

Bild 3-9 Ermüdungsnachweise allgemein

3.10.1 Allgemeines

Der Ermüdungsnachweis ist nach EC 3, Abschnitt 9 zu führen. Folgendes ist zu beachten:

- Die zu erfassenden Spannungen für den betrachteten Kerbfall dürfen Längsspannungen, Schubspannungen oder beides sein.
- Auswirkungen von geometrischen Abweichungen, die nicht Teil des Konstruktionsdetails sind, z.B. zusätzliche Löcher, Ausschnitte, einspringende Ecken usw., sind getrennt zu erfassen, entweder durch eine genauere Berechnung oder durch Verwendung geeigneter Kerbfaktoren, um die korrigierten Nennspannungsschwingbreiten zu bestimmen.
- Bei geometrischen Abweichungen des Konstruktionsdetails von einem betrachteten Kerbfall in den Kerbfalltabellen, sind die lokalen Bezugsspannungsschwingbreiten beim Ermüdungsnachweis zu verwenden.

Symbole für Ermüdungsnachweise nach EC 3 [2]

γ_{Ff}	Teilsicherheitsbeiwert für die Ermüdungsbelastungen
γ_{Mf}	Teilsicherheitsbeiwert für die Ermüdungsfestigkeit
σ_{max}	- Größter,
σ_{min}	- kleinster Wert der Spannungsschwingbreite in einem Spannungszyklus
$\Delta\sigma_D$	Dauerfestigkeit

Längsspannungen

$\Delta\sigma$	Nennspannungsschwingbreite
$\Delta\sigma_R$	Ermüdungsfestigkeit
$\Delta\sigma_C$	Grenzwert der Ermüdungsfestigkeit bei 2 Mio. Spannungsspielen
$\Delta\sigma_E$	Schadensäquivalente Spannungsschwingbreite
$\Delta\sigma_{E,2}$	Schadensäquivalente Spannungsschwingbreite bezogen auf 2 Mio. Spannungsspiele
$\Delta\sigma_L$	Schwellenwert der Ermüdungsfestigkeit

Schubspannungen

$\Delta\tau$	Nennspannungsschwingbreite
$\Delta\tau_R$	Ermüdungsfestigkeit
$\Delta\tau_C$	Grenzwert der Ermüdungsfestigkeit bei 2 Mio. Spannungsspielen
$\Delta\tau_E$	Schadensäquivalente Spannungsschwingbreite
$\Delta\tau_{E,2}$	Schadensäquivalente Spannungsschwingbreite bezogen auf 2 Mio. Spannungsspiele

m	Neigung der Ermüdungsfestigkeitskurve, $m = 3$, $m = 5$
n_i	Anzahl der Spannungsspiele der Spannungsschwingbreite $\Delta\sigma_i$
N	Anzahl (oder gesamte Anzahl) der Spannungsspiele
N_i	Anzahl der Spannungsspiele der Spannungsschwingbreite die Ermüdungsversagen erzeugen ($\gamma_{Ff}\,\gamma_{Mf}\,\Delta\sigma_i$)
N_C	Anzahl der Spannungsspiele, bei der der Grenzwert der Ermüdungsfestigkeit bei 2 Mio. Spannungsspielen definiert ist
N_D	Anzahl der Spannungsspiele, bei der die Dauerfestigkeit definiert ist (5 Mio. Spannungsspiele)
N_L	Anzahl der Spannungsspiele, bei der der Schwellenwert der Ermüdungsfestigkeit definiert ist (100 Mio.)
Log	Logarithmus zur Basis 10

3.10.2 Ermüdungsnachweis mit schadensäquivalenten Spannungsschwingbreiten

Beanspruchung / Bezug	Nachweis
Periodische Beanspruchung	$$\gamma_{Ff} \cdot \Delta\sigma \leq \frac{\Delta\sigma_R}{\gamma_{Mf}}$$ $\Delta\sigma_R =$ Ermüdungsfestigkeit für den maßgebenden Kerbfall für die Gesamtanzahl der Spannungsspiele N während der erforderlichen Nutzungsdauer.
Nicht periodische Beanspruchung	$$\gamma_{Ff} \cdot \Delta\sigma_E \leq \frac{\Delta\sigma_R}{\gamma_{Mf}}$$ $\Delta\sigma_E =$ schadensäquivalente Spannungsschwingbreite, die für die gegebene Anzahl von Spannungsspielen zur gleichen Schädigung führt wie das Bemessungsspektrum $\Delta\sigma_R =$ Ermüdungsfestigkeitswerte auf der Ermüdungsfestigkeitskurve für den maßgebenden Kerbfall, bestimmt für die gleiche Anzahl der Spannungsspiele wie bei der Berechnung von $\Delta\sigma_E$
Alternativ, Darf-Bestimmung	$$\gamma_{Ff} \cdot \Delta\sigma_{E.2} \leq \frac{\Delta\sigma_C}{\gamma_{Mf}}$$ $\Delta\sigma_{E2} =$ schadensäquivalente Spannungsschwingbreite für 2 Mio. Spannungsspiele $\Delta\sigma_C =$ Bezugswert der Ermüdungsfestigkeitskurve bei 2 Mio. Spannungsspielen für den maßgebenden Kerbfall

* Kombinierte Beanspruchung an der Kerbstelle

  Gleichzeitige Wirkung von Längs- und Schubspannungen [*]

Kriterium	$$\left[\frac{\gamma_{Ff} \cdot \Delta\sigma_E}{\Delta\sigma_R / \gamma_{Mf}}\right]^3 + \left[\frac{\gamma_{Ff} \cdot \Delta\tau_E}{\Delta\tau_R / \gamma_{Mf}}\right]^6 \leq 1$$
Alternativ	$$\left[\frac{\gamma_{Ff} \cdot \Delta\sigma_{E2}}{\Delta\sigma_C / \gamma_{Mf}}\right]^3 + \left[\frac{\gamma_{Ff} \cdot \Delta\tau_{E2}}{\Delta\tau_C / \gamma_{Mf}}\right]^6 \leq 1$$

[*] Bei $\Delta\tau < 0,15 \cdot \Delta\sigma$ dürfen die Auswirkungen von $\Delta\tau$ vernachlässigt werden.

3.10.3 Ermüdungsnachweis mit Schadensakkumulation

Beanspruchung / Bezug	Nachweis
Schadenssumme Nach Palmgren Miner Regel	$D_d \leq 1$ mit: $$D_d = \sum \frac{n_i}{N_i} \leq 1$$ n_i = Anzahl Spannungsspiele der Spannungsschwingbreite $\Delta\sigma_i$ während der erforderlichen Nutzungsdauer N_i = Anzahl Spannungsspiele der Spannungsschwingbreite gemäß der Ermüdungsfestigkeit für den maßgebenden Kerbfall

• Kombinierte Beanspruchung an Kerbstellen, außer für Schweißnähte

Längs- und Schubspannungen verändern sich an einer Kerbstelle unabhängig voneinander	$D_{d,\sigma} \leq 1$ $D_{d,\tau} \leq 1$ und $D_{d,\sigma} + D_{d,\tau} \leq 1$	
Schwingbreite	Der Längsspannungen $\Delta\sigma$	$D_{d,\sigma} = \sum \dfrac{n_i}{N_i}$
	Der Schubspannungen $\Delta\tau$	$D_{d,\tau} = \sum \dfrac{n_i}{N_i}$

• Kombinierte Beanspruchung bei Schweißnähten

Für ermüdungswirksame Schweißnahtspannungen: - Längsspannung quer zur Naht - Schubspannung längs zur Naht	$D_{d,\sigma} \leq 1$ $D_{d,\tau} \leq 1$ und $D_{d,\sigma} + D_{d,\tau} \leq 1$	
Schwingbreite	- Längsspannungen $\Delta\sigma_w$	$D_{d,\sigma} = \sum \dfrac{n_i}{N_i}$
	- Schubspannungen $\Delta\tau_w$	$D_{d,\tau} = \sum \dfrac{n_i}{N_i}$

Anmerkung: Spannungsschwingbreiten unterhalb des Schwellenwertes (N = 100 Mio.) der Ermüdungsfestigkeit dürfen vernachlässigt werden

Spannungsschwingbreiten

Annahmen:

- Schwellenwert der Ermüdungsfestigkeit bei $N = 100$ Mio. Spannungsspielen
- Dauerfestigkeit $\Delta\sigma_D$ bei $N = 5$ Mio. Lastspielen

	Bereich	Anzahl Spannungsspiele
Längsspannungen	$\gamma_{Ff} \cdot \Delta\sigma_i \geq \dfrac{\Delta\sigma_D}{\gamma_{Mf}}$	$N_i = 5 \cdot 10^6 \cdot \left[\dfrac{\Delta\sigma_D / \gamma_{Mf}}{\gamma_{Mf} \cdot \Delta\sigma_i}\right]^3$
	$\dfrac{\Delta\sigma_D}{\gamma_{Mf}} > \gamma_{Ff} \cdot \Delta\sigma_i \geq \dfrac{\Delta\sigma_i}{\gamma_{Mf}}$	$N_i = 5 \cdot 10^6 \cdot \left[\dfrac{\Delta\sigma_d / \gamma_{Mf}}{\gamma_{Mf} \cdot \Delta\sigma_i}\right]^5$
	$\gamma_{Ff} \cdot \Delta\sigma_i < \dfrac{\Delta\sigma_i}{\gamma_{Mf}}$	$N_i = \infty$
Schubspannungen	$\gamma_{Ff} \cdot \Delta\tau_i \geq \dfrac{\Delta\tau_i}{\gamma_{Mf}}$	$N_i = 2 \cdot 10^6 \cdot \left[\dfrac{\Delta\tau_C / \gamma_{Mf}}{\gamma_{Mf} \cdot \Delta\tau_i}\right.$
	$\gamma_{Ff} \cdot \Delta\tau_i < \dfrac{\Delta\tau_i}{\gamma_{Mf}}$	$N_i = \infty$

3.10.4 Ermüdungsnachweis mit lokalen Bezugsspannungen

Die lokale Bezugsspannung ist die größte Hauptspannung im Grundwerkstoff am Schweißnahtübergang, die unter Berücksichtigung der Bauteilgeometrie am Anschluss ermittelt wurde. Die örtlichen Kerbwirkungen aus der Schweißnahtgeometrie und von Fehlstellen am Schweißnahtübergang werden außer acht gelassen.

Nachweis nach Abschnitt 3.10.8

3.10.5 Ermüdungsfestigkeit

Die Ermüdungsfestigkeit für Längsspannungen wird für jeden Kerbfall durch eine Reihe von $\log\Delta\sigma_R - \log N$ -Kurven bestimmt.

Jeder Kerbfall ist durch eine Zahl gekennzeichnet, die den Bezugswert der Ermüdungsfestigkeitskurve bei 2 Mio. Spannungsspielen $\Delta\sigma_C$ in N/mm² angibt.

Besondere Definitionen der Ermüdungsfestigkeitskurven gelten für:

- tabellierte Kerbfälle, Ermüdungsnachweise mit Nennspannungsschwingbreiten und
- nicht tabellierte Kerbfälle, Ermüdungsnachweise mit lokalen Bezugsspannungen.

Nennwerte der Ermüdungsfestigkeitskurven für Längsspannungen

$$\log N = \log a - m \log \Delta\sigma_R$$

mit:

$\Delta\sigma_R$ = Ermüdungsfestigkeit

N = Anzahl der Spannungsspiele

m = Neigung der Ermüdungsfestigkeitskurven (Werte 3 und/ oder 5)

$\log a$ = Konstante, abhängig vom Kerbfall und der Neigung

3.10.6 Ermüdungsfestigkeitskurven für tabellierte Kerbfälle

Kerbfallnummer = Bezugswert der Festigkeitskurve

Annahmen:

- Schwellenwert der Ermüdungsfestigkeit bei $N = 100$ Mio. Spannungsspielen

- Dauerfestigkeit $\Delta\sigma_D$ bei $N = 5$ Mio. Spannungsspielen

- Bezugswert der Festigkeitskurve $\Delta\sigma_C$, $\Delta\tau_C$ bei 2 Mio. Spannungsspielen

Tabelle 3.54 Einstufung in typische Kerbfälle

Konstruktionsdetail	Bezug
- Nicht geschweißte Details	Tabelle 3.60
- Geschweißte zusammengesetzte Querschnitte	Tabelle 3.61
- Querliegende Stumpfnähte	Tabelle 3.62
- Angeschweißte Bauteile ohne kraftübertragende Nähte	Tabelle 3.63
- Geschweißte Verbindungen mit kraftübertragenden Nähten	Tabelle 3.64
- Hohlprofile	Tabelle 3.65

Erläuterung zu den Kerbfalltabellen:

- Ort und Richtung der Spannungen, auf die sich die Ermüdungsfestigkeiten beziehen, sind mit Pfeilen gekennzeichnet.

- Zahlenwerte für die Ermüdungsfestigkeitskurven für Schubspannungen sind nach Tabelle 3.56 anzunehmen.

Tabelle 3.55 Werte für Ermüdungsfestigkeitskurven für Längsspannungen

Kerbfall	Log a für $N < 10^8$		Dauerfestigkeit	Schwellenwert der Ermüdungsfestigkeit
$\Delta\sigma_C$	$N \leq 5\cdot10^6$	$N \geq 5\cdot10^6$	$N = 5\cdot10^6$	$N = 10^8$
	$m = 3$	$m = 5$	$\Delta\sigma_C$	$\Delta\sigma_C$
N/mm²			N/mm²	N/mm²
160	12,901	17,036	117	64
140	12,751	16,786	104	57
125	12,601	16,536	93	51
112	12,451	16,286	83	45
100	12,301	16,036	74	40
90	12,151	15,786	66	36
80	12,001	15,536	59	32
71	11,851	15,286	52	29
63	11,701	15,036	46	26
56	11,551	14,786	41	23
50	11,401	14,536	37	20
45	11,251	14,286	33	18
40	11,101	14,036	29	16
36	10,951	13,786	26	14

Tabelle 3.56 Werte für Ermüdungsfestigkeitskurven für Schubspannungen

Kerbfall	Log a für $N < 10^8$	Schwellenwert der Ermüdungsfestigkeit $N = 10^8$	Geltungsbereich
$\Delta\sigma_C$ N/mm²	$m = 5$	$\Delta\sigma_C$ N/mm²	Schubbeanspruchung von:
100	16,301	46	- Grundwerkstoff - durchgeschweißten Stumpfnähten - Passschrauben in SL-Verbindungen
80	15,801	36	- Kehlnähten - nichtdurchgeschweißten Stumpfnähten

3.10.7 Ermüdungsfestigkeitskurven für Hohlprofile

Die Stabkräfte dürfen mit der Annahme gelenkiger Fachwerkknoten ohne Berücksichtigung der Exzentrizitäten und der Knotensteifigkeit ermittelt werden, wenn die Auswirkung der sekundären Biegemomente auf die Spannungsschwingbreite auf andere Art berücksichtigt wird.

Werden keine genaueren Spannungsberechnungen und Modellierungen der Knoten vorgenommen, sind die Spannungsschwingbreiten, die aus den Stabkräften des Gelenkfachwerkmodells ermittelt wurden, mit Beiwerten nach Tabelle 3.58 bzw. 3.59 zu multiplizieren.

Tabelle 3.57 Werte für Ermüdungsfestigkeitskurven von Hohlprofilanschlüssen

Kerbfall	Log a für $N < 10^8$	Schwellenwert der Ermüdungsfestigkeit $N = 10^8$
$\Delta\sigma_C$ N/mm²	m = 5	$\Delta\sigma_C$ N/mm²
90	16,051	41
71	15,551	32
56	15,051	26
50	14,801	23
45	14,551	20
36	14,051	16

Beiwerte zur Berücksichtigung der sekundären Biegemomente

Tabelle 3.58 Beiwerte für Anschlüsse aus runden Hohlprofilen

Anschlussform		Gurte	Pfosten	Streben
Anschluss mit Spalt	K	1,5	-	1,3
	N	1,5	1,8	1,4
Anschluss mit Überlappung	K	1,5	-	1,2
	N	1,5	1,65	1,25

Tabelle 3.59 Beiwerte für Anschlüsse aus rechteckigen Hohlprofilen

Anschlussform		Gurte	Pfosten	Streben
Anschluss mit Spalt	K	1,5	-	1,5
	N	1,5	2,2	1,6
Anschluss mit Überlappung	K	1,5	-	1,3
	N	1,5	2,0	1,4

3.10.8 Ermüdungsfestigkeiten für nicht tabellierte Kerbfälle

Für Kerbfälle, die nicht in den Tabellen 3.60 bis 3.66 enthalten sind, sowie für alle Hohlprofil-
bauteile und Hohlprofilverbindungen mit Wanddicken größer als 12,5 mm, ist der Ermüdungsnachweis mit den lokalen Bezugsspannungen zu führen.

Einstufung in Kerbfallklassen für den Nachweis mit lokalen Bezugsspannungen:

1. Durchgeschweißte Stumpfnähte:

   - Kerbfallklasse 90
     Die Abnahmekriterien für das Schweißprofil und die Fehlstellen sind erfüllt.

   - Kerbfallklasse 71
     Nur die Abnahmekriterien für die Fehlstellen sind erfüllt.

2. Kraftübertragende, nicht durchgeschweißte Stumpfnähte und Kehlnähte:

   - Kerbfallklasse 36

3.10.9 Korrektur der Ermüdungsfestigkeit

1. Spannungsschwingbreiten in nichtgeschweißten oder spannungsarm geglühten Bauteilen.
   Bei Kerbfällen ohne Schweißnaht oder bei Bauteilen mit spannungsarm geglühten
   Schweißnähten ist für den Ermüdungsnachweis eine wirksame Spannungsschwingbreite zu
   ermitteln, bei der dem Zuganteil der Spannungsschwingbreite nur 60% des Druckanteils der
   Spannungsschwingbreite zuzuschlagen ist.

2. Einfluss der Wanddicke

   Reduktion der Ermüdungsfestigkeit infolge größerer Wanddicken, $t > 25$ mm

Kerbfälle mit Schweißnähten quer zur Beanspruchung	$\Delta\sigma_{R,t} = \Delta\sigma_R \cdot \left(\dfrac{25}{t}\right)^{0,25}$

Die Wanddickenkorrektur darf nicht vorgenommen werden, wenn die Kerbfalleinstufung in
den Kerbfalltabellen bereits Wanddickenabhängigkeiten wiedergibt.

Korrigierte Ermüdungsfestigkeitskurven

Diese Kerbfälle sind in den Tabellen 3.60 bis 3.65 durch einen Stern gekennzeichnet. Die Einstufung dieser Kerbfälle darf in Tabelle 3.55 um eine Klasse erhöht werden, wenn die Ermüdungsfestigkeitskurve korrigiert wird, indem die Dauerfestigkeit auf der Geraden mit der Neigung $m = 3$ auf 10 Mio. Spannungsspiele verschoben wird.

3.10.10 Kerbfalltabellen

Die Kerbfalleinstufung in den Tabellen 3.60 bis 3.66 erfolgte für Spannungen in Richtung der
angegebenen Pfeile für erwartete Rissbildung an der Oberfläche des Grundwerkstoffs bzw. im
Fall von Rissen in Schweißnähten, für Spannungen berechnet in der Schweißnaht.

Die Spannungen sind mit der Brutto- oder Nettofläche des beanspruchten Bauteils je nach Lage
zu berechnen.

Tabelle 3.60 Kerbfälle für nichtgeschweißte Konstruktionsdetails nach EC 3

Kerbgruppe	Konstruktionsdetail	Beschreibung	Anforderung
160	(1) (2) (3)	**Gewalzte und gepresste Erzeugnisse** (1) Bleche und Flachstähle (2) Walzprofile (3) Nahtlose Rohre	(1) bis (3) Scharfe Kanten, Fehler in der Oberfläche und Walzfehler sind durch Schleifen zu beseitigen.
140 125	(4) (5)	**Gescherte oder brenngeschnittene Bleche** (4) Maschinell brenngeschnittener Werkstoff ohne regelmäßige Brennriefen (5) Maschinell brenngeschnittener Werkstoff mit seichten und regelmässigen Brennriefen	(4) Alle sichtbaren Randkerben sind zu beseitigen (5) Nachträglich bearbeiten, um Randkerben zu beseitigen (4) und (5) Keine Ausbesserungen durch Verfüllen mit Schweißgut
112 36[*]	(6) (7) (8)	**Geschraubte Verbindungen** (6) Einschnittige ungestützte Verbindungen sind zu vermeiden und auch die Auswirkungen der Exentrizität sind bei der Berechnung der Spannungen zu berücksichtigen. (7) Bauteilstöße oder geschraubte Gurtlamellen (8) Schrauben u. Gewindestangen unter Zugbeanspruchung Bei vorgespannten Schrauben ist die Spannungsschwingbreite in der Schraube abhängig vom Grad der Vorspannung und von der Geometrie der Verbindung	(6) und (7) Spannungen in gleitfesten Verbindungen sind auf den Bruttoquerschnitt und in allen anderen Verbindungen auf den Nettoquerschnitt bezogen zu bestimmen (8) Die Zugspannungen sind auf den Spannungsquerschnitt bezogen zu bestimmen
100 m = 5	(9)	**Ein- oder zweischnittige Schrauben** (9) Hochfeste Passschrauben in Scher/Lochleibungs-Verbindungen (Schraubenfestigkeitsklasse 8.8 und 10.9)	(9) Die Schubspannungen sind auf die Schaftfläche zu bestimmen. Nur Scherbeanspruchte Passschrauben werden in diesem Kerbfall abgedeckt.

Tabelle 3.61 Kerbfälle für geschweißte zusammengesetzte Querschnitte nach EC 3

Kerbgruppe	Konstruktionsdetail	Beschreibung	Anforderung
125 / **112** / **100**	(1) (2) (3) (4) (5) (6) (7)	**Durchgehende Längsnähte** (1) Mit Automaten beidseitig durchgeschweißte Nähte. Für Schweißnähte, die nachweisbar frei von erkennbaren Fehlern sind, darf die Kerbgruppe 140 angewendet werden (2) Mit Automaten geschweißte Kehlnähte Die Enden von aufgeschweißten Gurtplatten sind gemäß Kerbfall (5) in Tabelle 3.66 zu behandeln (3) Mit Automaten geschweißte Doppelkehlnähte oder beidseitig durchgeschweißte Nähte mit Ansatzstellen (4) Mit Automaten einseitig durchgeschweißte Naht mit Wurzelunterlage, aber ohne Ansatzstellen (5) Von Hand geschweißte Kehlnähte oder durchgeschweißte Nähte (6) Von Hand oder mit Automaten einseitig durchgeschweißte Nähte, speziell bei Hohlkästen (7) Ausgebesserte, mit Automaten oder handgeschweißte Kehlnähte oder durchgeschweißte Nähte	(1) bis (2) Es dürfen keine Schweißnahtansatzstellen vorhanden sein (4) Wenn dieser Kerbfall Ansatzstellen aufweist, ist er in Kerbgruppe 100 einzuordnen (6) Zwischen Flansch und Stegblech ist eine sehr gute Passgenauigkeit erforderlich. Dabei ist das Stegblech so anzuschrägen, dass die Wurzel ausreichend und ohne Herausfließen von Schweißgut erfasst werden kann (7) Mit entsprechend abgesicherten Nachbehandlungsverfahren darf auch die ursprüngliche Kerbgruppe wiederhergestellt werden
80 / **71**	(8) (9)	**Unterbrochene Längsnähte** (8) Heftnähte, die hinterher nicht durch eine durchgehende Schweißnaht überdeckt werden (9) Enden von durchgehenden Schweißnähten an Freischnitten	(8) Unterbrochene Kehlnähte mit einem Spaltenverhältnis g/h $\leq 2{,}5$ (9) Die Freischnitte sind nicht mit Schweißgut zu füllen

Tabelle 3.62 Kerbfälle für Quernähte nach EC 3

Kerb-gruppe	Konstruktionsdetail	Beschreibung	Anforderung
112	(1) (2) Neigung ≤ 1:4 1:4 (3)	**Ohne Wurzelunterlage** (1) Querstöße in Blechen, Flachstählen oder Walzquerschnitten (2) Vor dem Zusammenbau geschweißte Flanschstöße in geschweißten Bauteilen (3) Querstöße in Blechen oder Flachstählen, abgeschrägt in der Breite oder in der Dicke mit einem Neigungswinkel von höchstens 1:4	(1) bis (7) - Auslaufbleche sind zu benutzen. Sie sind anschließend zu entfernen und die Blechkante in Spannungsrichtung bündig zu schleifen - Die Wurzellage ist gegenzuschweißen (1) und (2) Kerbfall (1) und (2) können in Kerbfallgruppe 125 angehoben werden, wenn Nähte besonderer Güte, d.h. nachweisbar frei von erkennbaren Fehlern hergestellt werden, siehe Bezugsnormengruppe 9- Qualitätsniveau
90	$\leq 0.1\,b$ b (4) (5) Neigung ≤ 1:4 1:4 (6)	(4) Querstöße von Blechen oder Flachstählen (5) Querstöße von Walzträgern oder geschweißten Bauteilen (6) Querstöße in Blechen oder Flachstählen, abgeschrägt in der Breite oder in der Dicke mit einem Neigungswinkel von höchstens 1:4	(1), (2), (3) Alle Nähte bündig zur Blechoberseite geschliffen, Schleifrichtung parallel zur Pfeilrichtung (4), (5), (6) - Nahtüberhöhungen nicht größer als 10% der Nahtbreite, verlaufender Übergang in die Blechoberfläche - Nähte in Wannenlage schweißen
80	$\leq 0.2\,b$ b (7)	(7) Querstöße von Blechen, Flachstählen, Walzquerschnitten oder geschweißten Bauteilen	(7) Nahtüberhöhungen nicht größer als 20% der Nahtbreite

Tabelle 3.62 Kerbfälle für Quernähte nach EC 3, Fortsetzung

Kerb-gruppe	Konstruktionsdetail	Beschreibung	Anforderung
36 *	(8)	**Ohne Wurzelunterlage** (8) Nur einseitig durchge-schweißte Nähte	(8) Ohne Wurzelunterlage
71	Kehlnaht ≤ 10 mm ≤ 10 mm (9) 1:4 (10)	**Mit Wurzelunterlage** (9) Querstöße (10) Quernähte von Blechen, abgeschrägt in der Breite oder in der Dicke mit einem Neigungswinkel von höchsten 1:4	(9) und (10) Die Kehlnaht, mit der die Wurzelunterlage ange-schweißt wird, muss mindestens 10 mm von den Rändern des bean-spruchten Bleches ent-fernt enden
50	(11)	(11) Quernähte mit verbleibender Wurzelunterlage	(11) Wenn eine gute Passge-nauigkeit nicht sicherge-stellt ist oder wenn die Anschlussnähte der Wur-zelunterlage näher als 10 mm von den Blech-rändern entfernt enden

Tabelle 3.63 Kerbfälle für nichttragende Nähte nach EC 3

Kerb-gruppe	Konstruktionsdetail	Beschreibung	Anforderung
	Längsnähte		
80	$\ell \leq 50$ mm	(1) Die Kerbgruppe hängt von der Länge ℓ der Naht ab	(2) Am Knotenblech sollte vor dem Schweißen ein gleichmäßiger Radius r durch maschinelle Bearbeitung oder Brennschneiden und nach dem Schweißen durch Schleifen der Schweißzone parallel zur Pfeilrichtung hergestellt werden
71	$50 < \ell \leq 100$ mm		
50*	$\ell > 100$ mm		
90	$1/3 \leq r/w$ $r > 150$ mm	(2) Knotenblech, an den Rand eines Bleches oder Trägerflansches geschweißt	
71	$1/6 \leq r/w \leq 1/3$		
45*	$r/w \leq 1/6$		
	Quernähte		
80	t ≤ 100 mm	(3) Das Schweißnahtende sollte mehr als 10 mm vom Blechrand entfernt sein	
71	t > 12 mm	(4) Vertikalstreifen an einen Walzträger oder an geschweißten Bauteilen geschweißt	(4) Die Spannungsbreite sollte mit den Hauptspannungen berechnet werden, wenn die Steife am Stegblech endet
		(5) Querschotte in Kastenträgern, am Flansch oder Stegblech geschweißt	
80		(6) Die Auswirkung geschweißter Kopfbolzendübel auf den Grundwerkstoff	

Tabelle 3.64 Kerbfälle für tragende Schweißnähte nach EC 3

Kerb-gruppe	Konstruktionsdetail	Beschreibung	Anforderung
Verbindung von sich kreuzenden Tragelementen			
71	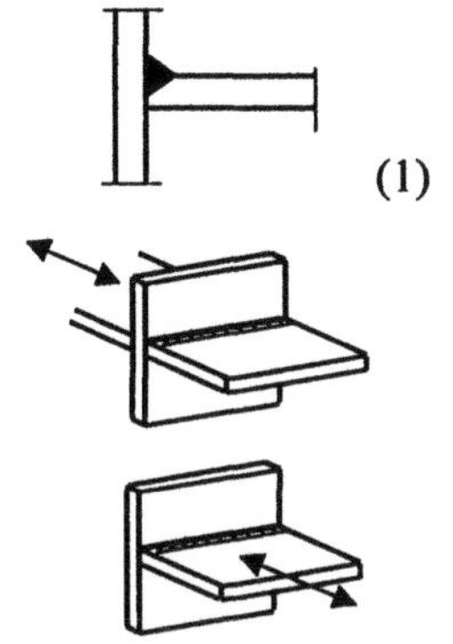 (1)	(1) Durchgeschweißte Naht	(1) Nach Prüfung frei von erkennbaren Fehlern, siehe Bezugsnormengruppe 9 – Qualitätsniveau 3
36*	(2)	(2) Nichtdurchgeschweißte Naht- oder Kehlnahtverbindungen	(2) Zwei Ermüdungsnachweise sind erforderlich - Der Nachweis für die Schweißnahtwurzel gegen Anriss, Kerbgruppe 36* für σ_w und Kerbgruppe 80 für τ_w - Nachweis gegen Anriß am Nahtübergang, Bestimmung der Spannungsschwingbreite in den belasteten Blechen, Kerbgruppe 71 (1) und (2) Die Außermittigkeit der belasteten Bleche nicht größer als 15% der Dicke des Zwischenbleches
Verbindung von sich überlappenden Bauteilen			
63	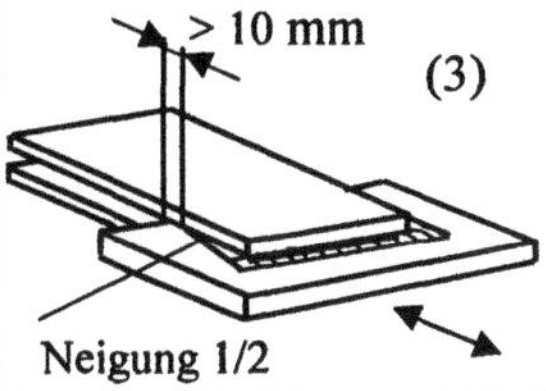 > 10 mm (3) Neigung 1/2	(3) Mit Kehlnaht geschweißte Laschenverbindung	(3) Die Spannung im Hauptblech kann mit der in der Skizze dargestellten Fläche berechnet werden (3) und (4) Schweißnahtenden mehr als 10 mm vom Blechende entfernt Schubanriss in der Schweißnaht ist nach Kerbfall (7) zu überprüfen
45*	(4)	(4) Mit Kehlnaht geschweißte Laschenverbindung	(4) Die Spannung wird in den Laschen berechnet

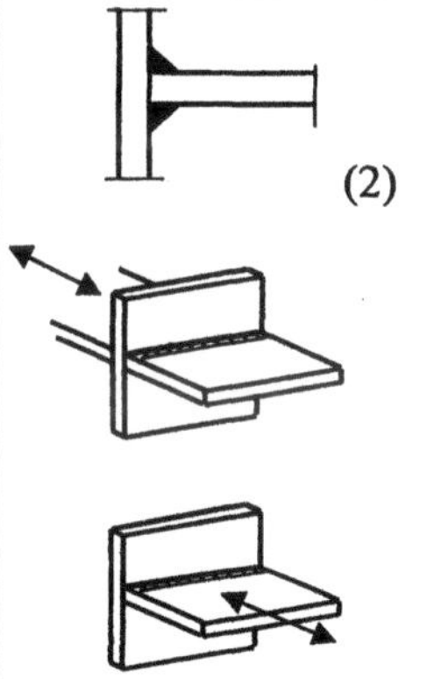

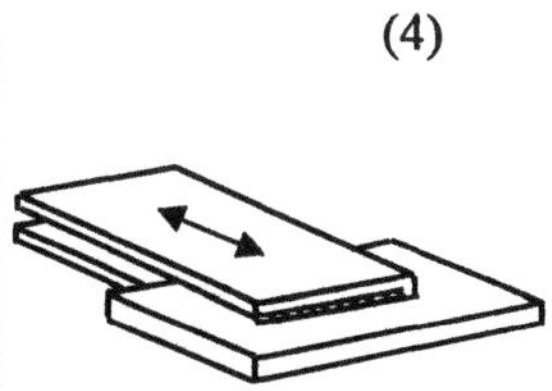

Tabelle 3.64 Kerbfälle für tragende Schweißnähte nach EC 3, Fortsetzung

Kerb-gruppe	Konstruktionsdetail	Beschreibung	Anforderung
Gurtlamellen auf Walzprofilen und geschweißten Bauteilen			
50[*] $t \leq 20$ mm und $t_c \leq 20$ mm **36*** $t > 20$ mm und $t_c > 20$ mm	(5)	(5) Endbereiche von einlagig oder mehrlagig aufgeschweißten Gurtplatten mit und ohne Stirnnaht	(5) Wenn die Lamellen breiter sind als der Flansch, ist eine Stirnnaht erforderlich, die sorgfältig ausgeschliffen wird um Einbrandkerben zu entfernen.
Schweißnähte mit/unter Querkraftbeanspruchung			
80 m = 5	(6) (7) <10 mm	(6) Durchgehende Kehlnähte die einen Schubfluss übertragen wie Halskehlnähte zwischen Stegblech und Flansch von geschweißten Bauteilen. Durchgehend durchgeschweißte Nähte sind bei Querkraftbeanspruchung der Kerbgruppe 100 zuzuordnen. (7) Mit Kehlnaht geschweißte Laschenverbindung	(6) Die Spannungsschwingbreite ist bezogen auf die Schweißnahtdicke unter Berücksichtigung der Gesamtlänge der Schweißnaht zu berechnen. Schweißnahtenden mehr als 10 mm vom Blechende entfernt.
80 m = 5	(8)	(8) Kopfbolzendübel (Versagen in der Schweißnaht oder in der Wärmeeinflusszone)	(8) Die Schubspannung muss im Nennquerschnitt des Dübels berechnet werden

Tabelle 3.64 Kerbfälle für tragende Schweißnähte nach EC 3, Fortsetzung

Kerb-gruppe	Konstruktionsdetail	Beschreibung	Anforderung
	Deckbleche mit trapezförmigen Steifen ausgesteift		
71	Durchgeschweißte Naht (9)	(9) Kehlnähte oder durchge-schweißte Nähte	(9) Für durchgeschweißte Nähte ist die Spannungsbreite infolge Biegebeanspruchung bezogen auf die Dicke der Steifen zu berechnen. Für Kehlnähte ist die Spannungsbreite infolge Biegebeanspruchung auf den kleineren Wert bezogen auf Nahtdicke oder Dicke der Steifen zu berechnen.
50	Kehlnaht M_r M_l $\leq 0,5$ mm		

Tabelle 3.65 Kerbfälle für Hohlprofile nach EC 3

Kerb-gruppe	Konstruktionsdetail	Beschreibung	Anforderung
Gewalzte und gepresste Erzeugnisse			
160	(1)	(1) Nichtgeschweißte Elemente	(1) Scharfe Kanten, Fehler in der Oberfläche sollten durch Schleifen entfernt werden
140	(2)	**Durchgehende Längsnähte** (2) Automatisch geschweißte Längsnähte, alle anderen Fälle siehe Tabelle 3.61	(2) Keine Ansatzstellen, und nachweisbar frei von erkennbaren Fehlern nach Bezugsnormengruppe 9 – Qualitätsniveau 3
71	(3)	**Quernähte** (3) Geschweißte Stöße von Rundhohlprofilen mit durchgeschweißten Nähten	(3) und (4) - Die Nahtüberhöhung darf nicht höher als 10% der Schweißnahtdicke sein und muss verlaufend in die Blechoberfläche übergehen. - In Wannenlage geschweißte Nähte und nachweisbar frei von erkennbaren Fehlern nach Bezugsnormengruppe 9 – Qualitätsniveau 3 - Konstruktionsdetails mit Wanddicken größer als 8 mm können zwei Kerbgruppen höher eingestuft werden.
56	(4)	(4) Mit durchgeschweißten Nähten geschweißte Stöße von Rechteckhohlprofilen	

Tabelle 3.65   Kerbfälle für Hohlprofile nach EC 3, Fortsetzung

Kerb-gruppe	Konstruktionsdetail	Beschreibung	Anforderung
71	(5) 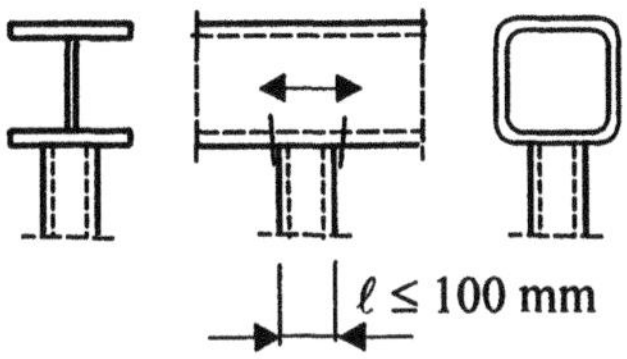 $\ell \leq 100$ mm	**Nichttragende Schweißnähte** (5) Runde oder Recht-eckige Hohlprofil-querschnitte, mit Kehlnaht an einem anderen Querschnitt angeschweißt.	(5) - Nichttragende Schweißnähte - Querschnittbreite pa-rallel zur Spannungs-richtung ≤ 100 mm - Alle anderen Fälle siehe Tabelle 3.63
50	(6) 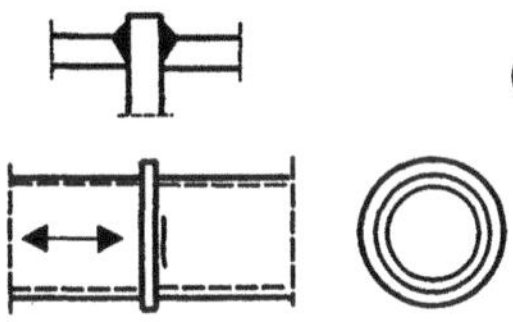	**Tragende Schweißnähte** (6) Mit einer Kopfplatte gestoßene, mit durchgeschweißter Naht angeschweißte Rundhohlprofile	(6) und (7) - Tragende Schweißnähte - Nähte nachweisbar frei von erkennbaren Feh-lern nach Bezugsnor-mengruppe 9 – Qualitätsniveau 3 - Konstruktionsdetails mit Wanddicken größer als 8 mm können eine Kerbgruppe höher ein-gestuft werden.
45	(7) 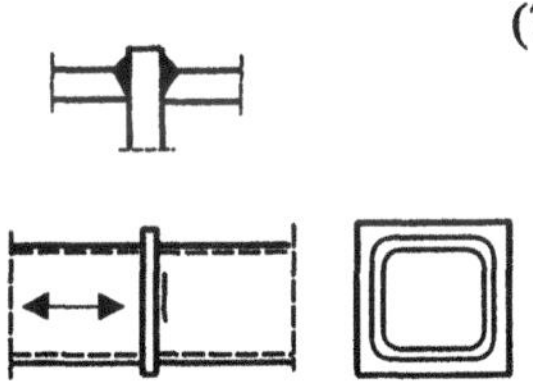	(7) Mit einer Kopfplatte gestoßene, mit durchgeschweißter Naht angeschweißte Rechteckhohlprofile	
40	(8) 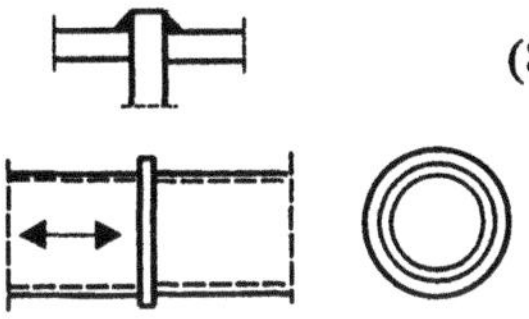	(8) Mit einer Kopfplatte gestoßene, mit Kehl-naht angeschweißte Rundhohlprofile	(8) und (9) - Tragende Schweißnähte - Wanddicken kleiner als 8 mm.
36	(9) 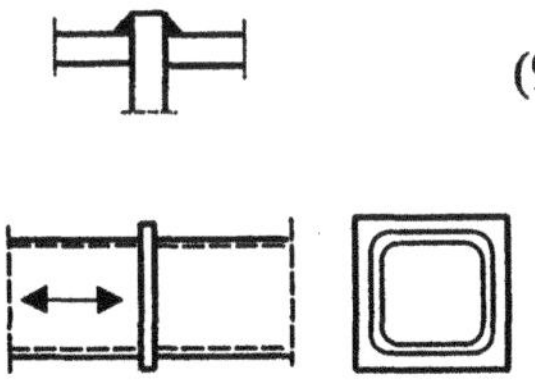	(9) Mit einer Kopfplatte gestoßene, mit Kehl-naht angeschweißte Rechteckhohlprofile	

Tabelle 3.66 Kerbfälle für Hohlprofilanschlüsse nach EC 3

Kerb-gruppe	Konstruktionsdetail	Beschreibung	Anforderung
90 $\dfrac{t_0}{t_i} \geq 2,0$ **45** $\dfrac{t_0}{t_i} = 1,0$ 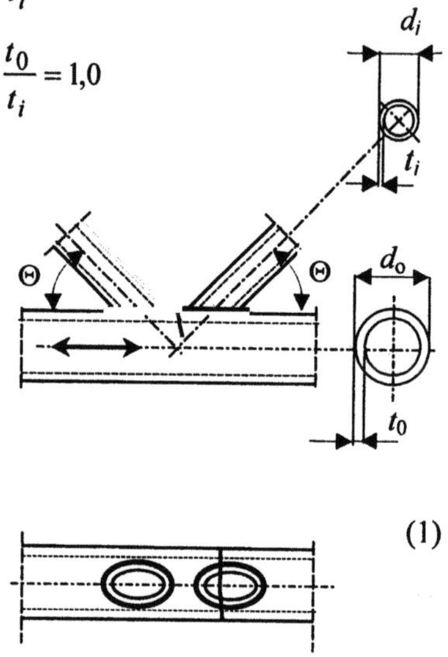	(1)	**Anschluss mit Spalt** [1] (1) Rundhohlprofile K- und N- Anschlüsse	(1) bis (4) siehe Folgeseite 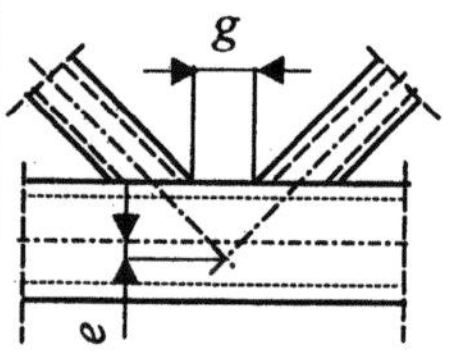
71 $\dfrac{t_0}{t_i} \geq 2,0$ **36** $\dfrac{t_0}{t_i} = 1,0$ 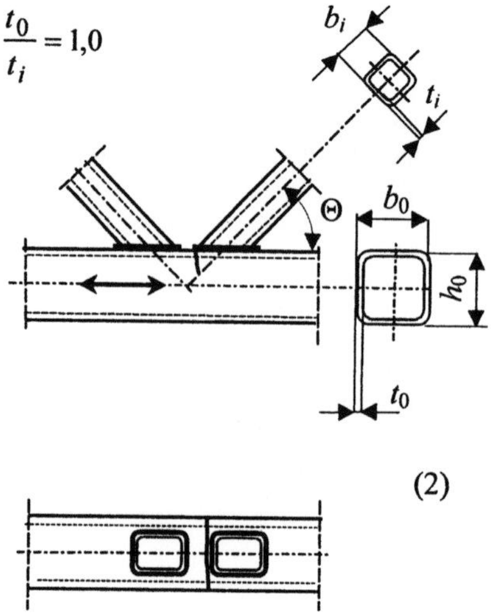	(2)	(2) Rechteckhohl-profile K- und N- Anschlüsse	(2) g = Spalt $g \geq 0,5(b_o - b_i)$ und $g \leq 1,1 \cdot (b_0 - b_i)$ $g \geq 2 \cdot t_0$ e = positive Exzentri-zität

Tabelle 3.66 Kerbfälle für Hohlprofilanschlüsse nach EC 3, Fortsetzung

Kerb-gruppe	Konstruktionsdetail	Beschreibung	Anforderung
		Anschluss mit Überlappung	
71	$\dfrac{t_0}{t_i} \geq 1,4$	(3) K-Anschluss	(3) und (4) Überlappung zwischen 30% und 100%
56	$\dfrac{t_0}{t_i} = 1,0$ (3)		Überlappungsgrad: $$\dfrac{q}{p}\cdot 100$$ e = negative Exzentrizität
71	$\dfrac{t_0}{t_i} \geq 1,4$		
56	$\dfrac{t_0}{t_i} = 1,0$ (3)		

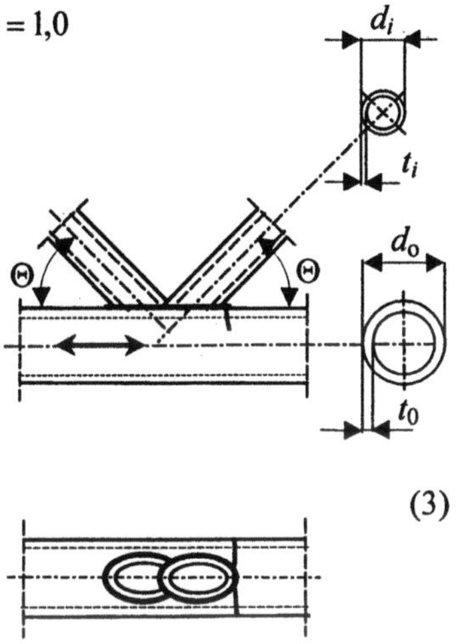

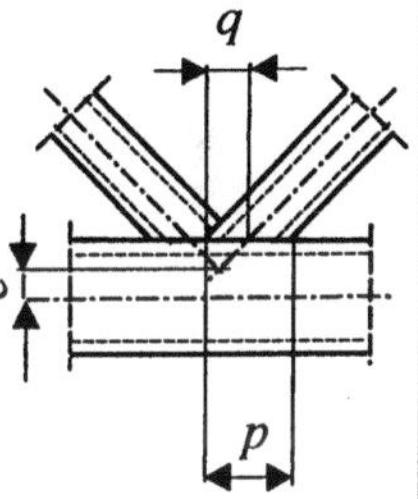

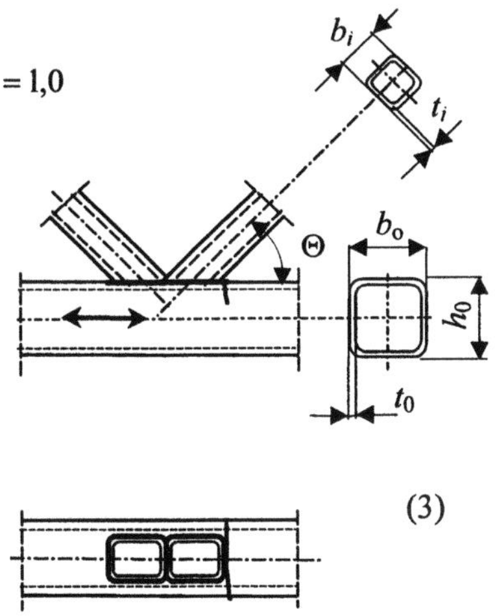

Tabelle 3.66 Kerbfälle für Hohlprofilanschlüsse nach EC 3, Fortsetzung

Kerb-gruppe	Konstruktionsdetail	Beschreibung	Anforderung
		Anschluss mit Überlappung [1]	
71 $\dfrac{t_0}{t_i} \geq 1,4$ **50** $\dfrac{t_0}{t_i} = 1,0$	(4)	(4) N-Anschlüsse	(1) bis (4) $t_0, t_i \leq 12,5$ mm $35° \leq \theta \leq 50°$ $b_0 / t_0 \leq 25$ $d_0 / t_0 \leq 25$ $0,4 \leq b_i / b_0 \leq 1$ $0,4 \leq d_i / d_0 \leq 1$ $b_0 \leq 200$ mm $d_0 \leq 300$ mm $-0,5 h_0 \leq e \leq 0,25 h_0$ $-0,5 d_0 \leq e \leq 0,25 d_0$

71 $\dfrac{t_0}{t_i} \geq 1,4$
 	
 50 $\dfrac{t_0}{t_i} = 1,0$
	(4)		— Exzentrizität rechtwinklig zur Verbandsebene
			   $\leq 0,02 b_0$
			   oder
			   $\leq 0,02 d_0$
			 — Kehlnähte sind zulässig in Verbandsstäben mit Wanddicken ≤ 8 mm
			
			 — Für Wanddicken größer als 12,5 mm siehe EC 3

[1] Bei Zwischenwerten von t_0/t_i ist eine lineare Interpolation zwischen den beiden nächsten Kerbgruppen möglich.

Füllstäbe und Gurtstäbe erfordern getrennte Ermüdungsnachweise

4 Anerkannte Regeln nach EC 3

4.1 Wahl der Stahlgüte

Leitfaden zur Vermeidung von Sprödbruch, nach ENV 1993-1-1:1992, Anhang C [informativ]

4.1.1 Zähigkeitsnachweis

Als Sprödbruch wird der Bruch eines Bauteils ohne plastische Verformung bezeichnet.

Die grundlegenden Einflussparameter sind:

- Festigkeit des Stahls
- Werkstoffzähigkeit
- Werkstoffdicke
- Die Art der Tragwerksausbildung
- Belastungsgeschwindigkeit
- Niedrigste Einsatztemperatur

Die Auswahl der Stahlgüte wird an Hand eines bruchmechanischen Zähigkeitsnachweises vorgenommen. Als Auswahlkriterium wird die Prüftemperatur verwendet, bei der die Kerbschlagarbeit einen Mindestwert von 27 Joule aufweist.

In Abhängigkeit von den Betriebsbedingungen, der Belastungsgeschwindigkeit und den Schadensfolgen wird für einen vorgegebenen Stahl und eine bestimmte Werkstoffdicke, die niedrigst mögliche Einsatztemperatur T_{min} bestimmt.

Die Anwendbarkeit sollte auf eine Einsatztemperatur über -40°C beschränkt werden.

Stähle nach EN 10 025 und prEN 10 113.

Angenommen wird, dass der Nennwert der unteren Streckgrenze f_{yt} mit der Blechdicke abnimmt.

Der Grenzwert für die Mittelwerte der unteren Streckgrenze darf gemäß Tabelle 4.1 bestimmt werden. Das gilt nur für die Verwendung in EC 3, Anhang C.

Tabelle 4.1 Bezugswert für die Mittelwerte der unteren Streckgrenze nach Anhang C, Tabelle C1

Stahl	Fe 360 N/mm²	Fe 430 N/mm²	Fe 510 N/mm²
f_{yo}	235	275	355

4.1.2 Betriebsbedingungen

Die Berechnung der Spannungen erfolgt mit charakteristischen Werten der Einwirkungen und einem Teilsicherheitsbeiwert $\gamma_F = 1,0$

Tabelle 4.2 Beanspruchungsklassen für Betriebsbedingungen

Klasse	Ausführung des Bauteiles	Örtliche Zugspannungen im Bereich
S1	- ohne Schweißung oder geschweißt mit örtlichen Zugspannungen	$\sigma \leq 1/5 \cdot f_y$
	- voll spannungsarmgeglüht mit örtlichen Zugspannungen (einschließlich geometrischer Kerbwirkungen)	$\sigma \leq 2/3 \cdot f_y$
S2	- geschweißte Ausführung mit örtlichen Zugspannungen	$1/5 \cdot f_y \leq \sigma \leq 2/3 \cdot f_y$
	- voll spannungsarmgeglüht mit örtlichen Zugspannungen (einschließlich geometrischer Kerbwirkungen)	$\sigma \leq 2 \cdot f_y$
S3	- geschweißte Ausführung mit hohen Kerbwirkungen ohne Nachbehandlung, mit örtlichen Zugspannungen	$2/3 \cdot f_y \leq \sigma \leq 2 \cdot f_y$
	- geschweißte Ausführung voll spannungsarmgeglüht mit örtlichen Zugspannungen (einschließlich geometrischer Kerbwirkungen)	$2 \cdot f_y \leq \sigma \leq 3 \cdot f_y$
Die Beanspruchungen müssen in jedem Fall unter der plastischen Grenzlast liegen.		

Tabelle 4.3 Belastungsgeschwindigkeit, Einteilung in Klassen

Klasse	Charakteristik
R1	Belastungsgeschwindigkeit der üblichen vorwiegend ruhenden und nicht vorwiegend ruhenden Belastung wie: - Eigengewicht - Deckenlasten in Gebäuden - Fahrzeuglasten - Wind- und Wellenlasten - Lasten aus Kranbewegungen
R2	Stoßartige Belastungen, die zu hohen Dehnungsgeschwindigkeiten führen, wie: - Explosionslasten - Anpralllasten

4.1.3 Schadensfolgen

Tabelle 4.4 Einteilung in Klassen der Schadensfolgen

Klasse	Art der Bauteile und Schadensfolgen	
C1	Schadenstolerante Bauteile und Anschlüsse	Ein Versagen führt nur zu örtlichen Schäden ohne ernsthafte Folgen z.B. bei redundanten Bauteilen
C2	Schadenskritische Teile und Anschlüsse	Ein Versagen könnte über die örtliche Auswirkung hinaus zu einem Tragwerksversagen mit möglichen Personenschäden oder großen wirtschaftlichen Einbußen führen.

Anmerkung: Die Auswahl der Stahlsorten nach Tabelle 2.15 bezieht sich auf die Klassen C2, R1, S1 und S2

Tabelle 4.5 Werte der Konstanten für die Beanspruchungsklasse

Beanspruchungsklassen:	S 1	S2	S3
k_a	0,18	0,18	0,10
k_b	0,40	0,15	0,07
k_c	0,03	0,03	0,04

Tabelle 4.6 Werte der Konstanten für die Belastungsgeschwindigkeit

Belastungsgeschwindigkeit	R1	R2
k_d	10^{-3}	1,0

Tabelle 4.7 Teilsicherheitsbeiwert für die Schadensfolgen

Schadensfolgen	C1	C2
γ_c	1,0	1,5

Tabelle 4.8 Prüftemperatur und Kerbschlagarbeit für Kerbschlagversuche

Stahlqualität	Spezifische Werte			Nennwert für T_{cv} (°C) bezogen auf die Kerbschlagarbeit 27 Joules bei Blechdicke t (mm)	
	Prüftemperatur °C	Mindestwert der Kerbschlagarbeit (J) für Blechdicke t (mm)			
		$10 < t \leq 150$ [1]	$150 < t \leq 250$ [1]	$t \leq 150$	$150 < t \leq 250$ [1]
EN 10025					
B	+ 20	27	23	+ 20	+ 25
C	0	27	23	0	+ 5
D	- 20	27	23	- 20	- 15
DD	- 20	40	33	- 30 [2]	- 25 [2]
prEN 10113					
KG	- 20	40	33	- 30 [2]	- 25 [2]
KT	- 50	27	23	- 50	- 45

Anmerkungen:

1 Die Werte sind mit dem Stahlhersteller für Walzprofile gemäß EN 10025 bei einer Nenndicke t > 100 mm, für Stähle mit der Lieferbedingung N, gemäß prEN 10113-2 bei einer Nenndicke t > 150 mm, und für Stähle der Lieferbedingung TM gemäß prEN 10113-3 bei einer Nenndicke t > 150 mm für Profile, und t > 63 mm für Flachprodukte abzustimmen.

2 Die Werte werden als gleichwertig zu einer Kerbschlagarbeit von 40 J bei − 20°C, und 33 J für Blechdicken zwischen 150 mm und 250 mm angenommen.

4.1.4 Berechnungen

Bezug	Formel
Spannungsintensitätsfaktor	$$K_{iC} = \frac{(\gamma_C \cdot \alpha)^{0,55} \cdot f_{yt} \cdot t^{0,5}}{1,226}$$ mit: $$\alpha = \frac{1}{k_a + k_b \cdot \ln(t/t_1) + k_c \cdot \sqrt{t/t_1}}$$
Mindestwert der Einsatztemperatur	$$T_{min} = 1,4 \cdot T_{cv} + 25 + \beta + (83 - 0,08 \cdot f_{yt}) \cdot k_d^{0,17}$$ mit: $$\beta = 100 \cdot (\ln K_{iC} - 8,06)$$
Nennwert der Streckgrenze	$$f_{yt} = f_{yo} - 0,25 \cdot \left(\frac{t}{t_1}\right) \cdot \left(\frac{f_{yo}}{235}\right)$$ t = Blechdicke in mm t_1 = 1 mm f_{yo} = Bezugswert nach Tabelle 4.1

4.2 Knicklängen von druckbeanspruchten Bauteilen

Nach ENV 1993-1-1:1992, Anhang E [informativ]

4.2.1 Grundlagen

Die Knicklänge ℓ eines druckbeanspruchten Bauteils ist die Länge eines ansonsten gleichartigen Stabes mit gelenkiger Endlagerung und gleichem Grenzwert gegen Knicken.

Gelenkige Endlagerung bedeutet, dass die Enden gegen seitliches Ausweichen gehalten, jedoch in der Knickebene frei drehbar sind.

Folgende Annahmen sind zulässig:

- Es darf auf der sicheren Seite liegend die theoretische Knicklänge für elastisches Knicken angenommen werden.

- Eine Ersatzknicklänge darf verwendet werden, um den Fall einer veränderlichen Längskraft auf den einer konstanten Längskraft zurückführen zu können.

- Eine Ersatzknicklänge darf auch verwendet werden, um den Fall eines veränderlichen Querschnitts auf den eines konstanten Querschnitts zurückführen zu können.

4.2.2 Stützen von Stockwerksrahmen

Die Knicklänge ℓ einer Stütze in Rahmentragwerken darf folgendermaßen angesetzt werden:
- Seitensteifes Rahmentragwerk nach Bild 4-1
- Seitenweiches Rahmentragwerk nach Bild 4-2

Die Berechnung der Verteilungsfaktoren erfolgt mit theoretischen Modelen nach Tabelle 4.9, wobei für die Berechnung von Durchlaufstützen folgende Annahme gilt:

- Jede Stütze mit der Systemlänge L ist mit dem gleichen Verhältniswert (N/N_{cr}) belastet. Im allgemeinen Fall, wo die Werte (N/N_{cr}) variieren, führt dieses Modell zu Werten von ℓ/L für die maßgebende Knicklänge der Stütze die auf der sicheren Seite liegen.

Bauteile sind in den betroffenen Punkten in folgenden Fällen als gelenkig anzunehmen:

- Der Bemessungswert des Biegemoments für den betrachteten Lastfall überschreitet das Grenzmoment des Bauteils.
- Anschlüsse sind gelenkig angenommen.

Bei einem Bauteil mit verformbaren Anschlüssen sollte der wirksame Steifigkeitsbeiwert entsprechend abgemindert werden.

Bei Längskraftbelastung sind die wirksamen Steifigkeitsbeiwerte entsprechend anzupassen. Stabilitätsfunktionen dürfen benutzt werden. Als einfache Alternative dürfen die erhöhten Steifigkeitsbeiwerte aus der Zugkraftbeanspruchung vernachlässigt und die Näherungswerte nach Tabelle 4.11 verwendet werden.

Anstelle der Ablesewerte aus den Bildern 4-1 oder 4-2 dürfen auch empirische Ausdrücke als konservative Näherungswerte nach Tabelle 4.13 verwendet werden.

Tabelle 4.9 Verteilungsfaktoren für Stützen von Stockwerksrahmen

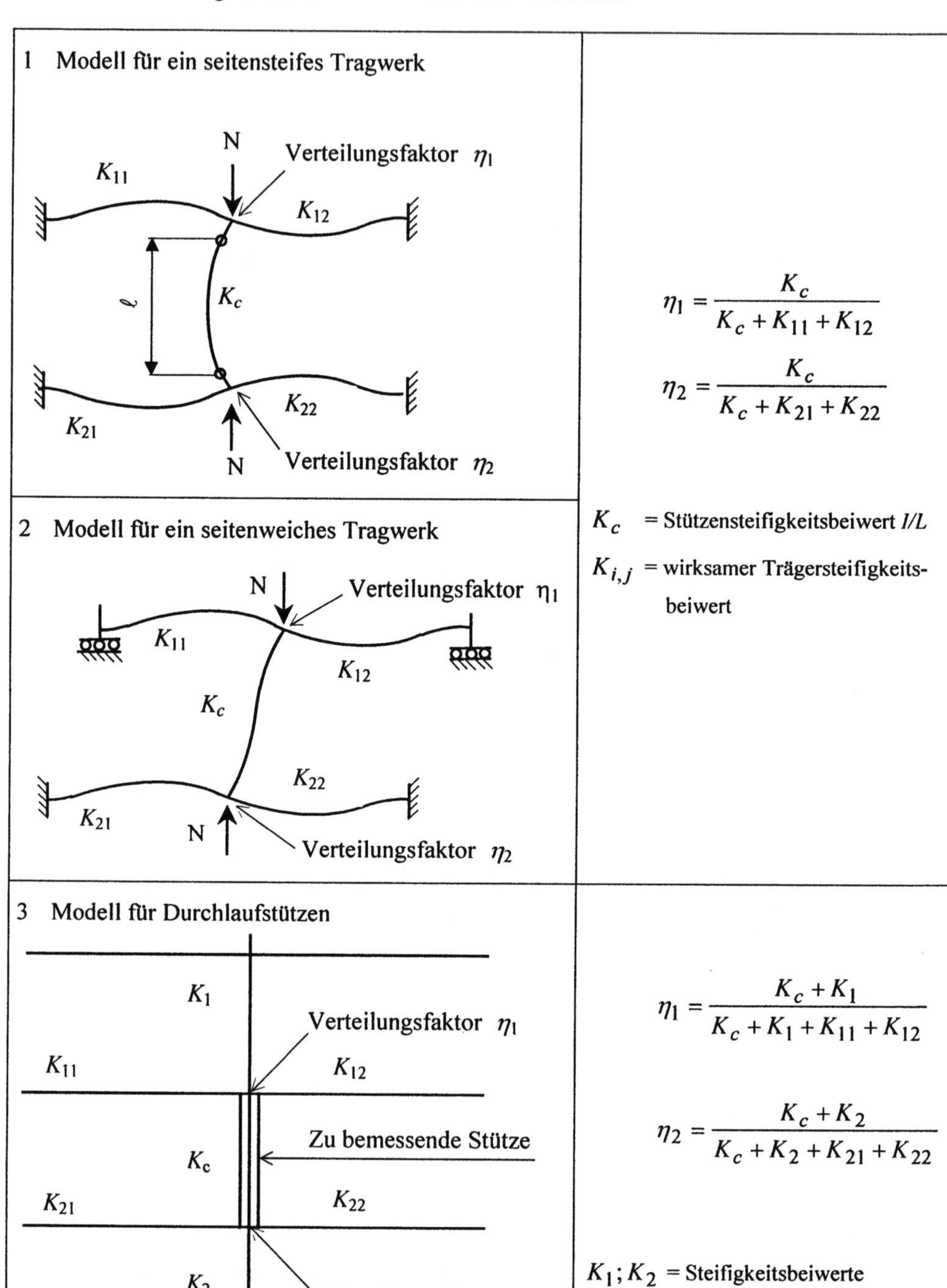

$$\eta_1 = \frac{K_c}{K_c + K_{11} + K_{12}}$$

$$\eta_2 = \frac{K_c}{K_c + K_{21} + K_{22}}$$

K_c = Stützensteifigkeitsbeiwert I/L

$K_{i,j}$ = wirksamer Trägersteifigkeitsbeiwert

$$\eta_1 = \frac{K_c + K_1}{K_c + K_1 + K_{11} + K_{12}}$$

$$\eta_2 = \frac{K_c + K_2}{K_c + K_2 + K_{21} + K_{22}}$$

$K_1 ; K_2$ = Steifigkeitsbeiwerte der anliegenden Stützen mit der Systemlänge L

Tabelle 4.10 Wirksame Trägersteifigkeitsbeiwerte für Bauteile ohne Längskraftbelastung

Einspannbedingungen am abgelegenen Ende des Bauteils	Wirksamer Trägersteifigkeitswert K Voraussetzung: Bauteil bleibt elastisch
Festeinspannung	$K = 1,0 \cdot I / L$
Gelenkige Lagerung	$K = 0,75 \cdot I / L$
Verdrehung am betrachteten Ende möglich - Zweiwellige Biegelinie	$K = 1,5 \cdot I / L$
Verdrehung gleich und entgegengesetzt am betrachteten Ende möglich - Einwellige Biegelinie	$K = 0,5 \cdot I / L$
Allgemeiner Fall, Verdrehung möglich am: - betrachteten Ende Θ_A, und - entfernten Ende Θ_B	$K = \left(1 + \dfrac{0,5 \cdot \Theta_B}{\Theta_A}\right) \cdot \dfrac{I}{L}$

Tabelle 4.11 Abgeminderte Trägersteifigkeitsbeiwerte infolge Druckbeanspruchung (*Näherungen*)

Einspannbedingungen am abgelegenen Ende des Bauteils	Wirksamer Trägersteifigkeitswert K Voraussetzung: Bauteil bleibt elastisch
Festeinspannung	$K = 1,0 \cdot I / L \cdot (1 - 0,4 \cdot N / N_E)$
Gelenkige Lagerung	$K = 0,75 \cdot I / L \cdot (1 - N / N_E)$
Verdrehung am betrachteten Ende möglich - Zweiwellige Biegelinie	$K = 1,5 \cdot I / L \cdot (1 - 0,2 \cdot N / N_E)$
Verdrehung gleich und entgegengesetzt am betrachteten Ende möglich - Einwellige Biegelinie	$K = 1,5 \cdot I / L \cdot (1 - N / N_E)$
Alle Werte mit:	$N_E = \pi^2 \cdot E \cdot I / L$

Bei Stockwerksrahmen mit Betondeckenplatten, vorausgesetzt sie sind regelmäßig angeordnet und gleichartig belastet, ist es normalerweise ausreichend, die Trägersteifigkeitsbeiwerte nach Tabelle 4.12 anzusetzen.

Tabelle 4.12 Wirksame Trägersteifigkeitsbeiwerte in Stockwerkrahmen mit Betondecken

Belastungsbedingungen für das Bauteil	Rahmentragwerk	
	seitensteif	seitenweich
Bauteil als direkte Unterstützung der Betondeckenplatten	$K = 1{,}0 \cdot I \, / \, L$	$K = 1{,}0 \cdot I \, / \, L$
Andere Bauteile mit direkten Lasten	$K = 0{,}75 \cdot I \, / \, L$	$K = 1{,}0 \cdot I \, / \, L$
Bauteil nur mit Endmomenten	$K = 0{,}5 \cdot I \, / \, L$	$K = 1{,}5 \cdot I \, / \, L$

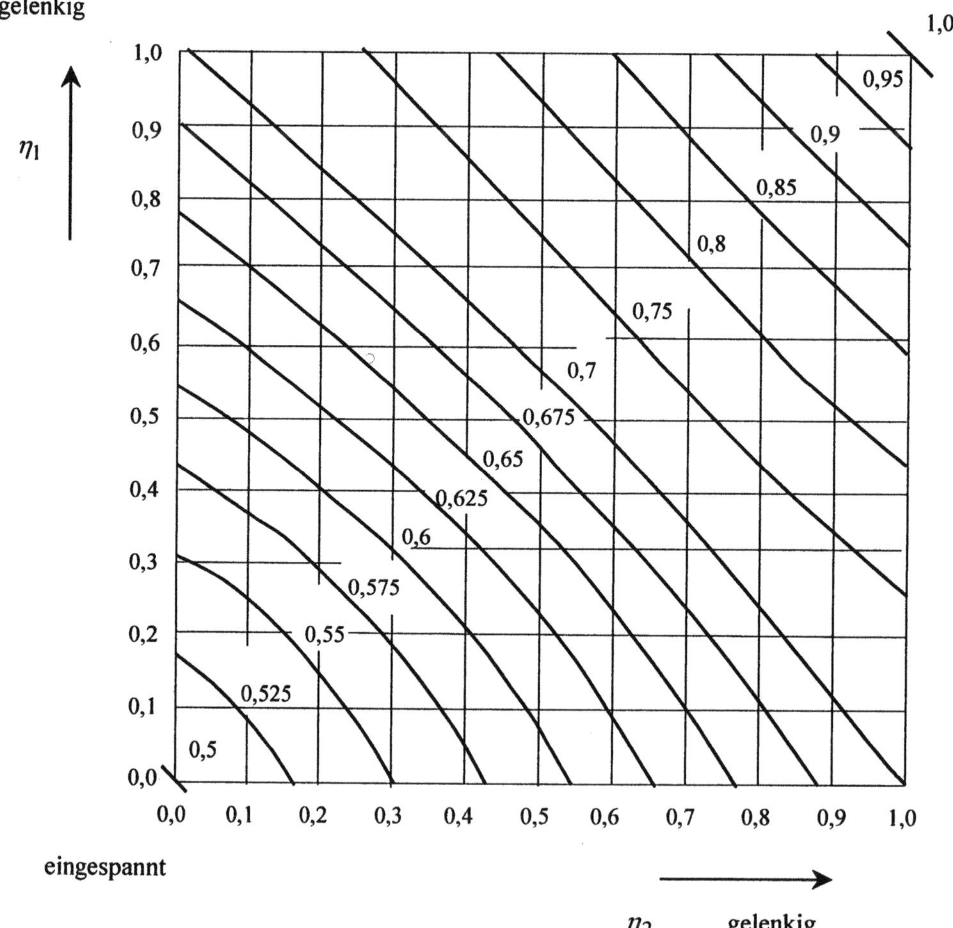

Bild 4-1 Knicklängenverhältnis für eine Stütze in einem seitensteifen Rahmentragwerk

Tabelle 4.13 Knicklängenverhältnis ℓ/L für Stützen, konservative Näherungswerte

Näherungswerte für seitensteife Rahmentragwerke	$\dfrac{\ell}{L} = 0,5 + 0,14 \cdot (\eta_1 + \eta_2) + 0,055 \cdot (\eta_1 + \eta_2)^2$
	Alternativ $$\frac{\ell}{L} = \frac{1 + 0,145 \cdot (\eta_1 + \eta_2) - 0,265 \cdot \eta_1 \cdot \eta_2}{2 - 0,364 \cdot (\eta_1 + \eta_2) - 0,247 \cdot \eta_1 \cdot \eta_2} \cdot$$
Näherungswerte für seitenweiche Rahmentragwerke	$\dfrac{\ell}{L} = \sqrt{\dfrac{1 - 0,2 \cdot (\eta_1 + \eta_2) - 0,12 \cdot \eta_1 \cdot \eta_2}{1 - 0,8 \cdot (\eta_1 + \eta_2) + 0,6 \cdot \eta_1 \cdot \eta_2}}$

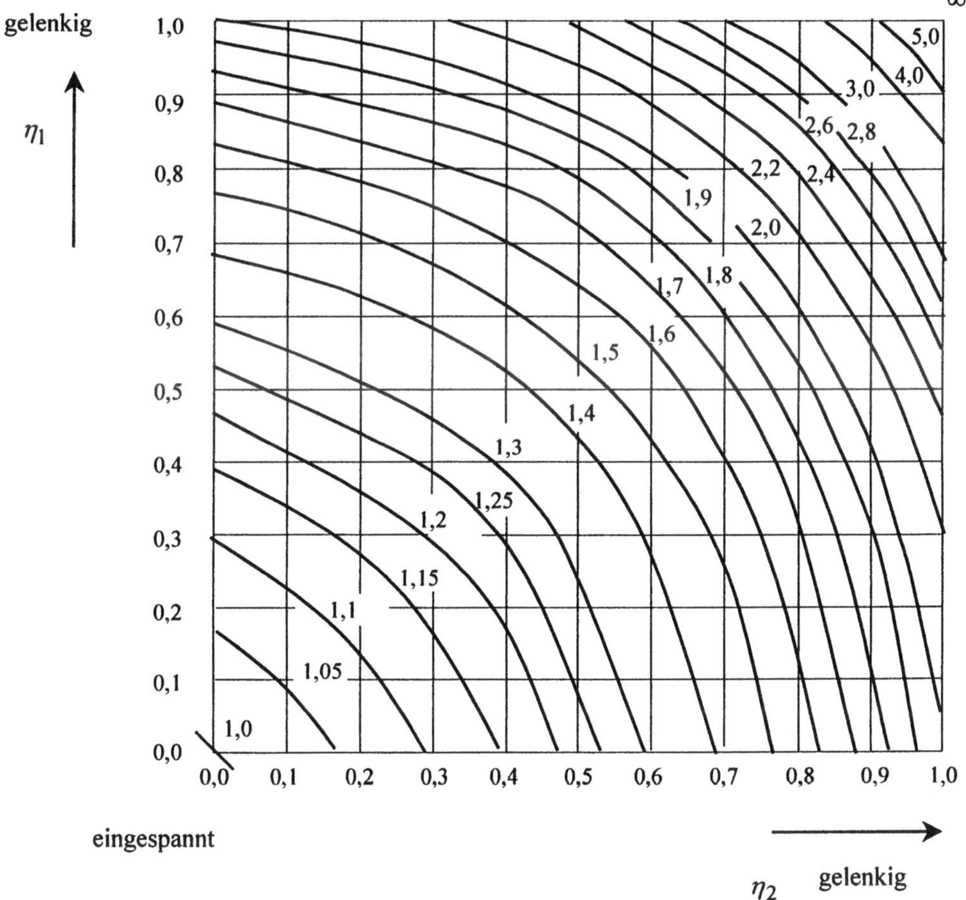

Bild 4-2 Knicklängenverhältnis ℓ/L für eine Stütze in einem seitenweichen Rahmentragwerk

4.3 Biegedrillknicken

Nach ENV 1993-1-1:1992, Anhang F [informativ]

4.3.1 Ideales Biegedrillknickmoment nach der Elastizitätstheorie

Bezug	Formel
Ideales Biegedrillknickmoment Querschnitt: - unveränderlich, gleiche Flansche, Gabellagerung an jedem Ende Belastung: - konstantes Moment im Schubmittelpunkt	$$M_{cr} = \frac{\pi^2 E \cdot I_z}{L^2} \cdot \sqrt{\frac{I_w}{I_z} + \frac{L^2 \cdot G \cdot I_T}{\pi^2 \cdot E \cdot I_z}}$$ $$G = \frac{E}{2(1+v)}$$

Gabellagerung an jedem Ende, d.h.

- gehalten gegen seitliche Verschiebung
- gehalten gegen Verdrehung um die Längsachse
- freie Möglichkeit der Verdrehung in der betrachteten Ebene

Ideales Biegedrillknickmoment, allgemein

Querschnitt unveränderlich, symmetrisch im Bezug auf die schwache Achse

$$M_{cr} = C_1 \frac{\pi^2 E \cdot I_z}{(k \cdot L)^2} \cdot \left[\sqrt{\left(\frac{k}{k_w}\right)^2 \cdot \frac{I_w}{I_z} + \frac{(k \cdot L)^2 \cdot G \cdot I_T}{\pi^2 \cdot E \cdot I_z} + (C_2 \cdot z_g - C_3 \cdot z_i)^2} - (C_2 \cdot z_g - C_3 \cdot z_i) \right]$$

mit:

$$z_g = z_a - z_s \quad \text{und} \quad z_i = z_s - \frac{\int_A z(y^2 - z^2)\, dA}{2 \cdot I_Y}$$

Vorzeichen:

z = positiv für druckbeanspruchten Flansch,

z_i = positiv, Flansch mit größerem Wert I_z im Druckbereich

z_p = positiv, Lasten werden über den Schubmittelpunkt eingeleitet bzw. in dessen Richtung
          gerichtet.

Bezeichnungen

C_1, C_2, C_3 = Beiwerte abhängig von Belastung und Lagerungsbedingungen, Tabelle 4.15

    k, k_w = Vergleichslängenbeiwerte

      z_a = Koordinate des Lasteinleitungspunktes

      z_s = Koordinate des Schubmittelpunktes

Querschnitt doppelt-symmetrisch, $z_i = 0$

$$M_{cr} = C_1 \frac{\pi^2 E I_z}{(k \cdot L)^2} \cdot \left[\sqrt{\left(\frac{k}{k_w}\right)^2 \cdot \frac{I_w}{I_z} + \frac{(k \cdot L)^2 \cdot G \cdot I_T}{\pi^2 E \cdot I_z} + \left(C_2 \cdot z_g\right)^2} - C_2 \cdot z_g \right]$$

Endmomentenbelastung $C_2 = 0$ und Querbelastung, eingeleitet im Schubmittelpunkt $z_g = 0$	$M_{cr} = C_1 \dfrac{\pi^2 E I_z}{(k \cdot L)^2} \cdot \sqrt{\left(\dfrac{k}{k_w}\right)^2 \dfrac{I_w}{I_z} + \dfrac{(k \cdot L)^2 \cdot G \cdot I_T}{\pi^2 E \cdot I_z}}$
$k = k_w = 1$ keine Endeinspannung	$M_{cr} = C_1 \dfrac{\pi^2 E I_z}{L^2} \cdot \sqrt{\dfrac{I_w}{I_z} + \dfrac{L^2 \cdot G \cdot I_T}{\pi^2 E \cdot I_z}}$

I-Profil mit ungleichen Flanschen

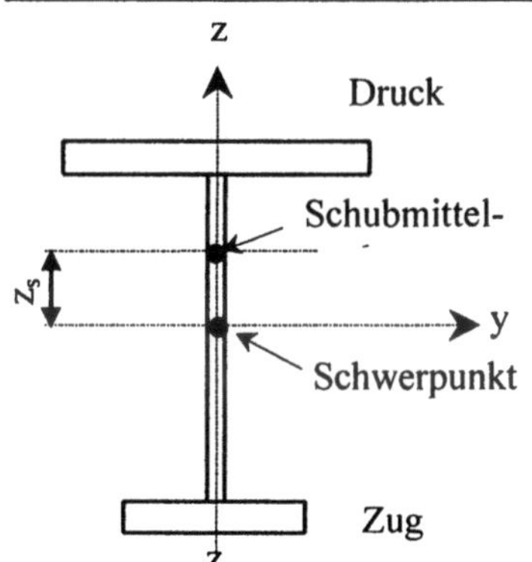

T- Profil

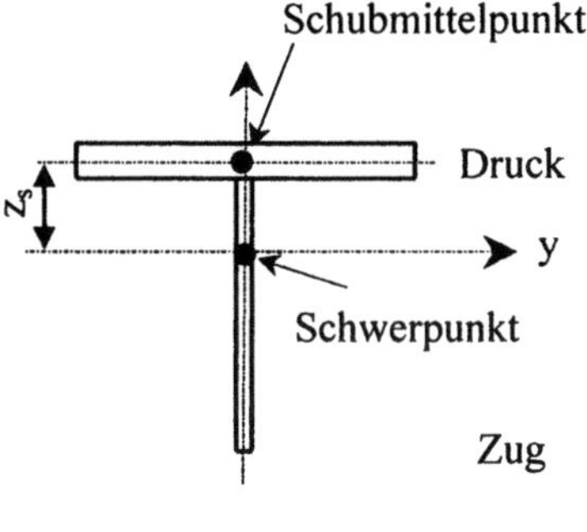

$$I_w = \beta_f \cdot \left(1 - \beta_f\right) \cdot I_z \cdot h_s^2$$

mit:

$$\beta_f = \frac{I_{fc}}{I_{fc} + I_{fl}}$$

I_{fc} = Flächenmoment 2. Ordnung des druckbeanspruchten Flansches über die schwache Achse

I_{fl} = Flächenmoment 2. Ordnung des zugbeanspruchten Flansches über die schwache Achse

h_s = Abstand der Schubmittelpunkte der Flansche

$\beta_1 > 0{,}5$	$z_i = 0{,}8 \cdot \left(2 \cdot \beta_i - 1\right) \cdot \dfrac{h_s}{2}$
$\beta_1 < 0{,}5$	$z_i = 1{,}0 \cdot \left(2 \cdot \beta_i - 1\right) \cdot \dfrac{h_s}{2}$

Querschnitte mit Lippen am druckbeanspruchten Flansch

h_L = Höhe der Lippe

$\beta_1 > 0{,}5$	$z_i = 0{,}8 \cdot \left(2 \cdot \beta_f - 1\right) \cdot \left(1 + \dfrac{h_L}{h}\right) \cdot \dfrac{h_s}{2}$
$\beta_1 < 0{,}5$	$z_i = 1{,}0 \cdot \left(2 \cdot \beta_f - 1\right) \cdot \left(1 + \dfrac{h_L}{h}\right) \cdot \dfrac{h_s}{2}$

Tabelle 4.14 Beiwerte C_1, C_3 bei Endmomentenbelastung

Belastungs- und Lagerungsbedingungen	Biegemomentenverlauf	k	Beiwerte	
			C_1	C_3
	$\psi = +1$	1,0	1,000	1,000
		0,7	1,000	1,113
		0,5	1,000	1,144
	$\psi = +3/4$	1,0	1,141	0,998
		0,7	1,270	1,565
		0,5	1,305	2,283
	$\psi = +1/2$	1,0	1,323	0,992
		0,7	1,473	1,556
		0,5	1,514	2,271
	$\psi = +1/4$	1,0	1,563	0,977
		0,7	1,739	1,531
		0,5	1,788	2,235
	$\psi = 0$	1,0	1,879	0,939
		0,7	2,092	1,473
		0,5	2,150	2,150
	$\psi = -1/4$	1,0	2,281	0,855
		0,7	2,538	1,340
		0,5	2,609	1,957
	$\psi = -1/2$	1,0	2,704	0,676
		0,7	3,009	1,059
		0,5	3,093	1,546
	$\psi = -3/4$	1,0	2,927	0,366
		0,7	3,258	0,573
		0,5	3,348	0,837
	$\psi = -1$	1,0	2,752	0,000
		0,7	3,063	0,000
		0,5	3,149	0,000

Annahmen:

- $k = 0,5$
  volle Einspannung
- $k = 0,7$
  ein Ende eingespannt, das andere frei (Gelenk)
- $k = 1,0$
  Beide Enden frei (Gelenke)

Tabelle 4.15 Beiwerte C_1, C_2, C_3 bei Querbelastung

Belastungs- und Lagerungsbedingungen	Biegemomentenverlauf	k	Beiwerte		
			C_1	C_2	C_3
		1,0	1,132	0,459	0,525
		0,5	0,972	0,304	0,980
		1,0	1,285	1,562	0,753
		0,5	0,712	0,652	1,070
		1,0	1,365	0,553	1,730
		0,5	1,070	0,432	3,050
		1,0	1,565	1,267	2,640
		0,5	0,938	0,715	4,800
		1,0	1,046	0,430	1,120
		0,5	1,010	0,410	1,890

4.3.2 Bezogener Schlankheitsgrad

- **Allgemein**

Bezogener Schlankheitsgrad für Biegedrillknicken	$\overline{\lambda}_{LT} = \dfrac{\lambda_{LT}}{\lambda_1} \cdot \sqrt{\beta_w}$		
	Für Querschnittsklasse:		
	1 und 2	3	4
	$\beta_w = 1$	$\beta_w = \dfrac{W_y}{W_{pl,y}}$	$\beta_w = \dfrac{W_{eff,y}}{W_{pl,y}}$
Schlankheitsgrad für Biegedrillknicken Alle Querschnittklassen	$\lambda_{LT} = \sqrt{\dfrac{\pi^2 \cdot E \cdot W_{pl,y}}{M_{cr}}} = \left(\dfrac{\pi^2 E \cdot W_{pl,y}}{M_{cr}}\right)^{1/2}$		

- **Bauteile mit unveränderlichen doppelt-symmetrischen Querschnitten**

Einfache I- oder H-Profile (ohne Lippen)	$I_w = \dfrac{I_z \cdot h_s^2}{4}$ mit: $h_s = h - t_f$	
Doppeltsymmetrische Querschnitte		Oder 1. Näherung:
	$i_{LT} = \left(\dfrac{I_z \cdot I_w}{W_{pl,y}^2}\right)^{0,25}$	$i_{LT} = \left(\dfrac{I_z}{A - 0,5 \cdot t_w \cdot h_s}\right)^{0,5}$

- Schlankheitsgrad bei Endmomenten- oder Querbelastung, eingeleitet in den Schubmittelpunkt. Sind keine besonderen Maßnahmen getroffen, so sollte $k_w = 1$ gesetzt werden.

$$z_g = 0 \quad \text{und} \quad k = k_w = 1$$

$$\lambda_{LT} = \frac{L \cdot \left(\dfrac{W_{pl,y}^2}{I_z \cdot I_w}\right)^{1/4}}{(C_1)^{1/2} \cdot \left(1 + \dfrac{L^2 G \cdot I_T}{\pi^2 \cdot E \cdot I_w}\right)^{1/4}}$$

Alternativ: mit: $a_{LT} = (I_w / I_t)^{0,5}$

$$\lambda_{LT} = \frac{L / i_{Lt}}{(C_1)^{1/2} \cdot \left(1 + \dfrac{(L / a_{LT})^2}{25,66}\right)^{1/4}}$$

- Näherungen für gewalzte I- oder H-Profile nach Bezugsnormengruppe 2

oder

$$\lambda_{LT} = \frac{L / i_{Lt}}{(C_1)^{1/2} \cdot \left[1 + \dfrac{1}{20}\left(\dfrac{L / i_{LT}}{h / t_f}\right)^2\right]^{1/4}}$$

$$\lambda_{LT} = \frac{0,9 \cdot L / i_z}{(C_1)^{1/2} \cdot \left[1 + \dfrac{1}{20}\left(\dfrac{L / i_z}{h / t_f}\right)^2\right]^{1/4}}$$

– Näherung für einfache I- oder H-Profile mit gleichen Flanschen

$$\lambda_{LT} = \frac{0,9 \cdot L / i_{Lt}}{(C_1)^{1/2} \cdot \left[1 + \frac{1}{20}\left(\frac{L / i_z}{h / t_f}\right)^2\right]^{1/4}}$$

Anmerkung: liegt auf der sicheren Seite

– Fälle mit: $k < 1,0$ und/oder $k_w < 1,0$

$$\lambda_{LT} = \frac{k \cdot L \cdot \left(\dfrac{W_{pl,y}^2}{I_z \cdot I_w}\right)^{1/4}}{(C_1)^{1/2} \cdot \left(\left(\dfrac{k}{k_w}\right)^2 + \dfrac{(k \cdot L)^2 G \cdot I_T}{\pi^2 \cdot E \cdot I_w}\right)^{1/4}}$$

oder

$$\lambda_{LT} = \frac{k \cdot L / i_{Lt}}{(C_1)^{1/2} \cdot \left(\left(\dfrac{k}{k_w}\right)^2 + \dfrac{(L / a_{LT})^2}{25,66}\right)^{1/4}}$$

Alternativ für gewalzte I- oder H- Profile

$$\lambda_{LT} = \frac{k \cdot L / i_{Lt}}{(C_1)^{1/2} \cdot \left(\left(\dfrac{k}{k_w}\right)^2 + \dfrac{1}{20}\left(\dfrac{k \cdot L / i_{LT}}{h / t_f}\right)^2\right)^{1/4}}$$

oder

$$\lambda_{LT} = \frac{0,9 \cdot k \cdot L / i_{Lz}}{(C_1)^{1/2} \cdot \left(\left(\dfrac{k}{k_w}\right)^2 + \dfrac{1}{20}\left(\dfrac{k \cdot L / i_z}{h / t_f}\right)^2\right)^{1/4}}$$

Alternativ für einfache I- H- Profile mit gleichen Flanschen

$$\lambda_{LT} = \frac{0,9 \cdot k \cdot L / i_{Lz}}{(C_1)^{1/2} \cdot \left(\left(\dfrac{k}{k_w}\right)^2 + \dfrac{1}{20}\left(\dfrac{k \cdot L / i_z}{h / t_f}\right)^2\right)^{1/4}}$$

— Querbelastung wird über/unter dem Schubmittelpunkt eingeleitet. *Darf Bestimmung*
  $z_g > 0$ oder $z_g < 0$

$$\lambda_{LT} = \frac{k \cdot L \cdot \left(\dfrac{W_{pl,y}^2}{I_z \cdot I_w}\right)^{1/4}}{(C_1)^{1/2} \cdot \left\{\left[\left(\dfrac{k}{k_w}\right)^2 + \dfrac{(k \cdot L)^2 \cdot G \cdot I_T}{\pi^2 \cdot E \cdot I_w} + \left(C_2 \cdot z_g\right)^2 \dfrac{I_z}{I_w}\right]^{1/2} - C_2 \cdot z_g \left(\dfrac{I_z}{I_w}\right)^{1/2}\right\}^{1/2}}$$

oder

$$\lambda_{LT} = \frac{k \cdot L / i_{LT}}{(C_1)^{1/2} \cdot \left\{\left[\left(\dfrac{k}{k_w}\right)^2 + \dfrac{(k \cdot L / a_{LT})^2}{25,66} + \left(\dfrac{2 \cdot C_2 \cdot z_g}{h_s}\right)^2\right]^{1/2} - \dfrac{2 \cdot C_2 \cdot z_g}{h_s}\right\}^{1/2}}$$

Alternativ für gewalzte I- oder H- Profile

$$\lambda_{LT} = \frac{k \cdot L / i_{LT}}{(C_1)^{1/2} \cdot \left\{\left[\left(\dfrac{k}{k_w}\right)^2 + \dfrac{1}{20} \cdot \left(\dfrac{k \cdot L / i_{LT}}{h / t_f}\right)^2 + \left(\dfrac{2 \cdot C_2 \cdot z_g}{h_s}\right)^2\right]^{1/2} - \dfrac{2 \cdot C_2 \cdot z_g}{h_s}\right\}^{1/2}}$$

oder

$$\lambda_{LT} = \frac{0,9 \cdot k \cdot L / i_z}{(C_1)^{1/2} \cdot \left\{\left[\left(\dfrac{k}{k_w}\right)^2 + \dfrac{1}{20} \cdot \left(\dfrac{k \cdot L / i_z}{h / t_f}\right)^2 + \left(\dfrac{2 \cdot C_2 \cdot z_g}{h_s}\right)^2\right]^{1/2} - \dfrac{2 \cdot C_2 \cdot z_g}{h_s}\right\}^{1/2}}$$

Alternativ für einfache I- oder H- Profile mit gleichen Flanschen

$$\lambda_{LT} = \frac{k \cdot L / I_z}{(C_1)^{1/2} \cdot \left\{\left[\left(\dfrac{k}{k_w}\right)^2 + \dfrac{1}{20} \cdot \left(\dfrac{k \cdot L / i_z}{h / t_f}\right)^2 + \left(\dfrac{2 \cdot C_2 \cdot z_g}{h_s}\right)^2\right]^{1/2} - \dfrac{2 \cdot C_2 \cdot z_g}{h_s}\right\}^{1/2}}$$

4.4 Träger-Stützen-Verbindungen

Nach ENV 1993-1-1:1992, Anhang J [Normativ]

Der Eurocode 3 liefert im Anhang J einen Bereich von Träger-Stützen-Verbindungen für die das Verhalten der einzelnen Komponenten, wie auch Berechnungsverfahren beschrieben werden. Es sind unverbindliche Regeln. Auszugsweise werden hier die wichtigsten Details wiedergegeben. Bei Bedarf ist auf die Norm zurückzugreifen.

Der Entwurf, die Berechnung und Bemessung von Verbindungen kann nach den angegebenen Verfahren erfolgen, wobei jedoch die verbindlichen Regeln nach EC 3, Abschnitt 6.9 zu beachten sind, siehe dazu auch Abschnitt 2.9.

4.4.1 Geltungsbereich

Es wird angenommen, dass Träger und Stützen aus I- oder H- Profilen bestehen.

Die Verbindung des Trägers an die Stütze erfolgt über den Stützenflansch.

Folgende Verbindungen werden behandelt:

- Geschweißte Verbindungen
- Geschraubte Verbindungen mit überstehender Kopfplatte
- Geschraubte Verbindungen mit bündiger Kopfplatte.

Typische Träger-Stützen-Verbindungen sind in Bild 4-3 dargestellt.

Zulässige Ausführung des Stützenstegbleches:

- Mit Steifen in Fortführung eines Trägerflansches
- Mit Steifen in Fortführung beider Trägerflansche
- Ohne Steifen

Zulässige Verstärkungen des Stegbleches:

- Zusätzliche Stegbleche, Bild 4-4
- Diagonalsteifen, Bild 4-6

Eigenschaften der Charakteristik von Träger- Stützen-Verbindungen:

- Grenzmoment
- Rotationssteifigkeit
- Rotationsvermögen

Für die Berechnung der Charakteristiken werden entsprechende Verfahren angegeben. Diese Berechnungsverfahren dürfen auch auf Träger-Stoß-Verbindungen, wie auch für zutreffende Teile anderer Verbindungsformen angewendet werden.

Die Regeln sollten nur für Bauteile mit I- oder H-Querschnitten angewendet werden.

Für Verbindungen, bei denen ein Träger am Stützenstegblech angeschlossen ist, gelten diese Regeln nicht.

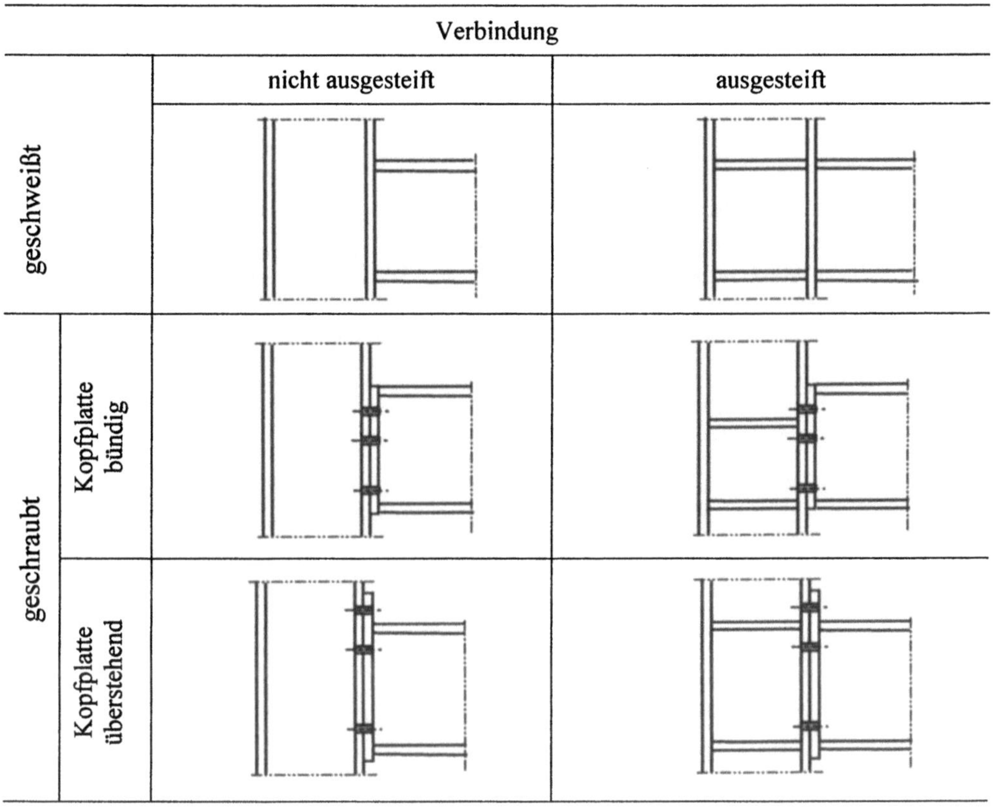

		Verbindung	
		nicht ausgesteift	ausgesteift
geschweißt			
geschraubt	Kopfplatte bündig		
geschraubt	Kopfplatte überstehend		

Bild 4-3 Typische Träger Stützenverbindungen

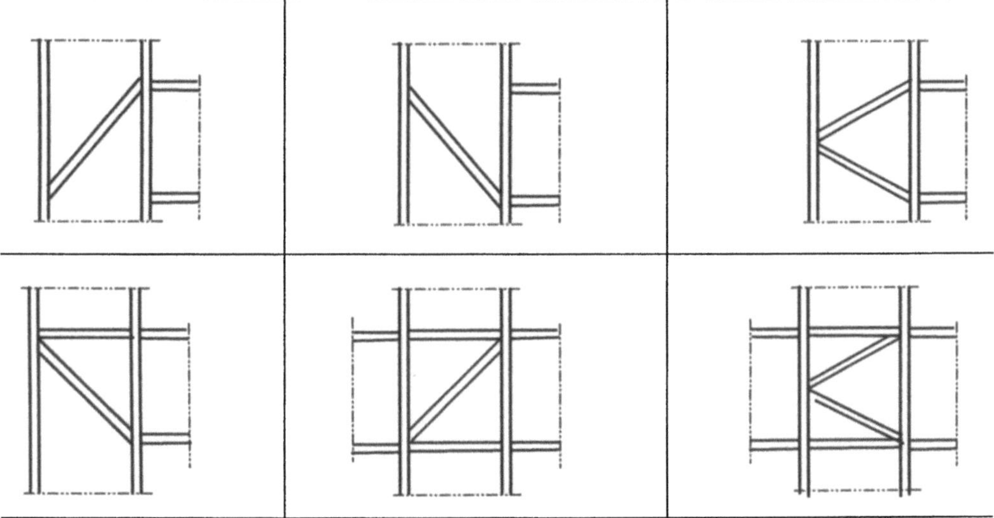

Bild 4-4 Austeifungen von Stützenstegblechen mit Diagonalsteifen

Zusätzliche Stegbleche

Zur Vergrößerung der Beanspruchbarkeit des Stützenstegbleches darf in allen Zonen ein zusätzliches Stegblech nach Bild 4-5 eingesetzt werden. Der Werkstoff sollte dem der Stütze entsprechen.

Anforderungen an zusätzliche Stegbleche:

-   Breite b_s, die Schweißnähte sollten bis zur Eckausrundung heranreichen.
-   Länge ℓ_s, das zusätzliche Stegblech sollte mindestens im Bereich der mitwirkenden Breite des Stegbleches für Grenzdruckkraft und Grenzzugkraft liegen.

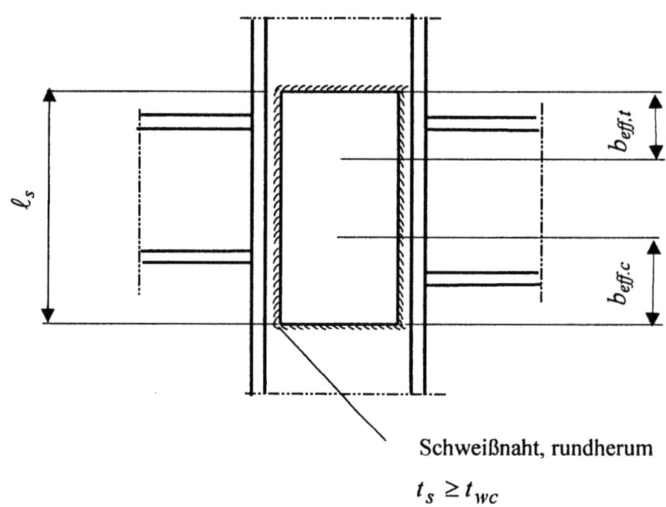

Querschnitt mit:

Längskehlnähten	Durchgeschweißten Längsnähten

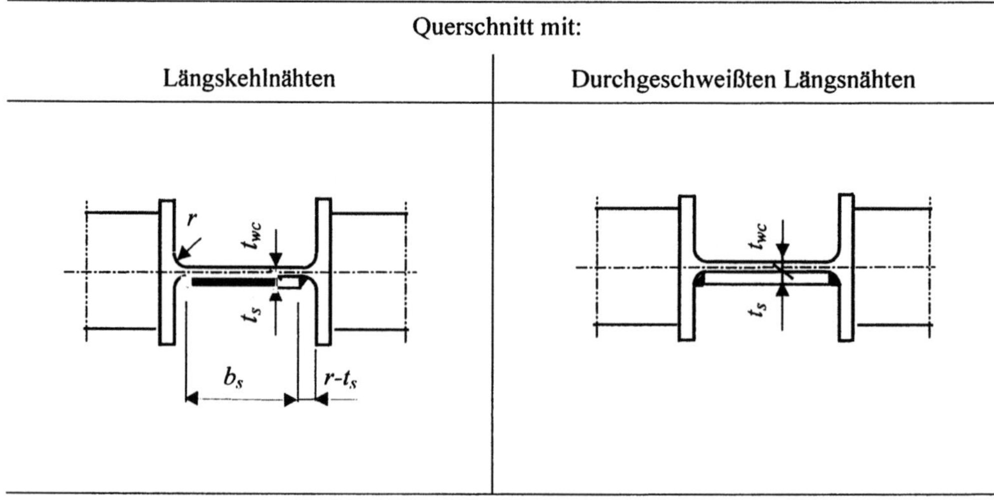

Bild 4-5 Verstärkung von Stützenstegblechen

Tabelle 4.16 Schweißnahtdicken für zusätzliche Stegbleche

Schub- oder Druckzone	Zugzone	
	Durchgeschweißte Längsnaht	Quernähte und Längskehlnähte
$a \geq t_s / \sqrt{2}$	$a \geq t_s$	$a \geq t_s / \sqrt{2}$

Tabelle 4.17 Abstände von Lochschweißungen oder Schrauben bei zusätzlichen Stegblechen

Löcher nur erforderlich bei $b_s > 40 \cdot \varepsilon \cdot t_s$	Abmessungen	

$$\varepsilon = \sqrt{\frac{235}{f_y}}$$

$$e_1 \leq 40 \cdot \varepsilon \cdot t_s$$

$$e_2 \leq 40 \cdot \varepsilon \cdot t_s$$

$$p_2 \leq 40 \cdot \varepsilon \cdot t_s$$

$$d_0 \geq t_s$$

Werte von $b_s = 40 \cdot \varepsilon \cdot t_s$

für $t_s = 1$ mm

Fe 360	Fe 430	Fe 510
$b_s = 40$	$b_s = 37$	$b_s = 32{,}5$

Ausgesteifte Stütze

Die Grenzzugkraft einer ausgesteiften Stütze bei querwirkender Zugkraft ist mindestens gleich der Grenzzugkraft des Trägerflansches, wenn die Steifen folgende Bedingungen erfüllen:

- Blechdicke der Steifen $\geq$ Flanschdicke des Trägers.
- Ist die Stahlgüte der Steifen geringer als die des Trägers, dann sollte nachgewiesen werden, dass die Kräfte, die über die Trägerflansche eingeleitet werden, von den Steifen aufgenommen werden.
- Schweißnähte zwischen den Steifen und den Stützenflanschen sollten die quereinwirkenden Kräfte übertragen, die durch den Trägerflansch aufgebracht werden.
- Die Schweißnähte zwischen den Steifen und dem Stützenstegblech sollten die Kräfte von den Trägerflanschen übertragen.

4.4.2 Geschweißte Träger-Stützen-Verbindungen

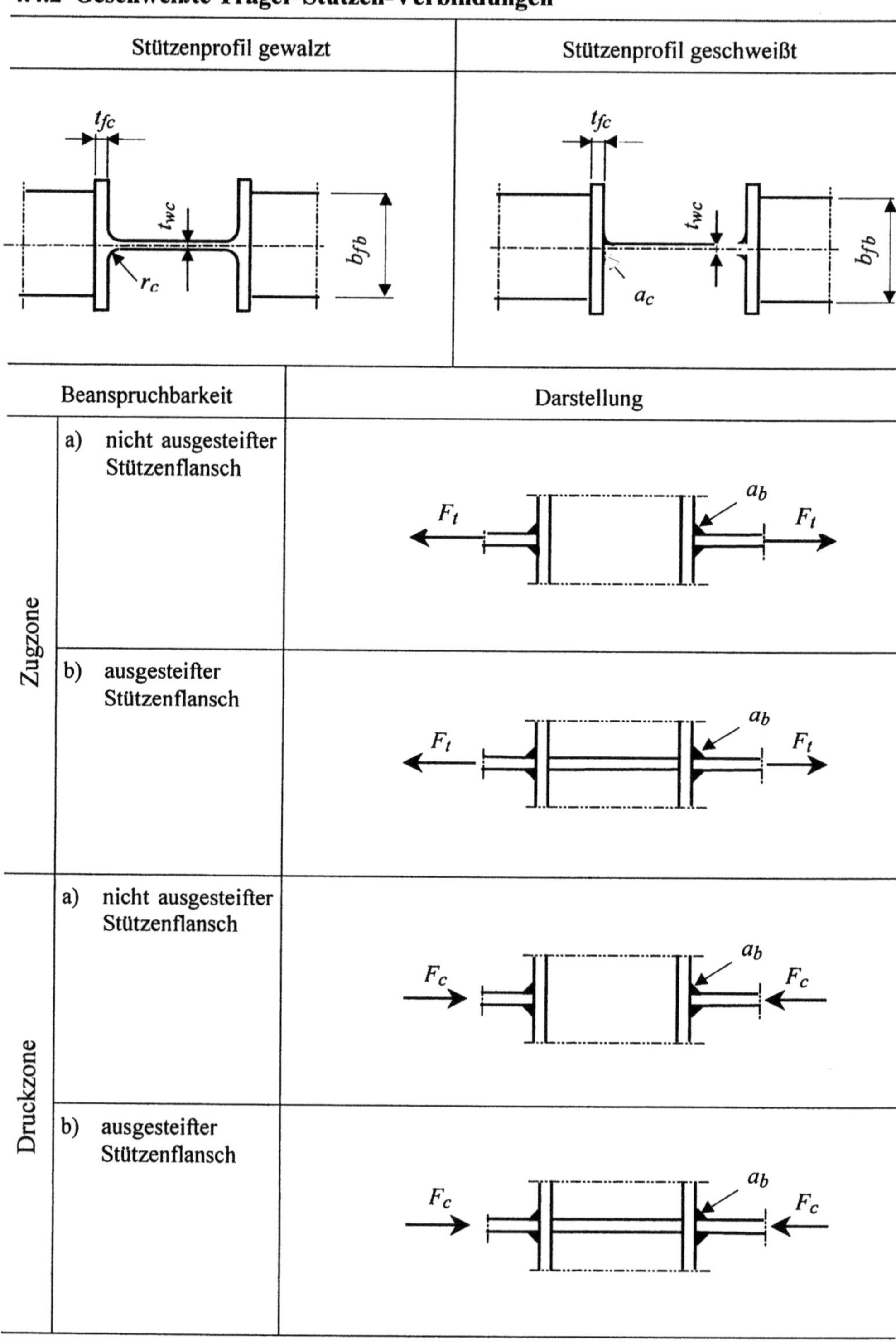

Beanspruchbarkeit der Zugzone / geschweißte Verbindung

Bezug	Grenzwert
Nicht ausgesteifter Stützenflansch — Grenzzugkraft — I- oder H-Profil gewalzt	$$F_{t,Rd} = \frac{t_{fb} \cdot (t_{wc} + 2 \cdot r_c) \cdot f_{yb} + 7 \cdot t_{fc}^{\,2} \cdot f_{yc}}{\gamma_{Mo}}$$ jedoch $$F_{t,Rd} \leq t_{fb} \cdot (t_{wc} + 2 \cdot r_c + 7 \cdot t_{fc}) \cdot \frac{f_{yb}}{\gamma_{Mo}}$$
Grenzzugkraft — I- oder H- Profil geschweißt	$$F_{t,Rd} = \frac{t_{fb} \cdot (t_{wc} + 2 \cdot a_c \cdot \sqrt{2}) \cdot f_{yb} + 7 \cdot t_{fc}^{\,2} \cdot f_{yc}}{\gamma_{Mo}}$$ jedoch $$F_{t,Rd} \leq t_{fb} \cdot (t_{wc} + 2 \cdot a_c \cdot \sqrt{2} + 7 \cdot t_{fc}) \cdot \frac{f_{yb}}{\gamma_{Mo}}$$
Bedingung: Wenn nicht eingehalten, dann ist die Verbindung auszusteifen	$$F_{t,Rd} \geq 0{,}7 \cdot t_{fb} \cdot b_{fb} \cdot \frac{f_{yb}}{\gamma_{M0}}$$ Schweißnähte für den Anschluss des Trägerflansches sollen die Grenzzugkraft des Trägerflansches erreichen
Grenzzugkraft des Trägerflansches	$$F_{fl,Rd} = t_{fb} \cdot b_{fb} \cdot \frac{f_{yb}}{\gamma_{M0}}$$
Nicht ausgesteiftes Stützenstegblech — Grenzzugkraft	$$F_{t,Rd} = t_{wc} \cdot b_{eff} \cdot \frac{f_{yc}}{\gamma_{M0}}$$

Mitwirkende Breite des Stützenstegbleches — I- oder H-Profil	Walzprofil	$b_{eff} = t_{fb} + 2 \cdot a_b \cdot \sqrt{2} + 5 \cdot (t_{fc} + r_c)$
	Schweißprofil	$b_{eff} = t_{fb} + 2 \cdot a_b \cdot \sqrt{2} + 5 \cdot (t_{fc} + a_c \cdot \sqrt{2})$

Wirksame Dicke von zusätzlichen Stegblechen	Mit Längsnähten ausgeführt als:
	1. Durchgeschweißte Nähte mit Nahtdicke $a \geq t_s$

	— Stegblech einseitig	$t_{w,eff} = 1{,}5 \cdot t_{wc}$
	— Stegbleche beidseitig	$t_{w,eff} = 2{,}0 \cdot t_{wc}$

2. Kehlnähte mit Nahtdicke $a \geq t_s / \sqrt{2}$

Ein- und beidseitige Stegbleche

$$t_{w,eff} = 1{,}4 \cdot t_{wc}$$

Ein nicht ausgesteiftes Stützenstegblech darf durch zusätzliche Stegbleche verstärkt werden.

Beanspruchbarkeit der Druck- und Schubzone / geschweißte Verbindung

Bezug	Grenzwert

Druckzone

Grenzwert gegen plastisches Stauchen

$$F_{c,Rd} = \frac{t_{wc} \cdot b_{eff} \cdot \left(1,25 - 0,5 \cdot \gamma_{M0} \cdot \sigma_{n,Ed} / f_{yc}\right) \cdot f_{yc}}{\gamma_{M0}}$$

jedoch:

$$F_{c,Rd} = t_{wc} \cdot b_{eff} \cdot \frac{f_{yc}}{\gamma_{M0}}$$

$\sigma_{n,Ed}$ = maximale Druckspannung im Stützenstegblech infolge Längskraft und Biegung

Mitwirkende Breite des Stützenstegbleches von I- oder H-Profilen

– gewalzt

$$b_{eff} = t_{fb} + 2 \cdot a_b \cdot \sqrt{2} \cdot a_b + 5 \cdot \left(t_{fb} + r_c\right)$$

– geschweißt

$$b_{eff} = t_{fb} + 2 \cdot a_b \cdot \sqrt{2} + 5 \cdot \left(t_{fc} + a_c \cdot \sqrt{2}\right)$$

Das Stützenstegblech darf durch zusätzliche Stegbleche verstärkt werden.
Für die Bestimmung des Grenzwertes gegen plastisches Stauchen des Stützenstegbleches mit zusätzlichem Stegblech darf die wirksame Stegblechdicke $t_{w,eff}$ angesetzt werden.

Schubzone

Plastische Grenzquerkraft bei Beanspruchung durch eine Querkraft

$$V_{pl,Rd} = A_v \cdot \frac{f_{yc}}{\sqrt{3} \cdot \gamma_{M0}}$$

A_v = Schubfläche der Stütze

Stützenstegblech mit zusätzlichen Stegblechen verstärkt:

$$V_{pl,Rd} = (A_v + b_s \cdot t_{wc}) \cdot \frac{f_{yc}}{\sqrt{3} \cdot \gamma_{M0}}$$

(Zeilenbeschriftung links: Nicht ausgesteiftes Stützenstegblech)

Druckzone

Die Grenzdruckkraft eines ausgesteiften Stützenstegbleches für Beanspruchung durch eine quereinwirkende Druckkraft ist mindestens gleich der Grenzdruckkraft des Trägerflansches, wenn die Steifen die Anforderungen für zusätzliche Stegbleche erfüllen.

Schubzone

Bei diagonalen Stegblechsteifen nach Bild 4-4 zur Erhöhung der plastischen Grenzquerkraft des Stützenstegbleches ist nachzuweisen, dass die Zug- und Druckkräfte, die durch die Trägerflansche eingeleitet werden, aufgenommen werden.
Die Schweißnähte zwischen den Steifen und den Stützenflanschen sind so zu bemessen, dass die Kräfte in die Steifen übertragen werden.
Die Schweißnähte zwischen den Steifen und dem Stützenstegblech sind konstruktiv auszubilden.

(Zeilenbeschriftung links: Ausgesteiftes Stützenstegblech)

Rotationssteifigkeit / geschweißte Verbindung

Sekantensteifigkeit für : $M \leq M_{Rd}$	$$S_j = \frac{E \cdot \left(h_b - t_{fb}\right)^2 \cdot t_{wc}}{\sum \dfrac{1}{k_i} \cdot \left(\dfrac{F_i}{F_{i,Rd}}\right)^2}$$ k_i = Steifigkeitsbeiwert für eine Komponente i F_i = Kraft in einer Komponente i der Verbindung infolge des Momentes M, jedoch $F_i \geq F_{i,Rd} / 1,5$ $F_{i,Rd}$ = Grenzkraft der Komponente i der Verbindung
Steifigkeitsbeiwerte für eine nicht ausgesteifte geschweißte Verbindung	Stützenstegblech: - Schubzone $k_1 = 0,24$ - Zugzone $k_2 = 0,8$ - Druckzone $k_3 = 0,8$
Steifigkeitsbeiwerte für jede ausgesteifte Komponente	$k_i = \infty$

Eine geschweißte Verbindung mit Steifen in der Zug- und Druckzone des Stützenstegbleches darf als unverformbare Verbindung klassifiziert werden.

Rotationsvermögen

Ein ausreichendes Rotationsvermögen für eine geschweißte Träger-Stützen-Verbindung darf für die plastische Tragwerksberechnung unter folgenden Voraussetzungen angenommen werden:

- Verbindung volltragfähig.
- Das Grenzmoment der Verbindung wird durch die Beanspruchbarkeit der Schubzone begrenzt.
- Die Stütze ist in der Druck- und der Zugzone ausgesteift, auch wenn sie als teiltragfähig klassifiziert ist.
- Die Stütze ist nur in der Zugzone, nicht aber in der Druckzone ausgesteift.

Für geschweißte Träger-Stützen-Verbindungen deren Bemessung nach den unverbindlichen Regeln des Anhangs J erfolgt darf das Rotationsvermögen folgendermaßen angenommen werden.

Rotationsvermögen:	
– Nichtausgesteifte geschweißte Träger-Stützen-Verbindung	$\Phi_{Cd} = 0,015\, rad$
– Verbindung mit Aussteifung der Stütze nur in der Druckzone (nicht aber in der Zugzone) wobei das Grenzmoment nicht durch die Beanspruchbarkeit der Schubzone begrenzt wird.	$\Phi_{Cd} = 0,025 \cdot \dfrac{h_o}{h_b}$

4.4.3 Geschraubte Träger- Stützen-Verbindungen

Anwendungsgrenzen und Annahmen

- Maximal 2 Schrauben pro Schraubenreihe
- Im überstehenden Teil der Kopfplatte befindet sich nur eine Schraubenreihe
- Der überstehende Teil der Kopfplatte ist nicht ausgesteift.

Die angegebene Rotationssteifigkeit ist für den Grenzzustand der Gebrauchstauglichkeit ausreichend genau.

Grenzmoment

1. Das Grenzmoment einer geschraubten Trager-Stützen-Verbindung hängt ab von der:

   - Beanspruchbarkeit der Zugzone
   - Beanspruchbarkeit der Druckzone
   - Beanspruchbarkeit der Schubzone

2. In allen Fällen außer (3) sollte das Grenzmoment einer geschraubten Träger-Stützen-Verbindung nach dem Verfahren J.3.1 bestimmt werden.

3. Das Grenzmoment einer geschraubten Träger-Stützen-Verbindung, die als volltragfähige Verbindung erforderlich ist, darf nach dem Verfahren J.3.1 oder nach dem Verfahren J.3.2 bestimmt werden.

Verfahren zur Berechnung der Grenzschnittgrößen

Verfahren	Charakteristik
J.3.1	Grenzmoment einer geschraubten Träger-Stützen-Verbindung bei plastischer Verteilung der Schraubenkräfte $$M_{Rd} = \sum h_i \cdot F_{ti,Rd}$$ $F_{ti,Rd}$ = wirksame Grenzzugkraft einer einzelnen Schraubenreihe h_i = Abstand der betrachteten Schraubenreihe vom Druckpunkt
J.3.2	Grenzmoment einer geschraubten Träger-Stützen-Verbindung bei Verteilung der Schraubenkräfte proportional zum Abstand vom Druckpunkt $$M_{Rd} = \sum \frac{h_i^2}{h_1} \cdot F_{t1,Rd}$$ $F_{t1,Rd}$ = wirksame Grenzzugkraft der Schraubenreihe mit größtem Abstand vom Druckpunkt h_1 = Abstand der vom Druckpunkt am weitest entfernten Schraubenreihe h_i = Abstand der jeweiligen Schraubenreihe i vom Druckpunkt
J.3.3	Wirksame Grenzzugkräfte von Schraubenreihen

Einzelheiten siehe DIN ENV 1993-1-1:1992, Anhang J

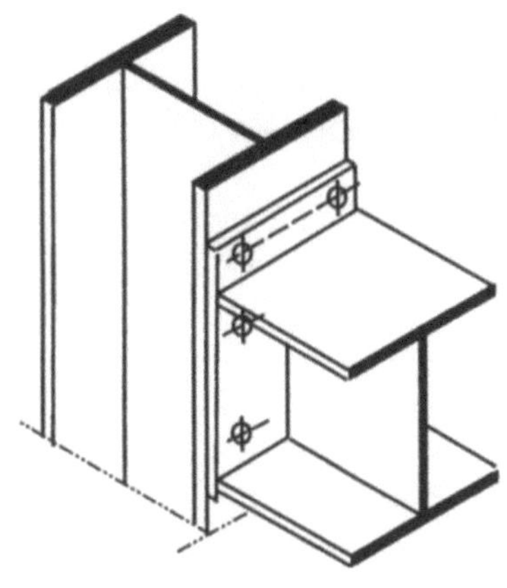

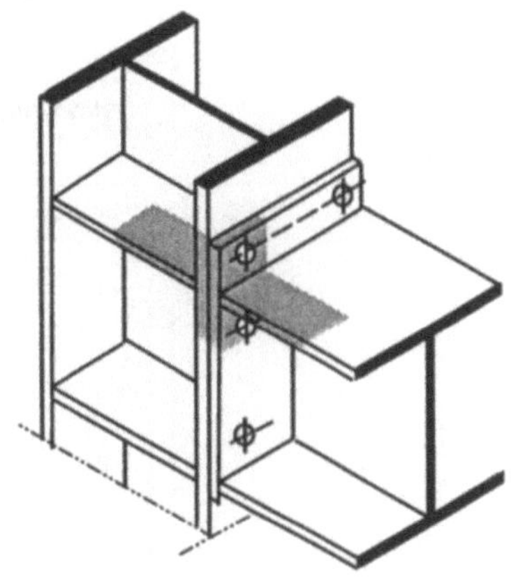

Stütze ohne Aussteifung   Stütze mit Aussteifung

Bild 4-6 Geschraubte Riegel-Stützen-Verbindungen

Äquivalenter T-Stummel

1. Die Grenzzugkraft des Stützenflansches und der Trägerkopfplatte wird an einem äquivalenten T-Stummel nach Bild 4-7 bestimmt.

2. Die Zugzone einer Kopfplatte sollte als eine Reihe von äquivalenten T-Stummeln aufgefasst werden.

3. Die Beanspruchbarkeit eines T-Stummels ist bestimmt durch die:

   - Beanspruchbarkeit des Flansches
   - Beanspruchbarkeit der Schrauben
   - Beanspruchbarkeit des Stegbleches
   - Beanspruchbarkeit der Schweißnaht Stegblech-Flansch für geschweißte T-Stummel

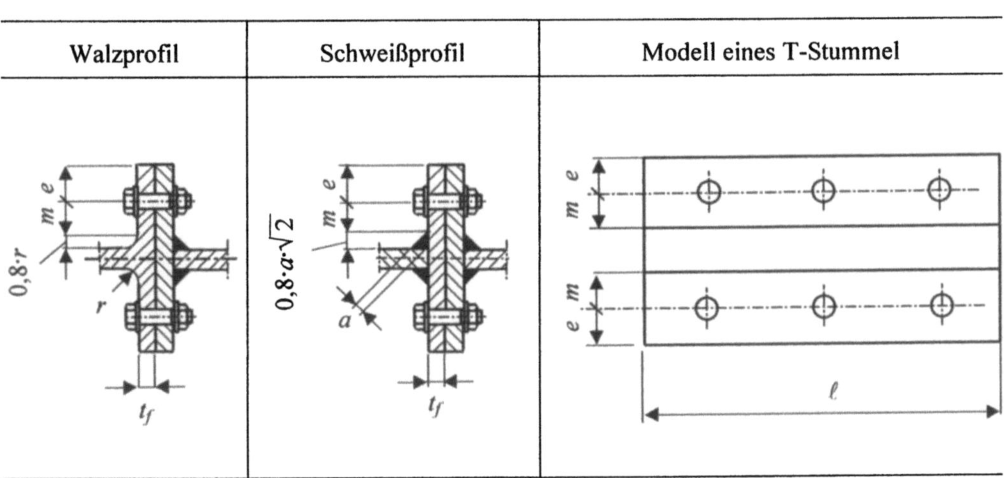

Walzprofil	Schweißprofil	Modell eines T-Stummel

Bild 4-7 Abmessungen von T-Stummeln

Beanspruchbarkeit eines T- Stummelflansches

Versagensart	Grenzwert
1 Vollständiges Fließen des Flansches 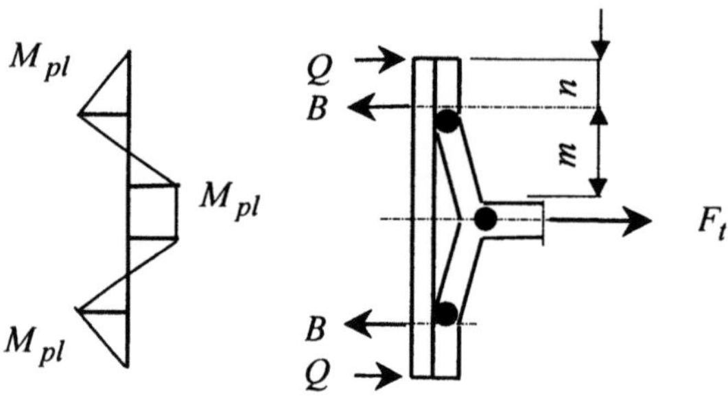	$F_{t,Rd} = \dfrac{4 \cdot M_{pl,Rd}}{m}$ mit: $M_{pl,Rd} = \dfrac{0,25 \cdot \ell \cdot t_y^{\,2} \cdot f_y}{\gamma_{M0}}$ $B = F_t / 2 + Q$
2 Schraubenversagen nach Fließen des Flansches 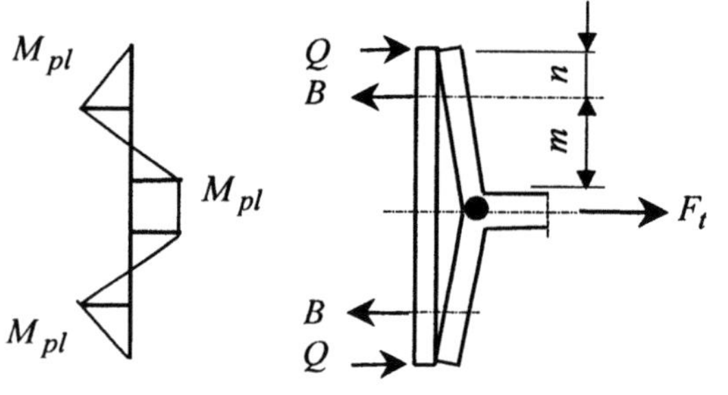	$F_{t,Rd} = \dfrac{2 \cdot M_{pl,Rd} + n \cdot \sum B_{L,Rd}}{m+n}$ $M_{pl,Rd} = \dfrac{0,25 \cdot \ell \cdot t_y^{\,2} \cdot f_y}{\gamma_{M0}}$
3 Schraubenversagen ohne Fließen des Flansches 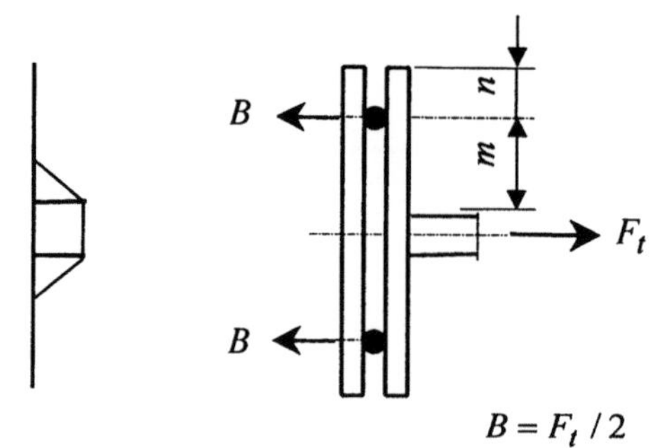 $B = F_t / 2$	$F_{t,Rd} = \sum B_{t,Rd}$ $B_{t,Rd}$ = Grenzzugkraft eines einfachen Kopfplattenanschlusses

$\sum B_{t,Rd}$ = Gesamtgrenzzugkraft aller Schrauben im T-Stummel

$n = e_{min} \leq 1,25 \cdot n$

Versagensart und Verbindungsgeometrie des T-Stummelflansches

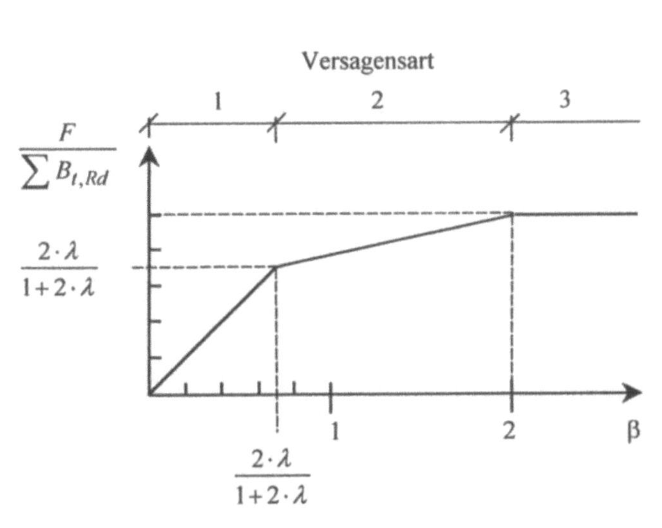

$$\lambda = \frac{n}{m}$$

$$\beta = \frac{4 \cdot M_{pl,Rd}}{m \cdot \sum B_{t,Rd}}$$

mit:

$$M_{pl,Rd} = \frac{\ell \cdot t_f^2}{4} \cdot \frac{f_y}{\gamma_{M0}}$$

daraus:

$$\beta = \frac{\ell \cdot t_f^2}{m \cdot \sum B_{t,Rd}} \cdot \frac{f_y}{\gamma_{M0}}$$

Beanspruchbarkeit der Zugzone

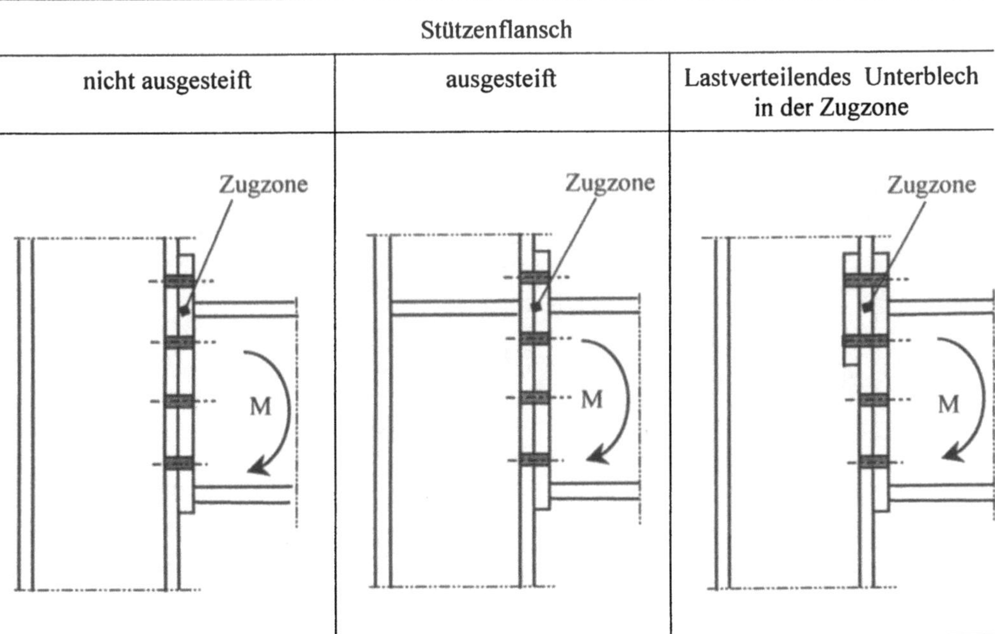

Stützenflansch		
nicht ausgesteift	ausgesteift	Lastverteilendes Unterblech in der Zugzone

Bild 4-8 Aussteifungen der Stützenflansche in der Zugzone

Tabelle 4.18 Wirksame Längen der äquivalenten T-Stummelflansche

Stützenflansch nicht ausgesteift	Äquivalenter T-Stummel	Wirksame Länge
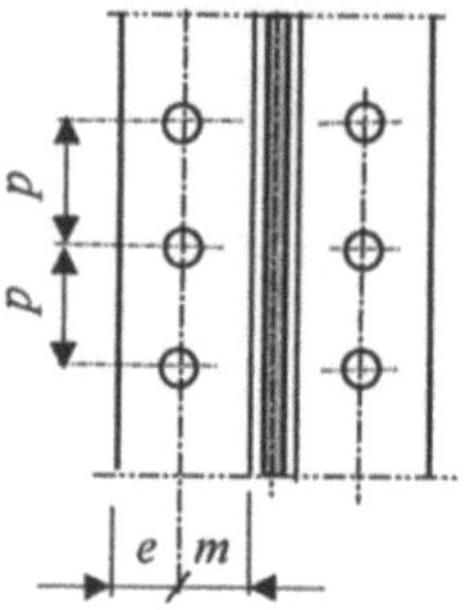	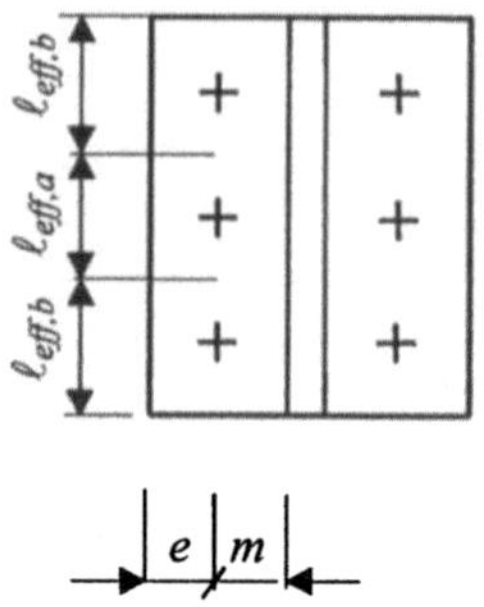	– Innere Schrauben $\ell_{eff,a} = \min\begin{cases} \ell_a = p \\ \ell_a = 4m + 1{,}25e \\ \ell_a = 2\pi \cdot m \end{cases}$ – Endschrauben $\ell_{eff,b} = \min\begin{cases} \ell_b = 0{,}5p + 2m + 0{,}625e \\ \ell_b = 4m + 1{,}25e \\ \ell_b = 2\pi \cdot m \end{cases}$ $\ell = \sum \ell_{eff,a} + \sum \ell_{eff,b}$
Stützenflansch ausgesteift	**Äquivalenter T-Stummel**	**Wirksame Länge**
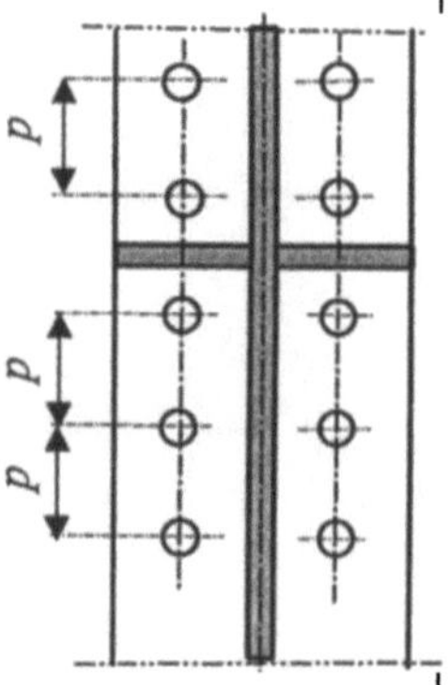	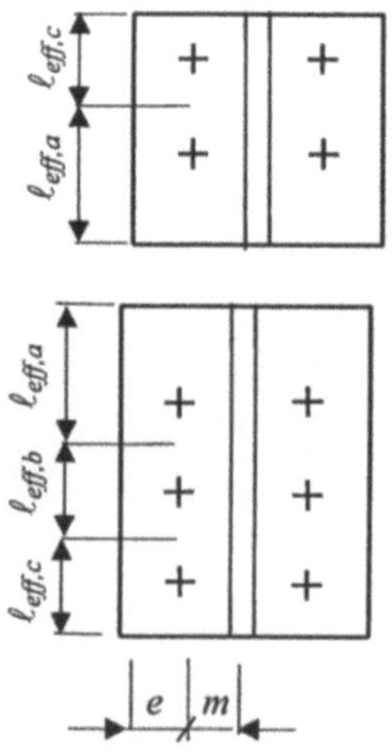	– Schrauben neben Steifen $\ell_{eff,a} = \min\begin{cases} \ell_a = \alpha \cdot m \\ \ell_a = 2\pi \cdot m \end{cases}$ α nach Bild 4-9 – Andere innere Schrauben $\ell_{eff,b} = \min\begin{cases} \ell_b = p \\ \ell_b = 4m + 1{,}25e \\ \ell_b = 2\pi \cdot m \end{cases}$ – Andere Endschrauben $\ell_{eff,c} = \min\begin{cases} \ell_c = 0{,}5p + 2m + 0{,}625e \\ \ell_c = 4m + 1{,}25e \\ \ell_c = 2\pi \cdot m \end{cases}$
Die Schraubenreihengruppen zu jeder Seite einer Steife werden als getrennte, sich überlappende äquivalente T-Stummel behandelt.		$\ell = \sum \ell_{eff,a} + \sum \ell_{eff,b} + \sum \ell_{eff,c}$

Stützenflansch mit lastverteilenden Unterlegblechen

Grenzmoment des lastverteilenden Unterlegbleches	$M_{bp,Rd} = \dfrac{0{,}25 \cdot \ell_{eff} \cdot t_{bp}^{\,2} \cdot f_{y,bp}}{\gamma_{M0}}$
Grenzzugkraft eines Stützenflansches mit lastverteilenden Unterlegblechen	$F_{t,Rd}$ = der kleinste Wert aus folgenden drei möglichen Versagensarten
Versagensart 1 - vollständiges Fließen des Flansches und des Unterlegbleches	$F_{t,Rd} = \dfrac{4 \cdot M_{pl,Rd} + 2 \cdot M_{bp,Rd}}{m}$
Versagensart 2 - Schraubenversagen kombiniert mit Fließen des Flansches	$F_{t,Rd} = \dfrac{2 \cdot M_{pl,Rd} + n \cdot \sum B_{L,Rd}}{m+n}$
Versagensart 3 - Schraubenversagen ohne Fließen des Flansches	$F_{t,Rd} = \sum B_{t,Rd}$

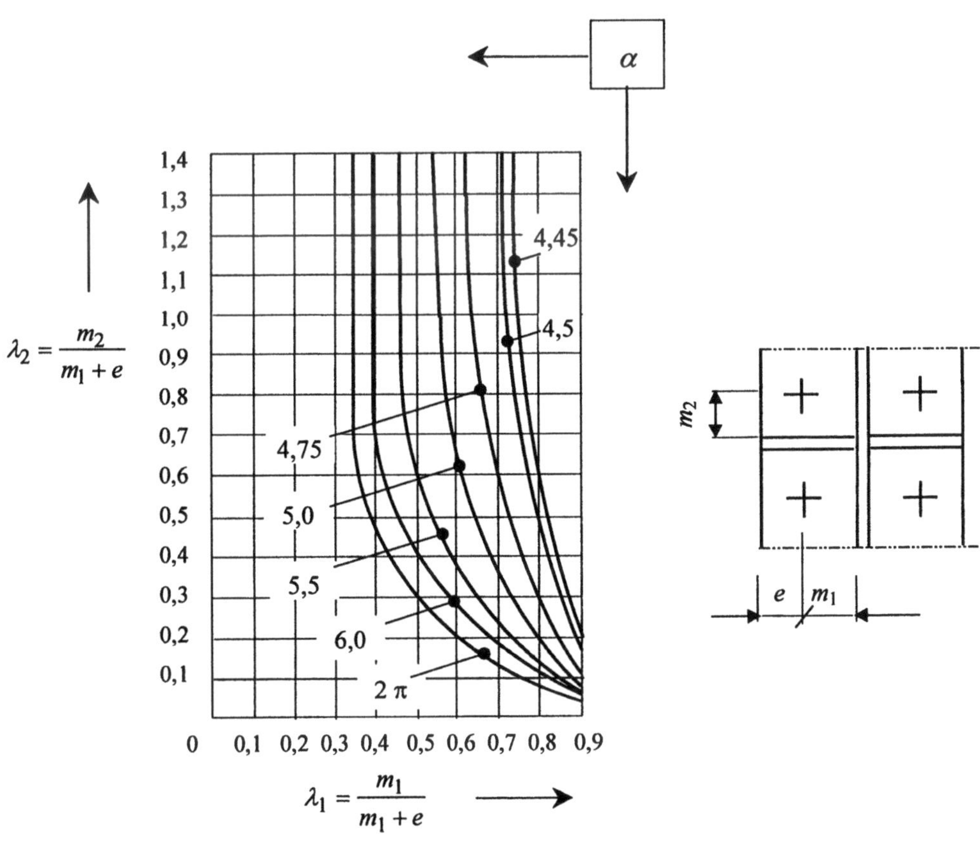

Bild 4-9 α- Werte für ausgesteifte Stützenflansche

Tabelle 4.19 Wirksame Längen der äquivalenten T-Stummel einer Kopfplatte

Kopfplatte	Wirksame Länge
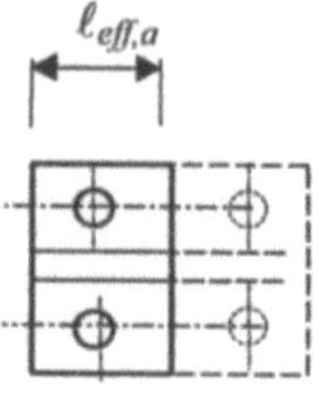 Äquivalenter T- Stummel 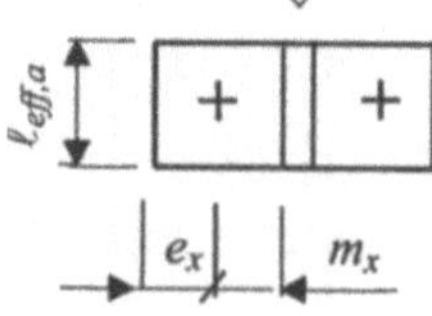 Der Überstand wird in einen äquivalenten T-Stummel übertragen	— Schrauben außerhalb des Trägerzugflansches $$\ell_{eff,a} = \min\begin{cases} \ell_a = 0,5b_p \\ \ell_a = 0,5w + 2m_x + 0,625\,e_x \\ \ell_a = 4m_x + 1,25\,e_x \\ \ell_a = 2\pi \cdot m_x \end{cases}$$ — Erste Schraubenreihe unterhalb des Trägerzugflansches (1) $$\ell_{eff,b} = \min\begin{cases} \ell_b = \alpha \cdot m \\ \ell_b = 2\pi \cdot m \end{cases}$$ — Andere innere Schrauben $$\ell_{eff,c} = \min\begin{cases} \ell_c = p \\ \ell_c = 4m + 1,25\,e \\ \ell_c = 2\pi \cdot m \end{cases}$$ — Andere Endschrauben $$\ell_{eff,d} = \min\begin{cases} \ell_d = 0,5p + 2m + 0,625\,e \\ \ell_d = 4m + 1,25\,e \\ \ell_d = 2\pi \cdot m \end{cases}$$
Länge	$\ell = \sum \ell_{eff,a} + \sum \ell_{eff,b} + \sum \ell_{eff,c} + \sum \ell_{eff,d}$

Beanspruchbarkeit der Druck- und Schubzone / geschraubte Verbindung

Bezug	Grenzwert

<table>
<tr><td rowspan="7">Nicht ausgesteiftes Stützenstegblech</td><td colspan="2" align="center">Druckzone</td></tr>
<tr><td>Grenzwert gegen plastisches Stauchen</td><td>

$$F_{c,Rd} = \frac{t_{wc} \cdot b_{eff} \cdot \left(1,25 - 0,5 \cdot \gamma_{M0} \cdot \sigma_{n,Ed} / f_{yc}\right) \cdot f_{yc}}{\gamma_{M0}}$$

jedoch:

$$F_{c,Rd} = t_{wc} \cdot b_{eff} \cdot \frac{f_{yc}}{\gamma_{M0}}$$

$\sigma_{n,Ed}$ = maximale Druckspannung im Stützenstegblech infolge Längskraft und Biegung
</td></tr>
<tr><td rowspan="2">Mitwirkende Breite des Stützenstegbleches von I- oder H-Profilen</td><td>– gewalzt $\quad b_{eff} = t_{fb} + 2 \cdot a_p \cdot \sqrt{2} + 5 \cdot \left(t_{fc} + r_c\right)$</td></tr>
<tr><td>– geschweißt $\quad b_{eff} = t_{fb} + 2 \cdot a_p \cdot \sqrt{2} + 2 \cdot t_p + 5 \cdot \left(t_{fc} + a_c \cdot \sqrt{2}\right)$</td></tr>
<tr><td colspan="2">Das Stegblech einer Stütze darf durch zusätzliche Bleche verstärkt werden. Für die Bestimmung des Grenzwertes gegen plastisches Stauchen des Stützenstegbleches mit zusätzlichem Stegblech darf die wirksame Stegblechdicke $t_{w,eff}$ angesetzt werden.</td></tr>
<tr><td colspan="2" align="center">Schubzone</td></tr>
<tr><td>Plastische Grenzquerkraft bei Beanspruchung durch eine Querkraft</td><td>

$$V_{pl,Rd} = A_v \cdot \frac{f_{yc}}{\sqrt{3} \cdot \gamma_{M0}}$$

mit: A_v = Schubfläche der Stütze

Stützenstegblech mit zusätzlichen Stegblechen verstärkt

$$V_{pl,Rd} = (A_v + b_s \cdot t_{wc}) \cdot \frac{f_{yc}}{\sqrt{3} \cdot \gamma_{M0}}$$
</td></tr>
<tr><td rowspan="4">Ausgesteiftes Stützenstegblech</td><td colspan="2" align="center">Druckzone</td></tr>
<tr><td colspan="2">Die Grenzdruckkraft eines ausgesteiften Stützenstegbleches für Beanspruchung durch eine quereinwirkende Druckkraft ist mindestens gleich der Grenzdruckkraft des Trägerflansches, wenn die Steifen die Anforderungen für zusätzliche Stegbleche erfüllen.</td></tr>
<tr><td colspan="2" align="center">Schubzone</td></tr>
<tr><td colspan="2">Bei diagonalen Stegblechsteifen nach Bild 4-4 zur Erhöhung der plastischen Grenzquerkraft des Stützenstegbleches ist nachzuweisen, dass die Zug- und Druckkräfte, die durch die Trägerflansche eingeleitet werden, aufgenommen werden.
Die Schweißnähte zwischen den Steifen und den Stützenflanschen so bemessen, dass die Kräfte in die Steifen übertragen werden.
Schweißnähte zwischen den Steifen und dem Stützenstegblech konstruktiv ausbilden.</td></tr>
</table>

Rotationssteifigkeit / geschraubte Verbindung

Sekantensteifigkeit für: $M_{Sd} \le M_{Rd}$	$$S_i = \dfrac{E \cdot h_1^{\,2} \cdot t_{wc}}{\sum \dfrac{\mu}{k_i} \cdot \left[\dfrac{F_i}{F_{i,Rd}}\right]^2}$$ k_i = Steifigkeitsbeiwert für eine Komponente i h_1 = Abstand der ersten Schraubenreihe unter dem Zugflansch vom Druckpunkt F_i = Kraft in einer Komponente i der Verbindung infolge des Momentes M, jedoch $F_i \ge F_{i,Rd} / 1{,}5$ für $i = 2, 3, 4, 5, 6$. $F_{i,Rd}$ = Grenzkraft der Komponente i der Verbindung Anpassungsbeiwert für: $i = 1, 2, 3$ $\mu_i = 1{,}0$ $\ i = 4, 5, 6$ $\mu_i = h_1 \cdot F_{1,Rd} / M_{RD}$
Steifigkeitsbeiwerte für eine nicht ausgesteifte Verbindung	Stützenstegblech: - Schubzone $k_1 = 0{,}24$ - Zugzone $k_2 = 0{,}8$ - Druckzone $k_3 = 0{,}8$ Stützenflansch: - Zugzone $k_4 = \dfrac{t_{fc}^{\,3}}{4 \cdot m^2 \cdot t_{wc}}$ Schrauben, Zugzone $k_5 = \dfrac{2 \cdot A_s}{\ell_b \cdot t_{wc}}$ ℓ_b = Schraubendehnlänge [*] Kopfplatte, Zugzone $k_6 = \dfrac{t_e^{\,3}}{12 \cdot \lambda_2 \cdot m^2 \cdot t_{wc}}$ jedoch: $k_6 \le \dfrac{t_e^{\,3}}{4 \cdot m^2 \cdot t_{wc}}$
Steifigkeitsbeiwerte für eine ausgesteifte Verbindung	Steifen in der Zugzone der Stütze $k_4 = \dfrac{t_{fc}^{\,3}}{12 \cdot \lambda_2 \cdot m^2 \cdot t_{wc}}$ jedoch: $k_4 \le \dfrac{t_{fc}^{\,3}}{4 \cdot m^2 \cdot t_{wc}}$

[*] Dehnlänge der Schraube: ℓ_b = Klemmlänge + 0,5 h des Schraubenkopfes

Rotationssteifigkeit / geschraubte Verbindung, Fortsetzung

Steifigkeitsbeiwerte für eine ausgesteifte Verbindung	Alle anderen ausgesteiften Komponenten	$k_i = \infty$

Eine geschraubte Kopfplattenverbindung mit Aussteifung darf als unverformbare Verbindung klassifiziert werden, wenn:

- Aussteifung in der Zug- und Druckzone
- Das Grenzmoment nach dem Verfahren J.3.2 bestimmt wird

Rotationsvermögen

Bei einer geschraubten Träger-Stützen-Verbindung, deren Grenzmoment durch die Beanspruchbarkeit der Zugzone begrenzt ist, darf ein ausreichendes Rotationsvermögen für die plastische Tragwerksberechnung angenommen werden, wenn ausreichendes Verformungsvermögen in der Zugzone entweder durch den Stützenflansch oder die Trägerkopfplatte vorliegt.

Bedingungen:

Versagensart	Bedingung
Grenzzugkraft des Stützenflansches oder der Trägerkopfplatte in jeder Schraubenreihe aus: - Versagensart 1	$\beta \le \dfrac{2\cdot\lambda}{1+2\cdot\lambda}$
- Versagensart 2	$\dfrac{2\cdot\lambda}{1+2\cdot\lambda} \le \beta < 2$
Rotationsvermögen h_1 = Abstand (mm) zwischen der ersten Schraubenreihe unterhalb des Trägerzugflansches und dem Druckpunkt	$\Phi_{cd} = \dfrac{10{,}6 - 4\cdot\beta_{cr}}{1{,}3\cdot h_1}$ β_{cr} = Wert für die Komponente mit dem niedrigeren Wert von: $\dfrac{F_{t,Rd}}{\sum B_{t,Rd}}$

Die Bedingungen gelten auch für überstehende Kopfplatten, vorausgesetzt, dass der Kopfplattenüberstand ausreichendes Verformungsvermögen aufweist. Dies darf angenommen werden, wenn die Versagensart 1 für den Kopfplattenüberstand maßgebend ist. Bei einer Verbindung mit einer überstehenden Kopfplatte sollte der Abstand h_1 als das Maß zwischen der Schraubenreihe in dem Überstand und dem Druckpunkt angesetzt werden. Bei der Berechnung von β_{cr} sollte jedoch der Kopfplattenüberstand vernachlässigt werden.

$\beta \le 1{,}8$ außer, die Verbindung ist als volltragfähige Verbindung klassifiziert.

4.5 Hohlprofil-Fachwerkknoten-Anschlüsse

Nach ENV 1993-1-1: 1992, Anhang K [Normativ]

4.5.1 Allgemeines

Der Anhang K enthält unverbindliche Regeln zur Bestimmung der Gestaltfestigkeit von ebenen Anschlüssen in Fachwerktragwerken unter vorwiegend ruhender Beanspruchung. Die Knoten der Fachwerke bestehen aus rechteckigen, quadratischen oder runden Hohlprofilen sowie Kombinationen dieser mit offenen Profilen.

Gestaltfestigkeiten werden in Form von Grenzlängskräften der Diagonalen angegeben.

Anforderungen an die Nennwerte der Hohlprofile:

-   Streckgrenze $f_y \leq 355$ N/mm^2

-   Wanddicke $t_0 \geq 2{,}5$ mm

-   Wanddicke von Hohlprofilgurtstäben $t_i \leq 25$ mm , außer es werden Maßnahmen getroffen, um ausreichende Werkstoffeigenschaften in Dickenrichtung zu garantieren.

Der Teilsicherheitsbeiwert für die Gestaltfestigkeit sollte im Allgemeinen nach Tabelle 2.13 angesetzt werden.

Definitionen

Im Anhang K, wird ein ebener Anschluss in einem Fachwerktragwerk definiert als Verbindung zwischen Bauteilen, die in einer Ebene angeordnet sind und vorwiegend Längskräfte übertragen. Die Charakteristischen Größen einer Verbindung sind in Bild 4-10 zusammengestellt.

Spaltweite	Überlappungsgrad	Knotenexzentrizität
$g \geq t_1 + t_2$	$\lambda_{ov} = q\,/\,p \cdot 100\%$	

Bild 4-10 Definitionen: Spaltweite, Überlappungsgrad und Knotenexzentritäten von Anschlüssen

Anwendungsgrenzen

Die Bestimmungen des Anhangs K sind unverbindliche Regeln. Sie dürfen nur angewendet werden, wenn folgende Bedingungen eingehalten werden:

1. Die Querschnitte entsprechen den Anforderungen der Querschnittsklassen 1 oder 2.
2. Die Anschlusswinkel zwischen Gurtstab und Diagonalen und zwischen den anliegenden Diagonalen sollten nicht kleiner als 30° sein.
3. Momente, die aus Knotenexzentrizitäten resultieren, dürfen bei der Berechnung der Gestaltfestigkeit vernachlässigt werden, vorausgesetzt, dass die Knotenexzentrizitäten innerhalb der folgenden Grenzen liegen:

- Gurtstäbe aus runden Hohlprofilen	$0{,}55 \cdot d_0 \leq e \leq 0{,}25 \cdot d_0$
- Gurtstäbe aus quadratischen Hohlprofilen	$0{,}55 \cdot h_0 \leq e \leq 0{,}25 \cdot h_0$

Bezeichnungen nach Bild 4-10.

4. Die Vorbereitung der Enden der Bauteile, die am Anschluss angeschweißt werden, sollten derart ausgeführt werden, dass die äußere Profilform nicht verändert wird.
5. Ein ausreichender Überlappungsgrad sollte vorgesehen werden, um die Querkraftübertragung von einer Diagonalen zur anderen Diagonalen zu gewährleisten.
6. In Anschlüssen mit Überlappung sind folgende Regeln zu beachten:
   - Bei unterschiedlichen Wanddicken der Bauteile sollte das dünnere Bauteil das dickere überlappen.
   - Bei unterschiedlichen Festigkeiten der Werkstoffe sollte das Bauteil mit der geringeren Stofffestigkeit das Bauteil mit der höheren Festigkeit überlappen.

Berechnung

Die Längskräfte in Fachwerkträgern dürfen unter der Annahme gelenkig angeschlossener Bauteile ermittelt werden.

Sekundärbiegemomente in Anschlüssen, die aus den tatsächlichen Biegesteifigkeiten der Anschlüsse entstehen, dürfen unter folgenden Voraussetzungen vernachlässigt werden:

1. Die Geometrie liegt innerhalb der Gültigkeitsgrenzen für geschweißte Anschlüsse:
   - aus runden Hohlprofilen nach Tabelle 4.20
   - aus Hohlprofilen mit Gurtstäben nach Tabelle 4.21
   - aus Hohlprofilen mit Gurtstäben aus I- oder H- Profilen nach Tabelle 4.22
2. Das Verhältnis der Systemlänge zur Bauteilhöhe in der Ebene des Fachwerkträgers entspricht folgenden Werten:

- Gurtstäbe	$\ell / h \geq 12$
- Diagonalen	$\ell / h \geq 24$

Bei Anschlussgeometrien, die nicht im Bereich der in den nachfolgenden Tabellen aufgeführten Gültigkeitsgrenzen liegen, sollten genauere Berechnungen durchgeführt werden. Sekundärbiegemomente, die sich aus der Biegesteifigkeit der Anschlüsse ergeben, sollten dann in der Berechnung berücksichtigt werden.

Bemessung

Die Bemessungsschnittgrößen in den Gurtstäben und Diagonalen sollten im Grenzzustand der Tragfähigkeit die Grenzschnittgrößen der Bauteile gemäß Abschnitt 3 nicht überschreiten.

Die Bemessungsschnittgrößen in den Diagonalen im Grenzzustand der Tragfähigkeit sollten die Gestaltfestigkeiten nicht überschreiten.

Schweißnähte

Die Schweißverbindungen sollten normalerweise über den ganzen Umfang des Hohlprofilquerschnittes als durchgeschweißte Nähte, Kehlnähte oder als Kombination von beiden ausgeführt werden. Bei Anschlüssen mit teilweiser Überlappung braucht der unsichtbare Bereich der Verbindung nicht verschweißt zu werden.

Bedingung:

Grenzkraft der Schweißnaht $\geq$ Grenzzugkraft des Bauteilquerschnittes

Für Kehlnähte gilt die Bedingung als erfüllt bei Einhaltung der folgenden Werte:

Stahl nach EN 10025	Fe 360	$\dfrac{a}{t} \geq 0{,}84 \cdot \alpha$	$\alpha = \dfrac{1{,}1}{\gamma_{Mj}} \cdot \dfrac{\gamma_{Mw}}{1{,}25}$
	Fe 430	$\dfrac{a}{t} \geq 0{,}87 \cdot \alpha$	Bei: $\gamma_{Mj} = 1{,}1$
	Fe 510	$\dfrac{a}{t} \geq 1{,}01 \cdot \alpha$	und $\gamma_{Mw} = 1{,}25$
Stahl nach prEN 10113	Fe E 275	$\dfrac{a}{t} \geq 0{,}91 \cdot \alpha$	$\alpha = 1{,}0$
	Fe E 355	$\dfrac{a}{t} \geq 1{,}05 \cdot \alpha$	

Grenzlängskräfte in einem I- oder H-Profilgurtstab in Anschlüssen mit Spalt

Anteil der Querkraft[*]	Grenzlängskraft
$\dfrac{V_{Sd}}{V_{Rd}} \leq 0{,}5$	$N_{0,Rd} = A_0 \cdot \dfrac{f_{y0}}{\gamma_{M0}}$
$0{,}5 < \dfrac{V_{Sd}}{V_{Rd}} \leq 1{,}0$	$N_{0,Rd} = \left[A_0 - A_v \cdot \left(2 \cdot \dfrac{V_{Sd}}{V_{pl,Rd}} - 1 \right)^2 \right] \cdot \dfrac{A_0 \cdot f_{y0}}{\gamma_{M0}}$

Siehe auch Abschnitt 3.3.1 Grenzbeanspruchbarkeiten der Querschnitte

---

[*] Durch die Diagonale in den Gurtstab eingeleitete Querkraft

Anschlussformen von geschweißten Anschlüssen (Knoten)

T- Anschluss	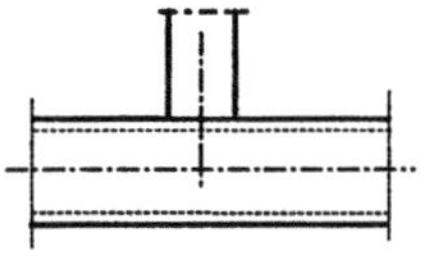	Y-Anschluss	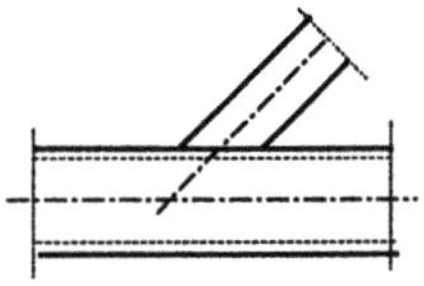
X- Anschluss	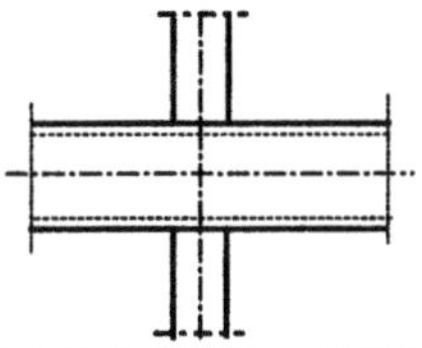	X-Anschluss	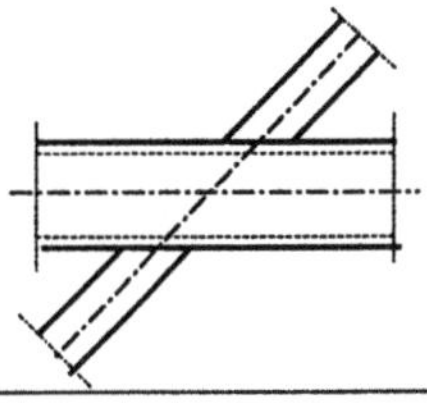
K-Anschluss mit Spalt	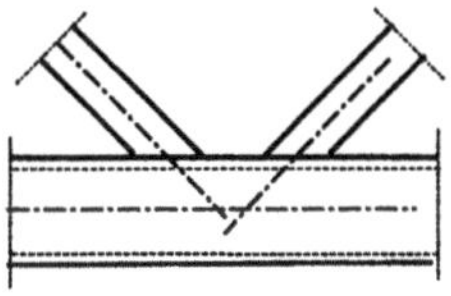	K-Anschluss mit Überlappung	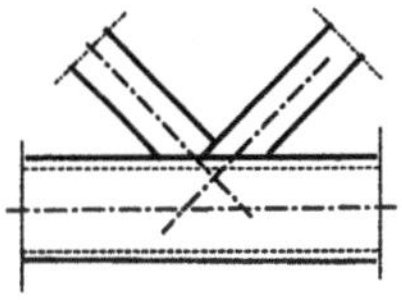
KT-Anschluss	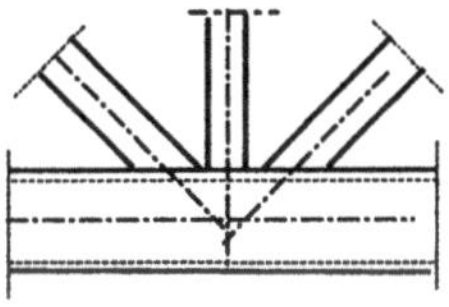	N-Anschluss	

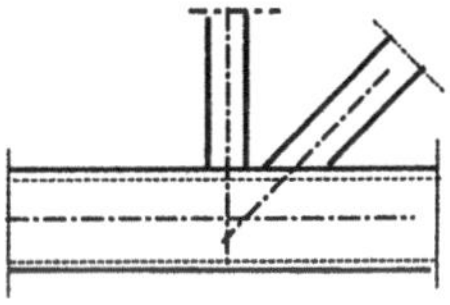

4.5.2 Geschweißte Anschlüssse (Knoten) aus runden Hohlprofilen

Tabelle 4.20 Gültigkeitsgrenzen geschweißter Anschlüsse für runde Hohlprofile

Anschlussform:	Kriterium
- Allgemein	$0{,}2 \le d_i \,/\, d_0 \le 1$
	$5 \le d_0 \,/\, 2t_i \le 25$
- Allgemein	$5 \le d_0 \,/\, 2t_0 \le 25$
- X- Anschluss	$5 \le d_0 \,/\, 2t_0 \le 20$
- Allgemein	$\lambda_{ov} \ge 25\%$
	$g \ge t_1 + t_2$

Gestaltfestigkeiten geschweißter Knoten aus runden Hohlprofilen

Anschlussform Gurtstab = rundes Hohlprofil	Grenzlängskraft in der Diagonalen
T- und Y- Anschluss	Gurtplastizierung, i = 1 $$N_{1,Rd} = \frac{f_{yo} \cdot t_0{}^2}{\sin\theta_1} \cdot \left(2{,}8 + 14{,}2 \cdot \beta^2\right) \cdot \gamma^{0,2} \cdot k_p \cdot \frac{1{,}1}{\gamma_{Mj}}$$ $$\beta = d_1/d_0$$
X- Anschluss	Gurtplastizierung, i = 1 $$N_{1,Rd} = \frac{f_{yo} \cdot t_0{}^2}{\sin\theta_1} \cdot \frac{5{,}2}{\left(1 - 0{,}81 \cdot \beta\right)} \cdot k_p \cdot \frac{1{,}1}{\gamma_{Mj}}$$ $$\beta = d_1/d_0$$
K- und N-Anschluss mit Spalt/Überlappung	Gurtplastizierung, i = 2 $$N_{1,Rd} = \frac{f_{yo} \cdot t_0{}^2}{(1-\beta)\sin\theta_1} \left(1{,}8 + 10{,}2\,\frac{d_1}{d_0}\right) k_p \cdot k_g \cdot \frac{1{,}1}{\gamma_{Mj}}$$ $$N_{2,Rd} = \frac{\sin\theta_1}{\sin\theta_2} \cdot N_{1,Rd}$$
T-, Y-, X- Knoten K-, N- Anschluss mit Spalt KT- Anschluss mit Spalt wenn: $d_i \le d_0 - 2 \cdot t_0$	Durchstanzen des Gurtstab-Flansches $$N_{i,Rd} = \frac{f_{yo}}{\sqrt{3}} \cdot t_0 \cdot \pi \cdot d_i \cdot \frac{1+\sin\theta_i}{2\sin^2\theta_i} \cdot \frac{1{,}1}{\theta_j}$$
Beiwerte	$$k_g = \gamma^{0,2} \cdot \left[1 + \frac{0{,}024 \cdot \gamma^{1,2}}{1 + \theta^{(0,5 \cdot g/t_0 - 1,33)}}\right]$$
	$k_p = 1{,}0 \quad$ für $n_p \le 0$ (Zug) $k_p = 1 - 0{,}3 \cdot n_p \cdot \left(1 + n_p\right) \le 1$ für $n_p > 0$ (Druck)

4.5.3 Gestaltfestigkeit geschweißter Knoten aus quadratischen Hohlprofilen

Anschlussform Gurtstab = quadratisches Hohlprofil	Grenzlängskraft in der Diagonalen
T-, Y- und X- Anschluss 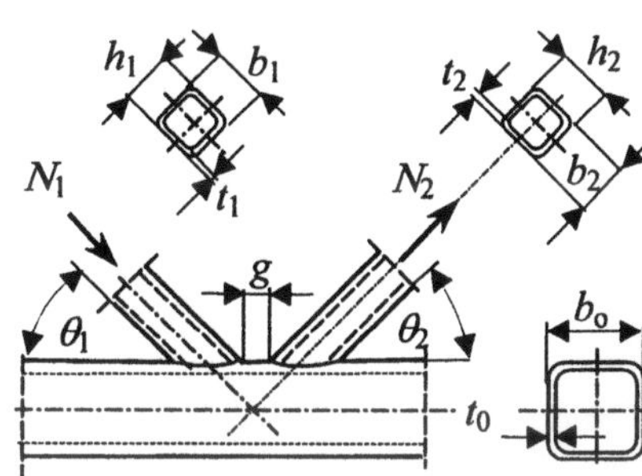	Gurtplastizierung, i = 1 $\qquad \beta \le 0,85$ $$N_{1,Rd} = \frac{f_{yo}\cdot t_0{}^2}{(1-\beta)\sin\theta_1}\left(\frac{2\beta}{\sin\theta_1}+4\cdot\sqrt{1-\beta}\right)k_n\cdot\frac{1,1}{\gamma_{Mj}}$$ $$\beta = b_1\,/\,b_0$$
K- und N- Anschluss mit Spalt 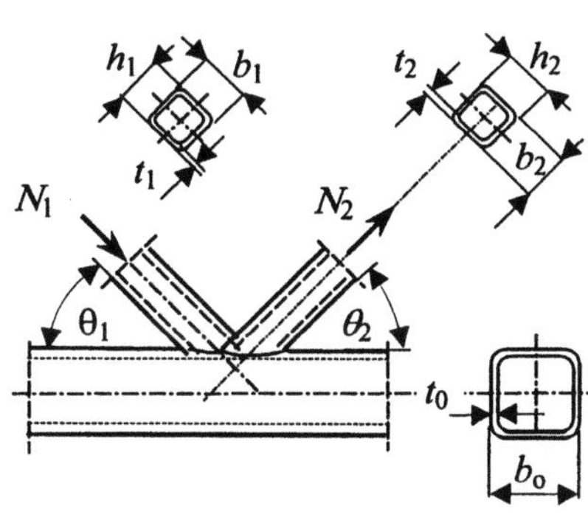	Gurtplastizierung , i = 2 $\qquad \beta \le 1,0$ $$N_{i,Rd} = \frac{8,9 f_{yo}\cdot t_0{}^2}{\sin\theta_1}\cdot\left[\frac{b_1+b_2}{2b_0}\right]\cdot\sqrt{\gamma}\cdot k_n\cdot\frac{1,1}{\gamma_{Mj}}$$
K-, N-Anschluss mit Überlappung [*]	Mitwirkende Breite bei: $\qquad 25\% \le \lambda_{ov} < 50\%$ $$N_{i,Rd} = f_{yi}\cdot t_i\cdot\left[\frac{\lambda_{ov}}{50}(2h_i-4t_i)+b_{eff}+b_{e,ev}\right]\cdot\frac{1,1}{\gamma_{Mj}}$$ $50\% \le \lambda_{ov} < 80\%$ $$N_{i,Rd} = f_{yi}\cdot t_i\cdot(2h_i-4t_i+b_{eff}+b_{e,ov})\cdot\frac{1,1}{\gamma_{Mj}}$$ $\lambda_{ov} \le 80\%$ $$N_{i,Rd} = f_{yi}\cdot t_i\cdot(2h_i-4t_i+b_i+b_{e,ov})\cdot\frac{1,1}{\gamma_{Mj}}$$
Diagonale aus runden Hohlprofilen 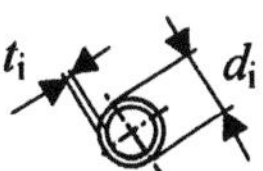	$N_{i,Rd}\cdot\dfrac{\pi}{4}$ $N_{i,Rd}$ wie vorher, jedoch mit: $b_i = d_i$ $\qquad\qquad\qquad\qquad\qquad\qquad\qquad h_i = d_i$

Parameter

Zug	$n \leq 0$	$k_n = 1{,}0$	$b_{eff} = \dfrac{10}{b_0 / t_0} \cdot \dfrac{f_{y0} \cdot t_0}{f_{yi} \cdot t_i} \cdot b_i \leq b_i$
Druck	$n > 0$	$k_n = 1{,}3 - 0{,}4 \cdot n / \beta \leq 1{,}0$	$b_{e,ov} = \dfrac{10}{b_j / t_j} \cdot \dfrac{f_{yj} \cdot t_j}{f_{yi} \cdot t_i} \cdot b_i \leq b_i$

*Nur die überlappende Diagonale braucht nachgewiesen werden. Der Ausnutzungsgrad der überlappten Diagonalen sollte nicht größer angenommen werden als der Ausnutzungsgrad der überlappenden Diagonalen.

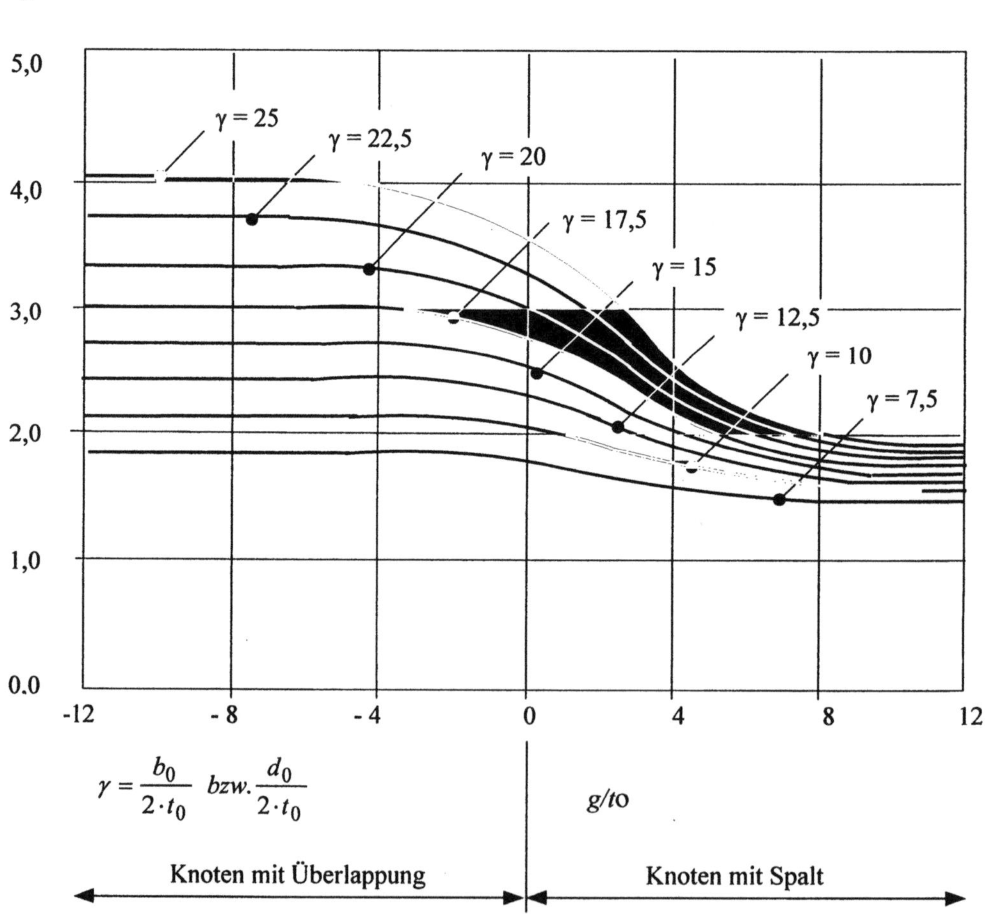

Bild 4-11 Werte für den Beiwert k_g

Tabelle 4.21 Gültigkeitsgrenzen für geschweißte Anschlüsse aus Hohlprofilen mit Gurtstäben aus quadratischen Hohlprofilen

• Diagonalen aus quadratischen Hohlprofilen					
Anschluss-form	Anschlussparameter ($i = 1$ oder 2, j = überlappte Diagonale)				
	$\dfrac{b_i}{b_0}$	$\dfrac{b_i}{t_i}$		$\dfrac{b_0}{t_0}$	Spalt oder Überlappung
		Druck	Zug		
T Y X	$\geq 0{,}25$ aber: $\leq 0{,}85$	$\leq 1{,}25\sqrt{\dfrac{E}{f_{yi}}}$ und	≤ 35	≤ 35	
K- mit Spalt N- mit Spalt	$\geq 0{,}35$ und $\geq 0{,}1 + 0{,}01 \cdot \dfrac{b_0}{t_0}$	≤ 35		≤ 35	$\dfrac{b_1 + b_2}{2 b_j}$ $\leq 1{,}3$ und $\geq 0{,}6$ $\quad$ $\dfrac{g}{b_0} \geq 0{,}5(1-\beta)$ aber $\dfrac{g}{b_0} \leq 1{,}5(1-\beta)$ und $g \geq t_1 + t_2$
K-mit Überlappung N-mit Überlappung	$\geq 0{,}25$	$\leq 1{,}1\sqrt{\dfrac{E}{f_{yi}}}$	≤ 35	≤ 40	$\dfrac{t_i}{t_j} \leq 1{,}0$ $\quad$ $\lambda_{ov} \geq 25\%$ aber $\lambda_{ov} \leq 100\%$ und $\dfrac{b_i}{b_j} \geq 0{,}75$
• Diagonalen aus runden Hohlprofilen					
Anschluss-form	Anschlussparameter				
	$\dfrac{d_i}{b_0}$	$\dfrac{d_i}{t_i}$		$\dfrac{d_0}{t_0}$	Spalt oder Überlappung
T Y X	$\geq 0{,}4$ aber $\leq 0{,}8$	$\leq 1{,}5\sqrt{\dfrac{E}{f_{yi}}}$	≤ 50	≥ 10	
K- mit Spalt N- mit Spalt				≥ 15	$0{,}6 \leq \dfrac{d_1 + d_2}{2\,d_1} \leq 1{,}3$

4.5.4 Gestaltfestigkeit geschweißter Knoten mit Gurtstab aus einem I- oder H-Profil und Diagonalen aus Hohlprofilen

Anschlussform	Grenznormalkraft
T-, Y- und X- Anschluss 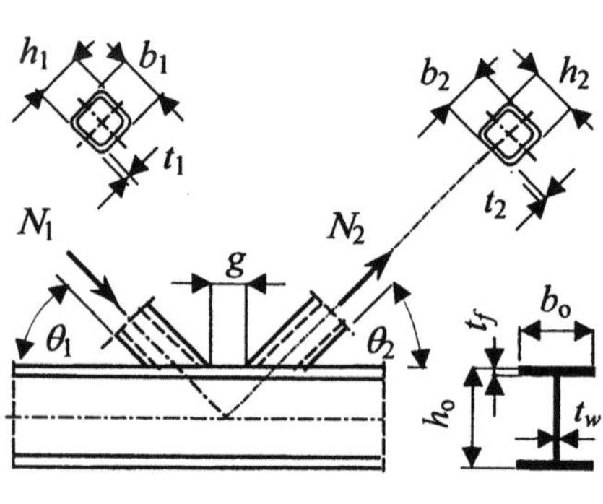	Gurtstabplastizierung, $i = 1$ $$N_{1,Rd} = \frac{f_{y0} \cdot t_w \cdot b_w}{\sin \theta_1} \cdot \frac{1{,}1}{\gamma_{Mj}}$$ Mitwirkende Breite $$N_{1,Rd} = 2 \cdot f_{yt} \cdot t_1 \cdot b_{eff} \cdot \frac{1{,}1}{\gamma_{Mj}}$$
K- und N-Anschluss mit Spalt 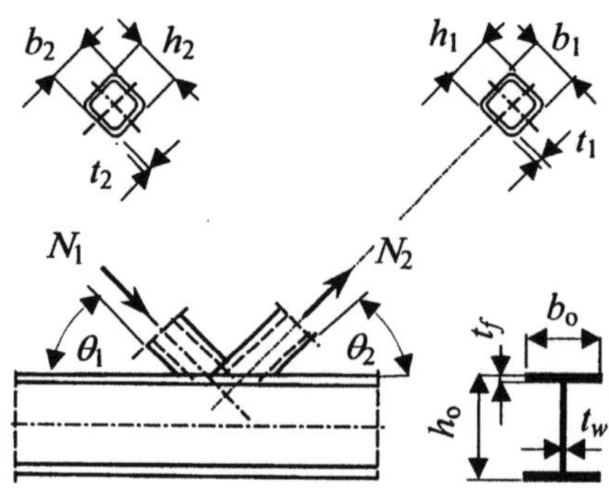	Instabilität des Gurtstabquerschnittes $$N_{i,Rd} = \frac{f_{y0} \cdot t_w \cdot b_w}{\sin \theta_i} \cdot \frac{1{,}1}{\gamma_{Mj}}$$ Abscheren des Gurtstabquerschnittes $$N_{i,Rd} = \frac{f_{y0} \cdot A_y}{\sqrt{3} \cdot \sin \theta_i} \cdot \frac{1{,}1}{\gamma_{Mj}}$$ Mitwirkende Breite * $$N_{i,Rd} = 2 \cdot f_{yt} \cdot t_i \cdot b_{eff} \cdot \frac{1{,}1}{\gamma_{Mj}}$$

* nicht erforderlich wenn: $g/t_f \geq 20 - 28\beta$ mit $\beta \leq 1{,}0 - 0{,}03\gamma$ und $0{,}75 \leq d_1/d_2 \leq 1{,}33$

| K- und N-Anschluss mit Überlappung | Mitwirkende Breite $\qquad 25\% \leq \lambda_{ov} < 50\%$

$$N_{i,Rd} = f_{yi} \cdot t_i \left[\frac{\lambda_{ov}}{50}(2h_i - 4t_i) + b_{eff} + b_{e,ov} \right] \cdot \frac{1{,}1}{\gamma_{Mj}}$$

Mitwirkende Breite $\qquad 50\% \leq \lambda_{ov} < 80\%$

$$N_{i,Rd} = f_{yi} \cdot t_i \left[2h_i - 4t_i + b_{eff} + b_{e,ov} \right] \cdot \frac{1{,}1}{\gamma_{Mj}}$$

Mitwirkende Breite $\qquad \lambda_{ov} \geq 80\%$

$$N_{i,Rd} = f_{yi} \cdot t_i \left[2h_i - 4t_i + b_i + b_{e,ov} \right] \cdot \frac{1{,}1}{\gamma_{MJ}}$$ |

Zusätzliche Größen

Allgemein	$b_{eff} = \dfrac{10}{b_0/t_0} \cdot \dfrac{f_{y0} \cdot t_0}{f_{yi} \cdot t_i} \cdot b_i \leq b_i$ $b_{e,ov} = \dfrac{10}{b_j/t_j} \cdot \dfrac{f_{yj} \cdot t_j}{f_{yi} \cdot t_i} \cdot b_i \leq b_i$ $A_v = A_0 - (1-\alpha) \cdot b_0 \cdot t_f + (t_e + 2 \cdot r) \cdot t_f$
Rechteckige Hohlprofile	$\alpha = \sqrt{\dfrac{1}{1 + \dfrac{4 \cdot g^2}{3 \cdot t_f^2}}}$ $b_w = \dfrac{h_i}{\sin \theta_i} + 5 \cdot (t_f + r) \leq 2 \cdot t_f + 10 \cdot (t_f + r)$
Runde Hohlprofile	$\alpha = 0$ $b_w = \dfrac{d_i}{\sin \theta_i} + 5 \cdot (t_f + r) \leq 2 \cdot t_f + 10 \cdot (t_f + r)$

Tabelle 4.22 Gültigkeitsgrenzen für Gurte aus I- oder H-Profilen

Anschluss-form	Anschlussparameter (i = 1 oder 2, j = überlappte Diagonale)					
	$\dfrac{h_i}{b_i}$	$\dfrac{b_j}{b_i}$	$\dfrac{d_w}{t_w}$	$\dfrac{b_0}{t_0}$	$\dfrac{b_i}{t_i},\ \dfrac{h_i}{t_i},\ \dfrac{d_i}{t_i}$	
					Druck	Zug
X	$\geq 0{,}5$ aber $\leq 2{,}0$		$\leq 1{,}2\sqrt{\dfrac{E}{f_{yi}}}$ und $d_w \leq 400\,\text{mm}$	$\leq 0{,}75\sqrt{\dfrac{E}{f_{y0}}}$	$\dfrac{h_i}{t_i} \leq 1{,}1\sqrt{\dfrac{E}{f_{yi}}}$	$\dfrac{h_i}{t_i} \leq 35$
T Y K- mit Spalt N- mit Spalt	$=1{,}0$		$\leq 1{,}2\sqrt{\dfrac{E}{f_{yi}}}$ und $d_w \leq 400\,\text{mm}$		$\dfrac{b_i}{t_i} \leq 1{,}1\sqrt{\dfrac{E}{f_{yi}}}$	$\dfrac{b_i}{t_i} \leq 35$
K-, N- mit Überlappung	$\geq 0{,}5$ aber $\leq 2{,}0$	$\geq 0{,}75$			$\dfrac{d_i}{t_i} \leq 1{,}5\sqrt{\dfrac{E}{f_{yi}}}$	$\dfrac{d_i}{t_i} \leq 50$

4.6 Bemessung von Stützenfüßen

Nach ENV 1993-1-1:1992, Anhang L [Informativ]

4.6.1 Fußplatten

Die Abtragung der Druckkräfte aus einer Stütze erfolgt in der Regel über entsprechend ausge-
bildete Fußplatten. Die Fußplatten sollen die Verteilung der Druckkräfte über die Auflagerfläche sicherstellen. Die Lagerpressung darf die Grenzpressung in der Lagerfuge (Mörtelschicht
und Beton) nicht überschreiten.

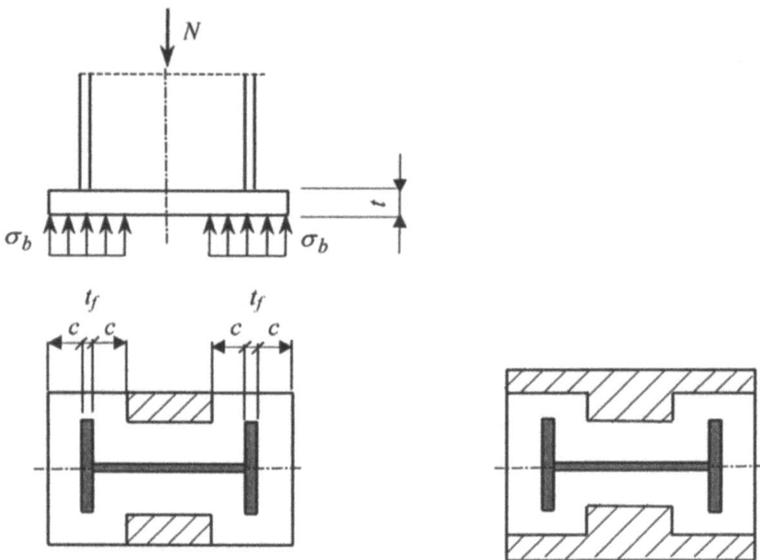

Bild 4-12 Druckflächen unter der Fußplatte

Erläuterungen zur Beanspruchbarkeit der Fußplatte

1   Ist die Projektion der Fußplatte kleiner als c, sollte die Lagerfläche wie in Bild 4-12
    beschrieben angenommen werden.

2   Wird bei der Projektion der Fußplatte der Wert c überschritten, sollte die zusätzliche Pro-
    jektionsfläche unberücksichtigt bleiben.

3   Der Lagerfugenbeiwert darf mit β_j = 2/3 angenommen werden, wenn folgende Werte
    eingehalten sind:
    - Mörtelfestigkeit,
      charakteristischer Wert $\geq$ 0,2 des charakteristischen Wertes der Betonfestigkeit
    - Mörteldicke $\leq$ 0,2 der kleineren Breite der Fußplatte

4   Bei Stützenfüßen auf Deckenplatten ist das Grenzbiegemoment und der Grenzwert gegen
    Durchstanzen der Deckenplatte zu berücksichtigen.

4.6.2 Beanspruchbarkeit der Fußplatte

Grenzbiegemoment pro Längeneinheit einer Fließlinie in der Fußplatte. Druck- oder Zugbereich	$$M_{Rd} = \frac{t^2 \cdot f_y}{6 \cdot \gamma_{M0}}$$
Lagerbreite	$$c = t \cdot \sqrt{\frac{f_y}{3 \cdot f_i \cdot \gamma_{M0}}}$$ mit: t = Dicke der Fußplatte f_y = Fließgrenze des Werkstoffs der Fußplatte
Grenzpressung in der Lagerfuge	$$f_i = \beta_i \cdot k_i \cdot f_{cd}$$ mit: f_{ck} = nach Tabelle 4.23
Grenzwert der Zylinderdruckfestigkeit des Betons	$$f_{cd} = \frac{f_{ck}}{\gamma_c}$$ mit: γ_c nach Tabelle 4.24
Konzentrationsfaktor	$$k_i = \sqrt{\frac{a_1 \cdot b_1}{a \cdot b}}$$ *Es darf angenommen werden:* $k_i = 1,0$
Abmessungen der wirksamen Flächen der Fußplatte	$$a_1 = \min \begin{cases} a_1 = a + 2 \cdot a_r \\ a_1 = 5 \cdot a \\ a_1 = a + h \\ a_1 = 5 \cdot b_1 \geq a \end{cases}$$ $$b_1 = \min \begin{cases} b_1 = b + 2 \cdot b_r \\ b_1 = 5 \cdot b \\ b_1 = b + h \\ b_1 = 5 \cdot a_1 \geq b \end{cases}$$ a, b = Abmessungen der Fußplatte a_1, b_1 = Abmessungen der wirksamen Fläche nach Bild 4-13

Tabelle 4.23 Charakteristische Zylinderdruckfestigkeit des Betons gemäß ENV 1992-1-1 Eurocode 2:
Teil 1.1, Tabelle 3.1

Beton-festigkeits-klasse	C 12/15	C 16/20	C 20/25	C 25/30	C 30/37	C 35/45	C 40/50	C 45/55	C 50/60
f_{ck}	12	16	20	25	30	35	40	45	50

Tabelle 4.24 Teilsicherheitsbeiwert für Materialeigenschaften des Betons gemäß ENV 1992-1-1
Eurocode 2: Teil 1.1, Tabelle 2.3

Kombinationen:	Teilsicherheitsbeiwert
Grundkombination	$\gamma_c = 1{,}5$
Außergewöhnliche Kombination (ausgenommen Erdbeben)	$\gamma_c = 1{,}3$

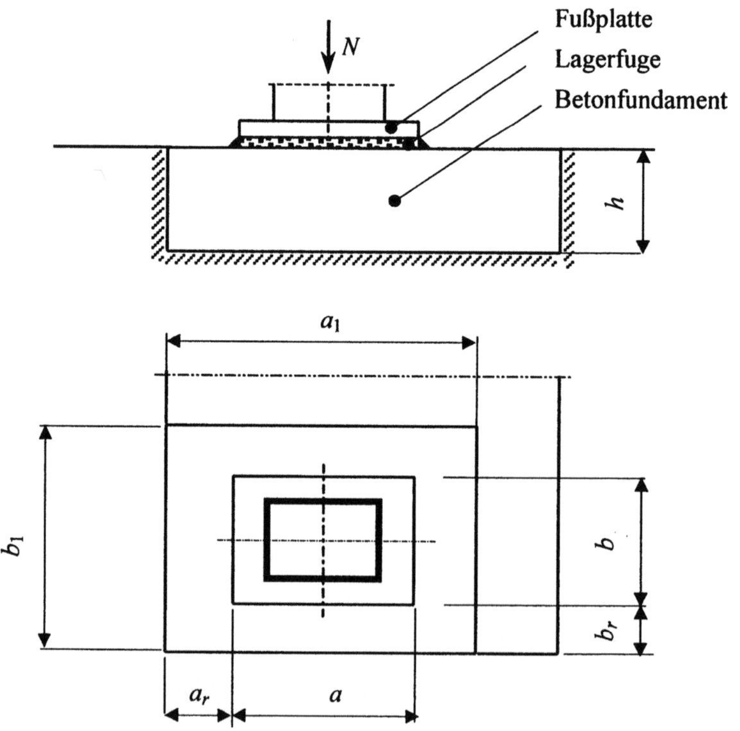

Bild 4-13 Fundament und Lage der Fußplatte

4.6.3 Ankerschrauben

Zur Lagesicherung müssen Fußplatten verankert werden. Im Allgemeinen werden zur Verankerung Ankerschrauben verwendet, unter folgenden Voraussetzungen:

1. Ankerschrauben sind für die Einwirkungen aus den Bemessungslasten auszulegen. Sie sollten, dort wo notwendig, Zug infolge abhebender Kräfte und Biegemomente aufnehmen können.

2. Sind zur Übertragung der Querkräfte keine speziellen Elemente vorgesehen, wie z. B. Block- oder Stabschubanker, dann ist nachzuweisen, dass eine ausreichende Beanspruchbarkeit zum Übertragen der Querkräfte zwischen Stütze und Fundament entweder durch die Grenzabscherkraft der Ankerschrauben oder durch die Grenzgleitkraft des Anschlusses zwischen Fußplatte und Fundament sichergestellt ist.

3. Hebelarme für die Berechnung der Zugkräfte infolge Biegung sollten nicht größer angesetzt werden als der Abstand zwischen dem Schwerpunkt der Auflagerfläche auf der Druckseite und dem Schwerpunkt der Ankerschraubengruppe, und zwar unter Berücksichtigung der Toleranzen bezüglich der Lage der Ankerschrauben.

4. Beanspruchbarkeit der Ankerschrauben gemäß EC 3, Abschnitt 6.5.5.

5. Ankerschrauben sollten mit dem Fundament verankert werden, entweder mit:
   - einem Haken nach Bild 4-14, a), nicht für Schrauben aus Stahl mit $f_y > 300$ N/mm²,
   - einer Scheibe nach Bild 4-14, b),
   - anderen in den Beton eingelassenen Lastverteilungselementen,
   - anderen Befestigungsmitteln nach entsprechenden Eignungsversuchen und nach Genehmigung durch den Entwurfsingenieur, den Bauherrn und die zuständige Behörde.

6. Die Verankerung der Ankerschraube sollte in Übereinstimmung mit den entsprechenden Abschnitten in ENV 1992-1-1 Eurocode 2: Teil 1.1 stehen.

7. Wenn die Schrauben am Ende mit einem Haken versehen sind, ist die Verankerungslänge so zu wählen, dass ein Betonhaftungsversagen vor dem Fließen der Schraube verhindert wird. Die Ankerlänge sollte nach den entsprechenden Abschnitten in ENV 1992-1-1 Eurocode 2: Teil 1-1, berechnet werden. Bei Ankerschrauben mit Scheiben oder anderen Lastverteilungselementen, sollte die Betonhaftung unberücksichtigt bleiben. Die gesamte Ankerkraft sollte von den Lastverteilungselementen aufgenommen werden.

a) 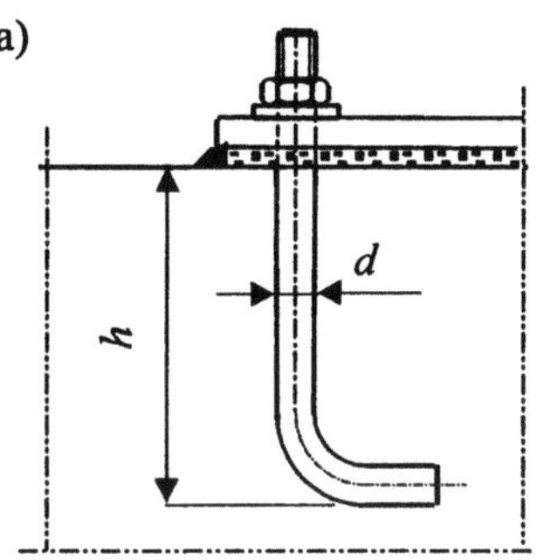
b) 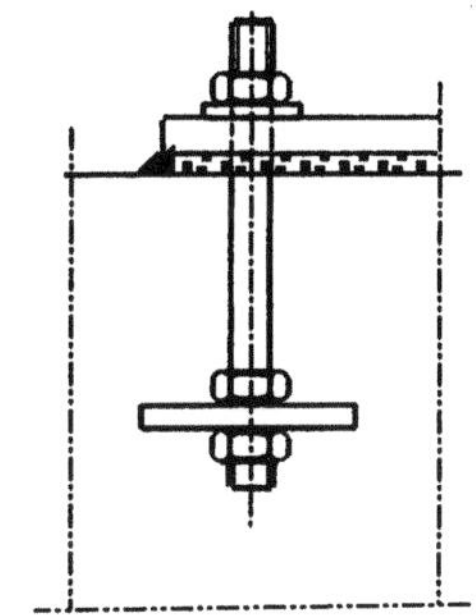

Bild 4-14 Verankerung von Ankerschrauben

4.7 Betriebsfestigkeitsuntersuchungen von Kranbahnen

Nach DASt-Richtlinie 103 (NAD), Anhang C

4.7.1 Allgemeines

Die Regelungen nach der DASt-Richtlinie 103 dürfen in Verbindung mit der DIN 4132 angewendet werden, wenn die Ermüdungsfestigkeit nach Abschnitt 9 des Eurocode 3 zugrunde gelegt werden soll.

Es dürfen näherungsweise 4 idealisierte Spannungskollektive nach Bild4-15 angenommen werden. Die idealisierten Spannungskollektive sind durch die größten und kleinsten Grenzwerte der Spannungsausschläge $\Delta\sigma_{max}$ und $\Delta\sigma_{min}$ sowie durch eine der Gauß'schen Normalverteilung angenäherten Verteilung bestimmt.

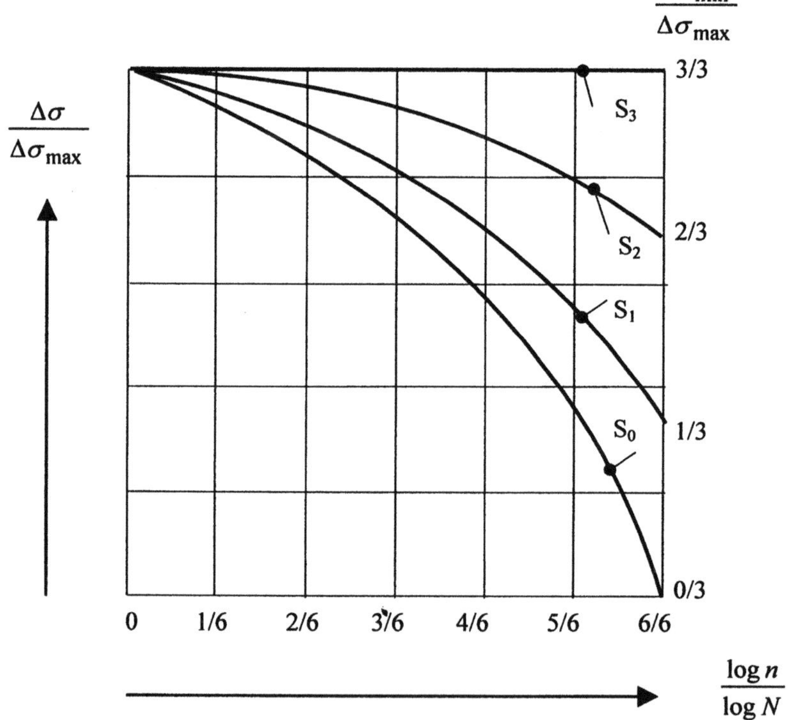

Bild 4-15 Idealisierte Spannungskollektive

Bei einer Berechnung, die vereinfacht auf der Annahme gelenkiger Fachwerkknoten durchgeführt wird, sind die Auswirkungen aus sekundären Biegemomenten durch geeignete Erhöhungsfaktoren zu berücksichtigen. Die vereinfacht bestimmten Spannungsschwingbreiten sind mit den Faktoren zu multiplizieren.

Für Fachwerkkonstruktionen mit geschweißten Hohlprofilknoten dürfen Erhöhungsfaktoren nach Tabelle 4.28 angenommen werden, bei anderen Profilen Beiwerte nach Tabelle 4.27.

Weitere Einzelheiten siehe NAD [1].

Tabelle 4.25 Beanspruchungsgruppen nach Spannungsspielbereichen und Spannungskollektiven

Spannungs-spielbereich	N1	N2	N3	N4
Gesamte Anzahl der vorgesehenen Spannungsspiele	$>2 \cdot 10^4 \; <2 \cdot 10^5$	$>2 \cdot 10^5 \; <6 \cdot 10^5$	$>6 \cdot 10^5 \; <2 \cdot 10^6$	$>2 \cdot 10^6$
	Gelegentliche, nicht regelmäßige Benutzung mit langen Ruhezeiten	Regelmäßige Benutzung bei unterbrochenem Betrieb	Regelmäßige Benutzung im Dauerbetrieb	Regelmäßige Benutzung im angestrengten Dauerbetrieb
Spannungskollektiv	Beanspruchungsgruppe			
S_0 sehr leicht	B1	B2	B3	B4
S_1 leicht	B2	B3	B4	B5
S_2 mittel	B3	B4	B5	B6
S_3 schwer	B4	B5	B6	B7

4.7.2 Ermüdungsnachweis

Längsspannungen	$\gamma_{Ff} \cdot \Phi \cdot \lambda \cdot \Delta\sigma_{max} \leq \dfrac{\Delta\sigma_c}{\gamma_{Mf}}$
Schubspannungen	$\gamma_{Ff} \cdot \Phi \cdot \lambda \cdot \Delta\tau_{max} \leq \dfrac{\Delta\tau_c}{\gamma_{Mf}}$
Max. Spannungsschwingbreite *Darf mittels Einflusslinien bestimmt werden*	$\Delta\sigma_{max} = \max \sigma - \min \sigma$

Erläuterungen

γ_{Ff} = Teilsicherheitsbeiwert für die Ermüdungsbelastung, darf = 1,0 angesetzt werden

γ_{Mf} = Teilsicherheitsbeiwert für die Ermüdungsfestigkeit, darf = 1,0 angesetzt werden

Φ = Schwingbeiwert nach Tabelle 4.27

λ = Abminderungsfaktor abhängig von der Beanspruchungsgruppe nach Tabelle 4.27

$\Delta\sigma_{max}$ = maximale Spannungsschwingbreite

$\Delta\sigma_c$ = Grenzwert der Ermüdungsfestigkeit bei 2 Mio. Lastwechseln

$\Delta\tau_{max}$ = Maximale Spannungsschwingbreite der Schubspannungen

$\Delta\tau_c$ = Grenzwert der Ermüdungsfestigkeit bei 2 Mio. Lastwechseln

Tabelle 4.26 Abminderungsfaktoren λ

	λ					
Beanspruchungsgruppe	B1	B2	B3	B4	B5	B6
Für Längsspannungen $\Delta\sigma$	0,147	0,215	0,316	0,464	0,681	1,0
Für Schubspannungen $\Delta\tau$	0,316	0,398	0,501	0,631	0,794	1,0

4.7.3 Schwingbeiwerte nach DIN 4132

Einzelheiten sind der DIN 4132 zu entnehmen.

Tabelle 4.27 Schwingbeiwerte Φ nach DIN 4132, Tabelle 1

	Hubklasse des Krans			
	H 1	H 2	H 3	H 4
Bauteil	Φ			
Träger	1,1	1,2	1,3	1,4
Unterstützungen, Aufhängungen	1,0	1,1	1,2	1,3

Tabelle 4.28 Erhöhungsfaktoren δ nach DIN 4132, Tabelle 2

a) Erhöherungsfaktoren δ für Fachwerke, die in den Knotenpunkten belastet werden (indirekte Belastung)		
Bauteil	$20 \leq s/e \leq 50$	$s/e > 50$
Gurte Streben	$\delta = \dfrac{1,1}{0,5+0,01\cdot s/e}$	1,1
Hilfspfosten	1,35	1,35
b) Erhöherungsfaktoren δ für Fachwerke, deren Obergurte direkt belastet werden		
Bauteil	$s/e \leq 15$	$s/e > 15$
Belasteter Obergurt	$\delta = \dfrac{0,4}{0,25+0,01\cdot s/e}$	1
Unbelasteter Untergurt Hilfspfosten	1,35	1,3
Endstrebe	2,50	2,50
Übrige Streben	1,65	1,65

5 Nachweis-Schemen und Beispiele

5.1 Darstellung der Berechnungsabläufe

5.1.1 Struktogramme (Nasi-Shneidermann Diagramme)

Die Darstellung von Berechnungsabläufen erfolgt in der Praxis weitgehend in Anlehnung an die von Nasi-Shneidermann entwickelte Methode zur graphischen Darstellung von Programmen. Die einzelnen Berechnungsschritte werden in Struktogrammen beschrieben, Einzelheiten dazu siehe DIN 66261.

Zur Darstellung von Berechnungsabläufen der Nachweise werden im weiteren Verlauf Ersatzdarstellungen nach DIN 66261, Bild 5-1 verwendet. Eine Auswahl enthält Tabelle 5.1.

Tabelle 5.1 Ersatzdarstellungen von Struktogrammblöcken nach DIN 66261 (Auswahl)

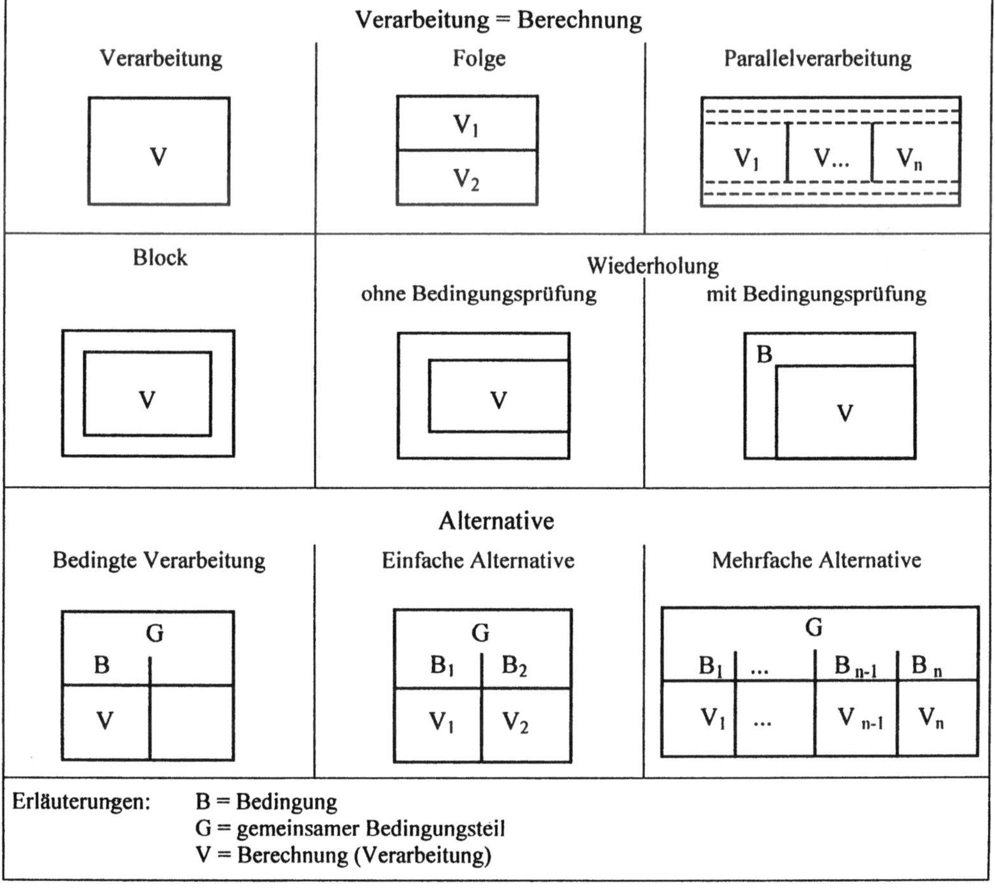

5.2 Schemen für häufige Nachweise

5.2.1 Allgemeines

Schema 1 Widerstandsgrößen   **Baustahl**

Widerstandsgrößen für Walzstahl in N/mm² mit t = Nenndicke in mm					
Fe 360 (S 235)		Fe 430 (S 275)		Fe 510 (S 355)	
$t \leq 40$	$40 < t \leq 100$	$t \leq 40$	$40 < t \leq 100$	$t \leq 40$	$40 < t \leq 100$
$f_y = 235$	$f_y = 215$	$f_y = 275$	$f_y = 255$	$f_y = 355$	$f_y = 335$
$f_u = 360$	$f_u = 340$	$f_u = 430$	$f_u = 410$	$f_u = 510$	$f_u = 490$

Grenzspannungen in N/mm²

$$\gamma_{M0} = 1{,}1$$

$$f_{y,d} = \sigma_{R,d} = \frac{f_y}{\gamma_{M0}}$$

Werkstoff mit t = Nenndicke in mm					
Fe 360		Fe 430		Fe 510	
$t \leq 40$	$40 < t \leq 100$	$t \leq 40$	$40 < t \leq 100$	$t \leq 40$	$40 < t \leq 100$
214	195	250	232	323	305

$$\tau_{R,d} = \frac{f_y}{\sqrt{3} \cdot \gamma_{M0}}$$

Werkstoff mit t = Nenndicke in mm					
Fe 360		Fe 430		Fe 510	
$t \leq 40$	$40 < t \leq 100$	$t \leq 40$	$40 < t \leq 100$	$t \leq 40$	$40 < t \leq 100$
123	113	144	134	186	176

5.2.2 Einteilung der Querschnitte

Schema 2 Einstufung in Querschnittsklassen (QKl)

<table>
<tr><td colspan="3" align="center">Kriterium</td></tr>
<tr><td colspan="2" align="center">Max b/t Verhältnisse</td><td align="center">Wirksame Querschnittswerte
mit Ansatz wirksamer Breiten</td></tr>
<tr><td>QKl 1   QKl 2   QKl 3</td><td></td><td align="center">QKl 4</td></tr>
</table>

Max b/t Verhältnisse (QKl 1, QKl 2, QKl 3)

- Beidseitig gestützte Teile rechtwinklig zur Biegeachse
  - d/t_w nach Tabelle 3.3
  - Biegung | Druck | Biegung + Druck

- Beidseitig gestützte Teile parallel zur Biegeachse
  - d/t_f nach Tabelle 3.4
  - Biegung | Druck

- Einseitig gestützte Teile
  - c/t_f nach Tabelle 3.5
  - Druck | Biegung + Druck
    - Flanschende im
    - Druckbereich | Zugbereich

- Rohrquerschnitte
  - d/t nach Tabelle 3.7
  - Biegung | Druck | Biegung + Druck

QKl 3

- Winkelquerschnitte
  - h/t nach Tabelle 3.6
  - Druck

Wirksame Querschnittswerte mit Ansatz wirksamer Breiten (QKl 4)

- Beidseitig gestützte Teile
  - b_{eff} nach Tabelle 3.8
  - Druck

- Einseitig gestützte Teile
  - b_{eff} nach Tabelle 3.9
  - Druck

- Verschiebung der Hauptachse des wirksamen Querschnittes nach Tabelle 3.10

Schema 2.1 Querschnittsklassen (QKl) von beidseitig gestützten Teilen

Beiwert		
$\varepsilon = \sqrt{235/f_y}$		
Werkstoff, $t \le 40$ mm		
Fe 360	Fe 430	Fe 510
$f_y = 235$ N/mm²	$f_y = 275$ N/mm²	$f_y = 355$ N/mm²
$\varepsilon = 1$	$\varepsilon = 0{,}92$	$\varepsilon = 0{,}81$

Beidseitig gestützte Teile rechtwinklig zur Biegeachse   **Biegung, Druck**

Biegung											
Grenzwert											
$d/t_w \le 72 \cdot \varepsilon$			$d/t_w \le 83 \cdot \varepsilon$			$d/t_w \le 124 \cdot \varepsilon$			$d/t_w > 124 \cdot \varepsilon$		
1	0,92	0,81	1	0,92	0,81	1	0,92	0,81	1	0,92	0,81
72	66	58	83	76	67	124	114	100	> 124	> 114	> 100
QKl 1			QKl 2			QKl 3			QKl 4		

Druck											
Grenzwert											
$d/t_w \le 33 \cdot \varepsilon$			$d/t_w \le 38 \cdot \varepsilon$			$d/t_w \le 42 \cdot \varepsilon$			$d/t_w > 42 \cdot \varepsilon$		
1	0,92	0,81	1	0,92	0,81	1	0,92	0,81	1	0,92	0,81
33	30	27	38	35	31	42	39	34	> 42	> 39	> 34
QKl 1			QKl 2			QKl 3			QKl 4		

Schema 2.1.1 Querschnittsklassen (QKl) von beidseitig gestützten Teilen

Beidseitig gestützte Teile rechtwinklig zur Biegeachse				**Biegung + Längskraft**	
Biegung und Druck					
Kriterium					
Abstand der Spannungsnulllinie				Spannungen	
$a = \dfrac{N_{Sd}}{2 \cdot t_w / \gamma_{M0}}$				$\sigma_1 = \dfrac{N_{Sd}}{A} + \dfrac{M_y}{I_l} \cdot z$	
$\alpha = \dfrac{1}{d} \cdot \left(\dfrac{d}{2} + a \right)$				$\sigma_2 = \dfrac{N_{Sd}}{A} - \dfrac{M_y}{I_l} \cdot z$	
$d / t_w \leq \ldots$				$d / t_w \leq \ldots$	
Faktor: α				$\psi = \dfrac{\sigma_2}{\sigma_1}$	
$\alpha \leq 0,5$	$\alpha > 0,5$	$\alpha \leq 0,5$	$\alpha > 0,5$	$\psi > -1$	$\psi \leq -1$
$\dfrac{36 \cdot \varepsilon}{\alpha}$	$\dfrac{396 \cdot \varepsilon}{13 \cdot \alpha - 1}$	$\dfrac{41,5 \cdot \varepsilon}{\alpha}$	$\dfrac{456 \cdot \varepsilon}{13 \cdot \alpha - 1}$	$\dfrac{42 \cdot \varepsilon}{0,67 + 0,33 \cdot \psi}$	$62 \cdot \varepsilon \cdot (1 - \psi) \cdot \sqrt{(-\psi)}$
QKl 1		QKl 2		QKl 3	
				$d / t_w > \ldots$	
				$\dfrac{42 \cdot \varepsilon}{0,67 + 0,33 \cdot \psi}$	$62 \cdot \varepsilon \cdot (1 - \psi) \cdot \sqrt{(-\psi)}$
				QKl 4	

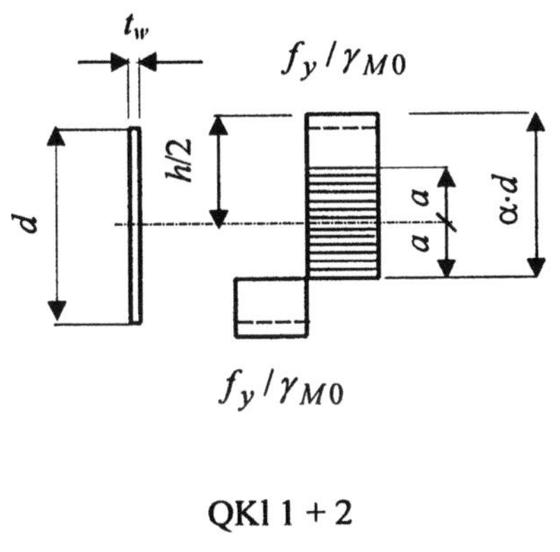

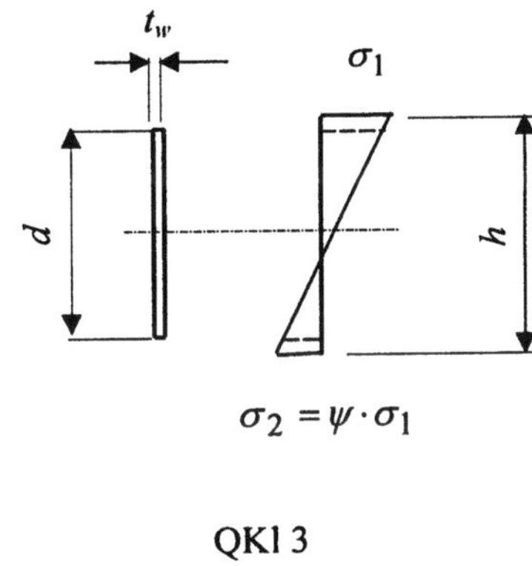

Bild 5-1 Spannungsverteilung über Querschnittsteil, QKl 1, 2, 3

Schema 2.2 Querschnittsklassen (QKl) von beidseitig gestützten Teilen parallel zur Achse

Beidseitig gestützte Teile parallel zur Biegeachse	**Biegung, Druck**

Gewalzte Hohlprofile

Biegung											
Grenzwert: $(b-3\cdot t_f)/t_f \leq \dots$									$(b-3\cdot t_f)/t_f > \dots$		
$33\cdot\varepsilon$			$38\cdot\varepsilon$			$42\cdot\varepsilon$			$> 42\cdot\varepsilon$		
1	ε 0,92	0,81	1	ε 0,92	0,81	1	ε 0,92	0,81	1	ε 0,92	0,81
33	30	27	38	35	31	42	39	34	> 42	> 39	> 34
QKl 1			QKl 2			QKl 3			QKl 4		

Druck											
Grenzwert: $(b-3\cdot t_f)/t_f \leq \dots$									$(b-3\cdot t_f)/t_f > \dots$		
$42\cdot\varepsilon$			$42\cdot\varepsilon$			$42\cdot\varepsilon$			$> 42\cdot\varepsilon$		
1	ε 0,92	0,81	1	ε 0,92	0,81	1	ε 0,92	0,81	1	ε 0,92	0,81
42	39	34	42	39	34	42	39	34	> 42	> 39	> 34
QKl 1			QKl 2			QKl 3			QKl 4		

Andere Profile

Biegung											
Grenzwert: $(b-3\cdot t_f)/t_f \leq \dots$									$(b-3\cdot t_f)/t_f > \dots$		
$33\cdot\varepsilon$			$42\cdot\varepsilon$			$42\cdot\varepsilon$			$> 42\cdot\varepsilon$		
1	ε 0,92	0,81	1	ε 0,92	0,81	1	ε 0,92	0,81	1	ε 0,92	0,81
33	30	27	42	39	34	42	39	34	> 42	> 39	> 34
QKl 1			QKl 2			QKl 3			QKl 4		

Beidseitig gestützte Teile parallel zur Biegeachse			**Biegung, Druck**
Andere Profile			

Druck											
Grenzwert: $(b-3\cdot t_f)/t_f \leq\ldots$									$(b-3\cdot t_f)/t_f >\ldots$		
$38\cdot\varepsilon$			$42\cdot\varepsilon$			$42\cdot\varepsilon$			$> 42\cdot\varepsilon$		
	ε			ε			ε			ε	
1	0,92	0,81	1	0,92	0,81	1	0,92	0,81	1	0,92	0,81
38	35	31	42	39	34	42	39	34	> 42	> 39	> 34
QKl 1			QKl 2			QKl 3			QKl 4		

Schema 2.2.1 Querschnittsklassen für Rohrquerschnitte

Rohrquerschnitte									**Druck**

Grenzwert								
$d/t \leq 50\cdot\varepsilon$			$d/t \leq 70\cdot\varepsilon$			$d/t \leq 90\cdot\varepsilon$		
	ε			ε			ε	
1	0,92	0,81	1	0,92	0,81	1	0,92	0,81
50	46	40	70	64	57	90	83	73
QKl 1			QKl 2			QKl 3		

Schema 2.3 Querschnittsklassen (QKl) von einseitig gestützten Teilen

| Einseitig gestützte Querschnittsteile | **Druck** |

Gewalzte Profile

Grenzwert											
$c/t_f \leq 10 \cdot \varepsilon$			$c/t_f \leq 11 \cdot \varepsilon$			$c/t_f \leq 15 \cdot \varepsilon$			$c/t_f > 15 \cdot \varepsilon$		
ε			ε			ε			ε		
1	0,92	0,81	1	0,92	0,81	1	0,92	0,81	1	0,92	0,81
10	9	8	11	10	9	15	14	12	> 15	> 14	> 12
QKl 1			QKl 2			QKl 3			QKl 4		

Geschweißte Profile

Grenzwert											
$c/t_f \leq 9 \cdot \varepsilon$			$c/t_f \leq 10 \cdot \varepsilon$			$c/t_f \leq 14 \cdot \varepsilon$			$c/t_f > 14 \cdot \varepsilon$		
ε			ε			ε			ε		
1	0,92	0,81	1	0,92	0,81	1	0,92	0,81	1	0,92	0,81
9	8	7	10	9	8	14	13	11	> 14	> 13	> 11
QKl 1			QKl 2			QKl 3			QKl 4		

Winkel

Grenzwert											
Parameter											
$c/t_f \leq 15 \cdot \varepsilon$			$(b+h)/(2 \cdot t) \leq 11{,}5 \cdot \varepsilon$			$c/t_f > 15 \cdot \varepsilon$			$(b+h)/(2 \cdot t) > 11{,}5 \cdot \varepsilon$		
ε			ε			ε			ε		
1	0,92	0,81	1	0,92	0,81	1	0,92	0,81	1	0,92	0,81
10	9	8	11,5	10,6	9,3	> 10	> 9	> 8	> 11,5	> 10,6	> 9,3
QKl 3						QKl 4					

Schema 2.4 Wirksame Breiten von Teilen der Querschnittsklasse 4

<table>
<tr><td>Beidseitig gestützte Querschnittsteile</td><td align="right">Druck</td></tr>
</table>

Abminderungsfaktor ρ in Abhängigkeit von der Plattenschlankheit					
Beulwert k_σ					
$\psi = \sigma_2 / \sigma_1$					
$\psi = 1$	$\psi = 0$	$1 > \psi > 0$	$\psi = -1$	$0 > \psi > -1$	$-1 > \psi > -2$
4	$7{,}81$	$\dfrac{8{,}2}{1{,}05+\psi}$	$23{,}9$	$7{,}81 - 6{,}29\cdot\psi + 9{,}78\cdot\psi^2$	$5{,}98\cdot(1-\psi)^2$

$$\overline{\lambda}_p = \sqrt{\frac{f_y}{\sigma_{cr}}} = \frac{\overline{b}/t}{28{,}4\cdot\varepsilon\cdot\sqrt{k_\sigma}}$$

$\overline{\lambda}_p \le 0{,}673$	$\overline{\lambda}_p > 0{,}673$
$\rho = 1$	$\rho = \dfrac{\overline{\lambda}_p - 0{,}22}{\overline{\lambda}_p{}^2}$

Bezugsbreite von beidseitig gestüzten Querschnittsteilen		
Stegbleche	Beidseitig gestützte Flansche	
	Profile außer RHP	RHP
$\overline{b} = d$	$\overline{b} = b$	$\overline{b} = b - 3\cdot t$

Wirksame Breite in Abhängigkeit von der Spannungsverteilung		
$\psi = 1$	$1 > \psi \ge 0$	$\psi < 0$
$b_{\mathit{eff}} = \rho\cdot\overline{b}$	$b_{\mathit{eff}} = \rho\cdot\overline{b}$	$b_{\mathit{eff}} = \rho\cdot\overline{b}/(1-\psi)$
$b_{e1} = 0{,}5\cdot b_{\mathit{eff}}$	$b_{e1} = 2\cdot b_{\mathit{eff}}/(5-\psi)$	$b_{e1} = 0{,}4\cdot b_{\mathit{eff}}$
$b_{e2} = 0{,}5\cdot b_{\mathit{eff}}$	$b_{e2} = b_{\mathit{eff}} - b_{e1}$	$b_{e2} = 0{,}6\cdot b_{\mathit{eff}}$

QKl 4

RHP = rechteckiges Hohlprofil

Schema 2.4.1 Wirksame Breiten von Teilen der Querschnittsklasse 4

Einseitig gestützte Querschnittsteile   **Druck**

Abminderungsfaktor ρ in Abhängigkeit von der Plattenschlankheit

$$\psi = \sigma_2 / \sigma_1$$

Beulwerte k_σ bei σ_1 im freien Flanschende

$\psi = 1$	$\psi = 0$	$\psi = -1$	$1 \geq \psi \geq -1$
0,43	0,57	0,85	$k_\sigma = 0,57 - 0,21 \cdot \psi + 0,07 \cdot \psi^2$

Beulwerte k_σ bei σ_1 im gestützten Flanschende

$\psi = 1$	$\psi = 0$	$\psi = -1$	$1 > \psi > 0$	$0 > \psi > -1$
0,43	0,17	23,8	$k_\sigma = 1,7 - 5 \cdot \psi + 17,1 \cdot \psi^2$	$k_\sigma = 0,578 / (\psi + 0,34)$

$$\overline{\lambda}_p = \sqrt{\frac{f_y}{\sigma_{cr}}} = \frac{\overline{b}/t}{28,4 \cdot \varepsilon \cdot \sqrt{k_\sigma}}$$

$\overline{\lambda}_p \leq 0,673$	$\overline{\lambda}_p > 0,673$
$\rho = 1$	$\rho = \dfrac{\overline{\lambda}_p - 0,22}{\overline{\lambda}_p^{\,2}}$

Bezugsbreite von einseitig gestützten Querschnittsteilen

Flansche	Winkel		
	gleichschenklig	ungleichschenklig	
$\overline{b} = c$	$\overline{b} = (b+h)/2$	$\overline{b} = (b+h)/2$	$\overline{b} = h$

Wirksame Breite abhängig von der Spannungsverteilung

$1 > \psi \geq 0$	$\psi < 0$
$b_{\mathit{eff}} = \rho \cdot \overline{b}$	$b_{\mathit{eff}} = \rho \cdot \overline{b}/(1 - \psi)$

QKl 4

5.2.3 Nachweis von Querschnitten

Schema 3.1 Nachweis von Querschnitten   **Druck**

<table>
<tr><td colspan="4" align="center">Bemessungswerte: N_{Sd}
Widerstandsgrößen: $f_y \Rightarrow$ Schema 1; QKl $\Rightarrow$ Schema 2; $A, A_{eff} \Rightarrow$ Tabellenwerte</td></tr>
<tr><td colspan="4" align="center">Grenzdruckkraft</td></tr>
<tr><td rowspan="2" align="center">Bruttoquerschnitt</td><td colspan="3" align="center">Wirksamer Querschnitt</td></tr>
<tr><td align="center">QKl 1</td><td align="center">QKl 2   QKl 3</td><td align="center">QKl 4</td></tr>
<tr><td align="center">$\gamma_{M0} = 1{,}1$</td><td colspan="2" align="center">$\gamma_{M0} = 1{,}1$</td><td align="center">$\gamma_{M1} = 1{,}1$</td></tr>
<tr><td align="center">$N_{c,Rd} = A \cdot \dfrac{f_y}{\gamma_{M0}}$</td><td colspan="2" align="center">$N_{c,Rd} = A \cdot \dfrac{f_y}{\gamma_{M0}}$</td><td align="center">$N_{c,Rd} = A_{eff} \cdot \dfrac{f_y}{\gamma_{M1}}$</td></tr>
<tr><td colspan="4" align="center">Nachweis
$N_{Sd} \leq N_{c,Rd}$</td></tr>
</table>

Schema 3.2 Nachweis von Querschnitten   **Querkraft**

<table>
<tr><td colspan="3" align="center">Bemessungswerte: V_{Sd}
Widerstandsgrößen: $f_y \Rightarrow$ Schema 1; $A_v, A_{v,eff} \Rightarrow$ Tabellenwerte oder Berechnung
$V_{ba,Rd}, V_{bb,Rd} \Rightarrow$ Abschnitt 3.3.2</td></tr>
<tr><td colspan="3" align="center">Beanspruchbarkeit des Querschnittes</td></tr>
<tr><td align="center">Allgemein</td><td colspan="2" align="center">An Bauteilenden</td></tr>
<tr><td align="center">Plastische Grenzquerkraft</td><td colspan="2" align="center">Grenzwert gegen Scherbruch</td></tr>
<tr><td align="center">$\gamma_{M0} = 1{,}1$</td><td colspan="2" align="center">$\gamma_{M0} = 1{,}1$</td></tr>
<tr><td align="center">$V_{pl,Rd} = A_v \cdot \dfrac{f_y}{\sqrt{3} \cdot \gamma_{M0}}$</td><td colspan="2" align="center">$V_{eff,Rd} = A_{v,eff} \cdot \dfrac{f_y}{\sqrt{3} \cdot \gamma_{M0}}$</td></tr>
<tr><td align="center">Nachweis: $V_{Sd} \leq V_{pl,Rd}$</td><td colspan="2" align="center">$V_{Sd} \leq V_{eff,Rd}$</td></tr>
<tr><td colspan="3" align="center">Schubfeldbeulen bei unausgesteiften Stegblechen</td></tr>
<tr><td align="center">$d/t_w \leq 69 \cdot \varepsilon$</td><td colspan="2" align="center">$d/t_w > 69 \cdot \varepsilon$</td></tr>
<tr><td align="center">Nachweis nicht erforderlich</td><td align="center">Nachweis: $V_{z,Sd} \leq V_{ba,Rd}$</td><td align="center">$V_{z,Sd} \leq V_{bb,Rd}$</td></tr>
</table>

Schema 3.3 Nachweis von Querschnitten   **Zug**

Bemessungswert: N_{Sd}

Widerstandsgrößen: $f_y \Rightarrow$ Schema 1; $A, A_{net} \Rightarrow$ Tabellenwerte oder Berechnung

Querschnitt	
Bruttoquerschnitt	Nettoquerschnitt
Plastische Grenzzugkraft	Grenzzugkraft im kritischen Querschnitt durch die Löcher
$\gamma_{M0} = 1{,}1$	$\gamma_{M2} = 1{,}25$
$N_{pl,Rd} = A \cdot \dfrac{f_y}{\gamma_{M0}}$	$N_{u,Rd} = 0{,}9 \cdot A_{net} \cdot \dfrac{f_u}{\gamma_{M2}}$
Grenzzugkraft des Querschnittes	
$N_{pl,Rd} < N_{u,Rd}$	$N_{u,Rd} < N_{pl,Rd}$
$N_{t,Rd} = N_{pl,Rd}$	$N_{t,Rd} = N_{u,Rd}$
Nachweis	
$N_{Sd} \leq N_{t,Rd}$	

Schema 3.3.1 Nachweis von einschenkligen Winkelanschlüssen mit einer Schraubenreihe

Bemessungswert: N_{Sd}

Widerstandsgrößen: $f_u \Rightarrow$ Schema 1; $A_{net} \Rightarrow$ Tabellenwerte oder Berechnung

$\gamma_{M2} = 1{,}25$				
Anzahl Schrauben n				
1	2		$n \geq 3$	
	$p_1 \leq 2{,}5 \cdot d_0$	$p_1 \geq 5 \cdot d_0$	$p_1 \leq 2{,}5 \cdot d_0$	$p_1 \geq 5 \cdot d_0$
⇓	$\beta_2 = 0{,}4$	$\beta_2 = 0{,}7$	$\beta_3 = 0{,}5$	$\beta_3 = 0{,}7$
$N_{u,Rd} = 2 \cdot (e_2 - 0{,}5 \cdot d_0) \cdot t \cdot \dfrac{f_u}{\gamma_{M2}}$	$N_{u,Rd} = \beta_2 \cdot A_{net} \cdot \dfrac{f_u}{\gamma_{M2}}$		$N_{u,Rd} = \beta_3 \cdot A_{net} \cdot \dfrac{f_u}{\gamma_{M2}}$	
Nachweis				
$N_{Sd} \leq N_{u,Rd}$				

Schema 3.4 Nachweis von Querschnitten   **Biegung**

Einachsige Biegung ohne Querkraft

Bemessungswerte: M_{Sd} Widerstandsgrößen: $f_y \Rightarrow$ Schema 1; $W_{pl}, W_{el}, W_{eff} \Rightarrow$ Tabellenwerte oder Berechnung

Grenzmoment des Querschnittes ohne Schraubenlöcher

Querschnittsklasse (Schema 2)		
QKl 1 + QKl 2	QKl 3	QKl 4
$\gamma_{M0} = 1{,}1$	$\gamma_{M0} = 1{,}1$	$\gamma_{M1} = 1{,}1$
$M_{c,Rd} = W_{pl} \cdot \dfrac{f_y}{\gamma_{M0}}$	$M_{c,Rd} = W_{el} \cdot \dfrac{f_y}{\gamma_{M0}}$	$M_{c,Rd} = W_{eff} \cdot \dfrac{f_y}{\gamma_{M1}}$

$$\text{Nachweis}$$
$$M_{Sd} \leq M_{c,Rd}$$

Schema 3.5 Nachweis von Querschnitten   **Biegung + Querkraft**

Einachsige Biegung mit Querkraft

Bemessungswerte: $M_{Sd} + V_{Sd}$ Widerstandsgrößen: $f_y \Rightarrow$ Schema 1; $W_{pl}, W_{el}, W_{eff}, A_v \Rightarrow$ Berechnung oder Tabelle

Biegung: $M_{c,Rd} \Rightarrow$ Schema 3.4

$$V_{pl,Rd} = A_v \cdot f_y / (\sqrt{3} \cdot \gamma_{M0})$$

$V_{Sd} \leq 0{,}5 \cdot V_{pl,Rd}$	$V_{Sd} > 0{,}5 \cdot V_{pl,Rd}$	

$$\rho = (2 \cdot V_{Sd} / V_{pl,Rd} - 1)^2$$

Abgemindertes plastisches Grenzmoment

$M_{c,Rd}$	Querschnitt mit gleichen Flanschen und Biegung um die Hauptachse	Andere Querschnitte
$\Downarrow$	$M_{v,Rd} = \left(W_{pl} - \rho \cdot \dfrac{A_v^2}{4 \cdot t_w} \right) \cdot \dfrac{f_y}{\gamma_{M0}}$	$f_{y,red} = (1 - \rho) \cdot f_y$ $M_{v,Rd} = \left(W_{pl} - \rho \cdot \dfrac{A_v^2}{4 \cdot t_w} \right) \cdot \dfrac{f_{y,red}}{\gamma_{M0}}$
$M_{v,Rd} = M_{c,Rd}$	$M_{v,Rd} \leq M_{c,Rd}$	

$$\text{Nachweis: } M_{Sd} \leq M_{v,Rd}$$

Schema 3.6 Nachweis von Querschnitten der QKl 1 und QKl 2,　　　**Biegung + Längskraft**

Einachsige Biegung mit Längskraft

Bemessungswerte: M_{Sd}, N_{Sd}

Widerstandsgrößen: $f_y \Rightarrow$ Schema 1; W_{pl}, $A \Rightarrow$ Tabellenwerte oder Berechnung

$$\gamma_{M0} = 1{,}1$$

$$M_{pl,Rd} = W_{pl} \cdot f_y / \gamma_{M0}$$

$$N_{pl,Rd} = A \cdot f_y / \gamma_{M0}$$

$$n = N_{Sd} / N_{pl,Rd}$$

Gewalzte I-, H- Normprofile ohne Lochschwächung,
geschweißte I-, H-Profile mit gleichen Flanschen

$$a = \left(A - 2 \cdot b \cdot t_f\right)/ A \le 0{,}5$$

Biegung um die Hauptachse y-y

$$N_{pl,w,Rd} = a \cdot N_{pl,Rd}$$

N-Beanspruchung

niedrig	hoch
$N_{Sd} \le \min\begin{cases} 0{,}50 \cdot N_{pl,w,Rd} \\ 0{,}25 \cdot N_{pl,Rd} \end{cases}$	$N_{Sd} > \min\begin{cases} 0{,}50 \cdot N_{pl,w,Rd} \\ 0{,}25 \cdot N_{pl,Rd} \end{cases}$
Grenzmoment ohne Abminderung	Abgemindertes Grenzmoment
$M_{Ny,Rd} = M_{pl,y,Rd}$	$M_{Ny,Rd} = \dfrac{M_{pl,y,Rd} \cdot (1-n)}{1 - 0{,}5 \cdot a} \le M_{pl,y,Rd}$

Nachweis

$$M_{Sd} \le M_{Ny,Rd}$$

Biegung um die schwache Achse z-z

$n \le a$	$n > a$
$M_{Nz,Rd} = M_{pl,z,Rd}$	$M_{Nz,Rd} = M_{pl,z,Rd} \cdot \left[1 - \left(\dfrac{n-a}{1-a}\right)^2\right]$

Nachweis

$$M_{Sd} \le M_{Nz,Rd}$$

Biegung + Längskraft

Einachsige Biegung mit Längskraft

Rechteckiger Querschnitt
$M_{N,Rd} = M_{pl,Rd} \cdot [1 - (N_{Sd} / N_{pl,Rd})^2]$
$M_{Sd} \leq M_{N,Rd}$

Rechteckhohlprofil ohne Schraubenlöcher	
Biegung um	
Hauptachse y-y	Schwache Achse z-z
Querschnitt	Querschnitt
gewalzt / geschweißt	gewalzt / geschweißt
$t = t_f$	$t = t_w$
$a_w = (A - 2 \cdot b \cdot t) / A \leq 0,5$	$a_f = (A - 2 \cdot h \cdot t) / A \leq 0,5$
$M_{Ny,Rd} = \dfrac{M_{pl,y,Rd} \cdot (1-n)}{1 - 0,5 \cdot a_w} \leq M_{pl,y,Rd}$	$M_{Nz,Rd} = \dfrac{M_{pl,z,Rd} \cdot (1-n)}{1 - 0,5 \cdot a_f} \leq M_{pl,z,Rd}$
Nachweis	Nachweis
$M_{Sd} \leq M_{Ny,Rd}$	$M_{Sd} \leq M_{Nz,Rd}$

Zweiachsige Biegung

Vereinfachter Nachweis	
Interaktionskriterium:	$\dfrac{N_{Sd}}{N_{pl,Rd}} + \dfrac{M_{y,Sd}}{M_{pl,y,Rd}} + \dfrac{M_{z,Sd}}{M_{pl,z,Rd}} \leq 1$

Querschnitt			
Rechteckig	I-, H-Profil	Rechteck-Hohlprofil	Rundrohr
$\alpha = 1,73 + 1,8 \cdot n$	$\alpha = 2$	$\alpha = 1,66 / (1 - 1,13 \cdot n^2) \leq 6$	$\alpha = 2$
$\beta = 1,73 + 1,8 \cdot n$	$\beta = 5 \cdot n \geq 1$	$\beta = \alpha$	$\beta = 2$

Näherungskriterium:	$\left[\dfrac{M_{y,Rd}}{M_{Ny,Rd}} \right]^{\alpha} + \left[\dfrac{M_{z,Rd}}{M_{Nz,Rd}} \right]^{\beta} \leq 1$

Schema 3.7 Nachweis von Querschnitten der QKl 3, QKl 4   **Biegung + Längskraft**

Zweiachsige Biegung

Querschnitte ohne Schraubenlöcher

Bemessungswerte und Widerstandsgrößen siehe Schema 3.6

$$f_{y,d} = f_y \, / \, \gamma_{M0}$$

$$\sigma_{x,Ed} \leq f_{y,d}$$

Querschnittsklasse QKl 3 $\Rightarrow$ Schema 2
Nachweis (Interaktionskriterium)

$$\frac{N_{Sd}}{A \cdot f_{y,d}} + \frac{M_{y,Sd}}{W_{el,y} \cdot f_{y,d}} + \frac{M_{z,Sd}}{W_{el,z} \cdot f_{y,d}} \leq 1$$

Querschnittsklasse QKl 4 $\Rightarrow$ Schema 2

$$b_{eff} \Rightarrow \text{Schema 2.4, 2.4.1}$$

Allgemein	I-, H-Profile
	$A_{eff} \Rightarrow$ Abschnitt 3.2.5

Allgemein:

$$A_{eff}, \, W_{eff}, \, e_N$$

nach Formeln der Festigkeitslehre

I-, H-Profile:

$$e_{Ny} = \frac{h - t_f}{2} \cdot \left(\frac{A}{A_{eff}} - 1 \right)$$

$$e_{Nz} = 1$$

$$\Delta I_y = A \cdot e_{Ny}^{\,2} - I_{y1} - \Delta A \cdot \left(\frac{h - t_f}{2} + e_{Ny} \right)^2$$

$$I_{y,eff} = I_y + \Delta I_y$$

$$W_{y,eff} = \frac{I_{y,eff}}{h/2 + e_{M,y}}$$

$$W_{z,eff} = \frac{I_{z,eff}}{b/2}$$

Nachweis (Interaktionskriterium)

$$\frac{N_{Sd}}{A_{eff} \cdot f_{y,d}} + \frac{M_{y,Sd} + N_{Sd} \cdot e_{Ny}}{W_{eff,y} \cdot f_{y,d}} + \frac{M_{z,Sd} + N_{Sd} \cdot e_{Nz}}{W_{eff,z} \cdot f_{y,d}} \leq 1$$

5.2.4 Stabilitätsnachweise für Bauteile

Schema 4 Druckbeanspruchte Bauteile
Knicken

Bauteile mit über der Länge gleichbleibendem Querschnitt und konstanter Druckkraft N			
Bemessungswerte: N_{Sd}			
Widerstandsgrößen: $f_y \Rightarrow$ Schema 1, A, $A_{eff} \Rightarrow$ Tabellenwert oder Berechnung			
$\gamma_{M1} = 1{,}1$			
Bezugsschlankheitsgrad			
Allgemein	Werkstoff		
	Fe 360	Fe 430	Fe 510
$\lambda_1 = \pi \cdot \sqrt{\dfrac{E}{f_y}}$	$f_y = 235$	$f_y = 275$	$f_y = 355$
	$\lambda_1 = 93{,}9$	$\lambda_1 = 86{,}8$	$\lambda_1 = 76{,}4$
Querschnittsklasse			
QKL 1	QKL 2	QKL 3	QKL 4
$\beta_A = 1$			$\beta_A = A_{eff} / A$
Schlankheitsgrad			
$\lambda_y = \ell / i_y$		$\lambda_z = \ell / i_z$	
$\overline{\lambda}_y = \dfrac{\lambda_y}{\lambda_1} \cdot \sqrt{\beta_A}$		$\overline{\lambda}_z = \dfrac{\lambda_z}{\lambda_1} \cdot \sqrt{\beta_A}$	
$\overline{\lambda} = \overline{\lambda}_y \; \left(\overline{\lambda}_z \right)$			
Europäische Knickspannungslinie $\Rightarrow$ Tabelle 3.16			
a	b	c	d
$\alpha = 0{,}21$	$\alpha = 0{,}34$	$\alpha = 0{,}49$	$\alpha = 0{,}76$
Bezogener Schlankheitsgrad			
$\overline{\lambda} \le 0{,}2$	$0{,}2 \le \overline{\lambda} \le 3{,}0$		
$\chi = 1{,}0$	$\phi = 0{,}5 \cdot \left[1 + \alpha \cdot (\overline{\lambda} - 0{,}2) + \overline{\lambda}^2 \right]$ $\chi = \dfrac{1}{\phi + \sqrt{\phi^2 - \overline{\lambda}^2}} \le 1$		$\chi \Rightarrow$ Tabelle 3.19
$N_{b,Rd} = \chi \cdot \beta_A \cdot A \cdot f_y / \gamma_{M1}$			
Nachweis: $N_{Sd} \le N_{b,Rd}$			

Schema 4.1 Biegeträger																																					**Biegedrillknicken**

<table>
<tr><td colspan="4" align="center">Seitlich ungestützte Biegeträger ohne planmäßige Torsionsbeanspruchung
Endmomenten- oder Querbelastung eingeleitet in den Schubmittelpunkt</td></tr>
</table>

Bemessungswerte: M_{Sd}

Widerstandsgrößen: $f_y \Rightarrow$ Schema 1, $W_{pl,y}$, A, $A_{eff} \Rightarrow$ Tabellenwert oder Berechnung

$$\gamma_{M1} = 1,1$$

Bezugsschlankheitsgrad

Allgemein	Werkstoff		
	Fe 360	Fe 430	Fe 510
$\lambda_1 = \pi \cdot \sqrt{\dfrac{E}{f_y}}$	$f_y = 235$ $\lambda_1 = 93,9$	$f_y = 275$ $\lambda_1 = 86,8$	$f_y = 355$ $\lambda_1 = 76,4$

Querschnittsklasse

QKL 1	QKL 2	QKL 3	QKL 4
$\beta_w = 1$		$\beta_w = W_{el,y} / W_{pl,y}$	$\beta_w = W_{eff,y} / W_{pl,y}$

Schlankheitsgrad mit M_{cr} nach Abschnitt 4.3.1

$$\lambda_{LT} = \sqrt{\frac{\pi^2 \cdot E \cdot W_{pl,y}}{M_{cr}}}$$

Knickspannungslinie

a = gewalztes Profil	c = geschweißtes Profil
$\alpha_{LT} = 0,21$	$\alpha_{LT} = 0,49$

Bezogener Schlankheitsgrad

$$\overline{\lambda}_{LT} = \frac{\lambda_{LT}}{\lambda_1} \cdot \sqrt{\beta_w}$$

$\overline{\lambda}_{LT} \leq 0,4$	$0,4 \leq \overline{\lambda}_{LT} \leq 3,0$

Nachweis nicht erforderlich	$\phi_{LT} = 0,5 \cdot [1 + \alpha_{LT} \cdot (\overline{\lambda}_{LT} - 0,2) + \overline{\lambda}_{LT}^2]$ $\chi_{LT} = \dfrac{1}{\phi_{LT} + \sqrt{\phi_{LT}^2 - \overline{\lambda}_{LT}^2}} \leq 1$	$\chi_{LT} \Rightarrow$ Tabelle 3.20

$$M_{b,Rd} = \chi \cdot \beta_w \cdot W_{pl,y} \cdot f_y / \gamma_M$$

Nachweis:	$M_{Sd} \leq M_{b,Rd}$

Schema 4.2 Einachsige Biegung + Druckkraft   **Biegeknicken, Biegedrillknicken**

Bauteile mit über der Länge gleichbleibendem Querschnitt und konstanter Druckkraft N_{Sd}

$$\gamma_{M1} = 1{,}1$$
$$f_{y,d} = f_y / \gamma_{M1}$$

Querschnittsklasse $\Rightarrow$ Schema 2

QKl 1 + QKl 2	QKl 3	QKl 4
$M_y = M_{y,Sd}$ $W_y = W_{pl,y}$	$M_y = M_{y,Sd}$ $W_y = W_{el,y}$	$M_y = M_{y,Sd} + N_{Sd} \cdot e_{Ny}$ $W_y = W_{eff,y}$ $A = A_{eff}$

Biegeknicken

$$\chi_y,\ \chi_z \Rightarrow \text{Schema 4}, \quad \beta_{My} \Rightarrow \text{Tabelle 3.30}$$

Querschnittsklasse

QKl 1 + QKl 2	QKl 3 + QKl 4
$\mu_y = \overline{\lambda}_y \cdot \left(2 \cdot \beta_{My} - 4\right) + \left(\dfrac{W_{pl,y} - W_{el,y}}{W_{el,y}}\right) \leq 0{,}9$	$\mu_y = \overline{\lambda}_y \cdot \left(2 \cdot \beta_{My} - 4\right) \leq 0{,}9$

$$k_y = 1 - \frac{\mu_y \cdot N_{Sd}}{\chi_y \cdot A \cdot f_y} \leq 1{,}5$$

Nachweis:
$$\frac{N_{Sd}}{\chi_y \cdot A \cdot f_{y,d}} + k_y \cdot \frac{M_y}{W_y \cdot f_{y,d}} \leq 1$$

Nachweis:
$$\frac{N_{Sd}}{\chi_z \cdot A \cdot f_{y,d}} \leq 1$$

Biegedrillknicken

$$\chi_y,\ \chi_z \Rightarrow \text{Schema 4}, \quad \chi_{LT} \Rightarrow \text{Schema 4.1}, \quad \beta_{MLT} \Rightarrow \text{Tabelle 3.30}$$

$$\mu_{LT} = 0{,}15 \cdot \overline{\lambda}_{LT} \cdot \beta_{M,LT} - 0{,}15 \leq 0{,}9$$

$$k_{LT} = 1 - \frac{\mu_{LT} \cdot N}{\chi_{LT} \cdot A \cdot f_y} \leq 1{,}5$$

Querschnittsklasse $\Rightarrow$ Schema 2

QKl 1 + QKl 2	QKl 3	QKl 4
$\chi = \chi_z$	$\chi = \chi_z$	$\chi = \chi_y$

Nachweis:
$$\frac{N_{Sd}}{\chi \cdot A \cdot f_{y,d}} + k_{LT} \cdot \frac{M_y}{\chi_{LT} \cdot W_y \cdot f_{y,d}} \leq 1$$

Schema 4.3 Zweiachsige Biegung + Druckkraft   **Biegeknicken + Biegedrillknicken**

Bauteil mit Querschnitt über der Länge gleichbleibend und konstanter Druckkraft $N = N_{Sd}$

Biegeknicken

$$\chi_y; \ \chi_z \ \Rightarrow \text{Schema 4.1,} \ \beta_{My} \Rightarrow \text{Tabelle 3.30}$$

$$\gamma_{M1} = 1{,}1$$

$$f_{y,d} = f_y / \gamma_{M1}$$

Querschnittsklasse $\Rightarrow$ Schema 2

QKl 1	QKl 2	QKl 3	QKl 4
$M_y = M_{y,Sd}$ $W_y = W_{pl,y}$		$M_y = M_{y,Sd}$ $M_z = M_{z,Sd}$ $W_y = W_{el,y}$ $W_z = W_{el,z}$	$M_y = M_{y,Sd} + N_{Sd} \cdot e_{Ny}$ $M_z = M_{z,Sd} + N_{Sd} \cdot e_{Nz}$ $W_y = W_{eff,z}$ $W_z = W_{eff,y}$ $A = A_{eff}$

$$\mu_y = \overline{\lambda}_y \cdot \left(2 \cdot \beta_{My} - 4\right) + \left(\frac{W_{pl,y} - W_{el,y}}{W_{el,y}}\right) \le 0{,}9 \qquad\qquad \mu_y = \overline{\lambda}_y \cdot \left(2 \cdot \beta_{My} - 4\right) \le 0{,}9$$

$$\mu_z = \overline{\lambda}_z \cdot \left(2 \cdot \beta_{Mz} - 4\right) + \left(\frac{W_{pl,z} - W_{el,z}}{W_{el,z}}\right) \le 0{,}9 \qquad\qquad \mu_z = \overline{\lambda}_z \cdot \left(2 \cdot \beta_{Mz} - 4\right) \le 0{,}9$$

$$k_y = 1 - \frac{\mu_y \cdot N_{Sd}}{\chi_y \cdot A \cdot f_y} \le 1{,}5$$

$$k_z = 1 - \frac{\mu_z \cdot N_{Sd}}{\chi_z \cdot A \cdot f_y} \le 1{,}5$$

Nachweis:
$$\frac{N_{Sd}}{\chi_{min} \cdot A \cdot f_{y,d}} + k_y \cdot \frac{M_y}{W_y \cdot f_{y,d}} + k_z \cdot \frac{M_z}{W_z \cdot f_{y,d}} \le 1$$

Biegedrillknicken

$$\chi_y; \ \chi_z; \ \chi_{LT} \ \Rightarrow \text{Schema 4.1,} \ \beta_{MLT} \Rightarrow \text{Tabelle 3.30}$$

$$\mu_{LT} = 0{,}15 \cdot \overline{\lambda}_z \cdot \beta_{M,LT} - 0{,}15 \le 0{,}9$$

$$k_{LT} = 1 - \frac{\mu_{LT} \cdot N}{\chi_z \cdot A \cdot f_y} \le 1{,}5$$

Nachweis:
$$\frac{N_{Sd}}{\chi_z \cdot A \cdot f_{y,d}} + k_{LT} \cdot \frac{M_y}{\chi_{LT} \cdot W_y \cdot f_{y,d}} + k_z \frac{M_z}{W_z \cdot f_{y,d}} \le 1$$

5.2.5 Nachweis von Verbindungen

Schema 5 Schraubenverbindung   **Zug, Abscheren**

Widerstandsgrößen in N/mm²			
FK 4.6	FK 5.6	FK 8.8	FK 10.9
$f_{y,b} = 240$ $f_{u,b} = 400$	$f_{y,b} = 300$ $f_{u,b} = 500$	$f_{y,b} = 640$ $f_{u,b} = 800$	$f_{y,b} = 900$ $f_{u,b} = 1000$

Alle Scherfugen		Scherfuge	
		im Schaft	im Gewinde
$\alpha_a = 0,6$		$\alpha_a = 0,6$	$\alpha_a = 0,5$

Scherfuge	
im Schaft	im Gewinde
$A = \dfrac{\pi \cdot d_{Sch}^2}{4}$	$d_K = d - 0,6495 \cdot P$ $d_{Fl} = d - 1,2265 \cdot P$ $A_S = \dfrac{\pi}{4} \cdot \left(\dfrac{d_K + d_{Fl}}{2} \right)^2$

$$\gamma_{Mb} = 1,25$$

Beanspruchung		
Abscheren		Zug
Grenzabscherkraft		Grenzzugkraft
Scherfuge im Schaft	Scherfuge im Gewinde	
$F_{v,Rd} = \dfrac{\alpha_a \cdot f_{ub} \cdot A}{\gamma_{Mb}}$	$F_{v,Rd} = \dfrac{\alpha_a \cdot f_{ub} \cdot A_S}{\gamma_{Mb}}$	$F_{t,Rd} = \dfrac{0,9 \cdot f_{u,b} \cdot A_S}{\gamma_{Mb}}$
Nachweis		Nachweis
$F_{v,Sd} \leq F_{v,Rd}$		$F_{t,Sd} \leq F_{t,Rd}$

Beanspruchung auf Abscheren + Zug
Interaktion
$\dfrac{F_{v,Sd}}{F_{v,Rd}} + \dfrac{F_{t,Sd}}{1,4 \cdot F_{t,Rd}} \leq 1$

d = Gewindedurchmesser; P = Gewindesteigung

Schema 5.1 Schraubenverbindung   **Lochleibung**

Lochleibung bei Blechdicken $t \geq 3$ mm

		Beiwert α abhängig vom:
Abstand der Schrauben		**Werkstoff**
Randabstand	Lochabstand	Bauteil (Fe...) $\Rightarrow f_u$, Schrauben (FK...) $\Rightarrow f_{u,b}$

$$\alpha = \frac{e_1}{3 \cdot d} \leq 1 \qquad\qquad \alpha = \frac{p_1}{3 \cdot d} - \frac{1}{4} \leq 1 \qquad\qquad \alpha = \frac{f_{u,b}}{f_u} \leq 1$$

	Fe 360	Fe 430		Fe 510	
	FK 4.6	FK 4.6		FK 4.6	
	FK 5.6		FK 5.6		FK 5.6
	FK 8.8		FK 8.8			FK 8.8
	FK 10.9		FK 10.9			FK 10.9
$\alpha = 1{,}0$	$= 0{,}93$	$= 1{,}0$	$= 0{,}78$	$= 0{,}98$	$= 1{,}0$

α = minimaler Wert

Lochabstände/ Grenzlochleibungskraft

$e_2 \geq 1{,}5 \cdot d$ $p_2 \geq 3 \cdot d$	$1{,}2 \cdot d \leq e_2 < 1{,}5 \cdot d$ $2{,}4 \cdot d \leq p_2 < 3 \cdot d$
$F_{b,Rd} = \dfrac{2{,}5 \cdot \alpha \cdot f_u \cdot d \cdot t}{\gamma_{Mb}}$	$F_{b,Rd} = \dfrac{2}{3} \cdot \dfrac{2{,}5 \cdot \alpha \cdot f_u \cdot d \cdot t}{\gamma_{Mb}}$

Nachweis: $\qquad\qquad\qquad\qquad F_{v,Sd} \leq F_{b,Rd}$

Schema 5.2 Gleitfeste Verbindungen mit hochfesten Schrauben   **Gleiten**

Grenzvorspannkraft
$F_{p,Cd} = 0{,}7 \cdot f_{u,b} \cdot A_s$

Güteklasse der Gleitfläche			
A	B	C	D
$\mu = 0{,}50$	$\mu = 0{,}40$	$\mu = 0{,}30$	$\mu = 0{,}20$

Grenzzustand	
Tragfähigkeit	Gebrauchstauglichkeit
$\gamma_{Ms,ult} = 1{,}25$	$\gamma_{Ms,ser} = 1{,}1$
$F_{s,Rd} = n \cdot \mu \cdot F_{p,Cd} / \gamma_{Ms}$	$F_{ser,Rd} = n \cdot \mu \cdot F_{p,Cd} / \gamma_{Mser}$
Nachweis: $F_{v,Sd} \leq F_{s,Rd}$	Nachweis: $F_{v,Sd} \leq F_{ser,Rd}$

5.3 Berechnungsbeispiele

Anhand von einfachen, in der Praxis häufig vorkommenden Systemen wird die Vorgehensweise bei Tragsicherheitsnachweisen mit Zahlenbeispielen erläutert.

Aus einem Tragwerk wurden einzelne, idealisierte Träger, Stützen und Verbände ausgewählt um die Zusammenhänge der Beanspruchungsarten und die daraus resultierenden Berechnungsabläufe darzustellen. Für Träger und Stützen sind doppeltsymmetrische Querschnitte angesetzt.

Zusammenstellung der Zahlenbeispiele

	Position	Statisches System und Beanspruchung	Querschnitt	Seite
Biegeträger	1	- einachsige Biegung	QKL 1	244
	2	- einachsige Biegung + Querkraft	QKL 2	248
	3	- einachsige Biegung + Querkraft + Druck	QKL 3	251
	4	- zweiachsige Biegung	QKL 4	257

	Position	Statisches System und Beanspruchung	Querschnitt	Seite
Zugstab	5	- Verbandstab beansprucht auf Zug	QKL 1 	262
Stützen = druckbeanspruchte Bauteile	6	- mittiger Druck 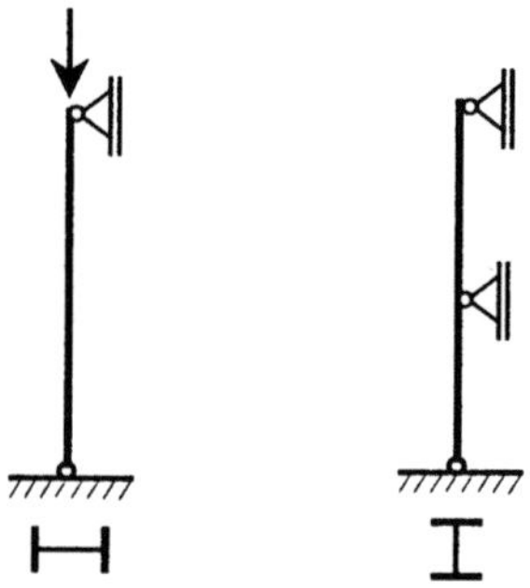	QKL 4 	264
	7	- Druck + einachsige Biegung 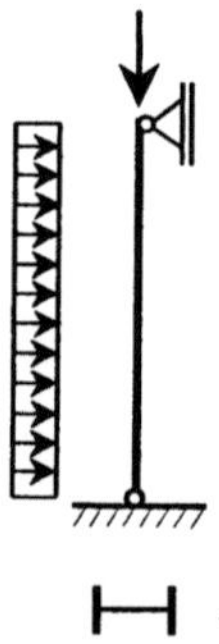	QKL 2 	267
	8	- Druck + 2-achsige Biegung 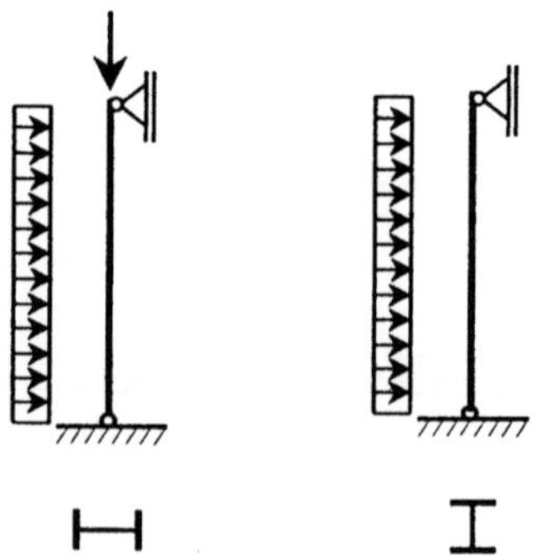	QKL 1 	272

Positionsplan

Trägerlage + 6200

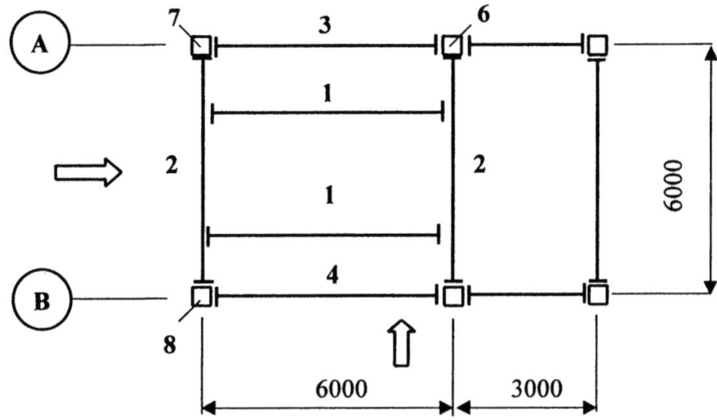

Wandscheibe „A"

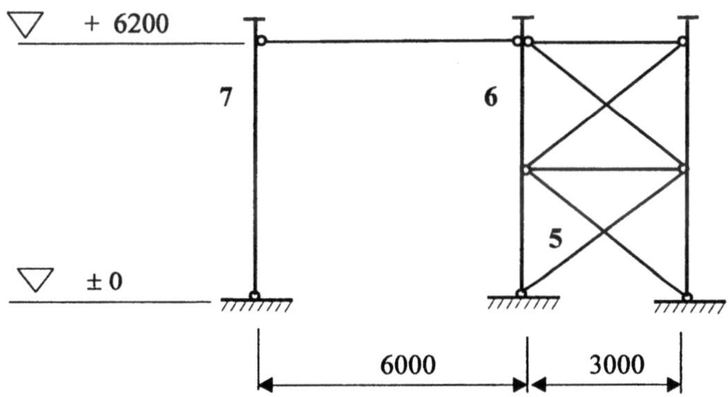

Wandscheibe „B"

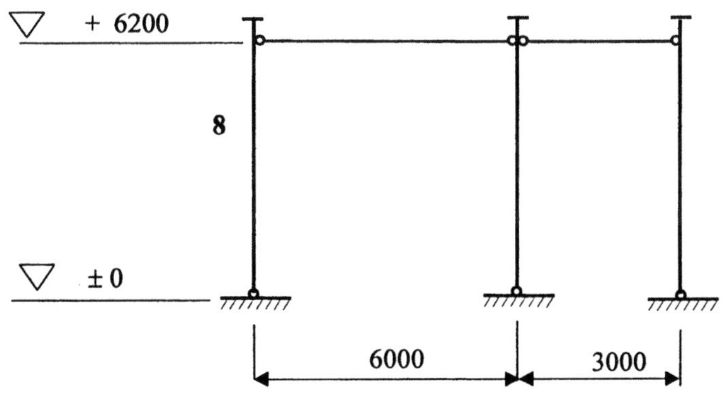

5.3.1 Träger, einachsige Biegung

Pos. 1

Ständige und vorübergehende Einwirkungen jeweils als Streckenlast über die gesamte Länge.
Obergurt ohne seitliche Halterungen, Gabellagerung an den Enden. Lastangriff an Obergurt.

Statisches System und Einwirkungen

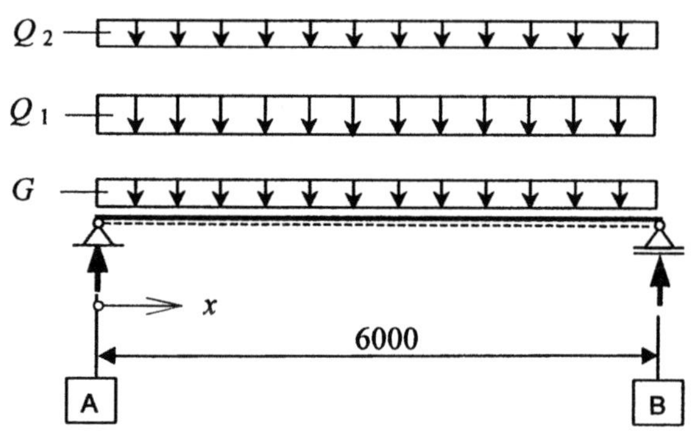

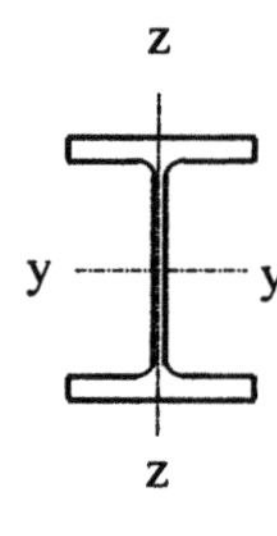

Einwirkungen - charakteristische Werte

Ständig:	- Eigenlast	$G = 3{,}50$ kN/m
Veränderlich:	- Verkehrslast	$Q_1 = 10{,}0$ kN/m
	- Schneelast	$Q_2 = 2{,}00$ kN/m

Einwirkungen - Bemessungswerte

Ständig mit Teilsicherheitsbeiwert	$\gamma_G = 1{,}35$
Veränderlich mit - Teilsicherheitsbeiwert	$\gamma_Q = 1{,}5$
- Kombinationsbeiwert	$\psi = 0{,}9$

Einwirkungskombinationen

Grenzzustand:	Tragfähigkeit	Gebrauchstauglichkeit
Kombination 1 - Eigenlast - Verkehrslast	$R_{1,Sd} = G \cdot \gamma_g + Q_1 \cdot \gamma_Q$ $= 3{,}5 \cdot 1{,}35 + 10 \cdot 1{,}5 = 19{,}73$ kN/m	$R_1 = G + Q_1$ $= 13{,}5$ kN/m
Kombination 2 - Eigenlast - Verkehrslast - Schneelast	$R_{2,Sd} = G \cdot \gamma_g + \psi \cdot (Q_1 + Q_2) \cdot \gamma_Q$ $= 3{,}5 \cdot 1{,}35 + 0{,}9 \cdot (10 + 2) \cdot 1{,}5 = 20{,}93$ kN/m	$R_2 = G + Q_1 + Q_2$ $= 15{,}5$ kN/m

Maßgebend Kombination 2

Beanspruchungen

$$V_{z,Sd} = V_{A,Sd} = V_{B,Sd} = \frac{R_{1,Sd} \cdot l}{2} = \frac{20{,}93 \cdot 6}{2} = 62{,}8 \text{ kN}$$

$$M_{y,Sd} = \frac{R_{2,Sd} \cdot l^2}{8} = \frac{20{,}93 \cdot 6^2}{8} = 94{,}19 \text{ kNm}$$

Widerstandsgrößen

• Werkstoff:	Fe 360	$t < 40\,\text{mm}$	$\gamma_{M0} = 1{,}1$	$\gamma_{M1} = 1{,}1$
	Streckgrenze	$f_y =$ 23,5	kN/cm²	
	E-Modul	$E =$ 21000	kN/cm²	
	Schubmodul	$G =$ 8077	kN/cm²	

• Querschnitt: Walzprofil IPE 360

Abmessungen			Werte			
$h =$	360	mm	$A =$ 72,7 cm²			
$b =$	170	mm	$I_y =$ 16270 cm⁴		$I_z =$ 1040	cm⁴
$t_w =$	8,0	mm	$I_T =$ 37,5 cm⁴		$I_w =$ 313600	cm³
$t_f =$	12,7	mm	$W_{pl,y} =$ 1019 cm³			
$r =$	18	mm				

Einstufung des Querschnittes

$$\varepsilon = \sqrt{235/f_y} = \sqrt{235/235} = 1$$

– Flansch

$$\frac{c}{t_f} = \frac{85}{12{,}7} = 6{,}7 < 10 \cdot \varepsilon = 10 \;\Rightarrow\; \text{QKl1}$$

– Steg

$$\frac{d}{t_w} = \frac{h - 2 \cdot (t_f + r)}{t_w} = \frac{360 - 2 \cdot (12{,}7 + 18)}{8{,}0} = 37{,}3 < 72 \cdot \varepsilon = 72 \;\Rightarrow\; \text{QKl1}$$

Der gesamte Querschnitt wird in QKl 1 eingestuft.

Nachweis des Querschnittes

Biegung

– Mittragende Breite, eine Reduzierung ist nicht erforderlich.

$$c = 85 < L_0 / 20 = 6000 / 20 = 300$$

– Plastisches Grenzmoment

$$M_{c,Rd} = W_{pl,y} \cdot f_y / \gamma_{M0} = 1019 \cdot 23,5/1,1 = 21769 \ \text{kNcm} = 217,69 \ \text{kNm}$$

– Nachweis

$$M_{y,Sd} / M_{c,Rd} = 94,19/217,69 = 0,43$$

Querkraft

– Plastische Grenzquerkraft, Stegfläche vereinfacht berechnet

$$A_{v,z} = 1,04 \cdot h \cdot t_w = 1,04 \cdot 36,0 \cdot 0,8 = 29,95 \ \text{cm}$$

$$V_{pl,z,Rd} = A_{v,z} \cdot f_y / (\gamma_{M0} \cdot \sqrt{3}) = 29,95 \cdot 23,5/(1,1 \cdot \sqrt{3}) = 369,4 \ \text{kN}$$

– Nachweis an Stabende

$$V_{z,Sd} = 62,8 \ \text{kN}$$

$$V_{z,Sd} / V_{pl,z,Rd} = 62,8/369,4 = 0,17 < 0,5$$

– Schubfeldbeulen, Nachweis nicht erforderlich

$$d/t_w = 299/8 = 37,4 < 69 \cdot \varepsilon = 69$$

Interaktion M-V, Nachweis nicht erforderlich

$$N_{Sd} = 0$$
$$V_{z,Sd} / V_{pl,z,Rd} < 0,5$$
$$M_{v,y,Rd} = M_{c,Rd}$$

Nachweis der Gebrauchstauglichkeit

Durchbiegung in Stabmitte:

$$\delta_{zul.} = l / 250 = 600 / 250 = 2,4 \ cm$$

$$\delta = \frac{5}{384} \cdot \frac{R_2 / 100 \cdot l^4}{E \cdot I_y} = \frac{5}{384} \cdot \frac{0,155 \cdot 600^4}{21000 \cdot 16270} = 0,77 \ \text{cm} < 2,4 \ \text{cm}$$

Stabilitätsnachweis des Bauteiles

1. Biegeknicken: $N = 0$, Nachweis nicht erforderlich.

2. Biegedrillknicken

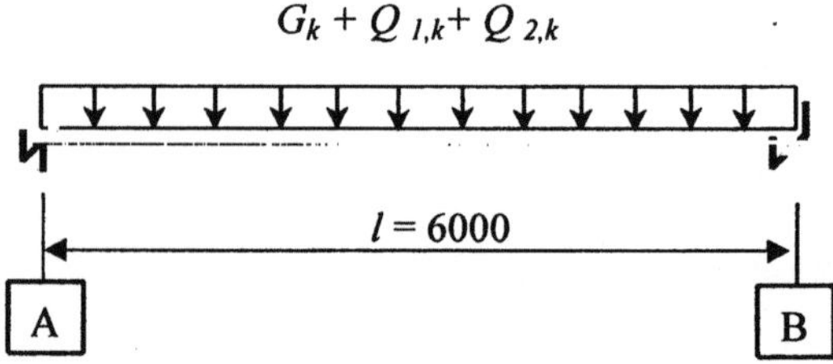

Lasteinleitung an Trägeroberkante

$$z_g = h/2 = 36/2 = 18 \ \text{cm}$$

– Ideales Biegedrillknickmoment

$$M_{cr} = C_1 \frac{\pi^2 E I_z}{(k \cdot L)^2} \cdot \left[\sqrt{\left(\frac{k}{k_w}\right)^2 \frac{I_w}{I_z} + \frac{(k \cdot L)^2 G \cdot I_t}{\pi^2 E \cdot I_z} + (C_2 \cdot z_g)^2} - C_2 \cdot z_g \right]$$

$k = k_w = 1,0; \quad C_1 = 1,132 ; \quad C_2 = 0,459$

$$M_{cr} = C_1 \cdot \frac{\pi^2 \cdot E I_z}{L^2} \cdot \left[\sqrt{\frac{I_w}{I_z} + \frac{L^2 \cdot G \cdot I_t}{\pi^2 \cdot E \cdot I_z} + (C_2 \cdot z_g)^2} - C_2 \cdot z_g \right] =$$

$$= 1,132 \frac{3,14^2 \cdot 21000 \cdot 1040}{600^2} \cdot \left[\sqrt{\frac{313600}{1040} + \frac{600^2 \cdot 8077 \cdot 37,5}{3,14^2 \cdot 21000 \cdot 1040} + (0,459 \cdot 18)^2} - 0,459 \cdot 18 \right]$$

$$= 14448\,\text{kNcm} = 144,48 \ \text{kNm}$$

– Schlankheitsgrad bei Biegebeanspruchung

$$\lambda_{LT} = \sqrt{\frac{\pi^2 \cdot E \cdot W_{pl,y}}{M_{cr}}} = \sqrt{\frac{3,14^2 \cdot 21000 \cdot 1019}{14448}} = 120,8$$

– Bezugsschlankheitsgrad

$$\lambda_1 = \pi \cdot \sqrt{\frac{E}{f_{y,k}}} = 3,14 \cdot \sqrt{\frac{21000}{23,5}} = 93,9$$

– Bezogener Schlankheitsgrad

$$\overline{\lambda}_{LT} = \frac{\lambda_{LT}}{\lambda_1} = \frac{120,8}{93,9} = 1,286$$

$$0,4 \le \overline{\lambda}_{LT} < 3$$

– Abminderungsfaktor

$$\phi_{LT} = 0,5 \cdot \left[1 + \alpha_{LT} \cdot \left(\overline{\lambda}_{LT} - 0,2\right) + \overline{\lambda}_{LT}^2 \right] = 0,5 \cdot \left[1 + 0,21 \cdot (1,286 - 0,2) + 1,186^2 \right] = 1,44$$

$$\chi_{LT} = \frac{1}{\phi_{LT} + \sqrt{\phi_{LT}^2 - \overline{\lambda}_{LT}^2}} = \frac{1}{1,44 + \sqrt{1,44^2 - 1,286^2}} = 0,478$$

– Grenzwert gegen Biegedrillknicken

$$M_{b,Rd} = \chi \cdot W_{pl,y} \cdot \frac{f_{y,k}}{\gamma_{M1}} = 0,478 \cdot 1019 \cdot \frac{23,5}{1,1} = 10406\,\text{kNcm}$$

– Nachweis

$$M_{y,Sd} / M_{b,Rd} = 9414/10406 = 0,905$$

5.3.2 Träger, einachsige Biegung + Querkraft

Pos. 2

Ständige und vorübergehende Einwirkungen als Einzellasten. Angesetzt werden die Bemessungswerte. Die Trägereigenlast wird vernachlässigt.

Obergurt seitlich gehalten, Gabellagerung an den Enden. Lastangriff an Obergurt.

Statisches System und Einwirkungen

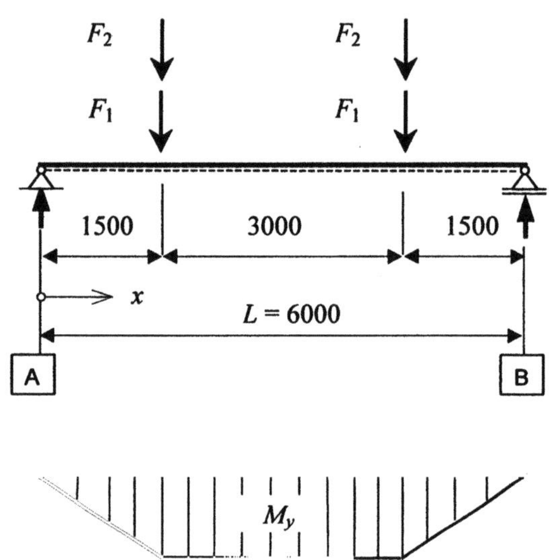

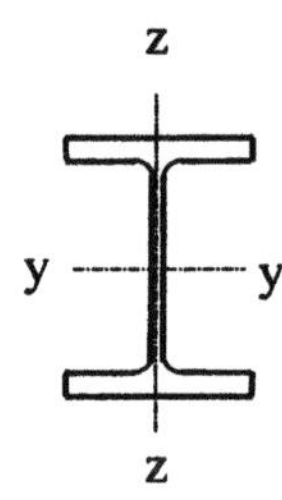

Einwirkungen - Bemessungswerte

Aus Position 1 $\qquad F_{1,Sd} = 62{,}8 \text{ kN}$

Einzellast aus Ausrüstung $\qquad F_{2,Sd} = 340 \text{ kN}$

Beanspruchungen

$$V_{A,Sd} = V_{B,Sd} = F_{1,Sd} + F_{2,Sd} = 62{,}8 + 340 = 402{,}8 \text{ kN}$$

$$M_{y,Sd} = (F_{1,Sd} + F_{2,Sd}) \cdot c = (62{,}8 + 340{,}0) \cdot 1{,}5 = 604{,}2 \text{ kNm}$$

Widerstandsgrößen

• Werkstoff:	Fe 510		$\gamma_{M1} = 1{,}1$
	Streckgrenze	$f_y = 35{,}5$	kN/cm²
	E-Modul	$E = 21000$	kN/cm²
	Schubmodul	$G = 8077$	kN/cm²

- Querschnitt: Walzprofil HE A360

b	Abmessungen		Werte	
	$h = 350$ mm	$I_y = 33090$ cm^4	$I_z = 7890$ cm^4	
	$b = 300$ mm	$I_T = 149$ cm^4	$I_w = 2177000$ cm^6	
	$t_w = 10$ mm	$W_{pl,y} = 2088$ cm^3		
	$t_f = 17{,}5$ mm			
	$r = 27$ mm			

Einstufung des Querschnittes

Nach Tabelle 6.2 wird der gesamte Querschnitt in QKl 2 eingestuft

Nachweis des Querschnittes

Beanspruchbarkeit nach Tabelle 6.6.6

$$M_{pl,y,Rd} = 674 \text{ kNm}$$

$$V_{pl,z} = 912{,}2 \text{ kN}$$

Biegung

- Mittragende Breite, eine Reduzierung ist nicht erforderlich

$$c = 150 < L_0 \,/\, 20 = 6000 \,/\, 20 = 300$$

- Nachweis

$$M_{y,Sd} \,/\, M_{pl,y,Rd} = 604{,}2/674 = 0{,}897 < 1$$

Querkraft

$$V_{z,Sd} = V_{A,Sd} = 402{,}8 \text{ kN}$$

- Nachweis

$$V_{z,Sd} \,/\, V_{pl,z,Rd} = 402{,}8/912{,}2 = 0{,}44 < 1{,}0$$

- Schubfeldbeulen. Walzprofil, Nachweis nicht erforderlich

Interaktion M-V

$$N_{Sd} = 0 \quad \text{und} \quad V_{z,Sd} \,/\, V_{pl,z,Sd} = 0{,}44 < 0{,}5 \;\Rightarrow\; M_{c,Rd} = M_{pl,y,Rd} = 674 \text{ kNm}$$

- Nachweis

$$M_{y,Sd} \,/\, M_{c,Rd} = 604{,}2/674 = 0{,}897 < 1$$

Nachweis der Gebrauchstauglichkeit

Auf den Nachweis wird in diesem, und auch in den nachfolgenden Beispielen verzichtet. Bei Bedarf ist er nach Allgemeinen Regeln der Technik durchzuführen.

Stabilitätsnachweis des Bauteiles

1. Biegeknicken: $N = 0$, Nachweis nicht erforderlich.

2. Biegedrillknicken

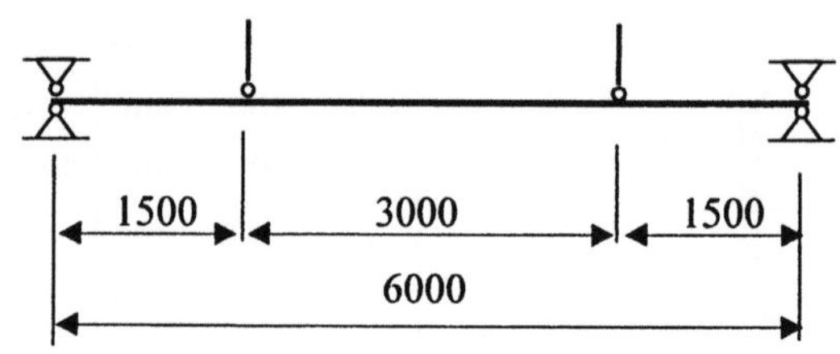

– Lasteinleitung an Trägeroberkante

$$z_g = h/2 = 35/2 = 17,5 \text{ cm}$$

– Ideales Biegedrillknickmoment mit: $k = k_w = 1,0$ und $C_1 = 1,046;\ C_2 = 0,430$

$$M_{cr} = C_1 \cdot \frac{\pi^2 \cdot EI_z}{L^2} \cdot \left[\sqrt{\frac{I_w}{I_z} + \frac{L^2 \cdot G \cdot I_t}{\pi^2 \cdot E \cdot I_z} + \left(C_2 \cdot z_g\right)^2} - C_2 \cdot z_g \right] =$$

$$= 1,046 \frac{3,14^2 \cdot 21000 \cdot 7890}{300^2} \cdot \left[\sqrt{\frac{2177000}{7890} + \frac{300^2 \cdot 8077 \cdot 149}{3,14^2 \cdot 21000 \cdot 7890} + \left(0,43 \cdot 17,5\right)^2} - 0,43 \cdot 17,5 \right]$$

$$= 236286 \text{ kNcm}$$

– Schlankheitsgrad bei Biegebeanspruchung

$$\lambda_{LT} = \sqrt{\frac{\pi^2 \cdot E \cdot W_{pl,y}}{M_{cr}}} = \sqrt{\frac{3,14^2 \cdot 21000 \cdot 2088}{236286}} = 42,8$$

– Bezugsschlankheitsgrad

$$\lambda_1 = \pi \cdot \sqrt{\frac{E}{f_y}} = 3,14 \cdot \sqrt{\frac{21000}{35,5}} = 76,4$$

– Bezogener Schlankheitsgrad

$$\overline{\lambda}_{LT} = \frac{\lambda_{LT}}{\lambda_1} = \frac{42,8}{76,4} = 0,56 \Rightarrow \chi = 0,905 \qquad \text{(Tabelle 3.19)}$$

– Grenzwert gegen Biegedrillknicken

$$M_{b,Rd} = \chi \cdot W_{pl,y} \cdot f_y / \gamma_{M1} = 0,905 \cdot 2088 \cdot 35,5/1,1 = 60984 \text{ kNcm} \rightarrow 609,84 \text{ kNm}$$

– Nachweis

$$M_{y,Sd} / M_{b,Rd} = 604,2/609,84 = 0,99 < 1$$

Es besteht keine Biegedrillknickgefahr.

5.3.3 Träger, einachsige Biegung + Querkraft + Druck

Pos. 3

Ständige und vorübergehende Einwirkungen als Einzellasten, angesetzt werden die Bemessungswerte. Die Trägereigenlast wird vernachlässigt.

Gabellagerung an den Enden. Lastangriff an Obergurt.

Statisches System und Einwirkungen

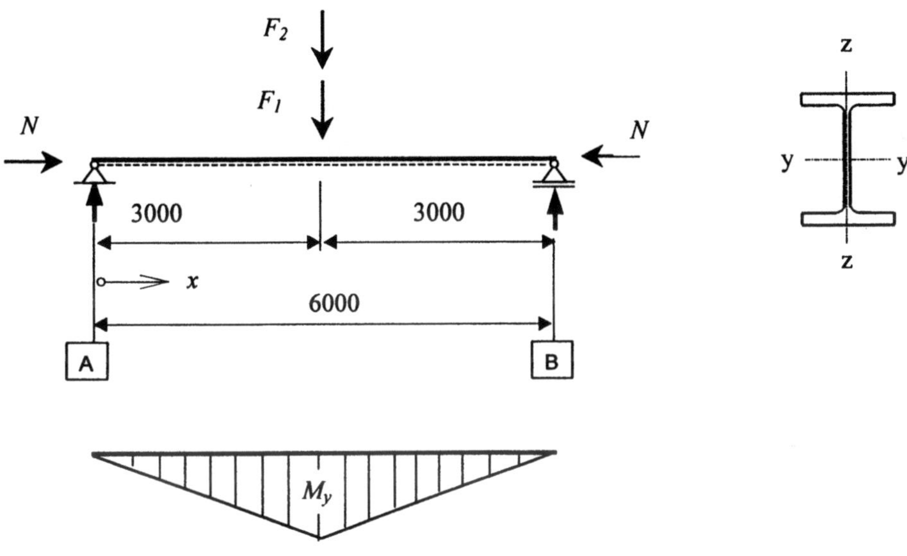

Einwirkungen -Bemessungswerte

Einzellast - ständig	$F_{1,Sd} = 12{,}8$ kN	
Einzellast - veränderlich	$F_{2,Sd} = 67{,}2$ kN	
Längskraft	$N_{Sd} = -88{,}0$ kN	

Beanspruchungen

$$F_{Sd} = F_{1,Sd} + F_{2,Sd} = 12{,}8 + 67{,}2 = 80{,}0 \ \text{kN}$$

$$V_{A,Sd} = V_{B,Sd} = \frac{F_{Sd}}{2} = \frac{80}{2} = 40{,}0 \ \text{kN}$$

$$M_{y,Sd} = \frac{F_{Sd} \cdot L}{4} = \frac{80 \cdot 6}{4} = 120 \,\text{kNm}$$

Widerstandsgrößen

• Werkstoff:	Fe 360	$\gamma_{M0} = 1{,}1$	$\gamma_{M1} = 1{,}1$

	Streckgrenze	$f_y =$	23,5	kN/cm²
	E-Modul	$E =$	21000	kN/cm²
	Schubmodul	$G =$	8077	kN/cm²

• Querschnitt: Walzprofil IPE 400

Abmessungen			Werte				
$h =$	400	mm	$A =$	84,5	cm²		
$b =$	180	mm	$I_y =$	23130	cm⁴	$I_z =$ 1320	cm⁴
$t_w =$	8,6	mm	$W_{el,y} =$	1160	cm³		
$t_f =$	13,5	mm	$W_{pl,,y} =$	1307	cm³		
$r =$	21,0	mm	$i_y =$	16,5	cm	$i_z =$ 3,95	cm
$d =$	331	mm	$I_T =$	51,4	cm⁴	$I_w =$ 490000	cm⁶

Einstufung des Querschnittes

$$\varepsilon = 1$$

– Flansch

$$\frac{c}{t_f} = \frac{90}{13,5} = 6,7 < 10 \cdot \varepsilon = 10 \quad \Rightarrow \quad \text{QKl 1}$$

– Steg (bei Druckbeanspruchung)

$$\frac{d}{t_w} = \frac{331}{8,6} = 38,5 < 42 \cdot \varepsilon = 42 \quad \Rightarrow \quad \text{QKl 3}$$

– Der gesamte Querschnitt wird in QKl 3 eingestuft

$$\text{QKl 3} \quad \Rightarrow \quad \beta_A = 1 \ \text{und} \ \beta_B = 1$$

Nachweis des Querschnittes

Grenzbeanspruchbarkeiten können aus Tabelle 6.5.2 entnommen werden

Druck

– Plastische Grenzdruckkraft

$$N_{pl,Rd} = A \cdot f_y / \gamma_{M0} = 84,5 \cdot 23,5 / 1,1 = 1804 \ \text{kN}$$

– Nachweis

$$N_{Sd} / N_{pl,Rd} = 88/1805 = 0,05 < 1$$

Biegung um die Hauptachse y-y

- Mittragende Breite

    $c = 150 < L_0 / 20 = 6000 / 20 = 300$

    Eine Reduzierung ist nicht erforderlich

- Plastisches Grenzbiegemoment

    $M_{c,Rd} = W_{el,y} \cdot f_y / \gamma_{M1} = 1160 \cdot 23,5/1,1 = 24782\,\text{kNcm} \quad \rightarrow \quad 247,82\,\text{kNm}$

- Nachweis

    $M_{y,Sd} / M_{c,Rd} = 120/247,82 = 0,48 < 1$

Querkraft

- Stegfläche vereinfacht

    $A_{v,z} = 1,04 \cdot h \cdot t_w = 1,04 \cdot 40 \cdot 0,86 = 35,8\ \text{cm}^2$

- Plastische Grenzquerkraft

    $V_{pl,z,Rd} = A_{v,z} \dfrac{f_{y,k}}{\gamma_{M0} \cdot \sqrt{3}} = 35,8 \cdot \dfrac{23,5}{\gamma_{M0} \cdot \sqrt{3}} = 441,3\ \text{kN}$

Interaktion M-V-N

- Querkraft

    $V_{z,Sd} = V_{A,d} = 40\ \text{kN}$

    $V_{z,Sd} / V_{pl,z,Rd} = 40/441,3 = 0,09 < 0,5$

- N-Beanspruchung

    $N_{pl,Rd} = 1805\ \text{kN}$

    $N_{Sd} / N_{pl,Rd} = 88/1805 = 0,05 < 0,25$

    $a = (A - 2 \cdot b \cdot t_f)/A = (84,5 - 2 \cdot 18 \cdot 1,35)/84,5 = 0,42$

    $N_{pl,w,Rd} = a \cdot N_{pl,Rd} = 0,42 \cdot 1805 = 758,1\ \text{kN}$

    $N_{Sd} / N_{pl,w,Rd} = 88/758,1 = 0,12 < 0,5$

    N-Beanspruchung = niedrig

- Abgemindertes plastisches Grenzmoment

    Bei N-Beanspruchung = niedrig und

    $V_{z,Sd} / V_{pl,z,Rd} < 0,5$

    ist keine Abminderung des Grenzmomentes erforderlich.

$$M_{N,y,Rd} = M_{c,Rd} = 247{,}82 \text{ kNm}$$

– Nachweis

$$\frac{M_{y,Sd}}{M_{N,y,Rd}} = \frac{120{,}00}{247{,}82} = 0{,}484 < 1$$

Stabilitätsnachweis des Bauteiles

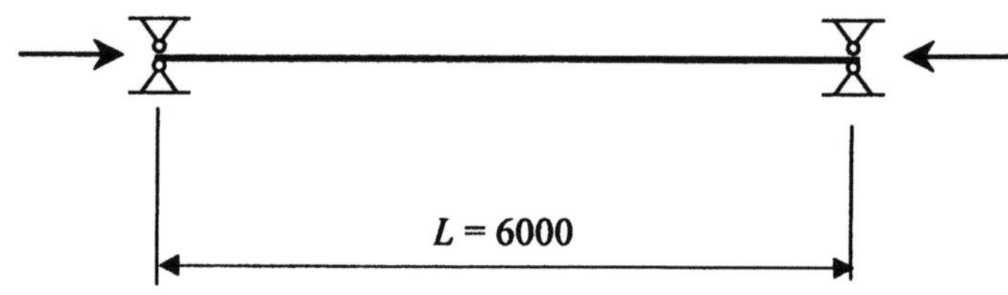

1. Biegeknicken, Abminderungsfaktoren nach Tabelle 3.19
– Knicken um die y-y Achse. Knickspannungslinie a

$$\alpha = 0{,}21$$

$$\lambda_y = \frac{\ell}{i_y} = \frac{600}{16{,}5} = 36{,}4$$

$$\overline{\lambda}_y = \frac{\lambda_y}{\lambda_1} \cdot \sqrt{\beta_A} = \frac{36{,}4}{93{,}9} \cdot \sqrt{1} = 0{,}39 \quad \Rightarrow \quad \chi_y = 0{,}955$$

– Knicken um die z-z Achse; Knickspannungslinie b

$$\alpha = 0{,}34$$

$$\lambda_z = \frac{\ell}{i_z} = \frac{600}{3{,}95} = 151{,}9$$

$$\overline{\lambda}_z = \frac{\lambda_z}{\lambda_1} \cdot \sqrt{\beta_A} = \frac{151{,}9}{93{,}9} \cdot \sqrt{1} = 1{,}62 \quad \Rightarrow \quad \chi_z = 0{,}3016$$

$$\beta_{M,Q} = 1{,}4$$

– Nachweis

$$\mu_y = \overline{\lambda}_y \cdot \left(2 \cdot \beta_{My} - 4\right) + \left(\frac{W_{pl,y} - W_{el,y}}{W_{el,y}}\right) =$$

$$= 0{,}39 \cdot \left(2 \cdot 1{,}4 - 4\right) + \left(\frac{1307 - 1160}{1160}\right) = -1{,}113 \le 0{,}9$$

$$k_y = 1 - \frac{\mu_y \cdot N_{Sd}}{\chi_y \cdot A \cdot f_y} = 1 - \frac{\left(-1{,}113\right) \cdot 150}{0{,}955 \cdot 84{,}5 \cdot 23{,}5} = 1{,}088 \le 1{,}5$$

$$\frac{N_{Sd}}{\chi_y \cdot A \cdot f_y / \gamma_{M1}} + k_y \cdot \frac{M_{y,Sd}}{W_{pl,y} \cdot f_y / \gamma_{M1}} =$$

$$= \frac{88}{0,955 \cdot 84,5 \cdot 23,5 / 1,1} + 1,088 \cdot \frac{12000}{1307 \cdot 23,5 / 1,1} = 0,518 \le 1$$

und

$$\frac{N_{Sd}}{\chi_z \cdot A \cdot f_y / \gamma_{M1}} = \frac{88}{0,3016 \cdot 84,5 \cdot 23,5 / 1,1} = 0,134 < 1$$

Es besteht keine Biegeknickgefahr

2. **Biegedrillknicken**

– Querschnittsklasse QKL 3

– Knickspannungslinie a

   $\alpha = 0,21$

– Abstand zwischen den Abstützungen

   $L = 600$ cm

– Lasteinleitung an Trägeroberkante

   $$z_g = \frac{h}{2} = \frac{40}{2} = 20 \text{ cm}$$

– Ideales Biegedrillknickmoment mit:

   $k = k_w = 1,0 \;\Rightarrow\; C_1 = 1,365; \; C_2 = 0,553$

$$M_{cr} = C_1 \cdot \frac{\pi^2 \cdot EI_z}{L^2} \cdot \left[\sqrt{\frac{I_w}{I_z} + \frac{L^2 \cdot G \cdot I_t}{\pi^2 \cdot E \cdot I_z} + \left(C_2 \cdot z_g\right)^2} - C_2 \cdot z_g \right] =$$

$$= 1,365 \cdot \frac{3,14^2 \cdot 21000 \cdot 1320}{600^2} \cdot \left[\sqrt{\frac{490000}{1320} + \frac{600^2 \cdot 8077 \cdot 54,4}{3,14^2 \cdot 21000 \cdot 1320} + \left(0,553 \cdot 20\right)^2} - 0,555 \cdot 20 \right] =$$

$$= 21964 \text{ kNcm} = 219,64 \text{ kNm}$$

– Bezogener Schlankheitsgrad

$$\beta_w = \frac{W_{el,y}}{W_{pl,y}} = \frac{1160}{1307} = 0,888$$

$$\bar{\lambda}_{LT} = \sqrt{\frac{\beta_w \cdot W_{pl,y} \cdot f_y}{M_{cr}}} = \cdot\sqrt{\frac{0,888 \cdot 1307 \cdot 23,5}{21964}} = 1,11$$

– Abminderungsfaktor nach Tabelle 3.20

$$\chi = 0,5892$$

$$\beta_{M,LT} = 1,4 \quad \text{(Tabelle 3.30)}$$

$$\mu_{LT} = 0,15 \cdot \bar{\lambda}_{LT} \cdot \beta_{M,LT} - 0,15 = 0,15 \cdot 1,11 \cdot 1,4 - 0,15 = 0,083 < 0,90$$

$$k_{LT} = 1 - \frac{\mu_{LT} \cdot N_d}{\chi_{LT} \cdot A \cdot f_y} = 1 - \frac{0,083 \cdot 88}{0,5892 \cdot 84,5 \cdot 23,5} = 0,99 < 1,5$$

– Nachweis

$$\frac{N_{Sd}}{\chi_z \cdot A \cdot f_y / \gamma_{M1}} + \frac{k_{LT} \cdot M_{y,Sd}}{\chi_{LT} \cdot W_{pl,y} \cdot f_y / \gamma_{M1}} =$$

$$= \frac{88}{0,3016 \cdot 84,5 \cdot 23,5 / 1,1} + \frac{0,99 \cdot 12000}{0,5892 \cdot 1307 \cdot 23,5 / 1,1} = 0,884 < 1$$

Keine Biegedrillgefährdung des Bauteiles.

5.3.4 Träger, zweiachsige Biegung

Pos. 4

Ständige und vorübergehende Einwirkungen als Streckenlasten über die gesamte Länge. Angesetzt werden die Bemessungswerte.

Gabellagerung an den Enden.

Statisches System und Einwirkungen

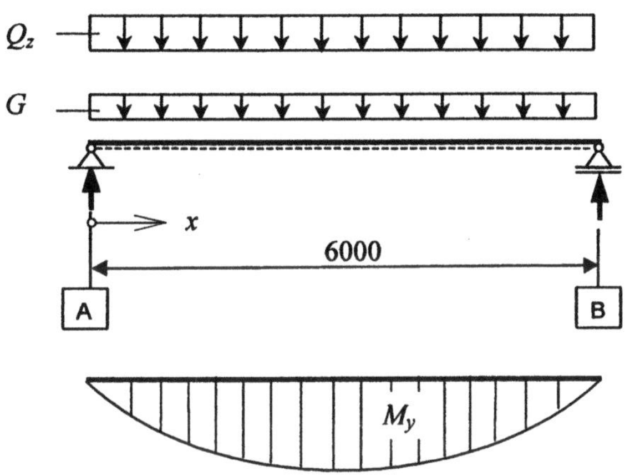

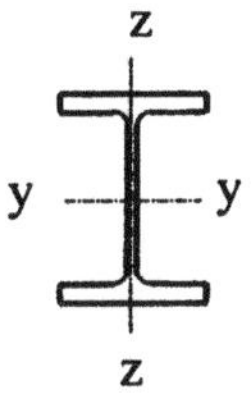

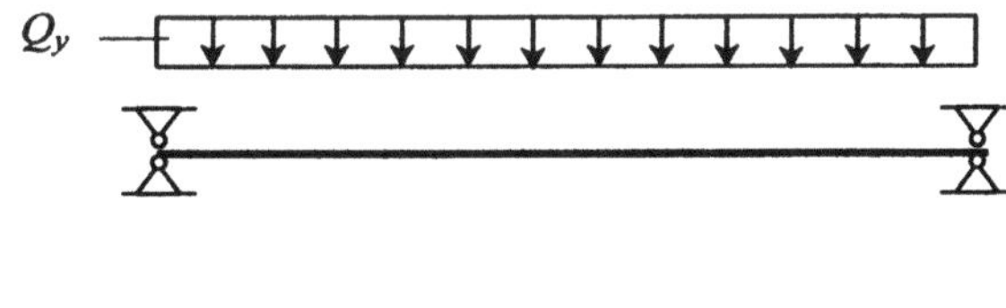

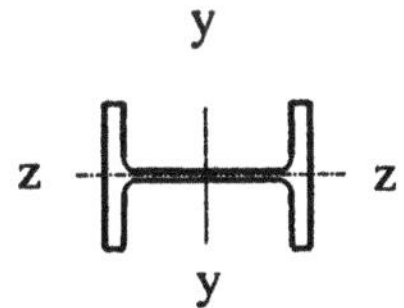

Einwirkungen - Bemessungswerte

Eigenlast - ständig	$G_{Sd} = 1{,}92 \text{ kN/m}$
Nutzlast - veränderlich	$Q_{z,Sd} = 52{,}0 \text{ kN/m}$
Nutzlast - veränderlich	$Q_{y,Sd} = 9{,}00 \text{ kN/m}$

Beanspruchungen

$y - y$ Achse

$$V_{z,Sd} = V_{A,z,Sd} = V_{B,z,Sd} = \frac{(G_{Sd} + Q_{z,Sd}) \cdot L}{2} = \frac{(1{,}92 + 52{,}0) \cdot 6}{2} = 161{,}7 \, \text{kN}$$

$$M_{y,Sd} = \frac{(G_{Sd} + Q_{z,Sd}) \cdot L^2}{8} = \frac{(1{,}92 + 52) \cdot 6^2}{8} = 242{,}64 \, \text{kNm}$$

$z - z$ Achse

$$V_{y,Sd} = V_{A,y,Sd} = V_{B,y,Sd} = \frac{Q_{y,Sd} \cdot L}{2} = \frac{9 \cdot 6}{2} = 27{,}0 \, \text{kN}$$

$$M_{z,Sd} = \frac{Q_{y,Sd} \cdot L^2}{8} = \frac{9 \cdot 6^2}{8} = 40{,}5 \, \text{kNm} = 4050 \, \text{kNcm}$$

Widerstandsgrößen

• Werkstoff:	Fe 360	$\gamma_{M0} = 1{,}1$	$\gamma_{M1} = 1{,}1$

Streckgrenze	$f_y =$	23,5	kN/cm²
E-Modul	$E =$	21000	kN/cm²
Schubmodul	$G =$	8077	kN/cm²

• Querschnitt: Walzprofil HE-B 300

Abmessungen		Werte		
$h =$	300 mm	$I_y =$ 25170 cm⁴	$I_z =$ 8560 cm⁴	
$b =$	300 mm	$W_{pl,y} =$ 1869 cm³	$W_{pl,z} =$ 870 cm³	
$t_w =$	11 mm	$I_T =$ 186,0 cm⁴	$I_w =$ 1688000 cm⁶	
$t_f =$	19 mm			
$r =$	27 mm			

Einstufung des Querschnittes

Nach Tabelle 6.3 wird der gesamte Querschnitt in QKl 1 eingestuft.

QKl 1 $\Rightarrow$ $\beta_A = 1$ und $\beta_B = 1$

Nachweis des Querschnittes

Biegung um die $y - y$ Achse

– Mittragende Breite

$c = 150$ mm $< L0/20 = 6000/20 = 300$, eine Reduzierung darf vernachlässigt werden.

– Grenzbiegemoment

(Die Grenzwerte können der Tabelle 6.7.2 entnommen werden)

$$M_{pl,y,Rd} = W_{pl,y,Rd} \cdot f_y / \gamma_{M1} = 1869 \cdot 23,5/1,1 = 399,3 \text{ kNm}$$

$$M_{c,y,Rd} = M_{pl,y,Rd} = 399,3 \text{ kNm}$$

– Nachweis

$$M_{y,Rd} / M_{c,y,Rd} = 242,64/399,3 = 0,61 < 1$$

Biegung um die $z - z$ Achse

– Grenzbiegemoment

$$M_{pl,z,Rd} = W_{pl,z,Rd} \cdot f_y / \gamma_{M1} = 870 \cdot 23,5/1,1 = 185,9 \text{ kNm}$$

$$M_{c,z,Rd} = M_{pl,z,Rd} = 185,9 \text{ kNm}$$

– Nachweis

$$M_{z,Sd} / M_{c,z,Rd} = 40,5/185,96 = 0,22 < 1$$

Querkraft

– Schubbeulen des Stegbleches

$$d/t_w = (h - 2 \cdot t_f \cdot r)/t_w = (30 - 2 \cdot 1,9 \cdot 2,7)/1,1 = 18,9 < 69 \cdot \varepsilon = 69 \cdot 1$$

Walzprofil, Nachweis gegen Schubbeulen nicht erforderlich

– Wirksame Schubflächen vereinfacht

$$A_{v,z} = 1,04 \cdot h \cdot t_w = 1,04 \cdot 30 \cdot 1,1 = 34,3 \text{ cm}^2$$

$$A_{v,y} = 2 \cdot b \cdot t_f = 2 \cdot 30 \cdot 1,9 = 114 \text{ cm}^2$$

– Plastische Grenzquerkräfte

$$V_{pl,z,Rd} = A_{v,z} \cdot f_y / (\gamma_{M0} \cdot \sqrt{3}) = 34,3 \cdot 23,5/(1,1 \cdot \sqrt{3}) = 423,1 \text{ kN}$$

$$V_{pl,y,Rd} = A_{v,y} \cdot f_y / (\gamma_{M0} \cdot \sqrt{3}) = 114 \cdot 23,5/(1,1 \cdot \sqrt{3}) = 1406 \text{ kN}$$

– Nachweis

$$V_{z,Sd}/V_{pl,z,Rd} = 161{,}7/423{,}1 = 0{,}38 < 1$$

$$V_{y,Sd}/V_{pl,y,Rd} = 27/1406 = 0{,}02 < 1$$

Interaktion $M_y - M_z$

– Abgeminderte Grenzmomente

$$N_{Sd} = 0 \quad \text{und} \quad V_{z,Sd}/V_{pl,z,Rd} < 0{,}5 \quad \text{und} \quad V_{y,Sd}/V_{pl,y,Rd} \le 0{,}5$$

$$M_{Ny,Rd} = M_{pl,y,Rd} = 399{,}3 \text{ kNm}$$

$$M_{Nz,Rd} = M_{pl,z,Rd} = 185{,}9 \text{ kNm}$$

– Nachweis

$$\alpha = 2, \quad \beta = 1$$

$$\left[\frac{M_{y,Sd}}{M_{Ny,Rd}}\right]^\alpha + \left[\frac{M_{z,Sd}}{M_{Nz,Rd}}\right]^\beta = \left[\frac{242{,}64}{399{,}3}\right]^2 + \left[\frac{40{,}50}{185{,}9}\right] = 0{,}59 \le 1$$

Stabilitätsnachweis des Bauteiles

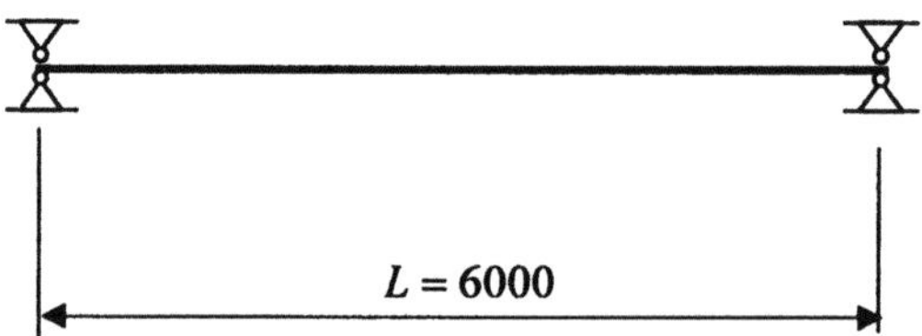

Biegedrillknicken

– Walzprofil, Knickspannungslinie a

$$\alpha = 0{,}21$$

– Abstand zwischen den Abstützungen

$$L = 600 \text{ cm}$$

– Lasteinleitung an Trägeroberkante

$$z_g = h/2 = 30/2 = 15 \text{ cm}$$

– Ideales Biegedrillknickmoment mit:

$$k = k_w = 1{,}0 \quad \Rightarrow \quad C_1 = 1{,}132; \quad C_2 = 0{,}459$$

$$M_{cr} = C_1 \cdot \frac{\pi^2 \cdot EI_z}{L^2} \cdot \left[\sqrt{\frac{I_w}{I_z} + \frac{L^2 \cdot G \cdot I_t}{\pi^2 \cdot E \cdot I_z} + \left(C_2 \cdot z_g\right)^2} - C_2 \cdot z_g \right] =$$

$$= 1{,}132 \frac{3{,}14^2 \cdot 21000 \cdot 8560}{600^2} \cdot \left[\sqrt{\frac{1688000}{8560} + \frac{600^2 \cdot 8077 \cdot 186}{3{,}14^2 \cdot 21000 \cdot 8560} + \left(0{,}459 \cdot 15\right)^2} - 0{,}459 \cdot 15 \right]$$

$$= 92300 \, \text{kNcm} = 923{,}00 \ \text{kNm}$$

– Schlankheitsgrad bei Biegebeanspruchung

$$\lambda_{LT} = \sqrt{\frac{\pi^2 \cdot E \cdot W_{pl,y}}{M_{cr}}} = \sqrt{\frac{3{,}14^2 \cdot 21000 \cdot 1869}{92300}} = 64{,}75$$

– Bezugsschlankheitsgrad

$$\lambda_1 = \pi \cdot \sqrt{\frac{E}{f_y}} = 3{,}14 \cdot \sqrt{\frac{21000}{23{,}5}} = 93{,}9$$

– Bezogener Schlankheitsgrad

$$\beta_w = 1$$

$$\overline{\lambda}_{LT} = \frac{\lambda_{LT}}{\lambda_1} \cdot \sqrt{\beta_w} = \frac{64{,}75}{93{,}9} \cdot 1 = 0{,}69$$

Abminderungsfaktor aus Tabelle 3.20

$$\chi_{LT} = 0{,}8523$$

$$N_{Sd} = 0 \quad \Rightarrow \quad k_{LT} = 1{,}0 \quad \text{und} \quad k_z = 1{,}0$$

– Nachweis gegen Biegedrillknicken

$$\frac{k_{LT} \cdot M_{y,Sd}}{\chi_{LT} \cdot W_{pl,y} \cdot f_y / \gamma_{M1}} + k_z \cdot \frac{M_{z,Sd}}{W_{pl,z} \cdot f_y / \gamma_{M1}} =$$

$$= \frac{1{,}0 \cdot 24264}{0{,}8523 \cdot 1869 \cdot 23{,}5 / 1{,}1} + 1{,}0 \cdot \frac{4050}{870 \cdot 23{,}5 / 1{,}1} = 0931 < 1$$

Keine Biegedrillgefährdung des Bauteiles.

5.3.5 Zugstab

Pos. 5

Ständige und vorübergehende Einwirkungen als Einzellasten. Angesetzt werden die Bemessungswerte. Die Stabeigenlast wird vernachlässigt.

Statisches System und Einwirkungen

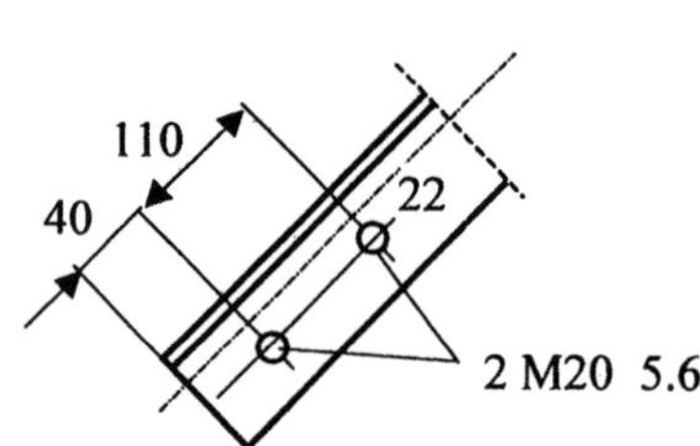

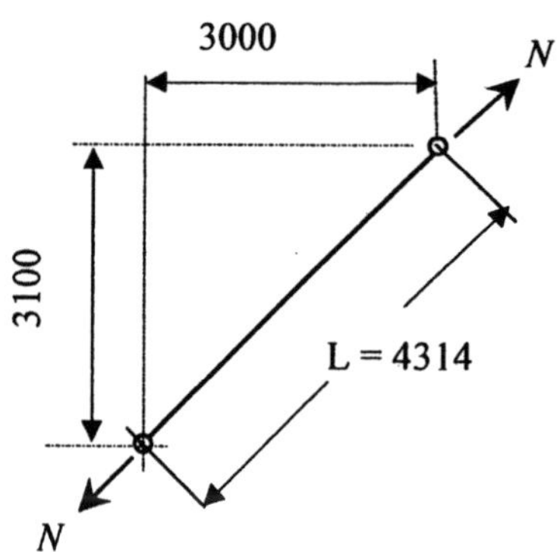

Beanspruchung - Bemessungswert

Längskraft $N_{Sd} = 125{,}0$ kN

Widerstandsgrößen

- Werkstoff: Fe 360 $t \le 40$ mm $\gamma_{M0} = 1{,}1$ $\gamma_{M2} = 1{,}25$

  Streckgrenze $f_y = 23{,}5$ kN/cm²

  Zugfestigkeit $f_u = 36{,}0$ kN/cm²

- Querschnitt: Winkel 80 x 8, warmgewalzt

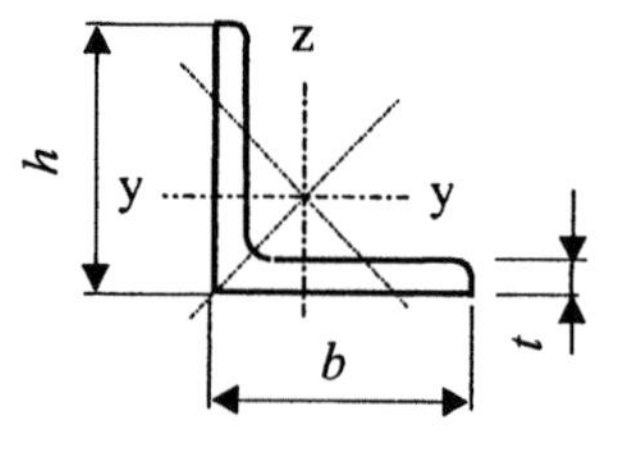

Abmessungen	Werte
$h = 80$ mm	$A = 12{,}3$ cm²
$b = 80$ mm	
$t = 8$ mm	

Einstufung des Querschnittes

Nach Tabelle 3.6 wird der Querschnitt in QKl 3 eingestuft.

Nachweis des Querschnittes

Beanspruchbarkeit

– Plastische Grenzzugkraft

$$N_{pl,Rd} = A \cdot \frac{f_y}{\gamma_{M0}} = 12,3 \cdot \frac{23,5}{1,1} = 262,8 \text{ kN}$$

– Nachweis des Bruttoquerschnittes

$$\frac{N_{Sd}}{N_{pl,Rd}} = \frac{125}{262,8} = 0,48$$

– Grenzzugkraft des Nettoquerschnittes

$$A_{nett} = A - d_0 \cdot t = 12,3 - 2,2 \cdot 0,8 = 10,54 \, \text{cm}^2$$

Schrauben:

n = 2

Abstand

$$p_1 = 5 \cdot d_0 = 5 \cdot 22 = 110 \text{ mm} \Rightarrow \beta_2 = 0,7$$

$$N_{u,Rd} = \beta_2 \cdot A_{nett} \cdot \frac{f_u}{\gamma_{M2}} = 0,7 \cdot 10,54 \cdot \frac{36}{1,25} = 212,5 \, \text{kN}$$

– Nachweis des Nettoquerschnittes

$$\frac{N_{Sd}}{N_{u,Rd}} = \frac{125}{212,5} = 0,59 < 1$$

Nachweis der Verbindung

Abscheren der Schrauben

– Grenzabscherkraft der Schrauben n. Tabelle 7.2, Scherfuge im Schaft

$$F_{v,Rd} = 75,36 \text{ kN}$$

– Nachweis

$$\frac{N_{Sd}}{n \cdot F_{v,Rd}} = \frac{125}{2 \cdot 75,36} = 0,83 < 1$$

Lochleibung

– Grenzlochleibungskraft in Kraftrichtung n. Tabelle 7.5

$$p_1 = 110 \, \text{mm}$$

$$F_{b,Rd} = 144 \, \text{kN}$$

– Nachweis

$$\frac{N_{Sd}}{n \cdot t \cdot F_{b,Rd}} = \frac{125}{2 \cdot 0,8 \cdot 144} = 0,54 < 1$$

5.3.6 Stütze mit Druckkraft

Pos. 6

I-Querschnitt gewalzt, doppeltsymmetrisch. Auflager mit Gabellagerungen. $\beta = \beta_0 = 1,0$

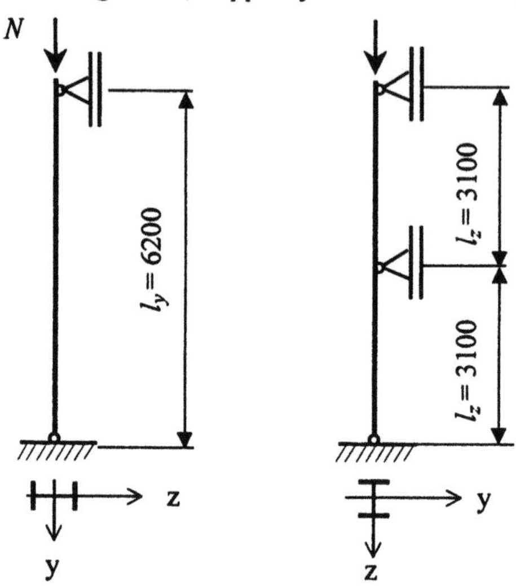

Einwirkungen – Bemessungswerte

Auflagerkräfte:	aus Pos. 2,	$V_{A,2,Sd} = 402,8\,\text{kN}$	$\Rightarrow$	$N_{1,Sd} = 402,8\,\text{kN}$

Auflagerkräfte: aus Pos. 2, $V_{A,2,Sd} = 402,8\;\text{kN}$ $\Rightarrow$ $N_{1,Sd} = 402,8\;\text{kN}$

        aus Pos. 3, $V_{B,3,Sd} = 40,0\;\;\text{kN}$ $\Rightarrow$ $N_{2,Sd} = 40,0\,\text{kN}$

Einzellast aus Ausrüstung: $N_{3,Sd} = 1500\;\text{kN}$

Beanspruchung

$$N_{Sd} = N_{1,Sd} + N_{2,Sd} + N_{3,Sd} = 402,8 + 40 + 1500 = 1942,8\,\text{kN}$$

Widerstandsgrößen

•	Werkstoff:	Fe 360	$t < 40$ mm	$\gamma_{M0} = 1,1$ $\gamma_{M1} = 1,1$
		Streckgrenze	$f_y = 23,5$ kN/cm²	
		E-Modul	$E = 21000$ kN/cm²	

• Querschnitt: Walzprofil IPE 550

Abmessungen		Werte	
$h = 550$ mm	$A = 134$ cm²		
$b = 210$ mm	$I_y = 67120$ cm⁴	$I_z = 2670$ cm⁴	
$t_w = 11,1$ mm	$i_y = 22,3$ cm	$i_z = 4,45$ cm	
$t_f = 17,2$ mm			
$r = 24,0$ mm			
$d = 468$ mm			

Einstufung des Querschnittes

$$\varepsilon = \sqrt{235/f_y} = \sqrt{235/235} = 1$$

— Flansch

$$\frac{c}{t_f} = \frac{0{,}5 \cdot 210}{17{,}2} = 6{,}1 < 10 \cdot \varepsilon = 10 \quad \Rightarrow \quad \text{QKl 1}$$

— Steg

$$\frac{d}{t_w} = \frac{468}{11{,}1} = 42{,}16 > 42 \cdot \varepsilon = 42 \quad \Rightarrow \quad \text{QKl 4}$$

Der gesamte Querschnitt wird in QKl 4 eingestuft.

Wirksame Fläche des Querschnittes

— Stegblech

$$\overline{b} = d = 468 \ \text{mm}$$

$$\psi = +1; \quad k_\sigma = 4{,}0$$

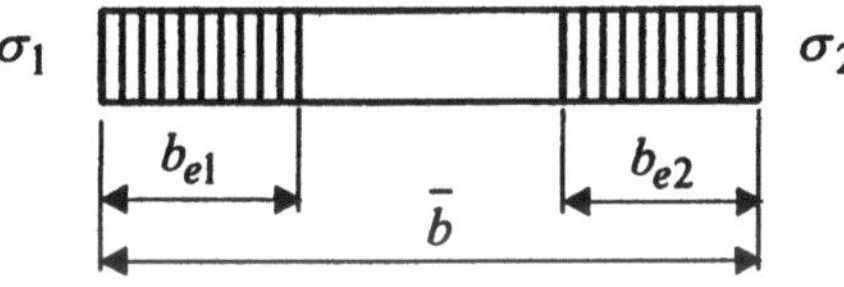

$$\overline{\lambda}_p = \frac{\overline{b}/t_w}{28{,}4 \cdot \varepsilon \cdot \sqrt{k_\sigma}} = \frac{468/11{,}1}{28{,}4 \cdot 1 \cdot \sqrt{4}} = 0{,}74 > 0{,}673$$

$$\rho = \frac{\overline{\lambda}_p - 0{,}22}{\overline{\lambda}_p{}^2} = \frac{0{,}74 - 0{,}22}{0{,}74^2} = 0{,}95$$

$$b_{eff} = \rho \cdot \overline{b} = 0{,}95 \cdot 468 = 445 \ \text{mm}$$

$$\Delta b_{eff} = \overline{b} - b_{eff} = 468 - 445 = 23 \ \text{mm} \ \Rightarrow \ 2{,}3 \ \text{cm}$$

$$A_{eff} = A - \Delta b_{eff} \cdot t_w = 134 - 2{,}3 \cdot 1{,}11 = 131{,}5 \ \text{cm}^2$$

Beanspruchbarkeit des Querschnittes

$$N_{c,Rd} = A_{eff} \cdot f_y / \gamma_{M0} = 131{,}5 \cdot 23{,}5 / 1{,}1 = 2809 \ \text{kN}$$

Nachweis des Querschnittes

$$N_{Sd} \leq N_{c,Rd}$$

$$\frac{N_{Sd}}{N_{c,Rd}} = \frac{1942,8}{2809} = 0,69 < 1,0$$

Stabilitätsnachweis des Bauteiles

$$\beta_A = A_{eff}/A = 131,5/134,4 = 0,978$$

$$\lambda_1 = \pi \cdot \sqrt{\frac{E}{f_{y,k}}} = 3,14 \cdot \sqrt{\frac{21000}{23,5}} = 93,9$$

– Knicken um die y-y Achse; Knickspannungslinie a

$$\alpha = 0,21$$

$$\ell_y = 620 \text{ cm}$$

$$\lambda_y = \frac{\ell}{i_y} = \frac{620}{22,3} = 27,8$$

$$\overline{\lambda}_y = \frac{\lambda_y}{\lambda_1} \cdot \sqrt{\beta_A} = \frac{27,8}{93,9} \cdot \sqrt{0,978} = 0,29$$

Abminderungsfaktor aus Tabelle 3.19

$$\chi_y = 0,98$$

– Knicken um die z-z Achse; Knickspannungslinie b

$$\alpha = 0,34$$

$$\ell_z = 310 \text{ cm}$$

$$\lambda_z = \frac{\ell_z}{i_z} = \frac{310}{4,45} = 69,66$$

$$\overline{\lambda}_z = \frac{\lambda_z}{\lambda_1} \cdot \sqrt{\beta_A} = \frac{69,66}{93,9} \cdot \sqrt{0,978} = 0,73$$

$$\chi_z = \chi_{min} = 0,766$$

– Grenzwert gegen Knicken

$$N_{b,Rd} = \frac{\chi \cdot \beta_A \cdot A \cdot f_y}{\gamma_{M1}} = \frac{0,766 \cdot 0,978 \cdot 134 \cdot 23,5}{1,1} = 2145 \text{ kN}$$

– Nachweis

$$\frac{N_{Sd}}{N_{b,Rd}} = \frac{1942,8}{2145} = 0,906 < 1$$

5.3.7 Stütze, einachsige Biegung und mittiger Druck

Pos. 7

I-Querschnitt gewalzt, doppeltsymmetrisch. Auflager mit Gabellagerungen; $\beta = \beta_0 = 1$

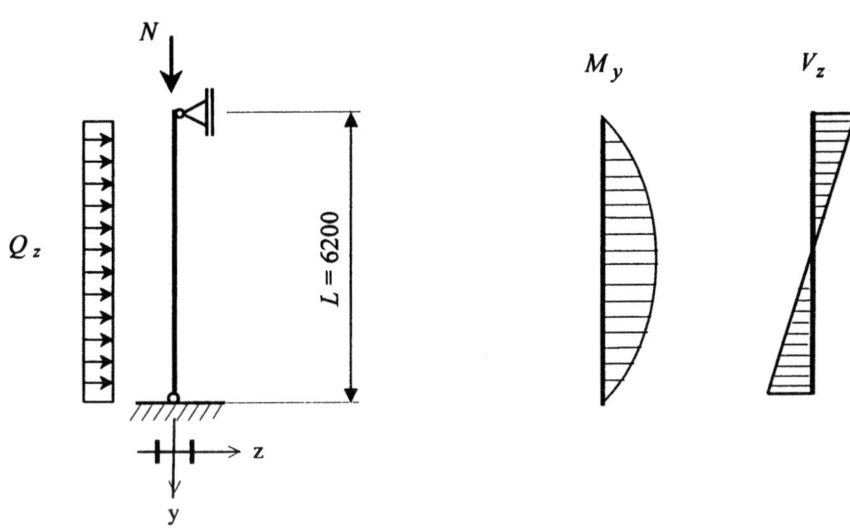

Einwirkungen - Bemessungswerte

Auflagerkräfte: aus Pos. 2, $V_{A,2,Sd} = 402,8$ kN $\Rightarrow$ $N_{1,Sd} = 402,8$ kN

aus Pos. 3, $V_{A,3,Sd} = 40,0$ kN $\Rightarrow$ $N_{2,Sd} = 40,00$ kN

Windbelastung: $Q_{Sd} = 11,80$ kN/m

Beanspruchungen

$$N_{Sd} = N_{1,Sd} + N_{2,Sd} = 402,8 + 40,0 = 442,8 \text{ kN}$$

$$M_{y,Sd} = \frac{Q_{Sd} \cdot L^2}{8} = \frac{11,8 \cdot 6,2^2}{8} = 56,70 \text{ kNm}$$

$$V_{z,Sd} = \frac{Q_{Sd} \cdot L}{2} = \frac{11,8 \cdot 6,2}{2} = 36,6 \text{ kN}$$

Widerstandsgrößen

• Werkstoff:	Fe 360	$t < 40$ mm	$\gamma_{M0} = 1,1$	$\gamma_{M1} = 1,1$
	Streckgrenze	$f_y = 23,5$	kN/cm²	
	E-Modul	$E = 21000$	kN/cm²	
	Schubmodul	$G = 8077$	kN/cm²	

• Querschnitt: Walzprofil HEA 260

Abmessungen		Werte			
$h =$ 250	mm	$A =$ 86,8	cm²		
$b =$ 260	mm	$I_y =$ 10450	cm⁴	$I_z =$ 3670	cm⁴
$t_w =$ 7,5	mm	$W_y =$ 836	cm³	$W_z =$ 282	cm³
$t_f =$ 12,5	mm	$i_y =$ 11,0	cm	$i_z =$ 6,5	cm
$r =$ 24,0	mm	$I_T =$ 52,6	cm⁴	$I_w =$ 516400	cm³
$d =$ 177	mm	$W_{pl,y} =$ 920	cm³	$W_{pl,z} =$ 430	cm³

Einstufung des Querschnittes (Alternativ nach Tabelle 6.2, QKl 2)

$$\varepsilon = \sqrt{235/f_y} = \sqrt{235/235} = 1$$

– Flansch

$$\frac{c}{t_f} = \frac{0,5 \cdot 260}{12,5} = 10,4 < 11 \cdot \varepsilon = 10 \Rightarrow \text{QKl 2}$$

– Steg

$$\frac{d}{t_w} = \frac{177}{7,5} = 23,6 < 33 \cdot \varepsilon = 33 \Rightarrow \text{QKl 1}$$

Der gesamte Querschnitt wird in QKl 2 eingestuft.

$$\text{QKl 2} \Rightarrow \beta_A = 1 \text{ und } \beta_B = 1$$

Nachweis des Querschnittes

Druck

– Plastische Grenzdruckkraft

$$N_{c,Rd} = N_{pl,Rd} = A \cdot f_y / \gamma_{M0} = 86,8 \cdot 23,5 / 1,1 = 1855 \, \text{kN}$$

– Nachweis

$$N_{Sd} / N_{c,Rd} = 442,8 / 1855 = 0,24 < 1$$

Biegung

– Mitwirkende Breite

$$c = 150 < L_0 / 20 = 6200/20 = 310 \text{ , eine Reduzierung darf vernachlässigt werden.}$$

– Plastisches Grenzmoment

$$M_{c,Rd} = M_{pl,y,Rd} = W_{pl,y} \cdot f_y / \gamma_{M0} = 920 \cdot 23,5 / 1,1 = 19654,45 \, \text{kNcm} = 196,54 \, \text{kNm}$$

– Nachweis

$$M_{y,Sd} = 56,70 < M_{c,Rd} = 196,54$$

Querkraft

- Plastische Grenzquerkraft

$$V_{pl,z,Rd} = 354,7\,\text{kN} \quad \text{(aus Tabelle 6.6.2)}$$

- Nachweis an Stabenden

$$V_{z,Sd} = 36,7 < V_{pl,z,Rd} = 354,7 \text{ kN}$$

- Schubfeldbeulen, gewalztes Normprofil, Nachweis nicht erforderlich

Interaktion M-V-N

- Querkraft in Stabmitte

$$V_{z,Sd} = 0$$

an Stabende

$$V_{z,Sd}/V_{pl,z,Rd} = 36,6/354,7 = 0,12 < 0,5$$

Die Untersuchung weiterer Bereiche ist vernachlässigbar.

- N-Beanspruchung

$$N_{pl,Rd} = 1855 \text{ kN}$$

$$n = N_{Sd}/N_{pl,Rd} = 442,8/1855 = 0,24$$

$$a = (A - 2 \cdot b \cdot tf)/A = (86,8 - 2 \cdot 26 \cdot 1,25)/86,8 = 0,25 < 0,5$$

$$N_{pl,w,Rd} = a \cdot N_{pl,Rd} = 0,25 \cdot 1855 = 463,8 \text{ kN}$$

$$N_{Sd}/N_{pl,w,Rd}) = 442,8/463,8 = 0,95 > 0,5 \quad \Rightarrow \text{ N-Beanspruchung} = \text{hoch}$$

- Biegung, abgemindertes Grenzmoment

$$M_{Ny,V,Rd} = M_{pl,y,Rd} \cdot \frac{1-n}{1-0,5 \cdot a} = 196,54 \cdot \frac{1-0,24}{1-0,5 \cdot 0,25} = 170,71 \text{ kNm}$$

- Nachweis

$$M_{y,Sd} = 56,70 < M_{Ny,V,Rd} = 170,71$$

Stabilitätsnachweis des Bauteiles

- Knicken um die y-y Achse, Knickspannungslinie b $\Rightarrow$ $\alpha = 0,34$

$$\lambda_y = \frac{\ell}{i_y} = \frac{620}{11} = 56,4$$

$$\bar{\lambda}_y = \frac{\lambda_y}{\lambda_1} \cdot \sqrt{\beta_A} = \frac{56,4}{93,9} \cdot \sqrt{1} = 0,60 \quad \Rightarrow \quad \chi_y = 0,8371 \quad \text{(aus Tabelle 3.19)}$$

- Knicken um die z-z Achse, Knickspannungslinie c $\Rightarrow$ $\alpha = 0,49$

$$\lambda_z = \frac{\ell}{i_z} = \frac{620}{6,5} = 95,4$$

$$\bar{\lambda}_z = \frac{\lambda_z}{\lambda_1} \cdot \sqrt{\beta_A} = \frac{95,4}{93,9} \cdot \sqrt{1} = 1,02 \quad \Rightarrow \quad \chi_z = 0,5284 \quad \text{(aus Tabelle 3.19)}$$

$$\chi_{min} = \chi_z = 0,5284$$

$$\beta_{M,Q} = 1,3 \quad \text{(Tabelle 3.30)}$$

1. Biegeknicken

$$\mu_y = \bar{\lambda}_y \cdot \left(2 \cdot \beta_{My} - 4\right) + \left(\frac{W_{pl,y} - W_{el,y}}{W_{el,y}}\right)$$

$$\mu_y = 0,60 \cdot \left(2 \cdot 1,3 - 4\right) + \left(\frac{920 - 836}{836}\right) = -0,74 \le 0,9$$

$$k_y = 1 - \frac{\mu_y \cdot N_{Sd}}{\chi_y \cdot A \cdot f_y} = 1 - \frac{(-0,74) \cdot 442,8}{0,837 \cdot 86,8 \cdot 23,5} = 1,19 \le 1,5$$

– Nachweis

$$\frac{N_{Sd}}{\chi_y \cdot A \cdot f_y / \gamma_{M1}} + k_y \cdot \frac{M_{y,Sd}}{W_{pl,y} \cdot f_y / \gamma_{M1}} =$$

$$= \frac{442,8}{0,837 \cdot 86,8 \cdot 23,5 / 1,1} + 1,192 \cdot \frac{5670}{920 \cdot 23,5 / 1,1} = 0,630 < 1$$

und

$$\frac{N_{Sd}}{\chi_z \cdot A \cdot f_y / \gamma_{M1}} = \frac{442,8}{0,531 \cdot 86,8 \cdot 23,5 / 1,1} = 0,450 < 1$$

Keine Biegeknickgefährdung

Biegedrillknicken

– Knickspannungslinie $a \Rightarrow \alpha = 0,21$
– Abstand zwischen den Abstützungen $L = 620$ cm
– Lasteinleitung an Trägeroberkante

$$z_g = \frac{h}{2} = \frac{25}{2} = 12,5 \text{ cm}$$

- Ideales Biegedrillknickmoment mit: $k = k_w = 1,0 \Rightarrow C_1 = 1,132 \; ; \; C_2 = 0,459$

$$M_{cr} = C_1 \cdot \frac{\pi^2 \cdot EI_z}{L^2} \cdot \left[\sqrt{\frac{I_w}{I_z} + \frac{L^2 \cdot G \cdot I_t}{\pi^2 \cdot E \cdot I_z} + \left(C_2 \cdot z_g\right)^2} - C_2 \cdot z_g \right] =$$

$$= 1,132 \cdot \frac{3,14^2 \cdot 21000 \cdot 3670}{3670^2} \cdot \left[\sqrt{\frac{516400}{3670} + \frac{620^2 \cdot 8077 \cdot 52,6}{3,14^2 \cdot 21000 \cdot 3670} + \left(0,459 \cdot 12,5\right)^2} - 0,459 \cdot 12,5 \right]$$

$$= 31283 \text{ kNcm}$$

- Schlankheitsgrad bei Biegebeanspruchung

$$\lambda_{LT} = \sqrt{\frac{\pi^2 \cdot E \cdot W_{pl,y}}{M_{cr}}} = \sqrt{\frac{3,14^2 \cdot 21000 \cdot 920}{31283}} = 78,03$$

$$\lambda_1 = \pi \cdot \sqrt{\frac{E}{f_{y,k}}} = 3,14 \cdot \sqrt{\frac{21000}{23,5}} = 93,9$$

$$\bar{\lambda}_{LT} = \frac{\lambda_{LT}}{\lambda_1} \cdot \sqrt{\beta_w} = \frac{78,03}{93,9} \cdot \sqrt{1} = 0,83 \quad \Rightarrow \quad \chi = 0,778 \;\; \text{(aus Tabelle 3.19)}$$

$$\mu_{LT} = 0,15 \cdot \bar{\lambda}_{LT} \cdot \beta_{M,LT} - 0,15 = 0,15 \cdot 0,83 \cdot 1,3 - 0,15 = 0,012$$

$$k_{LT} = 1 - \frac{\mu_{LT} \cdot N_d}{\chi_{LT} \cdot A \cdot f_y} = 1 - \frac{0,012 \cdot 442,8}{0,778 \cdot 86,6 \cdot 23,5} = 0,997 < 1,5$$

- Nachweis

$$\frac{N_{Sd}}{\chi_z \cdot A \cdot f_y / \gamma_{M1}} + \frac{k_{LT} \cdot M_{y,Sd}}{\chi_{LT} \cdot W_{pl,y} \cdot f_y / \gamma_{M1}} =$$

$$= \frac{442,8}{0,531 \cdot 86,8 \cdot 23,5 / 1,1} + \frac{0,997 \cdot 5670}{0,778 \cdot 920 \cdot 23,5 / 1,1} = 0,755 < 1$$

Keine Biegedrillknickgefährdung

Die Stütze ist nachgewiesen.

5.3.8 Stütze, zweiachsige Biegung und mittiger Druck

Pos. 8

Stabilitätsnachweise für eine Stütze mit doppeltsymmetrischem I-Querschnitt. Auflager mit Gabellagerungen: $\beta = \beta_0 = 1$

Streckenlasten in beiden Richtungen, gleichbleibend über die gesamte Länge.

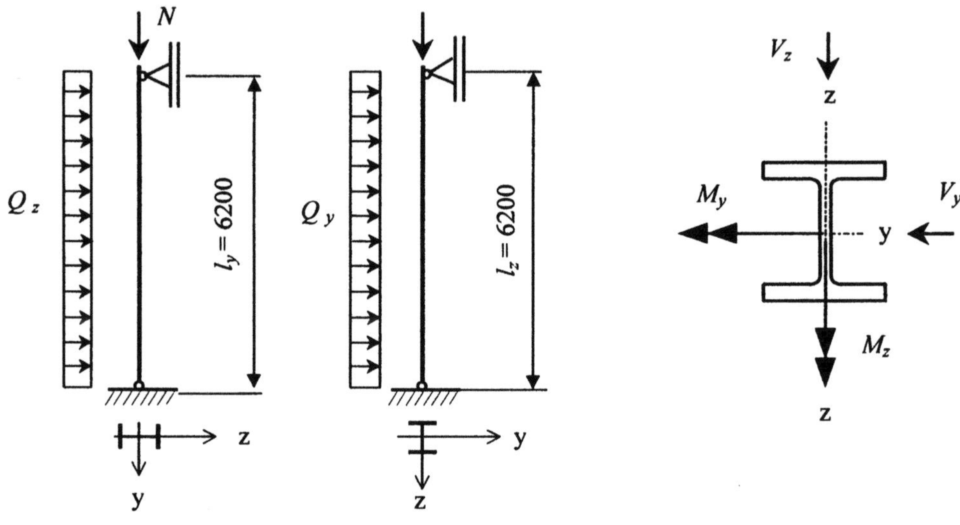

Einwirkungen – Bemessungswerte

Auflagerkräfte: aus Pos. 2, $V_{B,2,Sd} = 402,8\,\text{kN}$ $\Rightarrow$ $N_{1,Sd} = 402,8\ \text{kN}$

                              aus Pos. 4, $V_{A,4,Sd} = 161,7\ \text{kN}$ $\Rightarrow$ $N_{2,Sd} = 161,7\,\text{kN}$

Windbelastung: $Q_{z,Sd} = \ \ 15,4\ \text{kN/m}$

                                                                             $Q_{z,Sd} = \ \ 11,8\ \text{kN/m}$

Beanspruchungen

$$N_{Sd} = N_{1,Sd} + N_{2,Sd} = 402,8 + 161,7 = 564,5\,\text{kN}$$

$$M_{y,Sd} = \frac{Q_{z,Sd} \cdot l^2}{8} = \frac{15,4 \cdot 6,2^2}{8} = 74,00\,\text{kNm}$$

$$V_{z,Sd} = \frac{Q_{z,Sd} \cdot l}{2} = \frac{15,4 \cdot 6,2}{2} = 47,74\,\text{kN}$$

$$M_{z,Sd} = \frac{Q_{y,Sd} \cdot l^2}{8} = \frac{11,8 \cdot 6,2^2}{8} = 56,70\,\text{kNm}$$

$$V_{y,Sd} = \frac{Q_{y,Sd} \cdot l}{2} = \frac{11,8 \cdot 6,2}{2} = 36,58\,\text{kN}$$

Widerstandsgrößen

• Werkstoff:	Fe 360	$t < 40$ mm	$\gamma_{M0} = 1{,}1$	$\gamma_{M1} = 1{,}1$

Streckgrenze	$f_{y,k} =$	23,5	kN/cm²
E-Modul	$E =$	21000	kN/cm²
Schubmodul	$G =$	8077	kN/cm²

• Querschnitt: Walzprofil HE-B 300

Abmessungen			Werte				
$h =$	300	mm	$A =$	149	cm²		
$b =$	300	mm	$I_y =$	25170	cm⁴	$I_z =$ 8560	cm⁴
$t_w =$	11	mm	$W_y =$	1680	cm³	$W_z =$ 571	cm³
$t_f =$	19	mm	$i_y =$	13	cm	$i_z =$ 7,58	cm
$r =$	27	mm	$I_T =$	186	cm⁴	$I_w =$ 1688000	cm³
$d =$	208	mm	$W_{pl,y} =$	1869	cm³	$W_{pl,z} =$ 870	cm³

$$f_{y,d} = \frac{f_{y,k}}{\gamma_{M0}} = \frac{23{,}5}{1{,}1} = 21{,}36 \text{ kN/cm}^2$$

Einstufung des Querschnittes (Alternativ nach Tabelle 3.11 $\Rightarrow$ QKl 1)

$$\varepsilon = \sqrt{\frac{235}{f_y}} = \sqrt{\frac{235}{235}} = 1$$

– Flansch

$$\frac{c}{t_f} = \frac{150}{19} = 7{,}9 < 10 \cdot \varepsilon = 10 \Rightarrow \text{QKl 1}$$

– Steg

$$\frac{d}{t_w} = \frac{208}{11} = 18{,}9 < 33 \cdot \varepsilon = 33 \Rightarrow \text{QKl 1}$$

Der gesamte Querschnitt wird in QKl 1 eingestuft.

QKl 1 $\Rightarrow$ $\beta_A = 1$ und $\beta_B = 1$

Nachweis des Querschnittes

Plastische Grenzwerte nach Tabelle 6.7.2

Druck

– Plastische Grenzdruckkraft

$$N_{pl,Rd} = 3185 \text{ kN}$$

– Nachweis

$$N_{Sd} = 320 < N_{pl,Rd} = 3185 \text{ kN}$$

Biegung um die y-y Achse

– Mittragende Breite

$$c = 150 < L_0/20 = 6200/20 = 310 \text{, eine Reduzierung darf vernachlässigt werden.}$$

– Plastisches Grenzmoment

$$M_{pl,y,Rd} = 399{,}2 \text{ kNm (aus Tabelle 6.7.2)}$$

– Nachweis

$$M_{y,Rd} = 74{,}0 < M_{pl,y,Rd} = 399{,}2 \text{ kNm}$$

Biegung um die z-z Achse

– Plastisches Grenzmoment

$$M_{pl,z,Rd} = 185{,}9 \text{ kNm}$$

– Nachweis

$$M_{z,Rd} = 56{,}70 < M_{pl,z,Rd} = 185{,}9 \text{ kNm}$$

Querkraft

– Plastische Querkraft

$$V_{pl,z,Rd} = 585 \text{ kN}$$

$$V_{pl,y,Rd} = 1406 \text{ kN}$$

– Nachweis in Stabmitte entfällt

$$V_{z,Sd} = 0 \text{ und } V_{y,Sd} = 0$$

– Nachweis an Stabenden

$$V_{z,Sd}/V_{pl,z,Rd} = 47{,}74/585 = 0{,}08$$

$$V_{y,Sd}/V_{pl,y,Rd} = 36{,}58/1406 = 0{,}03$$

– Schubfeldbeulen, gewalztes Normprofil, Nachweis nicht erforderlich

Interaktion M_y - M_z - N - V, vereinfacht (konservativ)

$$\frac{N_{Sd}}{N_{pl,Rd}} + \frac{M_{y,Sd}}{M_{pl,y,Rd}} + \frac{M_{z,Sd}}{M_{pl,z,Rd}} = \frac{564,5}{3185} + \frac{74,0}{399,2} + \frac{56,7}{185,9} = 0,67 < 1$$

Interaktion M_y - M_z - N -V nach dem Näherungskriterium

Biegung um Achse y-y

– N-Beanspruchung

$$\frac{N_{Sd}}{N_{pl,Rd}} = \frac{564,5}{3185} = 0,18 < 0,25 \quad \Rightarrow \text{N-Beanspruchung} = \text{niedrig}$$

– Querkraft in Stabmitte

$$V_{z,Sd} = 0 \quad \text{und} \quad V_{y,Sd} = 0$$

Querkräft an Stabenden sind vernachlässigbar.

– Abgeminderte Grenzbiegemomente

Bei N-Beanspruchung = niedrig und vernachlässigbaren Querkräften ist keine Abminderung der Grenzbiegemomente erforderlich.

$$M_{Ny,Rd} = M_{pl,y,Rd} = 399,2 \text{ kNm}$$

$$M_{Nz,Rd} = M_{pl,z,d} = 185,9 \text{ kNm}$$

– Nachweis

Auf der sicheren Seite liegend wird angesetzt:

$$\alpha = 2 \quad \text{und} \quad \beta = 1$$

$$\left[\frac{M_{y,Rd}}{M_{Ny,Rd}}\right]^{\alpha} + \left[\frac{M_{z,Rd}}{M_{Nz,Rd}}\right]^{\beta} = \left[\frac{7400}{39920}\right]^{2} + \left[\frac{5670}{18590}\right]^{1} = 0,34 < 1$$

Stabilitätsnachweis des Bauteiles

$$\beta_{My} = 1,3; \quad \beta_{Mz} = 1,3$$

– Knicklänge

$$\ell_y = l_y = 620 \text{ cm}$$

$$\ell_z = l_z = 620 \text{ cm}$$

– Bezugsschlankheitsgrad

$$\lambda_1 = \pi \cdot \sqrt{\frac{E}{f_y}} = 3,14 \cdot \sqrt{\frac{21000}{23,5}} = 93,9$$

–   Schlankheitsgrad

    Ausweichen $\perp$ y-y, Knickspannungslinie b $\Rightarrow$ $\alpha = 0,34$

$$\lambda_y = \frac{\beta \cdot l}{i_y} = \frac{1 \cdot 620}{13} = 47,7$$

$$\overline{\lambda}_y = \frac{\lambda_y}{\lambda_1} = \frac{47,7}{93,9} = 0,508 \Rightarrow \quad \chi_y = 0,881 \text{ nach Tabelle 3.19 (interpoliert)}$$

    Ausweichen $\perp$ z-z, Knickspannungslinie c $\Rightarrow$ $\alpha = 0,49$

$$\lambda_z = \frac{\beta \cdot l}{i_z} = \frac{1 \cdot 620}{7,58} = 81,8$$

$$\overline{\lambda}_z = \frac{\lambda_z}{\lambda_1} = \frac{81,8}{93,9} = 0,871 \Rightarrow \quad \chi_z = 0,618 \text{ nach Tabelle 3.19}$$

$$\chi_{min} = \chi_z = 0,618$$

1.   Biegeknicken
–   Beiwerte

$$\mu_y = \overline{\lambda}_y \cdot \left(2 \cdot \beta_{My} - 4\right) + \left(\frac{W_{pl,y} - W_{el,y}}{W_{el,y}}\right)$$

$$= 0,508 \cdot \left(2 \cdot 1,3 - 4\right) + \left(\frac{1869 - 1680}{1869}\right) = -0,61 < 0,9$$

$$k_y = 1 - \frac{\mu_y \cdot N_{Sd}}{\chi_y \cdot A \cdot f_y} = 1 - \frac{-0,61 \cdot 620}{0,879 \cdot 149 \cdot 23,5} = 1,11 < 1,5$$

$$\mu_z = \overline{\lambda}_z \cdot \left(2 \cdot \beta_{Mz} - 4\right) + \left(\frac{W_{pl,z} - W_{el,z}}{W_{el,z}}\right)$$

$$= 0,871 \cdot \left(2 \cdot 1,3 - 4\right) + \left(\frac{870 - 571}{870}\right) = -0,88 < 0,9$$

$$k_z = 1 - \frac{\mu_z \cdot N}{\chi_z \cdot A \cdot f_y} = 1 - \frac{-0,88 \cdot 620}{0,618 \cdot 149 \cdot 23,5} = 1,23 < 1,5$$

– Nachweis

$$\frac{N}{\chi_{min} \cdot A \cdot f_{y,d}} + k_y \cdot \frac{M_y}{W_{pl,y} \cdot f_{y,d}} + k_z \cdot \frac{M_z}{W_{pl,z} \cdot f_{y,d}} =$$

$$= \frac{564,5}{0,618 \cdot 149 \cdot 21,36} + \frac{1,11 \cdot 7400}{1869 \cdot 21,36} + \frac{1,23 \cdot 5670}{870 \cdot 21,36} = 0,868 < 1$$

2. Biegedrillknicken

– Knickspannungslinie $a \Rightarrow \alpha = 0,21$

– Abstand zwischen den Abstützungen $L = 620$ cm

– Lasteinleitung an Trägeroberkante

$$z_g = \frac{h}{2} = \frac{30}{2} = 15 \text{ cm}$$

– Ideales Biegedrillknickmoment

$$k = k_w = 1,0 \Rightarrow C_1 = 1,132 \; ; \; C_2 = 0,459$$

$$M_{cr} = C_1 \cdot \frac{\pi^2 \cdot EI_z}{l^2} \cdot \left[\sqrt{\frac{I_w}{I_z} + \frac{L^2 \cdot G \cdot I_t}{\pi^2 \cdot E \cdot I_z} + \left(C_2 \cdot z_g\right)^2} - C_2 \cdot z_g \right] =$$

$$= 1,132 \cdot \frac{3,14^2 \cdot 21000 \cdot 8560}{620^2} \cdot \left[\sqrt{\frac{1688000}{8560} + \frac{620^2 \cdot 8077 \cdot 186}{3,14^2 \cdot 21000 \cdot 8560} + \left(0,459 \cdot 15\right)^2} - 0,459 \cdot 15 \right]$$

$$= 8885700 \text{ kNcm} = 88857 \text{ kNm}$$

– Schlankheitsgrad bei Biegebeanspruchung

$$\lambda_{LT} = \sqrt{\frac{\pi^2 \cdot E \cdot W_{pl,y}}{M_{cr}}} = \sqrt{\frac{3,14^2 \cdot 21000 \cdot 1869}{88857}} = 66$$

$$\bar{\lambda}_{LT} = \frac{\lambda_{LT}}{\lambda_1} \cdot \sqrt{\beta_w} = \frac{66}{93,9} \cdot \sqrt{1} = 0,7 \Rightarrow \chi = 0,8477 \text{ (aus Tabelle 3.20)}$$

− Beiwerte

$$\mu_{LT} = 0{,}15 \cdot \overline{\lambda}_{LT} \cdot \beta_{M,LT} - 0{,}15 \;=\; 0{,}15 \cdot 0{,}7 \cdot 1{,}3 - 0{,}15 = -0{,}013 < 0{,}9$$

$$k_{LT} = 1 - \frac{\mu_{LT} \cdot N_{Sd}}{\chi_z \cdot A \cdot f_y} = 1 - \frac{-0{,}013 \cdot 564{,}5}{0{,}618 \cdot 149 \cdot 23{,}5} = 1{,}004 \le 1{,}5$$

− Nachweis

$$\frac{N}{\chi_z \cdot A \cdot f_{y,d}} + k_{LT} \cdot \frac{M_{y,Sd}}{\chi_{LT} \cdot W_{pl,y} \cdot f_{y,d}} + k_z \cdot \frac{\cdot M_{z,Sd}}{W_{pl,z} \cdot f_{y,d}} \le 1$$

$$\frac{564{,}5}{0{,}618 \cdot 149 \cdot 21{,}36} + 1{,}004 \cdot \frac{7400}{0{,}8477 \cdot 1869 \cdot 21{,}36} + 1{,}23 \cdot \frac{5670}{870 \cdot 21{,}36} = 0{,}926 \le 1$$

Es besteht keine Biegedrillknickgefährdung.

6 Tabellen zur Bemessung von I-Trägern

6.1 Querschnittsklassen von I-Trägern

6.1.1 Werte für gewalzte, mittelbreite und breite I-Träger

In den Tabellen 6.1 – 6.4, sind die vorhandenen b/t – Werte und die Querschnittsklassen für genormte I-Träger angegeben.

Die Querschnittsklassen sind für die gängigen Baustähle Fe 360, Fe 430, Fe 510 nach Abschnitt 5, Schema 2.1 und 2.3 berechnet.

Für andere Werkstoffe ist die Querschnittsklasse nach Abschnitt 5.2, Schema 2.1 bzw. 2.3 mit den entsprechenden Werkstoffkennwerten zu ermitteln.

b/t Verhältnisse für gewalzte I-Träger

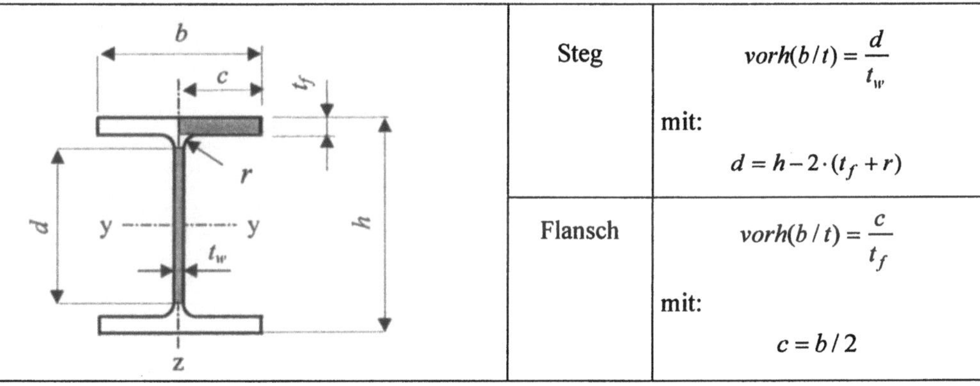

Steg	$vorh(b/t) = \dfrac{d}{t_w}$
mit:	$d = h - 2 \cdot (t_f + r)$
Flansch	$vorh(b/t) = \dfrac{c}{t_f}$
mit:	$c = b/2$

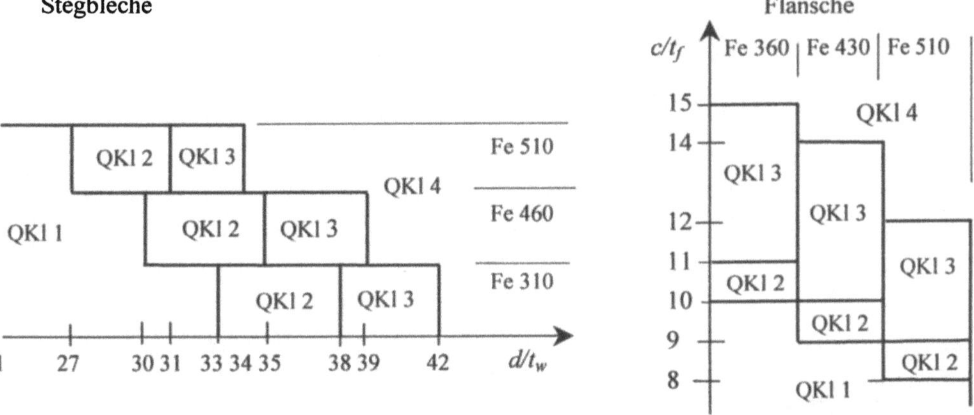

Bild 6-1 Zuordnung der Teile von druckbeanspruchten I-Querschnitten in Abhängigkeit vom Werkstoff

IPE	Euronorm 19-57
	- b/t Verhältnisse und Querschnittsklassen

Beanspruchungssituation:

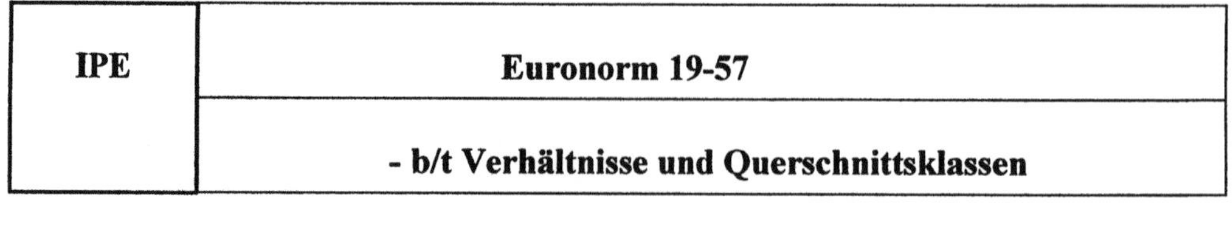

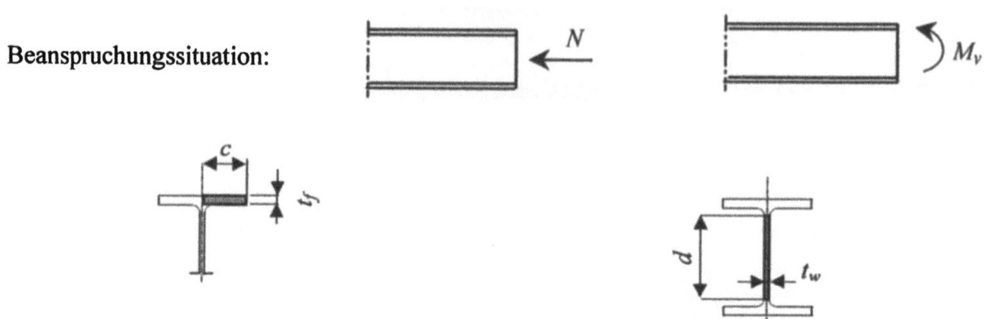

Tabelle 6.1 b/t Verhältnisse vorhanden und Querschnittsklassen von Walzprofilen der Reihe IPE

| Kurz-zeichen | | | | | | | | | |

	Profil			Querschnittsklasse (QKl)					
Kurz-zeichen	*b/t* Verhältnis vorhanden			Fe 360 $\varepsilon = 1$		Fe 430 $\varepsilon = 0,92$		Fe 510 $\varepsilon = 0,81$	
	Steg		Flansch	Beanspruchung		Beanspruchung		Beanspruchung	
	d [mm]	d/t_w	c/t_f	Druck N	Biegung M_y	Druck N	Biegung M_y	Druck N	Biegung M_y
IPE 80	59,6	15,7	4,4	1	1	1	1	1	1
IPE 100	74,6	18,2	4,8	1	1	1	1	1	1
IPE 120	93,4	21,2	5,1	1	1	1	1	1	1
IPE 140	112	23,9	5,3	1	1	1	1	1	1
IPE 160	127	25,4	5,5	1	1	1	1	1	1
IPE 180	146	27,5	5,7	1	1	1	1	2	1
IPE 200	159	28,4	5,9	1	1	1	1	2	1
IPE 220	178	30,1	6,0	1	1	2	1	2	1
IPE 240	190	30,7	6,1	1	1	2	1	2	1
IPE 270	220	33,3	6,6	2	1	2	1	3	1
IPE 300	249	35,0	7,0	2	1	2	1	4	1
IPE 330	271	36,1	7,0	2	1	3	1	4	1
IPE 360	299	37,3	6,7	2	1	3	1	4	1
IPE 400	331	38,5	6,7	3	1	3	1	4	1
IPE 450	379	40,3	6,5	3	1	4	1	4	1
IPE 500	426	41,8	6,3	3	1	4	1	4	1
IPE 550	468	42,1	6,1	4	1	4	1	4	1
IPE 600	514	42,8	5,8	4	1	4	1	4	1

Bei Zuordnung des Querschnitts in QKl 4 gilt folgendes: Steg = QKl 4 und Flansch = QKl 1

HE-A	**Euronorm 53-62**
	- b/t Verhältnisse und Querschnittsklassen

 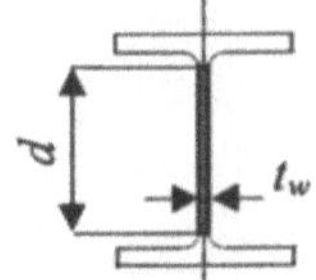

Tabelle 6.2 *b/t* Verhältnisse vorhanden und Querschnittsklassen von Walzprofilen der Reihe HE-A

Profil			Querschnittsklasse (QKl)					
Kurz-zeichen	*b/t* Verhältnis vorhanden		Fe 360 $\varepsilon = 1$		Fe 430 $\varepsilon = 0{,}92$		Fe 510 $\varepsilon = 0{,}81$	
	Steg	Flansch	Beanspruchung		Beanspruchung		Beanspruchung	
	d [mm]	d/t_w	c/t_f	Druck N	Biegung M_y	Druck N	Biegung M_y	Druck N	Biegung M_y
HE-A 100	56	11,2	6,3	1	1	1	1	1	1
HE-A 120	74	14,8	7,5	1	1	1	1	1	1
HE-A 140	92	16,7	8,2	1	1	1	1	2	2
HE-A 160	104	17,3	8,9	1	1	1	1	2	2
HE-A 180	122	20,3	9,5	1	1	2	2	3	3
HE-A 200	134	20,6	10,0	1	1	2	2	3	3
HE-A 220	152	21,7	10,0	1	1	2	2	3	3
HE-A 240	164	21,9	10,0	1	1	2	2	3	3
HE-A 260	177	23,6	10,4	2	2	3	3	3	3
HE-A 280	196	24,5	10,8	2	2	3	3	3	3
HE-A 300	208	24,5	10,7	2	2	3	3	3	3
HE-A 320	225	25,0	9,7	1	1	2	2	3	3
HE-A 340	243	25,6	9,1	1	1	1	1	3	3
HE-A 360	261	26,1	8,6	1	1	1	1	2	2
HE-A 400	298	27,1	7,9	1	1	1	1	2	1
HE-A 450	344	29,9	7,1	1	1	1	1	2	1
HE-A 500	390	32,5	6,5	1	1	2	1	3	1
HE-A 550	438	35,0	6,3	2	1	2	1	4	1
HE-A 600	486	37,4	6,0	2	1	3	1	4	1
HE-A 650	534	39,6	5,8	3	1	4	1	4	1
HE-A 700	582	40,1	5,6	3	1	4	1	4	1
HE-A 800	674	44,9	5,4	4	1	4	1	4	1
HE-A 900	770	48,1	5,0	4	1	4	1	4	1
HE-A 1000	868	52,6	4,8	4	1	4	1	4	1

<table>
<tr><td>HE-B</td><td colspan="6" align="center">Euronorm 53-62</td></tr>
<tr><td></td><td colspan="6" align="center">- b/t Verhältnisse und Querschnittsklassen</td></tr>
</table>

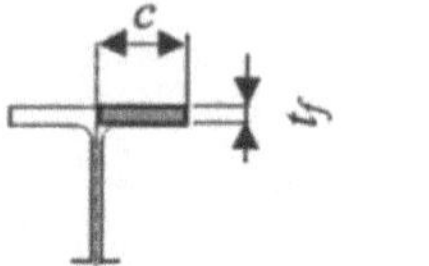
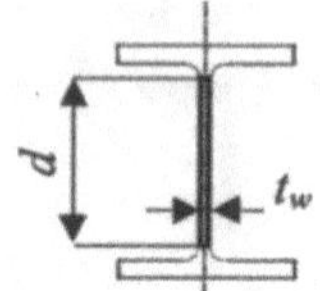

Tabelle 6.3 b/t Verhältnisse vorhanden und Querschnittsklassen von Walzprofilen der Reihe HE-B

Profil				Querschnittsklasse (QKl)					
Kurz-zeichen	b/t Verhältnis vorhanden			Fe 360 $\varepsilon = 1$		Fe 430 $\varepsilon = 0{,}92$		Fe 510 $\varepsilon = 0{,}81$	
	Steg		Flansch	Beanspruchung		Beanspruchung		Beanspruchung	
	d [mm]	d/t_w	c/t_f	Druck N	Biegung M_y	Druck N	Biegung M_y	Druck N	Biegung M_y
HE-B 100	56	9,3	5,0	1	1	1	1	1	1
HE-B 120	74	11,4	5,5	1	1	1	1	1	1
HE-B 140	92	13,1	5,8	1	1	1	1	1	1
HE-B 160	104	13,0	6,2	1	1	1	1	1	1
HE-B 180	122	14,4	6,4	1	1	1	1	1	1
HE-B 200	134	14,9	6,7	1	1	1	1	1	1
HE-B 220	152	16,0	6,9	1	1	1	1	1	1
HE-B 240	164	16,4	7,1	1	1	1	1	1	1
HE-B 260	177	17,7	7,4	1	1	1	1	1	1
HE-B 280	196	18,7	7,8	1	1	1	1	1	1
HE-B 300	208	18,9	7,9	1	1	1	1	1	1
HE-B 320	225	19,6	7,3	1	1	1	1	1	1
HE-B 340	243	20,3	7,0	1	1	1	1	1	1
HE-B 360	261	20,9	6,7	1	1	1	1	1	1
HE-B 400	298	22,1	6,3	1	1	1	1	1	1
HE-B 450	344	24,6	5,8	1	1	1	1	1	1
HE-B 500	390	26,9	5,4	1	1	1	1	2	1
HE-B 550	438	29,2	5,2	1	1	1	1	2	1
HE-B 600	486	31,4	5,0	1	1	2	1	3	1
HE-B 650	534	33,4	4,8	2	1	2	1	3	1
HE-B 700	582	34,2	4,7	2	1	2	1	4	1
HE-B 800	674	38,5	4,5	3	1	3	1	4	1
HE-B 900	770	41,6	4,3	3	1	4	1	4	1
HE-B 1000	868	45,7	4,2	4	1	4	1	4	1

HE-M	Euronorm 53-62
	- b/t Verhältnisse und Querschnittsklassen

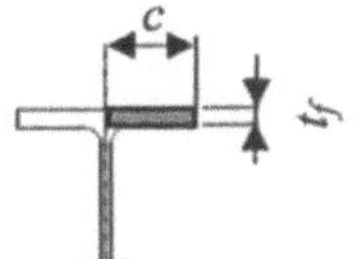 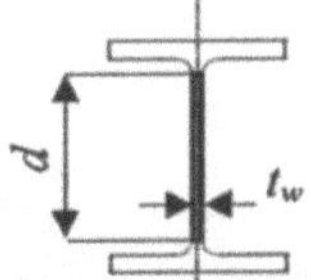

Tabelle 6.4 b/t Verhältnisse vorhanden und Querschnittsklassen von Walzprofilen der Reihe HE-M

Profil			Querschnittsklasse (QKl)					
Kurz-zeichen	b/t Verhältnis vorhanden		Fe 360 $\varepsilon = 1$		Fe 430 $\varepsilon = 0{,}92$		Fe 510 $\varepsilon = 0{,}81$	
	Steg	Flansch	Beanspruchung		Beanspruchung		Beanspruchung	
	d [mm]	d/t_w	c/t_f	Druck N	Biegung M_y	Druck N	Biegung M_y	Druck N	Biegung M_y
HE-M 100	56	4,7	2,7	1	1	1	1	1	1
HE-M 120	74	5,9	3,0	1	1	1	1	1	1
HE-M 140	92	7,1	3,3	1	1	1	1	1	1
HE-M 160	104	7,4	3,6	1	1	1	1	1	1
HE-M 180	122	8,4	3,9	1	1	1	1	1	1
HE-M 200	134	8,9	4,1	1	1	1	1	1	1
HE-M 220	152	9,8	4,3	1	1	1	1	1	1
HE-M 240	164	9,1	3,9	1	1	1	1	1	1
HE-M 260	177	9,8	4,1	1	1	1	1	1	1
HE-M 280	196	10,6	4,4	1	1	1	1	1	1
HE-M 300	208	9,9	4,0	1	1	1	1	1	1
HE-M 320	225	10,7	3,9	1	1	1	1	1	1
HE-M 340	243	11,6	3,9	1	1	1	1	1	1
HE-M 360	261	12,4	3,9	1	1	1	1	1	1
HE-M 400	298	14,2	3,8	1	1	1	1	1	1
HE-M 450	344	16,4	3,8	1	1	1	1	1	1
HE-M 500	390	18,6	3,8	1	1	1	1	1	1
HE-M 550	438	20,9	3,8	1	1	1	1	1	1
HE-M 600	486	23,1	3,8	1	1	1	1	1	1
HE-M 650	534	25,4	3,8	1	1	1	1	1	1
HE-M 700	582	27,7	3,8	1	1	1	1	2	1
HE-M 800	674	32,1	3,8	1	1	2	1	3	1
HE-M 900	770	36,7	3,8	2	1	3	1	4	1
HE-M 1000	868	41,3	3,8	3	1	4	1	4	1

6.2 Querschnittswerte

Alle Tabellenwerte sind mit den nachfolgenden Formeln berechnet.

6.2.1 Formeln zur Berechnung der Querschnittswerte

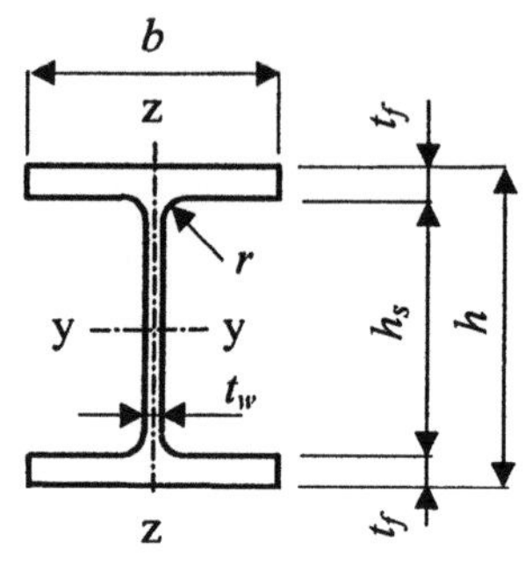

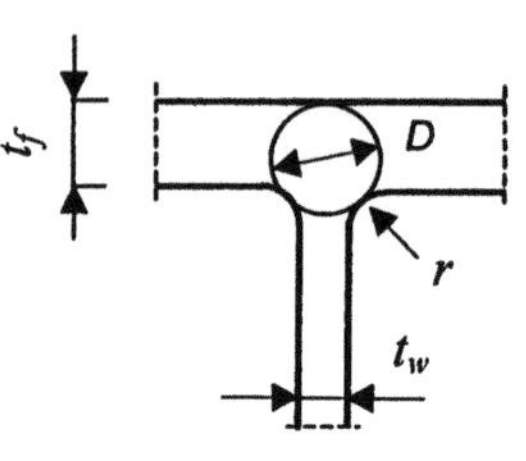

Anteil der Rundung

Querschnittsfläche	$A = 2 \cdot b \cdot t_f + (h - 2 \cdot t_f) \cdot t_w + 4 \cdot 0{,}2146 \cdot r^2$
Mantelfläche	$U = 4 \cdot b - 2 \cdot t_s - 8 \cdot r + 2 \cdot h + 2 \cdot r \cdot \pi$
Charakteristischer Wert der Eigenlast	$g_k = A \cdot g_E \qquad \text{mit: } g_E = 0{,}785 \text{ kg/(cm}^2 \cdot \text{m)}$
Flächenmoment 2. Grades	$I_y = \dfrac{t_w \cdot h_s^{\,3}}{12} + \dfrac{b \cdot t_f}{6} + \dfrac{b \cdot t_f \cdot (h - t_f)^2}{2} + 4 \cdot a$ $\alpha = 0{,}2146 \cdot r^2 \cdot \left(\dfrac{h}{2} - t_f - 0{,}2234 \cdot r\right)^2$
	$I_z = \dfrac{t_f \cdot b^3}{6} + \dfrac{h_s \cdot t_w^{\,3}}{12} + 4 \cdot \alpha$ $\alpha = 0{,}2146 \cdot r^2 \cdot \left(\dfrac{t_w}{2} + 0{,}2234 \cdot r\right)^2$
Elastisches Widerstandsmoment	$W_{el,y} = \dfrac{2 \cdot I_y}{h}$ $W_{el,z} = \dfrac{2 \cdot I_z}{b}$
Plastisches Widerstandsmoment	$W_{pl,y} = b \cdot t_f \cdot (h - t_f) + t_w \cdot \left(\dfrac{h}{2} - t_f\right) \cdot \dfrac{h_s}{2} + 4 \cdot \alpha$ $\alpha = 0{,}2146 \cdot r^2 \cdot \left(\dfrac{h}{2} - t_f - 0{,}2234 \cdot r\right)$

Plastisches Widerstandsmoment	$W_{pl,z} = \dfrac{1}{2} \cdot b^2 \cdot t_f + \dfrac{1}{4} \cdot h_s \cdot t_w{}^2 + 4 \cdot \alpha$ $$\alpha = 0{,}2146 \cdot r^2 \cdot \left(\dfrac{s}{2} + 0{,}2234 \cdot r \right)$$

Trägheitsradius	$i_y = \sqrt{\dfrac{I_y}{A}}$	$i_z = \sqrt{\dfrac{I_z}{A}}$

Torsionsflächenmoment 2. Grades	$I_T = \dfrac{2}{3} \cdot b \cdot t_f{}^3 \cdot \left(1 - 0{,}63 \cdot \dfrac{t_f}{b} \right) + \dfrac{h_s \cdot t_w{}^3}{3} + 2 \cdot \alpha \cdot D^4$ $$\alpha = \left(0{,}1 \cdot \dfrac{r}{t_f} + 0{,}15 \right) \cdot \dfrac{t_w}{t_f}$$ $$D = \left[(t_f + r)^2 + t_w \cdot (r + \dfrac{t_w}{4}) \right] \cdot \dfrac{1}{2 \cdot r + t_f}$$
Wölbsteifigkeit (Wölbflächenmoment 2.Grades)	$I_w = \dfrac{t_f \cdot b^3 \cdot (h - t_f)^2}{24}$
Verhältniswert: Steganteil/Fläche	$a = (A - 2 \cdot b \cdot t_f) / A$
Wirksame Schubfläche	$A_{v,z} = A - 2 \cdot b \cdot t_f + (t_w + 2 \cdot r) \cdot t_f$ $$A_{v,y} = 2 \cdot b \cdot t_f$$

6.2.2 Beanspruchbarkeiten - Grenzschnittgrößen

	Charakteristischer Wert	Bemessungswert
Plastische Grenzzugkraft	$N_{pl} = A \cdot f_y$	$N_{pl,Rd} = A \cdot \dfrac{f_y}{\gamma_{M0}}$
Elastisches Grenzmoment jeweils bezogen auf: - y-Achse - z-Achse	$M_{el} = W_{el} \cdot f_y$	$M_{el,Rd} = W_{el} \cdot \dfrac{f_y}{\gamma_{M0}}$
Plastisches Grenzmoment jeweils bezogen auf: - y-Achse - z-Achse	$M_{pl} = W_{pl} \cdot f_y$	$M_{pl,Rd} = W_{pl} \cdot \dfrac{f_y}{\gamma_{M0}}$
Plastische Grenzquerkraft jeweils in Richtung: - y-Achse - z-Achse	$V_{pl} = A_v \cdot \dfrac{f_y}{\sqrt{3}}$	$V_{pl,Rd} = A_v \cdot \dfrac{f_y}{\sqrt{3} \cdot \gamma_{M0}}$ $\gamma_{M0} = 1{,}1$, siehe Tabelle 2.13

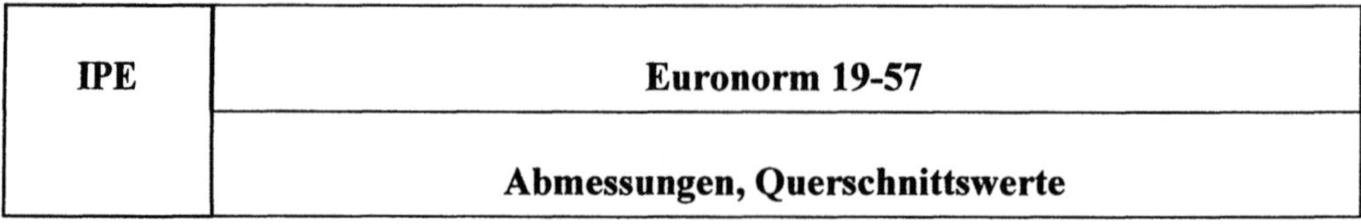

IPE	Euronorm 19-57
	Abmessungen, Querschnittswerte

Entspricht: IPE nach DIN 1025-5

Zulassung nach Bauregelliste A, Lfd. Nr. 4.1.1

Tabelle 6.5 Warmgewalzte mittelbreite I-Träger, Reihe IPE nach Euronorm 19-57

| Maße | | | | | | | | y - y | | | z - z | | |
| Nenn-höhe | h | b | t_w | t_f | r | A | g_k | I_y | $W_{el,y}$ | i_y | I_z | $W_{el,z}$ | i_z |
	mm					cm²	kg/m	cm⁴	cm³	cm	cm⁴	cm³	cm
80	80	46	3,8	5,2	5	7,64	6,00	80,1	20,0	3,24	8,49	3,69	1,05
100	100	55	4,1	5,7	7	10,3	8,10	171	34,2	4,07	15,9	5,79	1,24
120	120	64	4,4	6,3	7	13,2	10,4	318	53,0	4,90	27,7	8,65	1,45
140	140	73	4,7	6,9	7	16,4	12,9	541	77,3	5,74	44,9	12,3	1,65
160	160	82	5,0	7,4	9	20,1	15,8	869	109	6,58	68,3	16,7	1,84
180	180	91	5,3	8,0	9	23,9	18,8	1320	146	7,42	101	22,2	2,05
200	200	100	5,6	8,5	12	28,5	22,4	1940	194	8,26	142	28,5	2,24
220	220	110	5,9	9,2	12	33,4	26,2	2770	252	9,11	205	37,3	2,48
240	240	120	6,2	9,8	15	39,1	30,7	3890	324	9,97	284	47,3	2,69
270	270	135	6,6	10,2	15	45,9	36,1	5790	429	11,2	420	62,2	3,02
300	300	150	7,1	10,7	15	53,8	42,2	8360	557	12,5	604	80,5	3,35
330	330	160	7,5	11,5	18	62,6	49,1	11770	713	13,7	788	98,5	3,55
360	360	170	8,0	12,7	18	72,7	57,1	16270	904	15,0	1040	123	3,79
400	400	180	8,6	13,5	21	84,5	66,3	23130	1160	16,5	1320	146	3,95
450	450	190	9,4	14,6	21	98,8	77,6	33740	1500	18,5	1680	176	4,12
500	500	200	10,2	16,0	21	116	90,7	48200	1930	20,4	2140	214	4,31
550	550	210	11,1	17,2	24	134	106	67120	2440	22,3	2670	254	4,45
600	600	220	12,0	19,0	24	156	122	92080	3070	24,3	3390	308	4,66

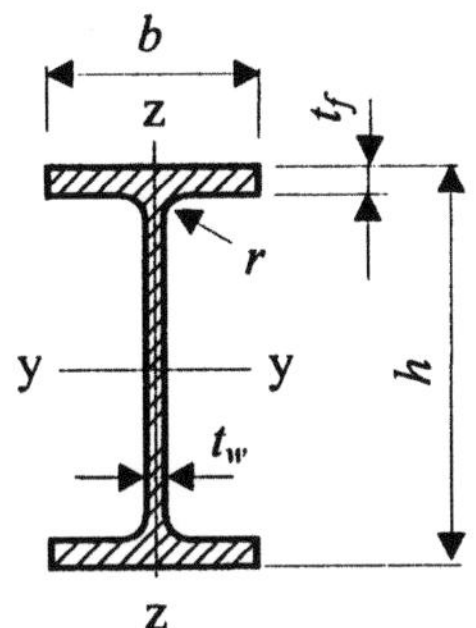

Tabelle 6.5 Warmgewalzte mittelbreite I-Träger, Reihe IPE nach Euronorm 19-57, Fortsetzung

| Zusätzliche Rechenwerte | | | | | | | | | | |
Nenn-höhe	$W_{pl,y}$ cm³	$W_{pl,z}$ cm³	I_T cm⁴	I_w cm⁶	A_{vy} cm²	A_{vy}/A	A_{vz} cm²	A_{vz}/A	a	U m²/m
80	23,2	5,82	0,70	118	4,78	0,6259	3,58	0,4680	0,374	0,328
100	39,4	9,15	1,21	351	6,27	0,6074	5,08	0,4926	0,393	0.400
120	60,7	13,6	1,74	890	8,06	0,6104	6,31	0,4773	0,390	0,475
140	88,3	19,2	2,45	1980	10,1	0,6133	7,64	0,4653	0,387	0,551
160	124	26,1	3,62	3960	12,1	0,6040	9,66	0,4807	0,396	0,623
180	166	34,6	4,80	7430	14,6	0,6080	11,3	0,4698	0,392	0,698
200	221	44,6	7,02	12990	17,0	0,5968	14,0	0,4915	0,403	0,768
220	285	58,1	9,10	22670	20,2	0,6065	15,9	0,4759	0,393	0,848
240	367	73,9	12,9	37390	23,5	0,6013	19,1	0,4894	0,399	0,922
270	484	96,9	16,0	70580	27,5	0,5994	22,1	0,4818	0,401	1,04
300	628	125	20,2	125900	32,1	0,5965	25,7	0,4772	0,403	1,16
330	804	154	28,3	199100	36,8	0,5878	30,8	0,4921	0,412	1,25
360	1019	191	37,5	313600	43,2	0,5937	35,1	0,4831	0,406	1,35
400	1307	229	51,4	490000	48,6	0,5754	42,7	0,5055	0,425	1,47
450	1702	276	67,1	791000	55,5	0,5614	50,8	0,5145	0,439	1,61
500	2194	336	89,7	1249000	64,0	0,5540	59,9	0,5183	0,446	1,74
550	2787	400	124	1884000	72,2	0,5374	72,3	0,5382	0,463	1,88
600	3512	486	166	2846000	83,6	0,5360	83,8	0,5371	0,464	2,01

IPE	Euronorm 53-62
Fe 360	**Grenzbeanspruchbarkeiten**

Tabelle 6.5.1 Charakteristische Grenzwerte für Walzprofile der Reihe IPE

Stahl Fe 360 mit: $f_y = 235$ N/mm^2

Profil	Charakteristischer Wert						
	Biegemoment				Querkraft		Längskraft
	$M_{el,y}$	$M_{pl,y}$	$M_{el,z}$	$M_{pl,z}$	$V_{pl,y}$	$V_{pl,z}$	N_{pl}
	kNm	kNm	kNm	kNm	kN	kN	kN
IPE 80	4,708	5,5	0,867	1,367	64,9	48,5	179,6
IPE 100	8,037	9,3	1,360	2,149	85,1	69,0	242,6
IPE 120	12,45	14,27	2,031	3,191	109,4	85,6	310,4
IPE 140	18,17	20,76	2,892	4,523	136,7	103,7	386,0
IPE 160	25,53	29,11	3,914	6,133	164,7	131,0	472,1
IPE 180	34,39	39,11	5,208	8,131	197,5	152,7	562,8
IPE 200	45,66	51,85	6,688	10,48	230,7	189,9	669,4
IPE 220	59,22	67,07	8,752	13,66	274,6	215,5	784,2
IPE 240	76,21	86,16	11,10	17,37	319,1	259,7	919,2
IPE 270	100,8	113,7	14,61	22,78	373,7	300,4	1080
IPE 300	130,9	147,7	18,91	29,43	435,5	348,4	1265
IPE 330	167,6	189,0	23,14	36,11	499,3	418,0	1471
IPE 360	212,4	239,5	28,84	44,91	585,9	476,7	1709
IPE 400	271,8	307,2	34,39	53,82	659,4	579,3	1985
IPE 450	352,4	399,9	41,44	64,95	752,7	689,9	2322
IPE 500	453,1	515,6	50,32	78,93	868,3	812,3	2715
IPE 550	573,5	654,9	59,68	94,13	980,1	981,5	3159
IPE 600	721,3	825,4	72,34	114,1	1134	1137	3666

$$\boxed{\begin{array}{c} \textbf{IPE} \\ \hline \textbf{Fe 360} \end{array}}$$

Tabelle 6.5.2 Bemessungswerte für Walzprofile der Reihe IPE

Stahl Fe 360 mit: $f_y = 235$ N/mm^2							$\gamma_{M0} = 1{,}1$
Profil	Bemessungswert						
	Biegemoment				Querkraft		Längskraft
	$M_{el,y,Rd}$ kNm	$M_{pl,y,Rd}$ kNm	$M_{el,z,Rd}$ kNm	$M_{pl,z,Rd}$ kNm	$V_{pl,y,Rd}$ kN	$V_{pl,z,Rd}$ kN	$N_{pl,Rd}$ kN
IPE 80	4,280	4,960	0,788	1,243	59,01	44,12	163,3
IPE 100	7,307	8,419	1,236	1,954	77,34	62,72	220,5
IPE 120	11,31	12,97	1,847	2,901	99,46	77,77	282,2
IPE 140	16,52	18,87	2,629	4,112	124,3	94,26	350,9
IPE 160	23,21	26,46	3,559	5,576	149,7	119,1	429,2
IPE 180	31,26	35,55	4,734	7,392	179,6	138,8	511,6
IPE 200	41,51	47,14	6,080	9,531	209,7	172,7	608,5
IPE 220	53,83	60,97	7,956	12,41	249,6	195,9	712,9
IPE 240	69,28	78,33	10,09	15,79	290,1	236,1	835,7
IPE 270	91,62	103,4	13,28	20,71	339,7	273,1	981,6
IPE 300	119,0	134,2	17,19	26,75	395,9	316,8	1150
IPE 330	152,3	171,8	21,04	32,83	453,9	380,0	1337
IPE 360	193,0	217,7	26,22	40,83	532,6	433,4	1554
IPE 400	247,0	279,3	31,27	48,92	599,4	526,6	1804
IPE 450	320,4	363,6	37,67	59,04	684,3	627,1	2111
IPE 500	411,9	468,7	45,74	71,76	789,4	738,5	2468
IPE 550	521,4	595,4	54,26	85,57	891,0	892,3	2872
IPE 600	655,7	750,4	65,77	103,8	1031	1033	3332

IPE	Euronorm 53-62
Fe 430	**Grenzbeanspruchbarkeiten**

Tabelle 6.5.3 Charakteristische Grenzwerte für Walzprofile der Reihe IPE

Stahl Fe 430 mit: $f_y = 275$ N/mm^2

Profil	Charakteristischer Wert						
	Biegemoment				Querkraft		Längskraft
	$M_{el,y}$ kNm	$M_{pl,y}$ kNm	$M_{el,z}$ kNm	$M_{pl,z}$ kNm	$V_{pl,y}$ kN	$V_{pl,z}$ kN	N_{pl} kN
IPE 80	5,509	6,385	1,015	1,600	75,96	56,79	210,2
IPE 100	9,405	10,84	1,591	2,515	99,55	80,73	283,9
IPE 120	14,56	16,70	2,377	3,735	128,0	100,1	363,3
IPE 140	21,26	24,29	3,384	5,293	159,9	121,3	451,7
IPE 160	29,88	34,06	4,581	7,177	192,7	153,3	552,5
IPE 180	40,24	45,76	6,094	9,515	231,2	178,6	658,6
IPE 200	53,44	60,68	7,827	12,27	269,9	222,3	783,3
IPE 220	69,29	78,49	10,24	15,98	321,4	252,1	917,7
IPE 240	89,18	100,8	12,99	20,33	373,4	303,9	1075
IPE 270	117,9	133,1	17,10	26,66	437,3	351,5	1263
IPE 300	153,2	172,8	22,13	34,44	509,7	407,8	1479
IPE 330	196,1	221,2	27,08	42,26	584,3	489,2	1722
IPE 360	248,5	280,3	33,75	52,55	685,6	557,9	2000
IPE 400	318,0	359,5	40,25	62,98	771,6	677,9	2323
IPE 450	412,4	468,0	48,49	76,00	880,9	807,3	2718
IPE 500	530,2	603,4	58,88	92,37	1016	950,6	3177
IPE 550	671,2	766,4	69,84	110,1	1147	1149	3696
IPE 600	844,1	965,9	84,66	133,6	1327	1330	4290

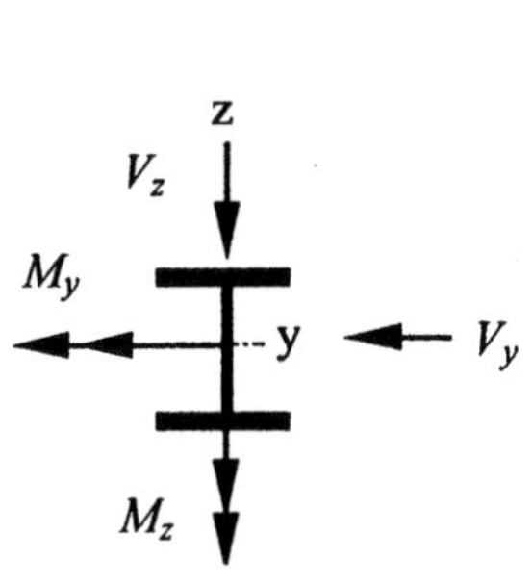

IPE

Fe 430

Tabelle 6.5.4 Bemessungswerte für Walzprofile der Reihe IPE

Stahl Fe 430 mit: $f_y = 275$ N/mm^2							$\gamma_{M0} = 1{,}1$
	Bemessungswert						
Profil	**Biegemoment**				**Querkraft**		**Längskraft**
	$M_{el,y,Rd}$	$M_{pl,y,Rd}$	$M_{el,z,Rd}$	$M_{pl,z,Rd}$	$V_{pl,y,Rd}$	$V_{pl,z,Rd}$	$N_{pl,Rd}$
	kNm	kNm	kNm	kNm	kN	kN	kN
IPE 80	5,008	5,804	0,923	1,454	69,05	51,63	191,1
IPE 100	8,550	9,852	1,446	2,286	90,50	73,39	258,1
IPE 120	13,24	15,18	2,161	3,395	116,4	91,01	330,3
IPE 140	19,33	22,09	3,076	4,812	145,4	110,3	410,7
IPE 160	27,16	30,96	4,164	6,525	175,2	139,4	502,3
IPE 180	36,58	41,60	5,540	8,650	210,2	162,4	598,7
IPE 200	48,58	55,16	7,115	11,15	245,4	202,1	712,1
IPE 220	62,99	71,35	9,310	14,53	292,1	229,2	834,3
IPE 240	81,07	91,66	11,81	18,48	339,5	276,3	977,9
IPE 270	107,2	121,0	15,55	24,24	397,5	319,5	1149
IPE 300	139,3	157,1	20,12	31,30	463,3	370,7	1345
IPE 330	178,3	201,1	24,62	38,42	531,2	444,7	1565
IPE 360	225,9	254,8	30,68	47,77	623,2	507,2	1818
IPE 400	289,1	326,8	36,59	57,25	701,5	616,2	2112
IPE 450	374,9	425,4	44,09	69,10	800,8	733,9	2471
IPE 500	482,0	548,5	53,53	83,97	923,8	864,2	2888
IPE 550	610,1	696,8	63,49	100,1	1043	1044	3360
IPE 600	767,4	878,1	76,96	121,4	1207	1209	3900

IPE	**Euronorm 53-62**
Fe 510	**Grenzbeanspruchbarkeiten**

Tabelle 6.5.5 Charakteristische Grenzwerte für Walzprofile der Reihe IPE

Stahl Fe 510 mit: $f_y = 355$ N/mm^2

Profil	Charakteristischer Wert						
	Biegemoment				Querkraft		Längskraft
	$M_{el,y}$	$M_{pl,y}$	$M_{el,z}$	$M_{pl,z}$	$V_{pl,y}$	$V_{pl,z}$	N_{pl}
	kNm	kNm	kNm	kNm	kN	kN	kN
IPE 80	7,112	8,242	1,310	2,065	98,05	73,31	271,3
IPE 100	12,14	13,99	2,054	3,247	128,5	104,2	366,5
IPE 120	18,80	21,56	3,069	4,821	165,3	129,2	469,0
IPE 140	27,45	31,36	4,368	6,833	206,5	156,6	583,1
IPE 160	38,57	43,97	5,913	9,265	248,7	197,9	713,2
IPE 180	51,95	59,08	7,867	12,28	298,4	230,6	850,1
IPE 200	68,98	78,33	10,10	15,84	348,4	286,9	1011
IPE 220	89,45	101,3	13,22	20,63	414,8	325,5	1185
IPE 240	115,1	130,2	16,77	26,24	482,1	392,4	1389
IPE 270	152,2	171,8	22,07	34,42	564,5	453,7	1631
IPE 300	197,8	223,1	28,57	44,45	657,9	526,4	1910
IPE 330	253,2	285,5	34,96	54,56	754,3	631,5	2223
IPE 360	320,8	361,8	43,57	67,84	885,0	720,2	2582
IPE 400	410,5	464,0	51,96	81,30	996,1	875,1	2998
IPE 450	532,4	604,1	62,60	98,12	1137	1042	3508
IPE 500	684,4	778,9	76,01	119,2	1312	1227	4101
IPE 550	866,4	989,4	90,16	142,2	1481	1483	4772
IPE 600	1090	1247	109,3	172,4	1713	1717	5537

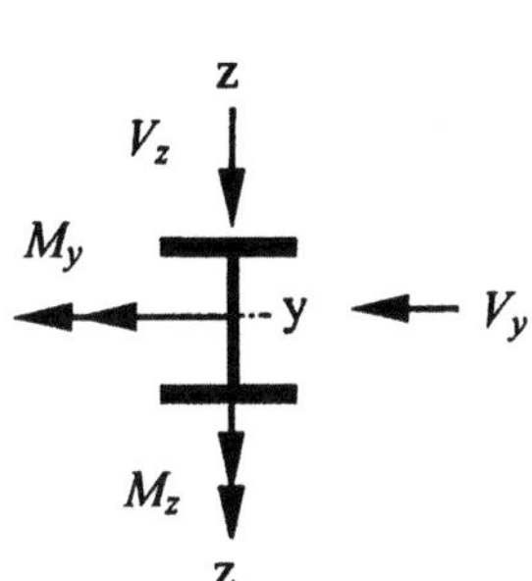

IPE

Fe 510

Tabelle 6.5.6 Bemessungswerte für Walzprofile der Reihe IPE

Stahl Fe 510 mit: $f_y = 355$ N/mm^2							$\gamma_{M0} = 1,1$
Profil	Bemessungswert						
	Biegemoment				Querkraft		Längskraft
	$M_{el,y,Rd}$	$M_{pl,y,Rd}$	$M_{el,z,Rd}$	$M_{pl,z,Rd}$	$V_{pl,y,Rd}$	$V_{pl,z,Rd}$	$N_{pl,Rd}$
	kNm	kNm	kNm	kNm	kN	kN	kN
IPE 80	6,465	7,493	1,191	1,877	89,14	66,65	246,7
IPE 100	11,04	12,72	1,867	2,952	116,8	94,75	333,2
IPE 120	17,09	19,60	2,790	4,383	150,3	117,5	426,3
IPE 140	24,95	28,51	3,971	6,211	187,7	142,4	530,1
IPE 160	35,07	39,97	5,376	8,423	226,1	179,9	648,4
IPE 180	47,22	53,71	7,152	11,17	271,3	209,6	772,8
IPE 200	62,71	71,21	9,185	14,40	316,8	260,9	919,3
IPE 220	81,32	92,11	12,02	18,75	377,1	295,9	1077
IPE 240	104,7	118,3	15,25	23,86	438,2	356,7	1262
IPE 270	138,4	156,2	20,07	31,29	513,1	412,5	1483
IPE 300	179,8	202,8	25,97	40,41	598,1	478,5	1737
IPE 330	230,1	259,6	31,78	49,60	685,7	574,0	2020
IPE 360	291,6	328,9	39,61	61,67	804,6	654,7	2347
IPE 400	373,2	421,9	47,23	73,90	905,5	795,5	2726
IPE 450	484,0	549,2	56,91	89,20	1034	947,4	3189
IPE 500	622,2	708,1	69,10	108,4	1192	1116	3728
IPE 550	787,6	899,4	81,96	129,3	1346	1348	4338
IPE 600	990,6	1134	99,35	156,7	1558	1561	5034

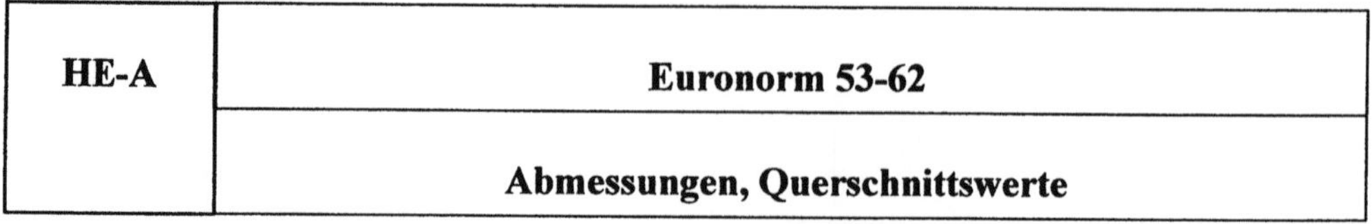

Entspricht: IPBl nach DIN 1025-3

Zulassung nach Bauregelliste A, Lfd. Nr. 4.1.3

Tabelle 6.6 Warmgewalzte breite I-Träger, Reihe HE-A nach Euronorm 53-62

Maße								y - y			z - z		
Nenn-höhe	h	b	t_w	t_f	r	A	g_k	I_y	$W_{el,y}$	i_y	I_z	$W_{el,z}$	i_z
	mm					cm²	kg/m	cm⁴	cm³	cm	cm⁴	cm³	cm
100	96	100	5	8	12	21,2	16,7	349	72,8	4,06	134	26,8	2,51
120	114	120	5	8	12	25,3	19,9	606	106	4,89	231	38,5	3,02
140	133	140	5,5	8,5	12	31,4	24,7	1030	155	5,73	389	55,6	3,52
160	152	160	6	9	15	38,8	30,4	1670	220	6,57	616	76,9	3,98
180	171	180	6	9,5	15	45,3	35,5	2510	294	7,45	925	103	4,52
200	190	200	6,5	10	18	53,8	42,3	3690	389	8,28	1340	134	4,98
220	210	220	7	11	18	64,3	50,5	5410	515	9,17	1950	178	5,51
240	230	240	7,5	12	21	76,8	60,3	7760	675	10,1	2770	231	6,00
260	250	260	7,5	12,5	24	86,8	68,2	10450	836	11,0	3670	282	6,50
280	270	280	8	13	24	97,3	76,4	13670	1010	11,9	4760	340	7,00
300	290	300	8,5	14	27	113	88,3	18260	1260	12,7	6310	421	7,49
320	310	300	9	15,5	27	124	97,6	22930	1480	13,6	6990	466	7,49
340	330	300	9,5	16,5	27	133	105	27690	1680	14,4	7440	496	7,46
360	350	300	10	17,5	27	143	112	33090	1890	15,2	7890	526	7,43
400	390	300	11	19	27	159	125	45070	2310	16,8	8560	571	7,34
450	440	300	11,5	21	27	178	140	63720	2900	18,9	9470	631	7,29
500	490	300	12	23	27	198	155	86970	3550	21,0	10370	691	7,24
550	540	300	12,5	24	27	212	166	111900	4150	23,0	10820	721	7,15
600	590	300	13	25	27	226	178	141200	4790	25,0	11270	751	7,05
650	640	300	13,5	26	27	242	190	175200	5470	26,9	11720	782	6,97
700	690	300	14,5	27	27	260	204	215300	6240	28,8	12180	812	6,84
800	790	300	15	28	30	286	224	303400	7680	32,6	12640	843	6,65
900	890	300	16	30	30	321	252	422100	9480	36,3	13550	903	6,50
1000	990	300	16,5	31	30	347	272	553800	11190	40,0	14000	934	6,35

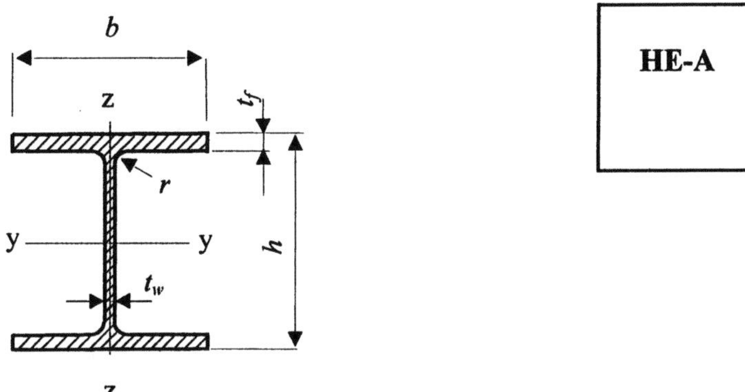

Tabelle 6.6 Warmgewalzte breite I-Träger, Reihe HE-A nach Euronorm 53-62, Fortsetzung

Zusätzliche Rechenwerte									
Nenn-höhe	$W_{pl,y}$ cm³	$W_{pl,z}$ cm³	I_T cm⁴	I_w cm⁶	A_{vy} cm²	A_{vy}/A	A_{vz} cm²	A_{vz}/A	a	U m²/m
100	83	41,1	5,26	2581	16,0	0,7534	7,56	0,3558	0,247	0,561
120	119	58,9	6,02	6472	19,2	0,7578	8,46	0,3338	0,242	0,677
140	173	84,8	8,16	15060	23,8	0,7576	10,1	0,3222	0,242	0,794
160	245	118	12,3	31410	28,8	0,7428	13,2	0,3408	0,257	0,906
180	325	157	14,9	60210	34,2	0,7558	14,5	0,3198	0,244	1,024
200	429	204	21,1	108000	40,0	0,7431	18,1	0,3359	0,257	1,136
220	568	271	28,6	193300	48,4	0,7522	20,7	0,3213	0,248	1,255
240	745	352	41,7	328500	57,6	0,7497	25,2	0,3277	0,250	1,369
260	920	430	52,6	516400	65,0	0,7487	28,8	0,3312	0,251	1,484
280	1112	518	62,4	785400	72,8	0,7485	31,7	0,3264	0,252	1,603
300	1383	641	85,6	1200000	84,0	0,7465	37,3	0,3313	0,254	1,717
320	1628	710	108	1512000	93,0	0,7478	41,1	0,3307	0,252	1,756
340	1850	756	128	1824000	99,0	0,7417	45,0	0,3368	0,258	1,795
360	2088	802	149	2177000	105	0,7355	49,0	0,3429	0,264	1,834
400	2562	873	190	2942000	114	0,7171	57,3	0,3606	0,283	1,912
450	3216	966	245	4146000	126	0,7078	65,8	0,3695	0,292	2,011
500	3949	1059	310	5643000	138	0,6986	74,7	0,3782	0,301	2,110
550	4622	1107	353	7189000	144	0,6800	83,7	0,3953	0,320	2,209
600	5350	1156	399	8978000	150	0,6624	93,2	0,4116	0,338	2,308
650	6136	1205	450	11027000	156	0,6456	103	0,4270	0,354	2,407
700	7032	1257	515	13352000	162	0,6219	117	0,4491	0,378	2,505
800	8699	1312	599	18290000	168	0,5878	139	0,4857	0,412	2,698
900	10811	1414	739	24962000	180	0,5616	163	0,5096	0,438	2,896
1000	12824	1470	825	32074000	186	0,5363	185	0,5321	0,464	3,095

HE-A	Euronorm 53-62
Fe 360	**Grenzbeanspruchbarkeiten**

Tabelle 6.6.1 Charakteristische Grenzwerte für Walzprofile der Reihe HE-A

Stahl Fe 360 mit: $f_y = 235$ N/mm^2

Profil	Charakteristischer Wert						
	Biegemoment				Querkraft		Längskraft
	$M_{el,y}$ kNm	$M_{pl,y}$ kNm	$M_{el,z}$ kNm	$M_{pl,z}$ kNm	$V_{pl,y}$ kN	$V_{pl,z}$ kN	N_{pl} kN
HE-A 100	17,09	19,51	6,286	9,668	217,1	102,5	499,0
HE-A 120	24,99	28,08	9,041	13,83	260,5	114,7	595,4
HE-A 140	36,51	40,77	13,07	19,94	322,9	137,4	738,3
HE-A 160	51,73	57,61	18,08	27,64	390,8	179,2	911,1
HE-A 180	68,99	76,34	24,14	36,78	464,0	196,3	1063
HE-A 200	91,32	100,9	31,38	47,90	542,7	245,3	1265
HE-A 220	121,1	133,6	41,75	63,59	656,7	280,5	1512
HE-A 240	158,6	175,0	54,21	82,65	781,5	341,6	1806
HE-A 260	196,5	216,1	66,28	101,1	881,9	390,2	2040
HE-A 280	238,0	261,4	79,93	121,8	987,7	430,7	2286
HE-A 300	296,0	325,1	98,82	150,7	1140	505,8	2644
HE-A 320	347,6	382,6	109,4	166,8	1262	558,1	2923
HE-A 340	394,4	434,9	116,5	177,6	1343	609,9	3137
HE-A 360	444,3	490,8	123,5	188,5	1425	664,2	3355
HE-A 400	543,1	602,0	134,1	205,1	1547	777,8	3736
HE-A 450	680,6	755,7	148,3	226,9	1710	892,5	4184
HE-A 500	834,2	928,0	162,4	248,8	1872	1014	4642
HE-A 550	974,2	1086	169,5	260,1	1954	1136	4976
HE-A 600	1125	1257	176,6	271,6	2035	1265	5322
HE-A 650	1286	1442	183,6	283,1	2117	1400	5678
HE-A 700	1467	1652	190,8	295,3	2198	1587	6121
HE-A 800	1805	2044	198,0	308,4	2279	1884	6717
HE-A 900	2229	2541	212,2	332,4	2442	2216	7532
HE-A 1000	2629	3014	219,4	345,4	2524	2504	8151

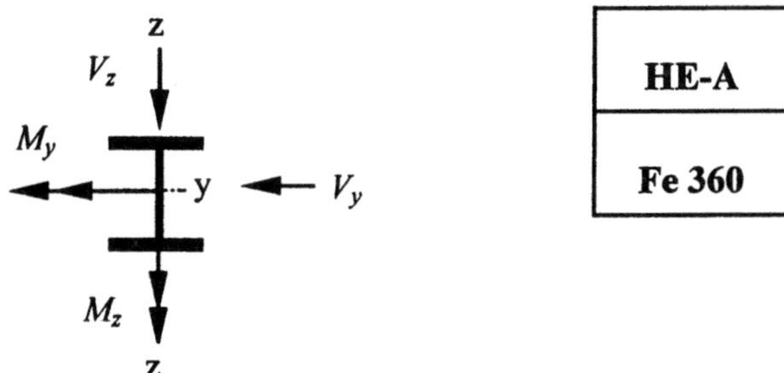

Tabelle 6.6.2 Bemessungswerte für Walzprofile der Reihe HE-A

Stahl Fe 360 mit: $f_y = 235$ N/mm^2							$\gamma_{M0} = 1{,}1$
Profil	Bemessungswert						
	Biegemoment				Querkraft		Längskraft
	$M_{el,y,Rd}$	$M_{pl,y,Rd}$	$M_{el,z,Rd}$	$M_{pl,z,Rd}$	$V_{pl,y,Rd}$	$V_{pl,z,Rd}$	$N_{pl,Rd}$
	kNm	kNm	kNm	kNm	kN	kN	kN
HE-A 100	15,54	17,73	5,715	8,79	197,3	93,20	453,7
HE-A 120	22,72	25,53	8,219	12,57	236,8	104,3	541,3
HE-A 140	33,19	37,06	11,88	18,13	293,6	124,9	671,2
HE-A 160	47,02	52,37	16,43	25,13	355,2	163,0	828,3
HE-A 180	62,72	69,40	21,94	33,43	421,8	178,5	966,7
HE-A 200	83,02	91,75	28,52	43,54	493,4	223,0	1150
HE-A 220	110,1	121,4	37,95	57,81	597,0	255,0	1375
HE-A 240	144,2	159,1	49,28	75,13	710,5	310,5	1641
HE-A 260	178,7	196,5	60,25	91,90	801,7	354,7	1855
HE-A 280	216,4	237,6	72,66	110,7	897,9	391,5	2078
HE-A 300	269,1	295,5	89,84	137,0	1036	459,8	2404
HE-A 320	316,0	347,8	99,46	151,6	1147	507,3	2657
HE-A 340	358,5	395,3	105,9	161,5	1221	554,4	2851
HE-A 360	403,9	446,2	112,3	171,4	1295	603,9	3050
HE-A 400	493,7	547,3	121,9	186,5	1406	707,1	3396
HE-A 450	618,8	687,0	134,8	206,3	1554	811,4	3803
HE-A 500	758,4	843,6	147,6	226,1	1702	921,6	4220
HE-A 550	885,6	987,4	154,1	236,5	1776	1033	4524
HE-A 600	1023	1143	160,5	246,9	1850	1150	4838
HE-A 650	1170	1311	167,0	257,4	1924	1273	5162
HE-A 700	1333	1502	173,4	268,5	1998	1443	5565
HE-A 800	1641	1859	180,0	280,3	2072	1712	6106
HE-A 900	2026	2310	192,9	302,2	2220	2015	6848
HE-A 1000	2390	2740	199,4	314,0	2294	2276	7410

HE-A	Euronorm 53-62
Fe 430	Grenzbeanspruchbarkeiten

Tabelle 6.6.3 Charakteristische Grenzwerte für Walzprofile der Reihe HE-A

Stahl Fe 430 mit: $f_y = 275$ N/mm^2

Profil	Charakteristischer Wert						
	Biegemoment				Querkraft		Längskraft
	$M_{el,y}$	$M_{pl,y}$	$M_{el,z}$	$M_{pl,z}$	$V_{pl,y}$	$V_{pl,z}$	N_{pl}
	kNm	kNm	kNm	kNm	kN	kN	kN
HE-A 100	20,00	22,83	7,356	11,31	254,0	120,0	584
HE-A 120	29,24	32,86	10,58	16,18	304,8	134,3	697
HE-A 140	42,72	47,71	15,29	23,33	377,9	160,7	864
HE-A 160	60,53	67,42	21,16	32,35	457,3	209,8	1066
HE-A 180	80,74	89,33	28,25	43,04	543,0	229,8	1244
HE-A 200	106,9	118,1	36,72	56,05	635,1	287,1	1480
HE-A 220	141,7	156,3	48,86	74,41	768,5	328,2	1769
HE-A 240	185,6	204,8	63,44	96,72	914,5	399,7	2113
HE-A 260	230,0	252,9	77,56	118,3	1032	456,6	2388
HE-A 280	278,5	305,9	93,53	142,5	1156	504,0	2675
HE-A 300	346,3	380,4	115,6	176,3	1334	591,9	3095
HE-A 320	406,8	447,7	128,0	195,2	1477	653,1	3420
HE-A 340	461,5	508,9	136,3	207,9	1572	713,7	3671
HE-A 360	520,0	574,3	144,6	220,6	1667	777,3	3926
HE-A 400	635,6	704,5	157,0	240,0	1810	910,2	4372
HE-A 450	796,5	884,4	173,5	265,5	2001	1044	4896
HE-A 500	976,2	1086	190,0	291,1	2191	1186	5432
HE-A 550	1140	1271	198,3	304,4	2286	1329	5823
HE-A 600	1316	1471	206,6	317,8	2382	1480	6228
HE-A 650	1505	1687	214,9	331,3	2477	1638	6645
HE-A 700	1716	1934	223,2	345,6	2572	1857	7163
HE-A 800	2113	2392	231,7	360,9	2667	2204	7860
HE-A 900	2608	2973	248,3	389,0	2858	2593	8814
HE-A 1000	3077	3527	256,7	404,2	2953	2930	9538

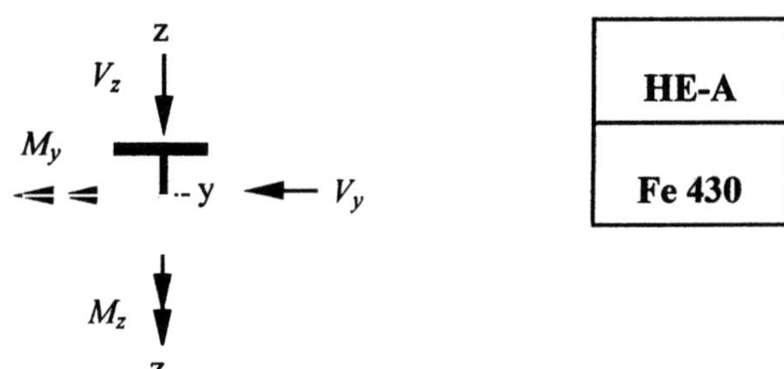

Tabelle 6.6.4 Bemessungswerte für Walzprofile der Reihe HE-A

Stahl Fe 430 mit: $f_y = 275$ N/mm^2							$\gamma_{M0} = 1,1$
	Bemessungswert						
Profil	Biegemoment				Querkraft		Längskraft
	$M_{el,y,Rd}$ kNm	$M_{pl,y,Rd}$ kNm	$M_{el,z,Rd}$ kNm	$M_{pl,z,Rd}$ kNm	$V_{pl,y,Rd}$ kN	$V_{pl,z,Rd}$ kN	$N_{pl,Rd}$ kN
HE-A 100	18,19	20,75	6,687	10,29	230,9	109,1	530,9
HE-A 120	26,58	29,87	9,618	14,71	277,1	122,1	633,4
HE-A 140	38,84	43,37	13,90	21,21	343,5	146,1	785,4
HE-A 160	55,03	61,29	19,23	29,41	415,7	190,7	969,3
HE-A 180	73,40	81,21	25,68	39,12	493,6	208,9	1131
HE-A 200	97,15	107,4	33,38	50,95	577,4	261,0	1346
HE-A 220	128,8	142,1	44,41	67,65	698,6	298,4	1609
HE-A 240	168,8	186,2	57,67	87,92	831,4	363,4	1921
HE-A 260	209,1	229,9	70,51	107,5	938,2	415,1	2170
HE-A 280	253,2	278,1	85,03	129,5	1051	458,2	2432
HE-A 300	314,9	345,8	105,1	160,3	1212	538,1	2813
HE-A 320	369,8	407,0	116,4	177,4	1342	593,7	3109
HE-A 340	419,6	462,6	123,9	189,0	1429	648,8	3337
HE-A 360	472,7	522,1	131,4	200,6	1516	706,6	3569
HE-A 400	577,8	640,4	142,7	218,2	1645	827,5	3974
HE-A 450	724,1	804,0	157,7	241,4	1819	949,5	4451
HE-A 500	887,5	987,2	172,8	264,6	1992	1078	4938
HE-A 550	1036	1155	180,3	276,7	2078	1208	5294
HE-A 600	1197	1338	187,8	288,9	2165	1345	5661
HE-A 650	1369	1534	195,4	301,2	2252	1489	6041
HE-A 700	1560	1758	203,0	314,2	2338	1688	6512
HE-A 800	1921	2175	210,6	328,1	2425	2004	7146
HE-A 900	2371	2703	225,8	353,6	2598	2357	8013
HE-A 1000	2797	3206	233,4	367,4	2685	2664	8671

HE-A	Euronorm 53-62
Fe 510	Grenzbeanspruchbarkeiten

Tabelle 6.6.5 Charakteristische Grenzwerte für Walzprofile der Reihe HE-A

Stahl Fe 510 mit: $f_y = 355$ N/mm^2

Profil	Charakteristischer Wert						
	Biegemoment				Querkraft		Längskraft
	$M_{el,y}$	$M_{pl,y}$	$M_{el,z}$	$M_{pl,z}$	$V_{pl,y}$	$V_{pl,z}$	N_{pl}
	kNm	kNm	kNm	kNm	kN	kN	kN
HE-A 100	25,82	29,47	9,496	14,60	327,9	154,9	753,9
HE-A 120	37,75	42,42	13,66	20,89	393,5	173,3	899,4
HE-A 140	55,15	61,59	19,74	30,12	487,8	207,5	1115
HE-A 160	78,14	87,03	27,31	41,76	590,3	270,8	1376
HE-A 180	104,2	115,3	36,46	55,56	701,0	296,6	1606
HE-A 200	138,0	152,5	47,40	72,36	819,8	370,6	1911
HE-A 220	182,9	201,8	63,07	96,06	992,0	423,7	2284
HE-A 240	239,6	264,3	81,89	124,9	1180,6	516,0	2728
HE-A 260	296,9	326,5	100,1	152,7	1332,2	589,4	3082
HE-A 280	359,5	394,8	120,7	183,9	1492,1	650,6	3453
HE-A 300	447,1	491,1	149,3	227,6	1721,7	764,0	3995
HE-A 320	525,1	578,0	165,3	252,0	1906,1	843,1	4415
HE-A 340	595,8	656,9	175,9	268,4	2029,1	921,3	4738
HE-A 360	671,2	741,4	186,6	284,8	2152,1	1003	5068
HE-A 400	820,5	909,4	202,6	309,9	2336,5	1175	5644
HE-A 450	1028	1142	224,0	342,8	2582,5	1348	6320
HE-A 500	1260	1402	245,3	375,8	2828,4	1531	7013
HE-A 550	1472	1641	256,0	393,0	2951,4	1716	7517
HE-A 600	1699	1899	266,7	410,3	3074,4	1910	8039
HE-A 650	1943	2178	277,4	427,7	3197,4	2115	8578
HE-A 700	2215	2496	288,2	446,1	3320,3	2397	9247
HE-A 800	2727	3088	299,1	465,9	3443,3	2845	10147
HE-A 900	3367	3838	320,6	502,1	3689,3	3348	11379
HE-A 1000	3972	4553	331,4	521,7	3812,2	3783	12313

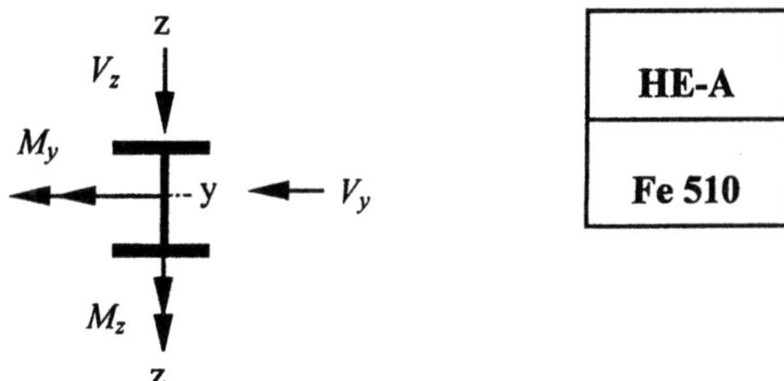

Tabelle 6.6.6 Bemessungswerte für Walzprofile der Reihe HE-A

Stahl Fe 510 mit: $f_y = 355$ N/mm^2							$\gamma_{M0} = 1{,}1$
Profil	Bemessungswert						
	Biegemoment				Querkraft		Längskraft
	$M_{el,y,Rd}$	$M_{pl,y,Rd}$	$M_{el,z,Rd}$	$M_{pl,z,Rd}$	$V_{pl,y,Rd}$	$V_{pl,z,Rd}$	$N_{pl,Rd}$
	kNm	kNm	kNm	kNm	kN	kN	kN
HE-A 100	23,48	26,79	8,633	13,28	298,1	140,8	685,3
HE-A 120	34,32	38,56	12,42	18,99	357,7	157,6	817,7
HE-A 140	50,14	55,99	17,95	27,38	443,5	188,6	1014
HE-A 160	71,03	79,12	24,83	37,96	536,6	246,2	1251
HE-A 180	94,75	104,8	33,15	50,51	637,2	269,6	1460
HE-A 200	125,4	138,6	43,09	65,78	745,3	336,9	1737
HE-A 220	166,3	183,5	57,34	87,33	901,8	385,2	2076
HE-A 240	217,8	240,3	74,45	113,5	1073	469,1	2480
HE-A 260	269,9	296,8	91,02	138,8	1211	535,8	2802
HE-A 280	326,8	358,9	109,8	167,2	1356	591,5	3139
HE-A 300	406,5	446,4	135,7	206,9	1565	694,6	3632
HE-A 320	477,4	525,4	150,3	229,1	1733	766,4	4014
HE-A 340	541,6	597,2	160,0	244,0	1845	837,5	4308
HE-A 360	610,2	674,0	169,7	258,9	1956	912,2	4607
HE-A 400	745,9	826,8	184,2	281,7	2124	1068	5131
HE-A 450	934,7	1037,8	203,6	311,6	2348	1226	5745
HE-A 500	1146	1274,4	223,0	341,6	2571	1392	6375
HE-A 550	1338	1491,6	232,7	357,2	2683	1560	6834
HE-A 600	1545	1727	242,5	373,0	2795	1737	7308
HE-A 650	1767	1980	252,2	388,8	2907	1923	7798
HE-A 700	2014	2269	262,0	405,6	3018	2180	8406
HE-A 800	2479	2808	271,9	423,5	3130	2587	9224
HE-A 900	3061	3489	291,4	456,5	3354	3043	10344
HE-A 1000	3611	4139	301,3	474,3	3466	3439	11194

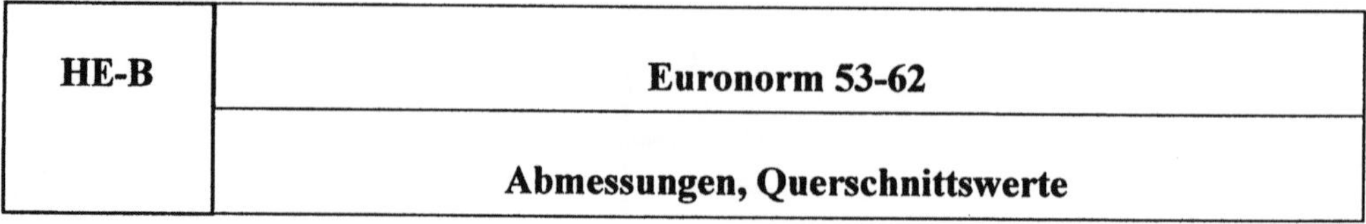

Entspricht: IPB nach DIN 1025-2

Zulassung nach Bauregelliste A, Lfd. Nr. 4.1.2

Tabelle 6.7 Warmgewalzte breite I-Träger, Reihe HE-B nach Euronorm 53-62

Maße								y - y			z - z		
Nenn-höhe	h	b	t_w	t_f	r	A	g_k	I_y	$W_{el,y}$	i_y	I_z	$W_{el,z}$	i_z
	mm					cm²	kg/m	cm⁴	cm³	cm	cm⁴	cm³	cm
100	100	100	6	10	12	26	20,4	450	89,9	4,16	167	33,5	2,5
120	120	120	6,5	11	12	34	26,7	864	144	5,04	318	52,9	3,06
140	140	140	7	12	12	43	33,7	1510	216	5,93	550	78,5	3,58
160	160	160	8	13	15	54,3	42,6	2490	311	6,78	889	111	4,05
180	180	180	8,5	14	15	65,3	51,2	3830	426	7,66	1360	151	4,57
200	200	200	9	15	18	78,1	61,3	5700	570	8,54	2000	200	5,07
220	220	220	9,5	16	18	91	71,5	8090	736	9,43	2840	258	5,59
240	240	240	10	17	21	106	83,2	11260	938	10,3	3920	327	6,08
260	260	260	10	17,5	24	118	93,0	14920	1150	11,2	5130	395	6,58
280	280	280	10,5	18	24	131	103	19270	1380	12,1	6590	471	7,09
300	300	300	11	19	27	149	117	25170	1680	13,0	8560	571	7,58
320	320	300	11,5	20,5	27	161	127	30820	1930	13,8	9240	616	7,57
340	340	300	12	21,5	27	171	134	36660	2160	14,6	9690	646	7,53
360	360	300	12,5	22,5	27	181	142	43190	2400	15,5	10140	676	7,49
400	400	300	13,5	24	27	198	155	57680	2880	17,1	10820	721	7,40
450	450	300	14	26	27	218	171	79890	3550	19,1	11720	781	7,33
500	500	300	14,5	28	27	239	187	107200	4290	21,2	12620	842	7,27
550	550	300	15	29	27	254	199	136700	4970	23,2	13080	872	7,17
600	600	300	15,5	30	27	270	212	171000	5700	25,2	13530	902	7,08
650	650	300	16	31	27	286	225	210600	6480	27,1	13980	932	6,99
700	700	300	17	32	27	306	241	256900	7340	29,0	14400	963	6,87
800	800	300	17,5	33	30	334	262	359100	8980	32,8	14900	994	6,68
900	900	300	18,5	35	30	371	291	494100	10980	36,5	15820	1050	6,53
1000	1000	300	19	36	30	400	314	644700	12890	40,1	16280	1090	6,38

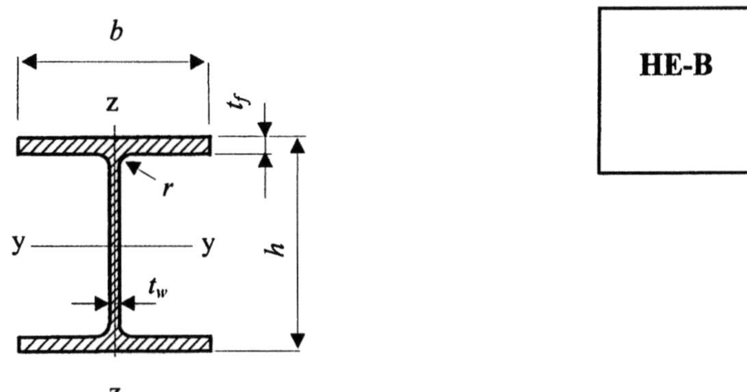

Tabelle 6.7 Warmgewalzte breite I-Träger, Reihe HE-B nach Euronorm 53-62, Fortsetzung

Zusätzliche Rechenwerte										
Nenn-höhe	$W_{pl,y}$ cm^3	$W_{pl,z}$ cm^3	I_T cm^4	I_w cm^6	A_{vy} cm^2	A_{vy}/A	A_{vz} cm^2	A_{vz}/A	a	U m^2/m
100	104	51,4	9,3	3375	20,0	0,7682	9,04	0,3471	0,232	0.57
120	165	81,0	13,9	9410	26,4	0,7763	11,0	0,3223	0,224	0,69
140	245	120	20,1	22480	33,6	0,7822	13,1	0,3044	0,218	0,81
160	354	170	31,4	47940	41,6	0,7668	17,6	0,3243	0,233	0,92
180	481	231	42,3	93750	50,4	0,7724	20,2	0,3102	0,228	1,04
200	643	306	59,5	171100	60,0	0,7684	24,8	0,3180	0,232	1,15
220	827	394	76,8	295400	70,4	0,7733	27,9	0,3067	0,227	1,27
240	1053	498	103	486900	81,6	0,7699	33,2	0,3135	0,230	1,38
260	1283	602	124	753700	91,0	0,7683	37,6	0,3174	0,232	1,50
280	1534	718	144	1130000	101	0,7673	41,1	0,3128	0,233	1,62
300	1869	870	186	1688000	114	0,7647	47,4	0,3181	0,235	1,73
320	2149	939	226	2069000	123	0,7624	51,8	0,3209	0,238	1,77
340	2408	986	258	2454000	129	0,7548	56,1	0,3282	0,245	1,81
360	2683	1032	293	2883000	135	0,7474	60,6	0,3355	0,253	1,85
400	3232	1104	357	3817000	144	0,7281	70,0	0,3538	0,272	1,93
450	3982	1198	442	5258000	156	0,7157	79,7	0,3654	0,284	2,03
500	4815	1292	540	7018000	168	0,7040	89,8	0,3764	0,296	2,12
550	5591	1341	602	8856000	174	0,6849	100	0,3939	0,315	2,22
600	6425	1391	669	10965000	180	0,6668	111	0,4105	0,333	2,32
650	7320	1441	741	13363000	186	0,6496	122	0,4262	0,350	2,42
700	8327	1495	833	16064000	192	0,6267	137	0,4475	0,373	2,52
800	10229	1553	949	21840000	198	0,5925	162	0,4840	0,407	2,71
900	12584	1658	1140	29461000	210	0,5656	189	0,5084	0,434	2,91
1000	14855	1716	1260	37637000	216	0,5399	212	0,5312	0,460	3,11

HE-B	Euronorm 53-62
Fe 360	Grenzbeanspruchbarkeiten

Tabelle 6.7.1 Charakteristische Grenzwerte für Walzprofile der Reihe HE-B

Stahl Fe 360 mit: $f_y = 235$ N/mm^2

Profil	Charakteristischer Wert						
	Biegemoment				Querkraft		Längskraft
	$M_{el,y}$ kNm	$M_{pl,y}$ kNm	$M_{el,z}$ kNm	$M_{pl,z}$ kNm	$V_{pl,y}$ kN	$V_{pl,z}$ kN	N_{pl} kN
HE-B 100	21,13	24,49	7,144	12,08	271,4	122,6	611,8
HE-B 120	33,85	38,82	11,30	19,03	358,2	148,7	799,1
HE-B 140	50,66	57,68	16,77	28,15	455,9	177,4	1009
HE-B 160	73,20	83,18	23,74	39,94	564,4	238,7	1275
HE-B 180	100,0	113,1	32,35	54,29	683,8	274,6	1533
HE-B 200	133,9	151,0	42,79	71,87	814,1	336,9	1835
HE-B 220	172,8	194,4	55,21	92,56	955,2	378,8	2139
HE-B 240	220,5	247,5	69,82	117,1	1107	450,8	2491
HE-B 260	269,7	301,5	84,36	141,5	1235	510,1	2783
HE-B 280	323,4	360,6	100,6	168,6	1368	557,6	3087
HE-B 300	394,2	439,1	121,9	204,5	1547	643,5	3503
HE-B 320	452,7	505,1	131,6	220,7	1669	702,4	3792
HE-B 340	506,7	565,9	138,0	231,6	1750	761,0	4016
HE-B 360	563,9	630,5	144,4	242,6	1832	822,1	4245
HE-B 400	677,7	759,5	154,1	259,4	1954	949,4	4648
HE-B 450	834,4	935,9	166,9	281,4	2117	1081	5122
HE-B 500	1007	1131	179,8	303,5	2279	1219	5608
HE-B 550	1168	1314	186,2	315,2	2361	1358	5970
HE-B 600	1340	1510	192,7	326,9	2442	1503	6344
HE-B 650	1523	1720	199,1	338,7	2524	1656	6729
HE-B 700	1725	1957	205,6	351,3	2605	1860	7200
HE-B 800	2110	2404	212,2	365,0	2686	2195	7853
HE-B 900	2580	2957	225,2	389,7	2849	2561	8725
HE-B 1000	3030	3491	231,8	403,3	2931	2883	9401

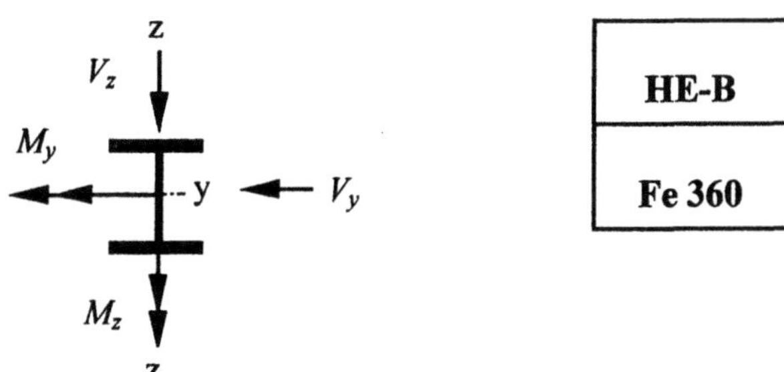

Tabelle 6.7.2 Bemessungswerte für Walzprofile der Reihe HE-B

Stahl Fe 360 mit: $f_y = 235$ N/mm^2							$\gamma_{M0} = 1{,}1$
Profil	Bemessungswert						Längskraft
	Biegemoment				Querkraft		
	$M_{el,y,Rd}$ kNm	$M_{pl,y,Rd}$ kNm	$M_{el,z,Rd}$ kNm	$M_{pl,z,Rd}$ kNm	$V_{pl,y,Rd}$ kN	$V_{pl,z,Rd}$ kN	$N_{pl,Rd}$ kN
HE-B 100	19,21	22,26	7,144	10,99	246,7	111,5	556,2
HE-B 120	30,77	35,30	11,30	17,30	325,6	135,2	726,5
HE-B 140	46,06	52,43	16,77	25,59	414,4	161,3	917,7
HE-B 160	66,54	75,62	23,74	36,31	513,1	217,0	1159
HE-B 180	90,94	102,9	32,35	49,35	621,6	249,7	1394
HE-B 200	121,7	137,3	42,79	65,33	740,1	306,3	1668
HE-B 220	157,1	176,7	55,21	84,15	868,3	344,4	1945
HE-B 240	200,4	225,0	69,82	106,5	1006	409,8	2264
HE-B 260	245,2	274,1	84,36	128,7	1122	463,7	2530
HE-B 280	294,0	327,8	100,6	153,3	1243	506,9	2806
HE-B 300	358,4	399,2	121,9	185,9	1406	585,0	3185
HE-B 320	411,5	459,2	131,6	200,6	1517	638,5	3447
HE-B 340	460,6	514,5	138,0	210,6	1591	691,8	3651
HE-B 360	512,6	573,2	144,4	220,6	1665	747,4	3859
HE-B 400	616,1	690,4	154,1	235,9	1776	863,1	4225
HE-B 450	758,5	850,8	166,9	255,9	1924	982,5	4657
HE-B 500	915,9	1029	179,8	275,9	2072	1108	5098
HE-B 550	1062	1194	186,2	286,5	2146	1234	5428
HE-B 600	1218	1373	192,7	297,2	2220	1367	5767
HE-B 650	1384	1564	199,1	307,9	2294	1505	6117
HE-B 700	1568	1779	205,6	319,4	2368	1691	6545
HE-B 800	1918	2185	212,2	331,8	2442	1995	7139
HE-B 900	2346	2688	225,2	354,3	2590	2328	7932
HE-B 1000	2755	3174	231,8	366,7	2664	2621	8546

HE-B	Euronorm 53-62
Fe 430	Grenzbeanspruchbarkeiten

Tabelle 6.7.3 Charakteristische Grenzwerte für Walzprofile der Reihe HE-B

Stahl Fe 430 mit: $f_y = 275$ N/mm^2

Profil	Charakteristischer Wert						
	Biegemoment				Querkraft		Längskraft
	$M_{el,y}$	$M_{pl,y}$	$M_{el,z}$	$M_{pl,z}$	$V_{pl,y}$	$V_{pl,z}$	N_{pl}
	kNm	kNm	kNm	kNm	kN	kN	kN
HE-B 100	24,72	28,66	8,360	14,14	317,5	143,5	716,0
HE-B 120	39,61	45,43	13,23	22,27	419,2	174,0	935,2
HE-B 140	59,29	67,49	19,63	32,94	533,5	207,6	1181
HE-B 160	85,66	97,34	27,78	46,74	660,5	279,3	1492
HE-B 180	117,1	132,4	37,85	63,53	800,2	321,4	1794
HE-B 200	156,6	176,7	50,08	84,10	952,6	394,2	2147
HE-B 220	202,3	227,4	64,61	108,3	1118	443,3	2504
HE-B 240	258,0	289,6	81,71	137,1	1296	527,5	2915
HE-B 260	315,6	352,8	98,72	165,6	1445	596,9	3257
HE-B 280	378,5	422,0	117,7	197,3	1600	652,5	3613
HE-B 300	461,3	513,9	142,7	239,3	1810	753,0	4100
HE-B 320	529,8	591,0	154,0	258,3	1953	822,0	4437
HE-B 340	592,9	662,2	161,5	271,1	2048	890,5	4700
HE-B 360	659,9	737,8	169,0	283,9	2143	962,1	4967
HE-B 400	793,1	888,7	180,3	303,6	2286	1111	5439
HE-B 450	976,4	1095,2	195,3	329,4	2477	1265	5994
HE-B 500	1179	1324	210,4	355,2	2667	1426	6563
HE-B 550	1367	1537	217,9	368,8	2763	1589	6987
HE-B 600	1568	1767	225,5	382,5	2858	1759	7424
HE-B 650	1782	2013	233,0	396,4	2953	1938	7874
HE-B 700	2018	2290	240,7	411,1	3048	2177	8425
HE-B 800	2469	2813	248,4	427,1	3144	2568	9190
HE-B 900	3019	3461	263,6	456,0	3334	2997	10210
HE-B 1000	3546	4085	271,2	472,0	3429	3374	11001

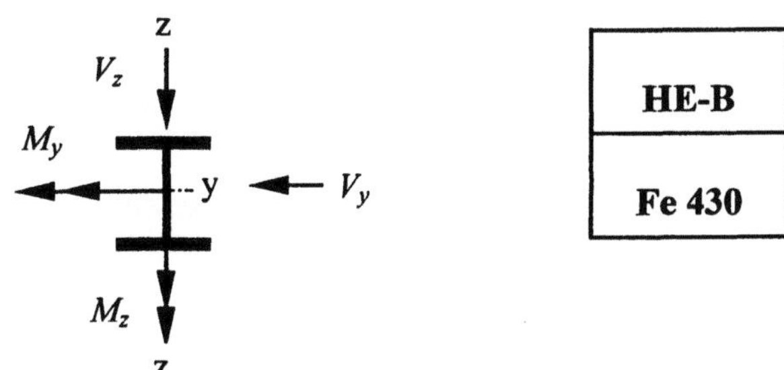

Tabelle 6.7.4 Bemessungswerte für Walzprofile der Reihe HE-B

Stahl Fe 430 mit: $f_y = 275$ N/mm^2							$\gamma_{M0} = 1,1$
Profil	Bemessungswert						Längskraft
	Biegemoment				Querkraft		
	$M_{el,y,Rd}$	$M_{pl,y,Rd}$	$M_{el,z,Rd}$	$M_{pl,z,Rd}$	$V_{pl,y,Rd}$	$V_{pl,z,Rd}$	$N_{pl,Rd}$
	kNm	kNm	kNm	kNm	kN	kN	KN
HE-B 100	22,47	26,05	8,360	12,86	288,7	130,4	650,9
HE-B 120	36,01	41,30	13,23	20,24	381,1	158,2	850,2
HE-B 140	53,90	61,36	19,63	29,95	485,0	188,7	1074
HE-B 160	77,87	88,49	27,78	42,49	600,4	253,9	1356
HE-B 180	106,4	120,4	37,85	57,75	727,5	292,2	1631
HE-B 200	142,4	160,6	50,08	76,45	866,0	358,4	1952
HE-B 220	183,9	206,8	64,61	98,47	1016	403,0	2276
HE-B 240	234,6	263,3	81,71	124,6	1178	479,6	2650
HE-B 260	286,9	320,7	98,72	150,6	1313	542,6	2961
HE-B 280	344,1	383,6	117,7	179,4	1455	593,1	3284
HE-B 300	419,4	467,2	142,7	217,5	1645	684,6	3727
HE-B 320	481,6	537,3	154,0	234,8	1775	747,2	4034
HE-B 340	539,0	602,0	161,5	246,4	1862	809,6	4272
HE-B 360	599,9	670,7	169,0	258,1	1949	874,6	4516
HE-B 400	721,0	807,9	180,3	276,0	2078	1010	4944
HE-B 450	887,6	995,6	195,3	299,4	2252	1150	5449
HE-B 500	1072	1204	210,4	322,9	2425	1296	5966
HE-B 550	1243	1398	217,9	335,3	2511	1444	6351
HE-B 600	1425	1606	225,5	347,8	2598	1599	6749
HE-B 650	1620	1830	233,0	360,4	2685	1761	7158
HE-B 700	1835	2082	240,7	373,8	2771	1979	7659
HE-B 800	2244	2557	248,4	388,3	2858	2335	8354
HE-B 900	2745	3146	263,6	414,6	3031	2724	9282
HE-B 1000	3224	3714	271,2	429,1	3118	3067	10001

HE-B	Euronorm 53-62
Fe 510	Grenzbeanspruchbarkeiten

Tabelle 6.7.5 Charakteristische Grenzwerte für Walzprofile der Reihe HE-B

Stahl Fe 510 mit: $f_y = 355$ N/mm^2

Profil	Charakteristischer Wert						
	Biegemoment				Querkraft		Längskraft
	$M_{el,y}$	$M_{pl,y}$	$M_{el,z}$	$M_{pl,z}$	$V_{pl,y}$	$V_{pl,z}$	N_{pl}
	kNm	kNm	kNm	kNm	kN	kN	kN
HE-B 100	31,91	37,00	10,79	18,25	409,9	185,2	924,3
HE-B 120	51,14	58,65	17,08	28,74	541,1	224,7	1207
HE-B 140	76,54	87,13	25,34	42,52	688,7	268,0	1525
HE-B 160	110,6	125,7	35,87	60,34	852,6	360,6	1926
HE-B 180	151,1	170,9	48,86	82,01	1033	414,9	2316
HE-B 200	202,2	228,1	64,64	108,6	1230	508,9	2772
HE-B 220	261,1	293,6	83,41	139,8	1443	572,3	3232
HE-B 240	333,1	373,9	105,5	176,9	1672	681,0	3762
HE-B 260	407,4	455,4	127,4	213,8	1865	770,5	4205
HE-B 280	488,6	544,7	152,0	254,7	2066	842,3	4663
HE-B 300	595,5	663,4	184,2	308,9	2337	972,1	5292
HE-B 320	683,9	763,0	198,7	333,4	2521	1061	5728
HE-B 340	765,4	854,9	208,4	349,9	2644	1150	6067
HE-B 360	851,8	952,5	218,2	366,5	2767	1242	6412
HE-B 400	1024	1147	232,7	391,9	2951	1434	7021
HE-B 450	1260	1414	252,2	425,2	3197	1633	7738
HE-B 500	1522	1709	271,6	458,5	3443	1841	8472
HE-B 550	1765	1985	281,3	476,1	3566	2051	9019
HE-B 600	2024	2281	291,1	493,8	3689	2271	9583
HE-B 650	2301	2599	300,8	511,7	3812	2501	10165
HE-B 700	2606	2956	310,7	530,7	3935	2810	10876
HE-B 800	3187	3631	320,6	551,4	4058	3315	11863
HE-B 900	3898	4467	340,2	588,7	4304	3869	13180
HE-B 1000	4578	5274	350,1	609,3	4427	4355	14202

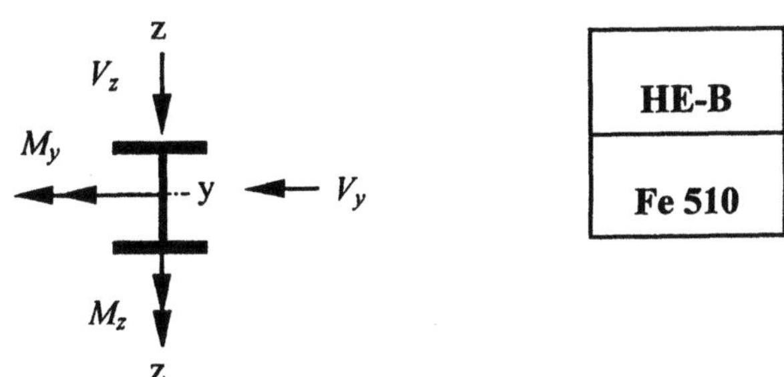

Tabelle 6.7.6 Bemessungswerte für Walzprofile der Reihe HE-B

Stahl Fe 510 mit: $f_y = 355$ N/mm^2							$\gamma_{M0} = 1{,}1$
	Bemessungswert						
Profil	Biegemoment				Querkraft		Längskraft
	$M_{el,y,Rd}$ kNm	$M_{pl,y,Rd}$ kNm	$M_{el,z,Rd}$ kNm	$M_{pl,z,Rd}$ kNm	$V_{pl,y,Rd}$ kN	$V_{pl,z,Rd}$ kN	$N_{pl,Rd}$ kN
HE-B 100	29,01	33,63	10,79	16,60	372,7	168,4	840,3
HE-B 120	46,49	53,32	28,88	26,13	491,9	204,2	1097
HE-B 140	69,58	79,21	34,46	38,66	626,1	243,6	1386
HE-B 160	100,5	114,2	46,35	54,85	775,1	327,8	1751
HE-B 180	137,4	155,4	53,34	74,55	939,1	377,2	2106
HE-B 200	183,8	207,4	65,43	98,69	1118	462,7	2520
HE-B 220	237,4	266,9	73,57	127,1	1312	520,2	2938
HE-B 240	302,8	339,9	87,55	160,9	1520	619,1	3420
HE-B 260	370,4	414,0	99,06	194,4	1696	700,5	3823
HE-B 280	444,2	495,2	108,3	231,6	1878	765,7	4239
HE-B 300	541,4	603,1	125,0	280,8	2124	883,7	4811
HE-B 320	621,7	693,6	136,4	303,1	2292	964,6	5207
HE-B 340	695,9	777,2	147,8	318,1	2404	1045	5515
HE-B 360	774,4	865,9	159,7	333,2	2515	1129	5830
HE-B 400	930,7	1043	184,4	356,3	2683	1304	6383
HE-B 450	1146	1285	209,9	386,5	2907	1484	7035
HE-B 500	1384	1554	236,7	416,9	3130	1674	7701
HE-B 550	1604	1804	263,7	432,8	3242	1865	8199
HE-B 600	1840	2074	292,0	448,9	3354	2065	8712
HE-B 650	2091	2362	321,6	465,2	3466	2274	9241
HE-B 700	2369	2687	361,3	482,5	3577	2554	9888
HE-B 800	2897	3301	426,2	501,2	3689	3014	10785
HE-B 900	3543	4061	497,4	535,2	3913	3517	11982
HE-B 1000	4162	4794	559,9	553,9	4025	3959	12911

<table>
<tr><td rowspan="2">HE-M</td><td>Nach Euronorm 53-62</td></tr>
<tr><td>Abmessungen, Querschnittswerte</td></tr>
</table>

Entspricht: IPBv nach DIN 1025-4

Zulassung nach Bauregelliste A, Lfd. Nr. 4.1.4

Tabelle 6.8 Warmgewalzte breite I-Träger, Reihe HE-M nach Euronorm 53-62

Maße								y - y			z - z		
Nenn-höhe	h	b	t_w	t_f	r	A	g_k	I_y	$W_{el,y}$	i_y	I_z	$W_{el,z}$	i_z
	mm					cm²	kg/m	cm⁴	cm³	cm	cm⁴	cm³	cm
100	120	106	12	20	12	53,2	41,8	1140	190	4,63	399	75,3	2,74
120	140	126	12,5	21	12	66,4	52,1	2020	288	5,51	703	112	3,25
140	160	146	13	22	12	80,6	63,2	3290	411	6,39	1140	157	3,77
160	180	166	14	23	15	97,1	76,2	5100	566	7,25	1760	212	4,26
180	200	186	14,5	24	15	113	88,9	7480	748	8,13	2580	277	4,77
200	220	206	15	25	18	131	103	10640	967	9,00	3650	354	5,27
220	240	226	15,5	26	18	149	117	14600	1220	9,89	5010	444	5,79
240	270	248	18	32	21	200	157	24290	1800	11,0	8150	657	6,39
260	290	268	18	32,5	24	220	172	31310	2160	11,9	10450	780	6,90
280	310	288	18,5	33	24	240	189	39550	2550	12,8	13160	914	7,40
300	340	310	21	39	27	303	238	59200	3480	14	19400	1250	8,00
320	359	309	21	40	27	312	245	68130	3800	14,8	19710	1280	7,95
340	377	309	21	40	27	316	248	76370	4050	15,6	19710	1280	7,90
360	395	308	21	40	27	319	250	84870	4300	16,3	19520	1270	7,83
400	432	307	21	40	27	326	256	104100	4820	17,9	19340	1260	7,70
450	478	307	21	40	27	335	263	131500	5500	19,8	19340	1260	7,59
500	524	306	21	40	27	344	270	161900	6180	21,7	19150	1250	7,46
550	572	306	21	40	27	354	278	198000	6920	23,6	19160	1250	7,35
600	620	305	21	40	27	364	285	237400	7660	25,6	18980	1240	7,22
650	668	305	21	40	27	374	293	281700	8430	27,5	18980	1240	7,13
700	716	304	21	40	27	383	301	329300	9200	29,3	18800	1240	7,01
800	814	303	21	40	30	404	317	442600	10870	33,1	18630	1230	6,79
900	910	302	21	40	30	424	333	570400	12540	36,7	18450	1220	6,60
1000	1008	302	21	40	30	444	349	722300	14330	40,3	18460	1220	6,45

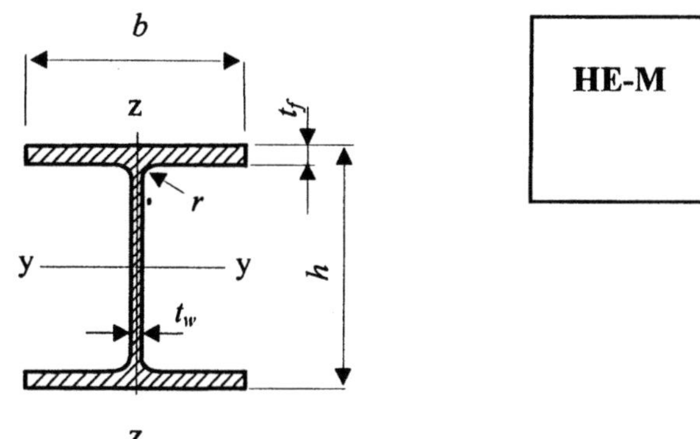

Tabelle 6.8 Warmgewalzte breite I-Träger, Reihe HE-M nach Euronorm 53-62, Fortsetzung

Zusätzliche Rechenwerte										
Nenn-höhe	$W_{pl,y}$ cm^3	$W_{pl,z}$ cm^3	I_t cm^4	I_w cm^6	A_{vy} cm^2	A_{vy}/A	A_{vz} cm^2	A_{vz}/A	a	U m^2/m
100	236	116	68,5	9925	42,4	0,7965	18,0	0,3388	0,204	0.619
120	351	172	91,7	24790	52,9	0,7969	21,2	0,3185	0,203	0,738
140	494	240	120	54330	64,2	0,7975	24,5	0,3036	0,203	0,857
160	675	325	163	108100	76,4	0,7868	30,8	0,3175	0,213	0,97
180	883	425	204	199300	89,3	0,7883	34,7	0,3060	0,212	1,09
200	1135	543	260	346300	103	0,7846	41,0	0,3125	0,215	1,20
220	1419	679	316	572700	118	0,7864	45,3	0,3032	0,214	1,32
240	2117	1006	630	115200	159	0,7952	60,1	0,3010	0,205	1,46
260	2524	1192	722	1728000	174	0,7931	66,9	0,3046	0,207	1,57
280	2966	1397	810	2520000	190	0,7915	72,0	0,2999	0,209	1,69
300	4078	1913	1410	4386000	242	0,7978	90,5	0,2987	0,202	1,83
320	4435	1951	1510	5004000	247	0,7922	94,8	0,3040	0,208	1,87
340	4718	1953	1510	5585000	247	0,7827	98,6	0,3123	0,217	1,90
360	4989	1942	1510	6137000	246	0,7729	102	0,3212	0,227	1,93
400	5571	1934	1520	7410000	246	0,7539	110	0,3382	0,246	2,00
450	6331	1939	1530	9252000	246	0,7322	120	0,3573	0,268	2,10
500	7094	1932	1540	11187000	245	0,7110	129	0,3761	0,289	2,18
550	7933	1937	1560	13516000	245	0,6908	140	0,3939	0,309	2,28
600	8772	1930	1570	15908000	244	0,6710	150	0,4115	0,329	2,37
650	9657	1936	1580	18650000	244	0,6529	160	0,4274	0,347	2,47
700	10539	1929	1590	21398000	243	0,6350	170	0,4434	0,365	2,56
800	12488	1930	1650	27775000	242	0,5996	194	0,4805	0,400	2,75
900	14442	1929	1680	34746000	242	0,5703	214	0,5062	0,430	2,93
1000	16568	1940	1710	43015000	242	0,5439	235	0,5290	0,456	3,13

HE-M	Euronorm 53-62
Fe 360	Grenzbeanspruchbarkeiten

Tabelle 6.8.1 Charakteristische Grenzwerte für Walzprofile der Reihe HE-M

Stahl Fe 360 mit: $f_y = 235$ N/mm^2

Profil	Charakteristischer Wert						
	Biegemoment				Querkraft		Längskraft
	$M_{el,y}$ kNm	$M_{pl,y}$ kNm	$M_{el,z}$ kNm	$M_{pl,z}$ kNm	$V_{pl,y}$ kN	$V_{pl,z}$ kN	N_{pl} kN
HE-M 100	44,75	55,42	17,70	27,33	575,3	244,7	1251
HE-M 120	67,73	82,39	26,21	40,33	718,0	287,0	1561
HE-M 140	96,68	116,0	36,84	56,52	871,6	331,8	1893
HE-M 160	133,1	158,5	49,79	76,48	1036	418,0	2281
HE-M 180	175,8	207,6	65,19	99,92	1211	470,1	2661
HE-M 200	227,3	266,8	83,30	127,7	1397	556,7	3085
HE-M 220	286,0	333,6	104,2	159,5	1594	614,8	3512
HE-M 240	422,8	497,5	154,5	236,4	2153	815,0	4690
HE-M 260	507,4	593,0	183,2	280,2	2363	907,6	5162
HE-M 280	599,6	696,9	214,8	328,2	2579	977,3	5644
HE-M 300	818,3	958,3	294,2	449,6	3281	1228	7122
HE-M 320	892,0	1042	299,8	458,4	3354	1287	7333
HE-M 340	952,1	1109	299,8	458,9	3354	1338	7422
HE-M 360	1010	1172	297,9	456,5	3343	1389	7492
HE-M 400	1133	1309	296,0	454,5	3332	1495	7656
HE-M 450	1293	1488	296,0	455,7	3332	1626	7883
HE-M 500	1452	1667	294,2	454,0	3321	1757	8091
HE-M 550	1627	1864	294,2	455,3	3321	1894	8328
HE-M 600	1800	2061	292,4	453,6	3311	2031	8546
HE-M 650	1982	2269	292,4	454,9	3311	2167	8783
HE-M 700	2161	2477	290,6	453,3	3300	2304	9001
HE-M 800	2556	2935	288,9	453,6	3289	2636	9500
HE-M 900	2946	3394	287,1	453,3	3278	2909	9955
HE-M 1000	3368	3893	287,2	455,8	3278	3188	10439

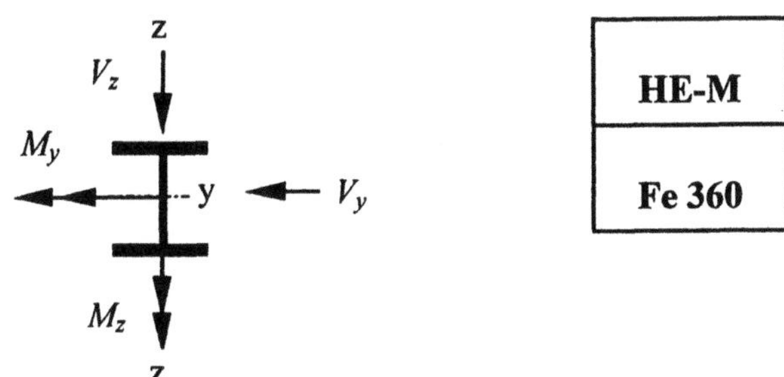

Tabelle 6.8.2 Bemessungswerte für Walzprofile der Reihe HE-M

Stahl Fe 360 mit: $f_y = 235$ N/mm^2							$\gamma_{M0} = 1,1$
Profil	Bemessungswert						
	Biegemoment				Querkraft		Längskraft
	$M_{el,y,Rd}$	$M_{pl,y,Rd}$	$M_{el,z,Rd}$	$M_{pl,z,Rd}$	$V_{pl,y,Rd}$	$V_{pl,z,Rd}$	$N_{pl,Rd}$
	kNm	kNm	kNm	kNm	kN	kN	kN
HE-M 100	40,68	50,38	16,09	24,85	523,0	222,5	1137
HE-M 120	61,57	74,90	23,83	36,67	652,7	260,9	1419
HE-M 140	87,89	105,5	33,49	51,38	792,4	301,6	1721
HE-M 160	121,0	144,1	45,27	69,53	941,8	380,0	2073
HE-M 180	159,9	188,7	59,27	90,84	1101	427,4	2419
HE-M 200	206,7	242,5	75,72	116,1	1270	506,1	2805
HE-M 220	260,0	303,2	94,75	145,0	1450	558,9	3193
HE-M 240	384,4	452,3	140,4	214,9	1958	740,9	4264
HE-M 260	461,2	539,1	166,6	254,8	2149	825,1	4692
HE-M 280	545,1	633,6	195,3	298,4	2345	888,4	5131
HE-M 300	743,9	871,1	267,4	408,7	2982	1117	6475
HE-M 320	810,9	947,5	272,5	416,7	3049	1170	6666
HE-M 340	865,5	1008	272,5	417,2	3049	1217	6747
HE-M 360	918,0	1066	270,8	415,0	3039	1263	6811
HE-M 400	1030	1190	269,1	413,2	3029	1359	6960
HE-M 450	1175	1353	269,1	414,3	3029	1478	7166
HE-M 500	1320	1516	267,4	412,7	3019	1597	7355
HE-M 550	1479	1695	267,5	413,9	3019	1722	7571
HE-M 600	1636	1874	265,8	412,4	3010	1846	7769
HE-M 650	1802	2063	265,9	413,5	3010	1970	7984
HE-M 700	1965	2252	264,2	412,1	3000	2095	8183
HE-M 800	2323	2668	262,6	412,4	2990	2396	8637
HE-M 900	2678	3085	261,0	412,1	2980	2645	9050
HE-M 1000	3062	3540	261,1	414,4	2980	2899	9490

HE-M	Euronorm 53-62
Fe 430	Grenzbeanspruchbarkeiten

Tabelle 6.8.3 Charakteristische Grenzwerte für Walzprofile der Reihe HE-M

Stahl Fe 430 mit: $f_y = 275$ N/mm^2

Profil	Charakteristischer Wert						
	Biegemoment				Querkraft		Längskraft
	$M_{el,y}$	$M_{pl,y}$	$M_{el,z}$	$M_{pl,z}$	$V_{pl,y}$	$V_{pl,z}$	N_{pl}
	kNm	kNm	kNm	kNm	kN	kN	kN
HE-M 100	52,37	64,85	20,71	31,99	673,2	286	1464
HE-M 120	79,26	96,42	30,67	47,20	840,2	336	1826
HE-M 140	113,1	135,8	43,11	66,14	1020	388	2215
HE-M 160	155,8	185,5	58,27	89,50	1212	489	2669
HE-M 180	205,8	242,9	76,29	116,9	1418	550	3114
HE-M 200	266,0	312,2	97,48	149,4	1635	651	3610
HE-M 220	334,7	390,3	122,0	186,6	1866	719	4110
HE-M 240	494,8	582,2	180,8	276,6	2520	954	5489
HE-M 260	593,7	694,0	214,4	327,9	2766	1062	6040
HE-M 280	701,6	815,5	251,4	384,1	3018	1144	6605
HE-M 300	957,6	1121	344,2	526,1	3839	1437	8335
HE-M 320	1044	1220	350,8	536,4	3925	1506	8581
HE-M 340	1114	1297	350,8	537,0	3925	1566	8685
HE-M 360	1182	1372	348,6	534,1	3912	1626	8767
HE-M 400	1326	1532	346,4	531,9	3899	1749	8959
HE-M 450	1513	1741	346,4	533,3	3899	1903	9225
HE-M 500	1700	1951	344,3	531,3	3887	2056	9468
HE-M 550	1904	2181	344,3	532,8	3887	2216	9745
HE-M 600	2106	2412	342,2	530,9	3874	2376	10001
HE-M 650	2319	2656	342,2	532,3	3874	2536	10278
HE-M 700	2529	2898	340,1	530,4	3861	2696	10533
HE-M 800	2991	3434	338,1	530,9	3849	3084	11117
HE-M 900	3448	3971	336,0	530,4	3836	3404	11650
HE-M 1000	3941	4556	336,1	533,4	3836	3731	12216

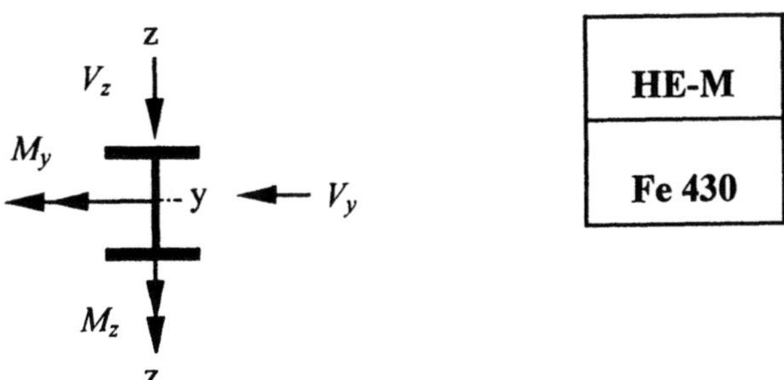

Tabelle 6.8.4 Bemessungswerte für Walzprofile der Reihe HE-M

Stahl Fe 430 mit: $f_y = 275$ N/mm^2							$\gamma_{M0} = 1,1$
	Bemessungswert						
Profil	Biegemoment				Querkraft		Längskraft
	$M_{el,y,Rd}$	$M_{pl,y,Rd}$	$M_{el,z,Rd}$	$M_{pl,z,Rd}$	$V_{pl,y,Rd}$	$V_{pl,z,Rd}$	$N_{pl,Rd}$
	kNm	kNm	kNm	kNm	kN	kN	kN
HE-M 100	47,61	58,95	18,82	29,08	612,0	260,3	1331
HE-M 120	72,05	87,65	27,89	42,91	763,8	305,3	1660
HE-M 140	102,9	123,5	39,19	60,13	927,2	353,0	2014
HE-M 160	141,6	168,6	52,97	81,36	1102	444,7	2426
HE-M 180	187,1	220,9	69,35	106,3	1289	500,1	2831
HE-M 200	241,9	283,8	88,61	135,8	1487	592,2	3282
HE-M 220	304,3	354,9	110,9	169,6	1696	654,0	3736
HE-M 240	449,8	529,2	164,4	251,5	2291	867,0	4990
HE-M 260	539,8	630,9	194,9	298,1	2514	965,5	5491
HE-M 280	637,8	741,4	228,5	349,2	2744	1039,7	6004
HE-M 300	870,6	1019	312,9	478,3	3490	1306,7	7577
HE-M 320	948,9	1109	318,9	487,7	3568	1369,0	7801
HE-M 340	1013	1179	318,9	488,2	3568	1424	7896
HE-M 360	1074	1247	316,9	485,6	3556	1478	7970
HE-M 400	1205	1393	314,9	483,5	3545	1590	8144
HE-M 450	1375	1583	314,9	484,8	3545	1730	8386
HE-M 500	1545	1774	313,0	483,0	3533	1869	8607
HE-M 550	1731	1983	313,0	484,3	3533	2015	8859
HE-M 600	1915	2193	311,0	482,6	3522	2160	9091
HE-M 650	2108	2414	311,1	483,9	3522	2306	9343
HE-M 700	2299	2635	309,1	482,2	3510	2451	9575
HE-M 800	2719	3122	307,3	482,6	3499	2804	10107
HE-M 900	3134	3610	305,5	482,2	3487	3095	10591
HE-M 1000	3583	4142	305,6	484,9	3487	3392	11105

HE-M	Euronorm 53-62
Fe 510	Grenzbeanspruchbarkeiten

Tabelle 6.8.5 Charakteristische Grenzwerte für Walzprofile der Reihe HE-M

Stahl Fe 510 mit: $f_y = 355$ N/mm^2

Profil	Charakteristischer Wert						
	Biegemoment				Querkraft		Längskraft
	$M_{el,y}$	$M_{pl,y}$	$M_{el,z}$	$M_{pl,z}$	$V_{pl,y}$	$V_{pl,z}$	N_{pl}
	kNm	kNm	kNm	kNm	kN	kN	kN
HE-M 100	67,60	83,7	26,73	41,3	869,0	369,7	1890
HE-M 120	102,3	124,5	39,60	60,9	1085	433,5	2357
HE-M 140	146,1	175,3	55,65	85,4	1317	501,3	2860
HE-M 160	201,1	239,5	75,22	115,5	1565	631,5	3445
HE-M 180	265,6	313,6	98,48	150,9	1830	710,2	4020
HE-M 200	343,4	403,0	125,8	192,8	2111	841,0	4660
HE-M 220	432,1	503,9	157,4	240,9	2409	928,7	5305
HE-M 240	638,7	751,5	233,4	357,1	3253	1231	7085
HE-M 260	766,5	895,9	276,8	423,3	3570	1371	7797
HE-M 280	905,7	1053	324,5	495,8	3896	1476	8526
HE-M 300	1236	1448	444,4	679,2	4956	1855	10759
HE-M 320	1347	1574	452,8	692,5	5067	1944	11078
HE-M 340	1438	1675	452,9	693,2	5067	2021	11212
HE-M 360	1525	1771	450,0	689,5	5050	2099	11318
HE-M 400	1711	1978	447,1	686,6	5034	2258	11565
HE-M 450	1953	2248	447,2	688,4	5034	2456	11908
HE-M 500	2194	2518	444,4	685,9	5017	2654	12223
HE-M 550	2457	2816	444,5	687,7	5017	2861	12580
HE-M 600	2719	3114	441,7	685,3	5001	3067	12910
HE-M 650	2994	3428	441,8	687,2	5001	3274	13268
HE-M 700	3265	3741	439,0	684,7	4985	3481	13597
HE-M 800	3860	4433	436,4	685,3	4968	3982	14351
HE-M 900	4451	5127	433,7	684,8	4952	4395	15039
HE-M 1000	5088	5882	433,9	688,6	4952	4817	15769

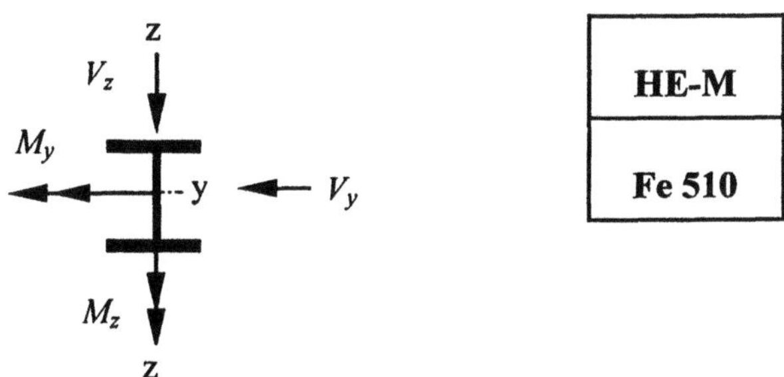

Tabelle 6.8.6 Bemessungswerte für Walzprofile der Reihe HE-M

Stahl Fe 510 mit: $f_y = 355$ N/mm^2							$\gamma_{M0} = 1{,}1$
	Bemessungswert						
Profil	**Biegemoment**				**Querkraft**		**Längskraft**
	$M_{el,y,Rd}$	$M_{pl,y,Rd}$	$M_{el,z,Rd}$	$M_{pl,z,Rd}$	$V_{pl,y,Rd}$	$V_{pl,z,Rd}$	$N_{pl,Rd}$
	kNm	kNm	kNm	kNm	kN	kN	kN
HE-M 100	61,46	76,10	24,3	37,54	790,0	336,1	1718
HE-M 120	93,02	113,2	36,0	55,39	986,0	394,1	2143
HE-M 140	132,8	159,4	50,6	77,62	1197	455,7	2600
HE-M 160	182,8	217,7	68,4	105,0	1423	574,1	3132
HE-M 180	241,5	285,1	89,5	137,2	1664	645,6	3655
HE-M 200	312,2	366,3	114,4	175,3	1919	764,5	4237
HE-M 220	392,8	458,1	143,1	219,0	2190	844,3	4823
HE-M 240	580,6	683,2	212,2	324,6	2957	1119	6441
HE-M 260	696,8	814,4	251,6	384,8	3246	1246	7089
HE-M 280	823,4	957,1	295,0	450,7	3542	1342	7751
HE-M 300	1124	1316	404,0	617,4	4505	1687	9781
HE-M 320	1225	1431	411,7	629,6	4606	1767	10071
HE-M 340	1308	1522	411,7	630,2	4606	1838	10193
HE-M 360	1387	1610	409,1	626,9	4591	1908	10289
HE-M 400	1556	1798	406,5	624,2	4576	2053	10514
HE-M 450	1775	2043	406,6	625,8	4576	2233	10825
HE-M 500	1995	2290	404,0	623,5	4561	2413	11111
HE-M 550	2234	2560	404,1	625,2	4561	2601	11437
HE-M 600	2472	2831	401,5	623,0	4546	2789	11736
HE-M 650	2722	3117	401,6	624,7	4546	2976	12062
HE-M 700	2968	3401	399,1	622,5	4531	3164	12361
HE-M 800	3510	4030	396,8	623,0	4517	3620	13047
HE-M 900	4046	4661	394,3	622,5	4502	3995	13672
HE-M 1000	4625	5347	394,5	626,0	4502	4379	14336

6.3 Bauteile

6.3.1 Stabilitätsnachweise von mittelbreiten- und breiten I-Trägern

Die Tabellen dieses Abschnittes beinhalten Werte von häufig auftretenden Belastungssituationen für den Stabilitätsnachweis von Bauteilen:

– QKl 1, 2, 3 bei Druckbeanspruchung

– QKL 1, 2 bei Biegung um die Hauptachse

Grundlagen

Beanspruchung	Bezug	Formel
Mittiger Druck	Bezogener Schlankheitsgrad	$\bar{\lambda} = \dfrac{\lambda}{\lambda_1}$ mit: $\lambda = \dfrac{\ell}{i}$ $\lambda_1 = \pi \cdot \sqrt{\dfrac{E}{f_y}}$
	Grenzwert gegen Knicken	$N_{b,Rd} = \chi \cdot A \cdot \beta_A \cdot \dfrac{f_y}{\gamma_{M1}}$ mit: $\beta_A = 1{,}0$ $\gamma_{M1} = 1{,}1$
Biegung um die Hauptachse	Bezogener Schlankheitsgrad	$\bar{\lambda}_{LT} = \dfrac{\lambda_{LT}}{\lambda_1}$ mit: $\lambda_{LT} = \sqrt{\dfrac{\pi^2 \cdot E \cdot W_{pl,y}}{M_{cr}}}$ $\lambda_1 = \pi \cdot \sqrt{\dfrac{E}{f_{y,k}}}$
	Grenzwert gegen Biegedrillknicken	$M_{b,Rd} = \chi_{LT} \cdot W_{pl,y} \cdot \dfrac{f_y}{\gamma_{M1}}$ mit: $\gamma_{M1} = 1{,}1$

Biegedrillknicken, Ansätze

Ideales Biegedrillknickmoment nach der Elastizitätstheorie

$$M_{cr} = C_1 \frac{\pi^2 E I_z}{(k \cdot L)^2} \cdot \left[\sqrt{\left(\frac{k}{k_w}\right)^2 \frac{I_w}{I_z} + \frac{(k \cdot L)^2 G \cdot I_t}{\pi^2 E \cdot I_z} + (C_2 \cdot z_g)^2} - C_2 \cdot z_g \right]$$

mit:

- $E = 21000$ kN/cm²
- $G = 8077$ kN/cm²
- Knickspannunglinie a
- Keine Endeinspannung, Gelenke
- Lastangriff an Trägeroberkante
- Lasteinleitung im Schubmittelpunkt
- $k = k_w = 1$
- C_1, C_2 nach Tabelle 4.15

Alle Werte sind berechnet für Baustahl Fe 360, für andere Baustähle sind die Werte nach Schema 4 bzw. Schema 4.1 zu berechnen.

Für $\overline{\lambda}_{LT} \leq 0,4$, ist kein Biegedrillkicknachweis erforderlich, für Bereiche mit kleineren Schlankheitsgraden ist somit kein Wert für $M_{b,Rd}$ ausgewiesen.

IPE	**Bauteil beansprucht auf Druck**
Fe 360	**Knicken - bezogener Schlankheitsgrad**

$$\ell/L = 1$$

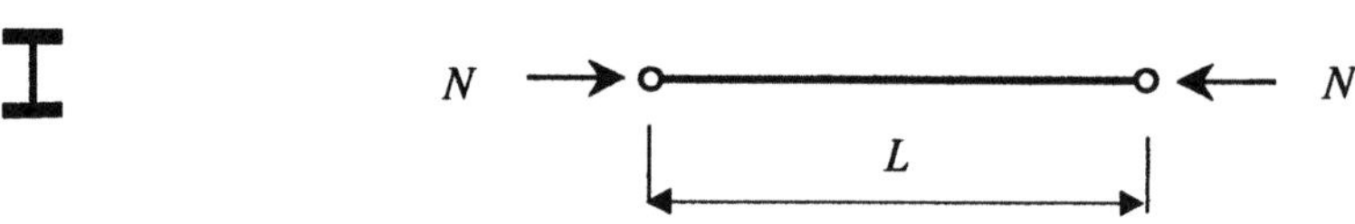

Tabelle 6.9 Bezogener Schlankheitsgrad für Walzprofile der Reihe IPE

Stahl Fe 360 mit: $f_y = 235$ N/mm^2										
QKl 1, 2, 3	$\overline{\lambda}_{min} = \overline{\lambda}_z$									
Profil	Stablänge L [m]									
	1,00	1,50	2,00	2,50	3,00	4,00	5,00	6,00	7,00	8,00
IPE 80	1,01	1,52	2,03	2,54						
IPE 100	0,86	1,29	1,72	2,15	2,58					
IPE 120	0,73	1,10	1,47	1,84	2,20	2,94				
IPE 140	0,65	0,97	1,29	1,61	1,94	2,58				
IPE 160	0,58	0,87	1,16	1,45	1,74	2,32	2,89			
IPE 180	0,52	0,78	1,04	1,30	1,56	2,08	2,60			
IPE 200	0,48	0,71	0,95	1,19	1,43	1,90	2,38	2,85		
IPE 220	0,43	0,64	0,86	1,07	1,29	1,72	2,15	2,58	3,01	
IPE 240	0,40	0,59	0,79	0,99	1,19	1,58	1,98	2,38	2,77	

	Stablänge L [m]									
	2,00	2,50	3,00	4,00	5,00	6,00	7,00	8,00	9,00	10,00
IPE 270	0,71	0,88	1,06	1,41	1,76	2,12	2,47	2,82		
IPE 300	0,64	0,79	0,95	1,27	1,59	1,91	2,23	2,54	2,86	
IPE 330	0,60	0,75	0,90	1,20	1,50	1,80	2,10	2,40	2,70	3,00
IPE 360	0,56	0,70	0,84	1,12	1,41	1,69	1,97	2,25	2,53	2,81
IPE 400	0,54	0,67	0,81	1,08	1,35	1,62	1,89	2,16	2,43	2,70
IPE 450	0,52	0,65	0,78	1,03	1,29	1,55	1,81	2,07	2,33	2,58
IPE 500	0,49	0,62	0,74	0,99	1,24	1,48	1,73	1,98	2,22	2,47

IPE	**Bauteil beansprucht auf Druck**
Fe 360	**Knicken - Grenzwert**

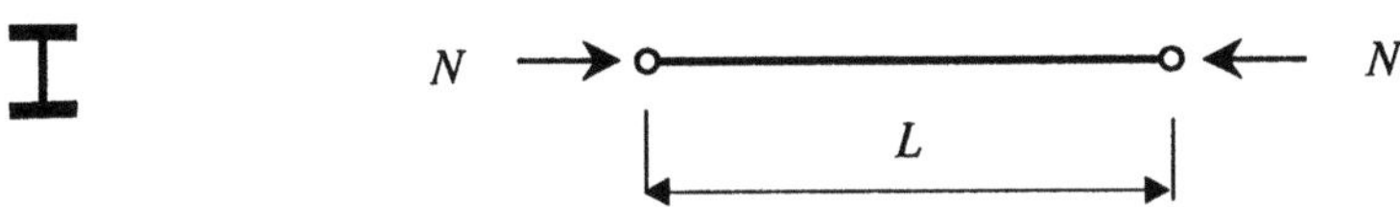

Tabelle 6.9.1 Grenzwert gegen Biegeknicken für Walzprofile der Reihe IPE

Stahl Fe 360 mit: $f_y = 235$ N/mm^2									$\gamma_{M1} = 1,1$

QKl 1, 2, 3	$N_{b,Rd}$ [kN]								
Profil	Stablänge L [m]								
	1,00	1,50	2,00	2,50	3,00	4,00	5,00	6,00	7,00	8,00

Profil	1,00	1,50	2,00	2,50	3,00	4,00	5,00	6,00	7,00	8,00
IPE 80	95,97	54,59	33,33	22,21						
IPE 100	151,3	95,18	60,11	40,58	29,07					
IPE 120	215,4	150,6	99,80	68,66	49,63	29,16				
IPE 140	285,1	216,3	151,1	106,4	77,72	46,11				
IPE 160	363,9	292,7	215,4	155,6	115,2	69,07	45,68			
IPE 180	447,0	376,4	292,3	218,3	164,2	99,88	66,44			
IPE 200	544,9	472,6	382,6	294,9	225,7	139,4	93,30	66,54		
IPE 220	652,3	581,0	490,6	393,3	308,6	194,9	131,6	94,26	70,68	
IPE 240	774,9	701,8	609,3	504,1	405,0	261,6	178,2	128,2	96,36	

Profil	Stablänge L [m]								
	2,00	2,50	3,00	4,00	5,00	6,00	7,00	8,00	9,00	10,0

Profil	2,00	2,50	3,00	4,00	5,00	6,00	7,00	8,00	9,00	10,0
IPE 270	765,5	659,9	549,9	369,9	256,1	185,7	140,2	109,4		
IPE 300	941,0	836,3	720,2	506,6	357,8	261,8	198,7	155,5	124,9	
IPE 330	1119	1009	884,2	639,4	457,7	337,1	256,7	201,4	162,0	133,0
IPE 360	1329	1215	1083	809,2	589,5	437,9	335,1	263,6	212,4	174,6
IPE 400	1564	1441	1298	989,6	730,0	545,7	418,9	330,2	266,4	219,2
IPE 450	1850	1716	1561	1215	908,7	684,1	527,2	416,5	336,5	277,2
IPE 500	2198	2052	1883	1498	1138	864,2	669,0	529,9	428,9	353,7

HE-A	Bauteil beansprucht auf Druck
Fe 360	Knicken - bezogener Schlankheitsgrad

$$\ell/L = 1$$

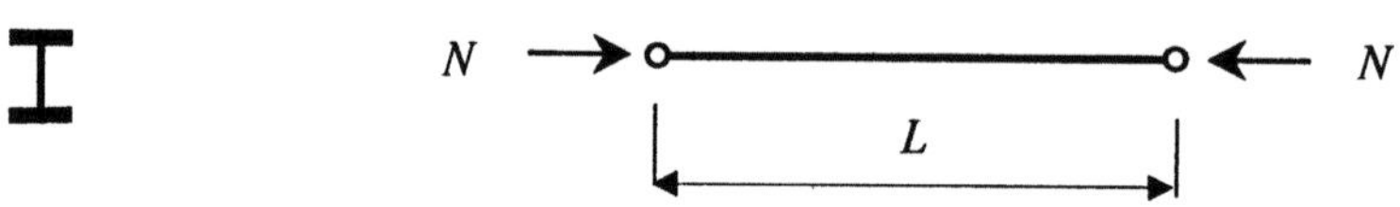

Tabelle 6.10 Bezogener Schlankheitsgrad für Walzprofile der Reihe HE-A

Stahl Fe 360 mit: $f_y = 235$ N/mm^2										
QKl 1, 2, 3	$\overline{\lambda}_{min} = \overline{\lambda}_z$									
Profil	Stablänge L [m]									
	2,00	2,50	3,00	4,00	5,00	6,00	7,00	8,00	9,00	10,00
HE-A 100	0,85	1,06	1,27	1,70	2,12	2,55	2,97			
HE-A 120	0,71	0,88	1,06	1,41	1,76	2,12	2,47	2,82		
HE-A 140	0,61	0,76	0,91	1,21	1,51	1,82	2,12	2,42	2,72	3,03
HE-A 160	0,54	0,67	0,80	1,07	1,34	1,61	1,87	2,14	2,41	2,68
HE-A 180	0,47	0,59	0,71	0,94	1,18	1,41	1,65	1,88	2,12	2,36
HE-A 200	0,43	0,53	0,64	0,86	1,07	1,28	1,50	1,71	1,92	2,14
HE-A 220	0,39	0,48	0,58	0,77	0,97	1,16	1,35	1,55	1,74	1,93
HE-A 240	0,36	0,44	0,53	0,71	0,89	1,07	1,24	1,42	1,60	1,78
HE-A 260	0,33	0,41	0,49	0,66	0,82	0,98	1,15	1,31	1,47	1,64
HE-A 280	0,30	0,38	0,46	0,61	0,76	0,91	1,07	1,22	1,37	1,52
HE-A 300	0,28	0,36	0,43	0,57	0,71	0,85	1,00	1,14	1,28	1,42
HE-A 320	0,28	0,36	0,43	0,57	0,71	0,85	1,00	1,14	1,28	1,42
HE-A 340	0,29	0,36	0,43	0,57	0,71	0,86	1,00	1,14	1,28	1,43
HE-A 360	0,29	0,36	0,43	0,57	0,72	0,86	1,00	1,15	1,29	1,43
HE-A 400	0,29	0,36	0,44	0,58	0,73	0,87	1,02	1,16	1,31	1,45
HE-A 450	0,29	0,37	0,44	0,58	0,73	0,88	1,02	1,17	1,31	1,46
HE-A 500	0,29	0,37	0,44	0,59	0,74	0,88	1,03	1,18	1,32	1,47
HE-A 550	0,30	0,37	0,45	0,60	0,74	0,89	1,04	1,19	1,34	1,49
HE-A 600	0,30	0,38	0,45	0,60	0,76	0,91	1,06	1,21	1,36	1,51
HE-A 650	0,31	0,38	0,46	0,61	0,76	0,92	1,07	1,22	1,38	1,53
HE-A 700	0,31	0,39	0,47	0,62	0,78	0,93	1,09	1,25	1,40	1,56

HE-A	**Bauteil beansprucht auf Druck**
Fe 360	**Knicken - Grenzwert**

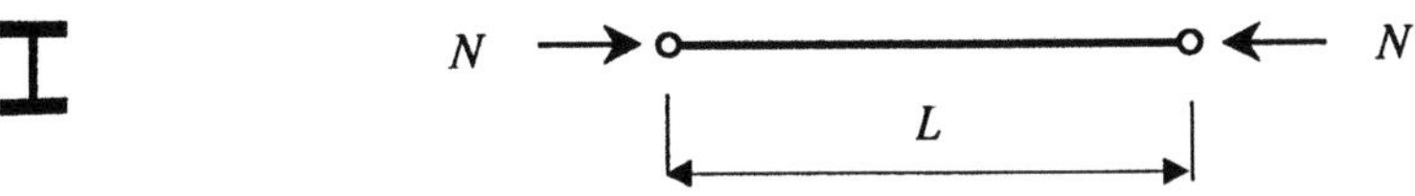

Tabelle 6.10.1 Grenzwerte gegen Knicken für Walzprofile der Reihe HE-A

Stahl Fe 360 mit: $f_y = 235$ N/mm^2									$\gamma_{M1} = 1,1$
QKl 1, 2, 3					$N_{b,Rd}$ [kN]				
Profil					Stablänge L [m}				
	2,00	2,50	3,00	4,00	5,00	6,00	7,00	8,00	9,00	10,00
HE-A 100	286,1	228,9	181,4	117,0	80,23	58,07	43,87			
HE-A 120	389,9	330,3	274,1	186,6	131,2	96,19	73,24	57,52		
HE-A 140	524,8	462,5	399,2	287,7	208,2	155,1	119,2	94,16	76,15	62,80
HE-A 160	682,3	616,5	547,4	414,6	309,3	234,3	181,8	144,5	117,4	97,12
HE-A 180	831,2	766,3	697,2	555,5	430,0	333,1	262,0	210,0	171,6	142,5
HE-A 200	1014	946,4	874,1	721,1	575,6	455,2	362,6	293,1	240,8	200,8
HE-A 220	1242	1171	1095	932,8	768,8	622,9	504,4	412,1	340,9	285,7
HE-A 240	1511	1434	1353	1179	996,8	825,6	679,2	561,0	467,5	393,8
HE-A 260	1734	1655	1572	1395	1205	1020	852,8	712,6	598,8	507,3
HE-A 280	1968	1887	1802	1622	1428	1230	1046	884,8	750,0	639,6
HE-A 300	2311	2222	2132	1940	1733	1518	1310	1122	959,6	823,7
HE-A 320	2535	2439	2340	2129	1902	1666	1438	1231	1053	903,9
HE-A 340	2718	2614	2507	2280	2035	1781	1535	1314	1123	963,7
HE-A 360	2920	2808	2692	2447	2182	1908	1644	1405	1201	1030
HE-A 400	3287	3195	3097	2876	2613	2310	1994	1698	1440	1226
HE-A 450	3677	3573	3463	3213	2914	2571	2216	1884	1596	1358
HE-A 500	4087	3971	3847	3565	3229	2844	2446	2076	1758	1494
HE-A 550	4370	4243	4108	3801	3432	3013	2582	2186	1847	1568
HE-A 600	4651	4514	4367	4031	3629	3172	2709	2286	1928	1634
HE-A 650	4974	4824	4664	4298	3859	3362	2862	2410	2028	1717
HE-A 700	5332	5167	4991	4585	4097	3550	3006	2522	2117	1789

HE-B	**Bauteil beansprucht auf Druck**
Fe 360	**Knicken - bezogener Schlankheitsgrad**

$$\ell/L = 1$$

Tabelle 6.11 Bezogener Schlankheitsgrad für Walzprofile der Reihe HE-B

Stahl Fe 360 mit: $f_y = 235$ N/mm^2

QKl 1, 2, 3	$\overline{\lambda}_{min} = \overline{\lambda}_z$									
Profil	Stablänge L [m]									
	2,00	2,50	3,00	4,00	5,00	6,00	7,00	8,00	9,00	10,0
HE-B 100	0,85	1,07	1,28	1,70	2,13	2,56	2,98			
HE-B 120	0,70	0,87	1,04	1,39	1,74	2,09	2,44	2,78		
HE-B 140	0,59	0,74	0,89	1,19	1,49	1,78	2,08	2,38	2,68	2,97
HE-B 160	0,53	0,66	0,79	1,05	1,31	1,58	1,84	2,10	2,37	2,63
HE-B 180	0,47	0,58	0,70	0,93	1,17	1,40	1,63	1,86	2,10	2,33
HE-B 200	0,42	0,53	0,63	0,84	1,05	1,26	1,47	1,68	1,89	2,10
HE-B 220	0,38	0,48	0,57	0,76	0,95	1,14	1,33	1,52	1,71	1,91
HE-B 240	0,35	0,44	0,53	0,70	0,88	1,05	1,23	1,40	1,58	1,75
HE-B 260	0,32	0,40	0,49	0,65	0,81	0,97	1,13	1,29	1,46	1,62
HE-B 280	0,30	0,38	0,45	0,60	0,75	0,90	1,05	1,20	1,35	1,50
HE-B 300	0,28	0,35	0,42	0,56	0,70	0,84	0,98	1,12	1,26	1,41
HE-B 320	0,28	0,35	0,42	0,56	0,70	0,84	0,98	1,13	1,27	1,41
HE-B 340	0,28	0,35	0,42	0,57	0,71	0,85	0,99	1,13	1,27	1,41
HE-B 360	0,28	0,36	0,43	0,57	0,71	0,85	1,00	1,14	1,28	1,42
HE-B 400	0,29	0,36	0,43	0,58	0,72	0,86	1,01	1,15	1,30	1,44
HE-B 450	0,29	0,36	0,44	0,58	0,73	0,87	1,02	1,16	1,31	1,45
HE-B 500	0,29	0,37	0,44	0,59	0,73	0,88	1,03	1,17	1,32	1,46
HE-B 550	0,30	0,37	0,45	0,59	0,74	0,89	1,04	1,19	1,34	1,49
HE-B 600	0,30	0,38	0,45	0,60	0,75	0,90	1,05	1,20	1,35	1,50
HE-B 650	0,30	0,38	0,46	0,61	0,76	0,91	1,07	1,22	1,37	1,52
HE-B 700	0,31	0,39	0,47	0,62	0,78	0,93	1,09	1,24	1,40	1,55
HE-B 800	0,32	0,40	0,48	0,64	0,80	0,96	1,12	1,28	1,43	1,59
HE-B 900	0,33	0,41	0,49	0,65	0,82	0,98	1,14	1,30	1,47	1,63

HE-B	**Bauteil beansprucht auf Druck**
Fe 360	**Knicken - Grenzwert**

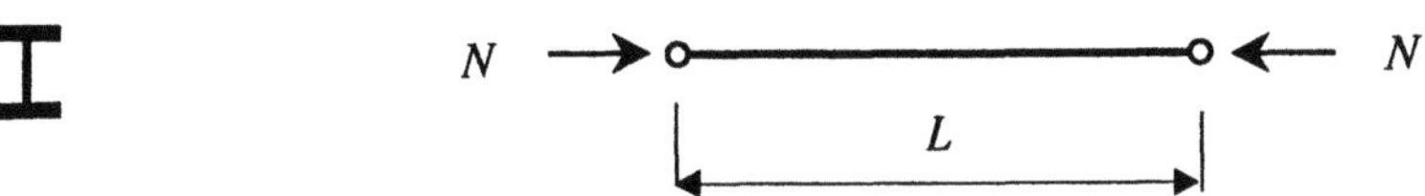

Tabelle 6.11.1 Grenzwerte gegen Knicken für Walzprofile der Reihe HE-B

Stahl Fe 360 mit: $f_y = 235$ N/mm^2									$\gamma_{M1} = 1{,}1$

QKl 1, 2, 3	$N_{b,Rd}$ [kN]								
Profil	Stablänge L [m]								
	2,00	2,50	3,00	4,00	5,00	6,00	7,00	8,00	9,00	10,0
HE-B 100	349,7	279,5	221,2	142,6	97,71	70,70	53,40			
HE-B 120	528,1	449,1	373,9	255,8	180,1	132,3	100,8	79,18		
HE-B 140	724,2	640,7	555,3	402,9	292,7	218,5	168,1	132,9	107,5	88,71
HE-B 160	961,0	871,0	776,2	592,1	443,8	337,1	262,0	208,5	169,5	140,3
HE-B 180	1202	1110	1012	809,4	628,7	488,1	384,4	308,4	252,1	209,5
HE-B 200	1479	1383	1280	1063	853,1	677,4	541,1	438,2	360,3	300,7
HE-B 220	1764	1664	1559	1334	1104	897,8	728,9	596,5	494,0	414,4
HE-B 240	2091	1986	1876	1640	1392	1157	954,4	789,7	658,9	555,6
HE-B 260	2362	2256	2145	1908	1655	1404	1177	985,7	829,3	703,4
HE-B 280	2656	2547	2435	2197	1939	1676	1429	1212	1029	878,3
HE-B 300	3052	2937	2820	2571	2302	2022	1749	1501	1286	1106
HE-B 320	3297	3173	3046	2777	2485	2182	1888	1620	1387	1192
HE-B 340	3499	3367	3231	2943	2631	2308	1994	1709	1463	1256
HE-B 360	3701	3560	3415	3108	2776	2432	2098	1797	1537	1319
HE-B 400	4097	3984	3863	3592	3268	2896	2505	2137	1815	1546
HE-B 450	4506	4380	4245	3942	3579	3164	2730	2324	1971	1677
HE-B 500	4936	4796	4647	4310	3906	3445	2966	2520	2135	1815
HE-B 550	5237	5086	4925	4558	4119	3618	3104	2629	2222	1887
HE-B 600	5559	5396	5221	4823	4346	3804	3252	2747	2318	1965
HE-B 650	5880	5704	5516	5085	4568	3984	3394	2859	2408	2039
HE-B 700	6278	6086	5879	5405	4835	4195	3557	2986	2509	2121
HE-B 800	6830	6612	6377	5834	5182	4458	3751	3132	2621	2210
HE-B 900	7565	7316	7046	6419	5666	4840	4048	3365	2808	2364

HE-M	Bauteil beansprucht auf Druck
Fe 360	Knicken - bezogener Schlankheitsgrad

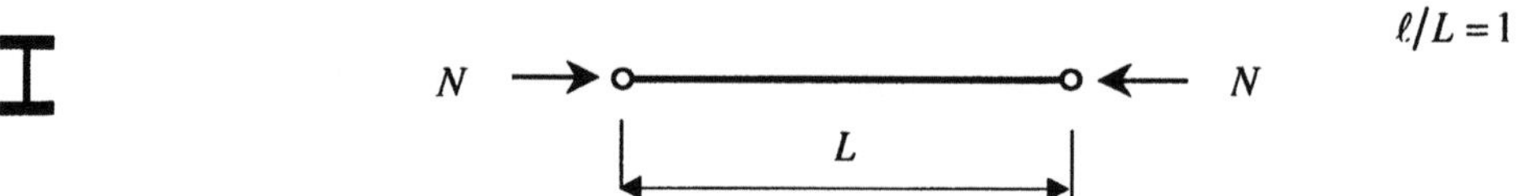

Tabelle 6.12 Bezogener Schlankheitsgrad für Walzprofile der Reihe HE-M

Stahl Fe 360   mit: $f_y = 235$ N/mm^2

QKl 1, 2, 3	$\overline{\lambda}_{min} = \overline{\lambda}_z$									
Profil	Stablänge L [m]									
	2,00	2,50	3,00	4,00	5,00	6,00	7,00	8,00	9,00	10,0
HE-M 100	0,78	0,97	1,17	1,55	1,94	2,33	2,72			
HE-M 120	0,66	0,82	0,98	1,31	1,64	1,97	2,29	2,62	2,95	
HE-M 140	0,56	0,71	0,85	1,13	1,41	1,69	1,98	2,26	2,54	2,82
HE-M 160	0,50	0,63	0,75	1,00	1,25	1,50	1,75	2,00	2,25	2,50
HE-M 180	0,45	0,56	0,67	0,89	1,12	1,34	1,56	1,79	2,01	2,23
HE-M 200	0,40	0,51	0,61	0,81	1,01	1,21	1,41	1,62	1,82	2,02
HE-M 220	0,37	0,46	0,55	0,74	0,92	1,10	1,29	1,47	1,66	1,84
HE-M 240	0,33	0,42	0,50	0,67	0,83	1,00	1,17	1,33	1,50	1,67
HE-M 260	0,31	0,39	0,46	0,62	0,77	0,93	1,08	1,23	1,39	1,54
HE-M 280	0,29	0,36	0,43	0,58	0,72	0,86	1,01	1,15	1,30	1,44
HE-M 300	0,27	0,33	0,40	0,53	0,67	0,80	0,93	1,07	1,20	1,33
HE-M 320	0,27	0,33	0,40	0,54	0,67	0,80	0,94	1,07	1,21	1,34
HE-M 340	0,27	0,34	0,40	0,54	0,67	0,81	0,94	1,08	1,21	1,35
HE-M 360	0,27	0,34	0,41	0,54	0,68	0,82	0,95	1,09	1,22	1,36
HE-M 400	0,28	0,35	0,41	0,55	0,69	0,83	0,97	1,11	1,24	1,38
HE-M 450	0,28	0,35	0,42	0,56	0,70	0,84	0,98	1,12	1,26	1,40
HE-M 500	0,29	0,36	0,43	0,57	0,71	0,86	1,00	1,14	1,28	1,43
HE-M 550	0,29	0,36	0,43	0,58	0,72	0,87	1,01	1,16	1,30	1,45
HE-M 600	0,30	0,37	0,44	0,59	0,74	0,89	1,03	1,18	1,33	1,48
HE-M 650	0,30	0,37	0,45	0,60	0,75	0,90	1,05	1,19	1,34	1,49
HE-M 700	0,30	0,38	0,46	0,61	0,76	0,91	1,06	1,22	1,37	1,52
HE-M 800	0,31	0,39	0,47	0,63	0,78	0,94	1,10	1,25	1,41	1,57
HE-M 900	0,32	0,40	0,48	0,65	0,81	0,97	1,13	1,29	1,45	1,61
HE-M 1000	0,33	0,41	0,50	0,66	0,83	0,99	1,16	1,32	1,49	1,65

HE-M	**Bauteil beansprucht auf Druck**
Fe 360	**Knicken - Grenzwert**

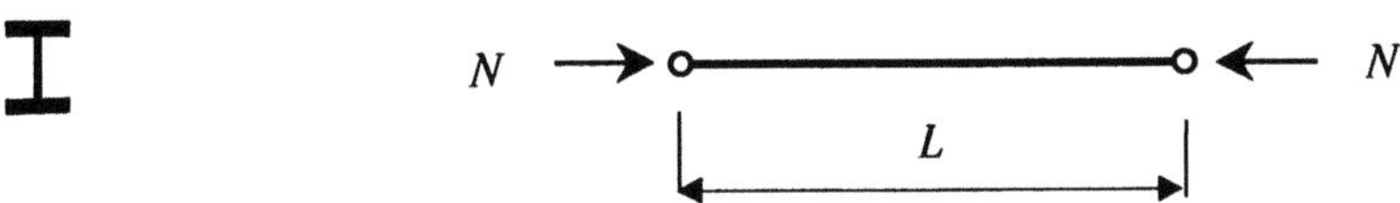

Tabelle 6.12.1 Grenzwerte gegen Knicken für Walzprofile der Reihe HE-M

Stahl Fe 360 mit: $f_y = 235$ N/mm^2									$\gamma_{M1} = 1{,}1$

QKl 1, 2, 3	$N_{b,Rd}$ [kN]								
Profil	Stablänge L [m]								
	2,00	2,50	3,00	4,00	5,00	6,00	7,00	8,00	9,00	10,0
HE-M 100	768,7	632,5	511,8	338,0	234,2	170,4	129,2			
HE-M 120	1067	922,2	779,9	545,1	388,1	286,6	219,1	172,5	139,2	
HE-M 140	1388	1241	1089	806,8	593,4	445,9	344,4	273,0	221,3	182,8
HE-M 160	1749	1598	1439	1120	851,7	652,5	509,7	407,0	331,5	274,8
HE-M 180	2106	1955	1794	1458	1148	899,2	712,1	573,4	469,8	391,0
HE-M 200	2505	2351	2188	1838	1494	1197	962,3	782,3	645,0	539,3
HE-M 220	2910	2754	2590	2236	1871	1535	1254	1031	856,5	719,9
HE-M 240	3982	3796	3602	3184	2740	2307	1923	1602	1344	1137
HE-M 260	4440	4252	4058	3643	3196	2744	2325	1962	1660	1414
HE-M 280	4898	4709	4514	4100	3653	3191	2746	2346	2004	1718
HE-M 300	6255	6035	5811	5338	4828	4291	3757	3257	2814	2433
HE-M 320	6435	6207	5974	5484	4954	4398	3845	3329	2873	2483
HE-M 340	6583	6416	6240	5849	5388	4854	4274	3701	3179	2730
HE-M 360	6640	6469	6289	5889	5417	4869	4277	3696	3170	2719
HE-M 400	6774	6596	6408	5988	5491	4916	4299	3701	3165	2709
HE-M 450	6950	6764	6568	6126	5602	4997	4354	3735	3186	2722
HE-M 500	7124	6929	6722	6256	5702	5063	4391	3752	3191	2721
HE-M 550	7319	7115	6898	6407	5821	5149	4447	3787	3213	2735
HE-M 600	7511	7296	7067	6548	5926	5216	4483	3803	3218	2734
HE-M 650	7707	7483	7243	6698	6045	5302	4541	3842	3245	2753
HE-M 700	7877	7642	7391	6817	6128	5349	4560	3844	3238	2743
HE-M 800	8278	8020	7742	7104	6336	5478	4630	3878	3252	2746
HE-M 900	8657	8376	8073	7370	6524	5592	4690	3907	3264	2750
HE-M 1000	9039	8736	8407	7641	6721	5719	4768	3955	3295	2771

IPE	Bauteil beansprucht auf Biegung
Fe 360	Biegedrillknicken - bezogener Schlankheitsgrad

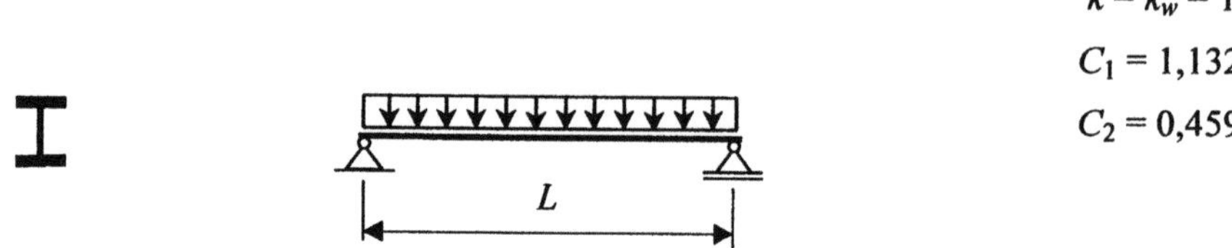

$$k = k_w = 1$$
$$C_1 = 1,132$$
$$C_2 = 0,459$$

Tabelle 6.13 Bezogener Schlankheitsgrad bei Biegebeanspruchung für Walzprofile der Reihe IPE

Stahl Fe 360 mit: $f_y = 235$ N/mm^2

QKl 1, 2	$\bar{\lambda}_{LT}$									
Profil	Stablänge L [m]									
	2,00	2,50	3,00	4,00	5,00	6,00	7,00	8,00	9,00	10,0
IPE 80	1,034	1,150	1,254	1,437	1,598	1,743	1,877	2,002	2,120	2,231
IPE 100	1,007	1,124	1,226	1,405	1,562	1,704	1,834	1,955	2,069	2,176
IPE 120	0,989	1,110	1,216	1,396	1,552	1,692	1,821	1,940	2,052	2,158
IPE 140	0,957	1,084	1,193	1,376	1,532	1,670	1,797	1,914	2,024	2,128
IPE 160	0,912	1,041	1,150	1,333	1,487	1,622	1,746	1,860	1,967	2,067
IPE 180	0,870	1,003	1,115	1,302	1,457	1,592	1,714	1,826	1,931	2,030
IPE 200	0,824	0,956	1,067	1,252	1,404	1,536	1,654	1,763	1,865	1,960
IPE 220	0,775	0,907	1,021	1,208	1,361	1,493	1,610	1,718	1,817	1,911
IPE 240	0,729	0,858	0,969	1,153	1,302	1,431	1,545	1,649	1,745	1,835
IPE 270	0,676	0,806	0,921	1,114	1,272	1,406	1,524	1,630	1,727	1,818
IPE 300	0,625	0,753	0,868	1,066	1,229	1,368	1,489	1,597	1,696	1,787
IPE 330	0,595	0,719	0,832	1,026	1,188	1,325	1,445	1,552	1,650	1,740
IPE 360	0,563	0,684	0,794	0,987	1,149	1,287	1,408	1,515	1,613	1,702
IPE 400	0,541	0,659	0,768	0,959	1,122	1,261	1,382	1,490	1,588	1,678
IPE 450	0,521	0,637	0,745	0,939	1,106	1,249	1,376	1,488	1,589	1,682
IPE 500	0,500	0,612	0,719	0,912	1,079	1,225	1,354	1,468	1,572	1,666
IPE 550	0,482	0,592	0,696	0,885	1,051	1,196	1,324	1,438	1,541	1,635
IPE 600	0,462	0,568	0,669	0,854	1,018	1,162	1,290	1,405	1,508	1,602

IPE	**Bauteil beansprucht auf Biegung**
Fe 360	**Biegedrillknicken - Grenzwert**

$$k = k_w = 1$$
$$C_1 = 1,132$$
$$C_2 = 0,459$$

M_y

Tabelle 6.13.1 Grenzwert gegen Biegedrillknicken für Walzprofile der Reihe IPE

Stahl Fe 360 mit: $f_y = 235$ N/mm^2									$\gamma_{M1} = 1,1$	
QKl 1, 2	$M_{b,Rd}$ [kNm]									
Profil	Stablänge L [m]									
	2,00	2,50	3,00	4,00	5,00	6,00	7,00	8,00	9,00	10,0
IPE 80	3,180	2,786	2,463	1,984	1,656	1,419	1,241	1,102	0,992	0,901
IPE 100	5,560	4,882	4,324	3,495	2,924	2,511	2,200	1,957	1,763	1,604
IPE 120	8,731	7,637	6,746	5,443	4,554	3,914	3,432	3,057	2,756	2,509
IPE 140	13,11	11,45	10,09	8,110	6,780	5,828	5,114	4,557	4,112	3,746
IPE 160	19,23	16,87	14,89	11,98	10,02	8,616	7,565	6,747	6,091	5,554
IPE 180	26,72	23,54	20,76	16,64	13,88	11,92	10,46	9,334	8,429	7,688
IPE 200	36,90	32,88	29,21	23,53	19,65	16,89	14,84	13,24	11,96	10,92
IPE 220	49,30	44,40	39,64	31,96	26,63	22,86	20,06	17,90	16,17	14,76
IPE 240	65,37	59,68	53,89	43,95	36,77	31,61	27,76	24,78	22,41	20,46
IPE 270	88,79	81,91	74,43	60,61	50,28	42,91	37,49	33,36	30,09	27,44
IPE 300	118,1	110,2	101,2	83,10	68,66	58,22	50,60	44,84	40,34	36,72
IPE 330	153,2	144,1	133,5	111,2	92,37	78,40	68,11	60,33	54,24	49,35
IPE 360	196,7	186,2	174,0	146,9	122,6	104,0	90,15	79,69	71,55	65,02
IPE 400	254,3	241,9	227,2	193,7	162,3	137,6	119,2	105,2	94,28	85,59
IPE 450	333,7	318,3	300,2	257,4	215,3	181,7	156,4	137,3	122,6	110,9
IPE 500	433,3	414,9	393,1	340,4	286,1	241,0	206,8	181,0	161,1	145,4
IPE 550	553,6	531,7	505,9	442,8	375,1	317,1	272,2	238,0	211,7	190,9
IPE 600	702,1	676,6	646,7	572,7	489,9	415,8	357,0	311,9	276,9	249,4

HE-A	**Bauteil beansprucht auf Biegung**
Fe 360	**Biegedrillknicken - bezogener Schlankheitsgrad**

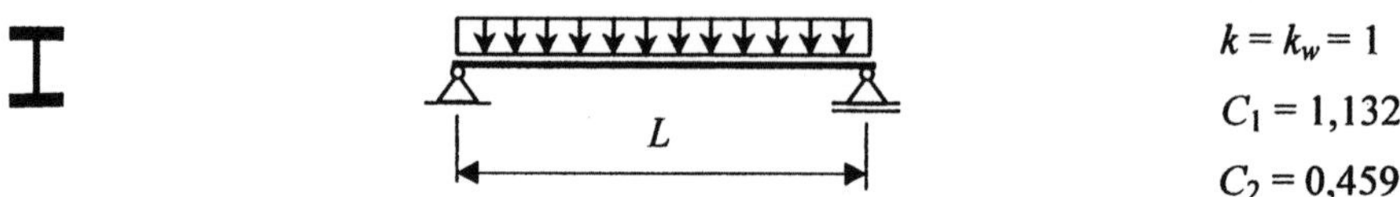

$k = k_w = 1$

$C_1 = 1,132$

$C_2 = 0,459$

Tabelle 6.14 Bezogener Schlankheitsgrad bei Biegebeanspruchung für Walzprofile der Reihe HE-A

Stahl Fe 360 mit: $f_y = 235$ N/mm^2

QKl 1, 2	$\overline{\lambda}_{LT}$									
Profil	Stablänge L [m]									
	2,00	2,50	3,00	4,00	5,00	6,00	7,00	8,00	9,00	10,0
HE-A 100	0,594	0,666	0,729	0,836	0,929	1,013	1,090	1,161	1,228	1,291
HE-A 120	0,583	0,665	0,734	0,850	0,947	1,033	1,112	1,184	1,252	1,316
HE-A 140	0,548	0,635	0,709	0,831	0,932	1,019	1,097	1,169	1,237	1,300
HE-A 160	0,506	0,593	0,667	0,790	0,890	0,977	1,053	1,124	1,189	1,250
HE-A 180	0,471	0,560	0,638	0,769	0,875	0,966	1,046	1,118	1,184	1,246
HE-A 200	0,435	0,521	0,598	0,727	0,833	0,923	1,002	1,073	1,138	1,198
HE-A 220	0,402	0,485	0,560	0,690	0,798	0,889	0,969	1,040	1,105	1,164
HE-A 240	0,373	0,452	0,524	0,649	0,754	0,844	0,921	0,991	1,054	1,112
HE-A 260	0,349	0,425	0,495	0,619	0,725	0,815	0,894	0,964	1,027	1,085
HE-A 280	0,327	0,400	0,469	0,592	0,698	0,790	0,871	0,943	1,008	1,068
HE-A 300	0,307	0,376	0,442	0,560	0,663	0,753	0,832	0,902	0,965	1,023
HE-A 320	0,306	0,376	0,441	0,559	0,662	0,751	0,830	0,900	0,964	1,021
HE-A 340	0,307	0,376	0,442	0,561	0,664	0,755	0,834	0,905	0,969	1,027
HE-A 360	0,308	0,378	0,443	0,563	0,668	0,759	0,839	0,911	0,975	1,034
HE-A 400	0,310	0,381	0,448	0,570	0,677	0,771	0,854	0,927	0,994	1,055
HE-A 450	0,312	0,384	0,452	0,577	0,687	0,784	0,869	0,946	1,015	1,079
HE-A 500	0,313	0,386	0,455	0,582	0,695	0,794	0,883	0,962	1,033	1,099
HE-A 550	0,317	0,390	0,461	0,592	0,709	0,813	0,906	0,989	1,064	1,133
HE-A 600	0,320	0,394	0,466	0,600	0,721	0,829	0,926	1,014	1,093	1,165
HE-A 650	0,322	0,398	0,471	0,608	0,733	0,844	0,945	1,036	1,118	1,194
HE-A 700	0,326	0,403	0,478	0,617	0,744	0,859	0,963	1,056	1,142	1,220
HE-A 800	0,333	0,412	0,489	0,635	0,769	0,891	1,002	1,103	1,196	1,280
HE-A 900	0,338	0,419	0,497	0,647	0,785	0,912	1,029	1,135	1,232	1,321
HE-A 1000	0,343	0,426	0,507	0,661	0,805	0,938	1,060	1,173	1,277	1,372

HE-A	**Bauteil beansprucht auf Biegung**
Fe 360	**Biegedrillknicken - Grenzwert**

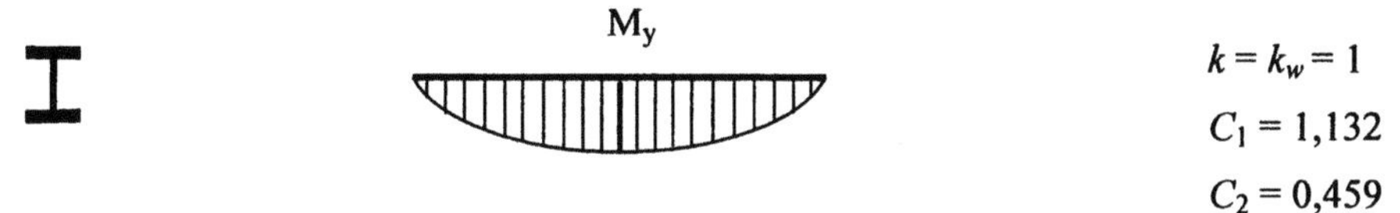

$k = k_w = 1$

$C_1 = 1{,}132$

$C_2 = 0{,}459$

Tabelle 6.14.1 Grenzwerte gegen Biegedrillknicken für Walzprofile der Reihe HE-A

Stahl Fe 360 mit: $f_y = 235$ N/mm^2										$\gamma_{M1} = 1{,}1$

QKl 1, 2	$M_{b,Rd}$ [kNm]									
Profil	Stablänge L [m]									
	2,00	2,50	3,00	4,00	5,00	6,00	7,00	8,00	9,00	10,0
HE-A 100	15,82	15,30	14,79	13,73	12,67	11,64	10,70	9,844	9,091	8,427
HE-A 120	22,79	21,96	21,13	19,47	17,85	16,33	14,95	13,73	12,66	11,73
HE-A 140	33,58	32,38	31,17	28,73	26,35	24,11	22,09	20,31	18,75	17,39
HE-A 160	48,28	46,72	45,15	41,94	38,74	35,69	32,88	30,36	28,12	26,15
HE-A 180	64,79	62,81	60,75	56,45	52,07	47,86	44,00	40,55	37,51	34,85
HE-A 200	86,46	84,10	81,65	76,49	71,13	65,84	60,86	56,33	52,28	48,69
HE-A 220	115,6	112,7	109,7	103,4	96,72	89,94	83,42	77,39	71,95	67,09
HE-A 240		149,4	145,9	138,5	130,6	122,5	114,6	107,0	100,0	93,58
HE-A 260		186,0	182,0	173,5	164,3	154,7	145,1	135,8	127,1	119,1
HE-A 280		226,3	221,8	212,2	201,6	190,3	178,8	167,4	156,7	146,9
HE-A 300			278,2	267,3	255,4	242,8	229,6	216,5	203,8	191,8
HE-A 320			327,5	314,7	300,8	286,0	270,6	255,2	240,3	226,3
HE-A 340			372,1	357,4	341,4	324,3	306,6	288,8	271,7	255,6
HE-A 360			419,7	403,0	384,7	365,0	344,6	324,2	304,5	286,2
HE-A 400			514,3	493,1	469,7	444,4	418,0	391,7	366,6	343,3
HE-A 450			644,9	617,4	586,7	553,0	517,9	483,0	449,9	419,6
HE-A 500			791,1	756,5	717,3	674,0	628,7	583,9	541,8	503,5
HE-A 550			924,3	881,9	833,1	778,4	721,0	664,8	612,7	566,2
HE-A 600			1068	1017	957,3	889,7	818,7	749,8	686,9	631,4
HE-A 650			1223	1162	1091	1009	922,5	839,7	765,1	700,1
HE-A 700		1430	1399	1327	1241	1142	1039	940,6	853,1	777,8
HE-A 800		1765	1724	1629	1511	1375	1234	1103	990,1	894,8
HE-A 900		2189	2137	2012	1857	1676	1491	1322	1178	1059
HE-A 1000		2591	2527	2371	2172	1941	1708	1499	1325	1182

HE-B	Bauteil beansprucht auf Biegung
Fe 360	Biegedrillknicken - bezogener Schlankheitsgrad

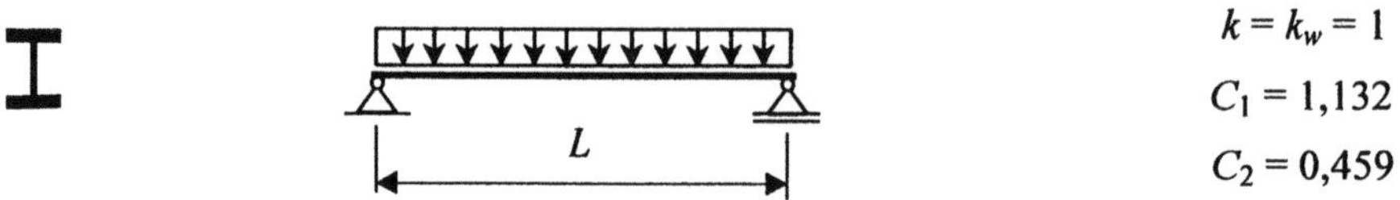

$$k = k_w = 1$$
$$C_1 = 1{,}132$$
$$C_2 = 0{,}459$$

Tabelle 6.15 Bezogener Schlankheitsgrad bei Biegebeanspruchung für Walzprofile der Reihe HE-B

Stahl Fe 360 mit: $f_y = 235$ N/mm^2

QKl 1, 2	$\overline{\lambda}_{LT}$									
Profil	Stablänge L [m]									
	2,00	2,50	3,00	4,00	5,00	6,00	7,00	8,00	9,00	10,0
HE-B 100	0,548	0,612	0,669	0,766	0,851	0,927	0,998	1,063	1,125	1,183
HE-B 120	0,526	0,593	0,651	0,748	0,832	0,907	0,975	1,039	1,099	1,155
HE-B 140	0,498	0,569	0,628	0,727	0,811	0,885	0,951	1,013	1,071	1,126
HE-B 160	0,465	0,535	0,594	0,693	0,775	0,846	0,911	0,970	1,026	1,078
HE-B 180	0,436	0,508	0,569	0,671	0,754	0,825	0,889	0,948	1,003	1,054
HE-B 200	0,407	0,479	0,540	0,642	0,725	0,796	0,859	0,916	0,970	1,019
HE-B 220	0,381	0,452	0,514	0,618	0,703	0,774	0,838	0,895	0,948	0,997
HE-B 240	0,356	0,426	0,487	0,591	0,675	0,747	0,810	0,866	0,918	0,966
HE-B 260	0,336	0,405	0,466	0,571	0,658	0,731	0,795	0,853	0,905	0,953
HE-B 280	0,317	0,384	0,445	0,552	0,641	0,716	0,782	0,841	0,894	0,943
HE-B 300	0,299	0,363	0,423	0,527	0,615	0,690	0,755	0,813	0,866	0,915
HE-B 320	0,299	0,363	0,423	0,527	0,616	0,691	0,757	0,815	0,868	0,916
HE-B 340	0,300	0,365	0,425	0,531	0,621	0,698	0,764	0,824	0,878	0,927
HE-B 360	0,301	0,367	0,428	0,535	0,626	0,704	0,772	0,832	0,887	0,937
HE-B 400	0,304	0,371	0,434	0,544	0,638	0,719	0,790	0,853	0,910	0,962
HE-B 450	0,307	0,375	0,439	0,553	0,652	0,736	0,811	0,877	0,936	0,991
HE-B 500	0,309	0,379	0,444	0,561	0,663	0,751	0,828	0,897	0,959	1,016
HE-B 550	0,313	0,384	0,451	0,573	0,679	0,772	0,854	0,927	0,992	1,052
HE-B 600	0,316	0,388	0,457	0,583	0,694	0,791	0,877	0,954	1,023	1,086
HE-B 650	0,319	0,393	0,463	0,592	0,707	0,808	0,898	0,978	1,051	1,117
HE-B 700	0,323	0,398	0,470	0,602	0,720	0,824	0,918	1,001	1,076	1,145
HE-B 800	0,330	0,408	0,482	0,621	0,746	0,859	0,960	1,051	1,133	1,208
HE-B 900	0,335	0,415	0,491	0,635	0,765	0,883	0,990	1,086	1,173	1,253
HE-B 1000	0,341	0,422	0,501	0,649	0,786	0,911	1,024	1,126	1,220	1,306

HE-B	**Bauteil beansprucht auf Biegung**
Fe 360	**Biegedrillknicken - Grenzwert**

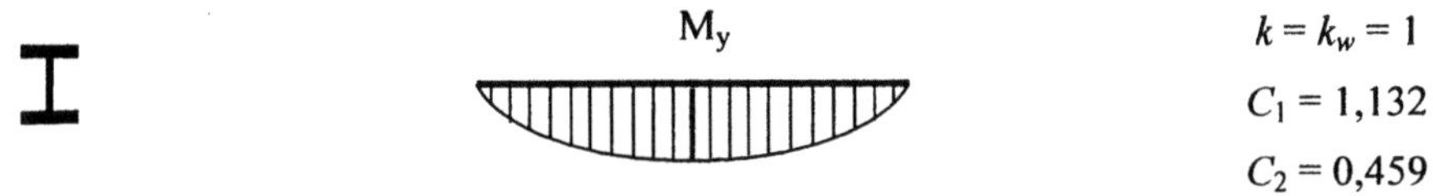

Tabelle 6.15.1 Grenzwerte gegen Biegedrillknicken für Walzprofile der Reihe HE-B

Stahl Fe 360 mit: $f_y = 235$ N/mm^2									$\gamma_{M1} = 1,1$

QKl 1, 2	$M_{b,Rd}$ [kNm]								
Profil	Stablänge L [m]								
	2,00	2,50	3,00	4,00	5,00	6,00	7,00	8,00	9,00	10,0
HE-B 100	20,19	19,67	19,15	18,10	17,00	15,90	14,82	13,80	12,87	12,01
HE-B 120	32,29	31,46	30,66	29,04	27,38	25,71	24,07	22,50	21,04	19,71
HE-B 140	48,40	47,19	46,01	43,68	41,32	38,94	36,60	34,35	32,23	30,27
HE-B 160	70,71	69,05	67,46	64,36	61,24	58,10	54,97	51,91	48,98	46,22
HE-B 180	96,92	94,73	92,61	88,48	84,37	80,24	76,13	72,09	68,20	64,52
HE-B 200	130,6	127,9	125,2	120,0	114,8	109,6	104,4	99,32	94,34	89,56
HE-B 220		165,8	162,5	156,0	149,6	143,1	136,6	130,2	124,0	118,0
HE-B 240		212,8	208,8	201,0	193,2	185,5	177,7	170,0	162,4	155,0
HE-B 260		260,8	256,1	246,8	237,6	228,2	218,8	209,5	200,3	191,3
HE-B 280			308,2	297,4	286,4	275,3	264,0	252,8	241,7	231,0
HE-B 300			378,0	365,6	353,1	340,4	327,5	314,6	301,8	289,2
HE-B 320			434,6	420,3	405,9	391,2	376,3	361,3	346,5	331,9
HE-B 340			486,6	470,3	453,7	436,7	419,5	402,2	385,0	368,3
HE-B 360			541,9	523,3	504,4	484,9	465,1	445,3	425,6	406,5
HE-B 400			651,6	628,3	604,1	578,9	553,3	527,5	502,2	477,8
HE-B 450			801,5	771,4	739,6	706,1	671,7	637,3	603,7	571,7
HE-B 500			967,8	930,0	889,4	846,2	801,6	757,1	714,1	673,4
HE-B 550			1121	1075	1024	969,1	912,1	855,5	801,4	751,2
HE-B 600			1286	1230	1168	1099	1028	957,9	891,7	831,2
HE-B 650			1463	1396	1321	1237	1150	1065	985,3	913,9
HE-B 700			1661	1582	1491	1390	1285	1183	1089	1006
HE-B 800		2078	2032	1927	1803	1662	1516	1377	1253	1147
HE-B 900		2551	2492	2356	2191	2003	1809	1629	1471	1337
HE-B 1000		3005	2933	2762	2550	2307	2060	1834	1642	1481

HE-M	**Bauteil beansprucht auf Biegung**
Fe 360	**Biegedrillknicken - bezogener Schlankheitsgrad**

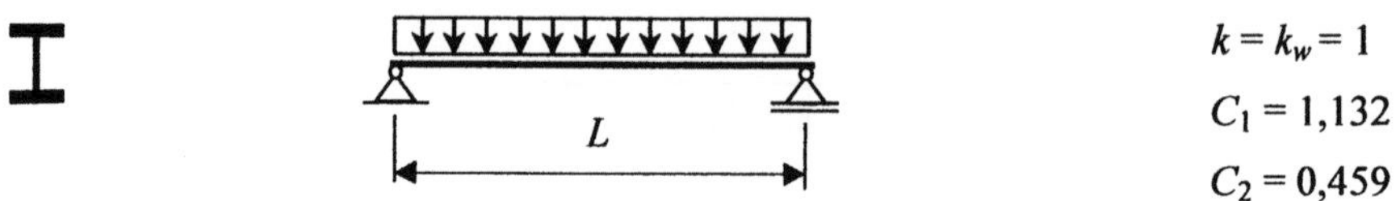

$$k = k_w = 1$$
$$C_1 = 1,132$$
$$C_2 = 0,459$$

Tabelle 6.16 Bezogener Schlankheitsgrad bei Biegebeanspruchung für Walzprofile der Reihe HE-M

Stahl Fe 360 mit: $f_y = 235$ N/mm^2

QKl 1, 2	$\overline{\lambda}_{LT}$									
Profil	Stablänge L [m]									
	2,00	2,50	3,00	4,00	5,00	6,00	7,00	8,00	9,00	10,0
HE-M 100	0,403	0,448	0,488	0,558	0,620	0,676	0,728	0,776	0,822	0,865
HE-M 120	0,399	0,444	0,484	0,554	0,615	0,670	0,721	0,768	0,813	0,855
HE-M 140	0,391	0,438	0,478	0,548	0,609	0,663	0,713	0,760	0,803	0,845
HE-M 160	0,377	0,425	0,466	0,535	0,594	0,648	0,696	0,741	0,784	0,824
HE-M 180	0,365	0,415	0,457	0,527	0,587	0,640	0,688	0,732	0,774	0,814
HE-M 200	0,350	0,401	0,444	0,516	0,576	0,628	0,676	0,720	0,761	0,799
HE-M 220	0,336	0,388	0,433	0,507	0,567	0,620	0,667	0,711	0,751	0,790
HE-M 240	0,387	0,418	0,446	0,496	0,541	0,583	0,623	0,659	0,694	0,728
HE-M 260	0,295	0,344	0,386	0,456	0,512	0,561	0,604	0,644	0,681	0,716
HE-M 280	0,283	0,334	0,377	0,449	0,508	0,558	0,602	0,642	0,679	0,714
HE-M 300	0,263	0,310	0,350	0,417	0,471	0,517	0,558	0,595	0,630	0,662
HE-M 320	0,266	0,314	0,355	0,424	0,480	0,528	0,570	0,608	0,643	0,676
HE-M 340	0,270	0,319	0,363	0,435	0,494	0,544	0,588	0,627	0,664	0,698
HE-M 360	0,274	0,325	0,371	0,446	0,508	0,560	0,605	0,647	0,685	0,720
HE-M 400	0,281	0,335	0,384	0,466	0,533	0,590	0,639	0,684	0,725	0,763
HE-M 450	0,287	0,346	0,398	0,488	0,561	0,624	0,678	0,727	0,771	0,812
HE-M 500	0,294	0,355	0,411	0,508	0,588	0,656	0,715	0,768	0,816	0,860
HE-M 550	0,299	0,363	0,422	0,525	0,611	0,685	0,749	0,807	0,858	0,906
HE-M 600	0,305	0,371	0,433	0,542	0,635	0,714	0,784	0,845	0,901	0,952
HE-M 650	0,309	0,378	0,442	0,556	0,655	0,740	0,814	0,881	0,940	0,995
HE-M 700	0,314	0,385	0,451	0,571	0,675	0,765	0,845	0,916	0,979	1,038
HE-M 800	0,323	0,397	0,467	0,596	0,710	0,810	0,899	0,978	1,049	1,115
HE-M 900	0,330	0,407	0,481	0,618	0,741	0,850	0,947	1,035	1,114	1,186
HE-M 1000	0,337	0,416	0,493	0,636	0,767	0,884	0,990	1,086	1,173	1,252

HE-M	**Bauteil beansprucht auf Biegung**
Fe 360	**Biegedrillknicken - Grenzwert**

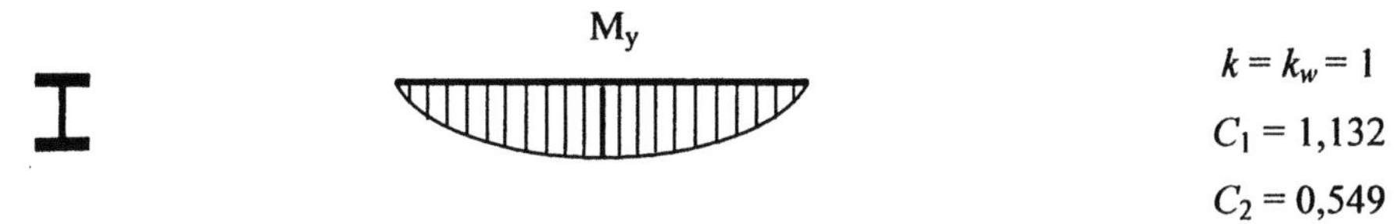

$$M_y$$

$$k = k_w = 1$$
$$C_1 = 1,132$$
$$C_2 = 0,549$$

Tabelle 6.16.1 Grenzwerte gegen Biegedrillknicken für Walzprofile der Reihe HE-M

Stahl Fe 360 mit: $f_y = 235$ N/mm^2										$\gamma_{M1} = 1,1$
QKl 1, 2					$M_{b,Rd}$ [kNm]					
Profil					Stablänge L [m]					
	2,00	2,50	3,00	4,00	5,00	6,00	7,00	8,00	9,00	10,0
HE-M 100	47,99	47,38	46,79	45,64	44,48	43,29	42,06	40,79	39,48	38,15
HE-M 120		70,55	69,67	67,99	66,31	64,59	62,81	60,98	59,11	57,19
HE-M 140		99,47	98,24	95,89	93,58	91,23	88,81	86,33	83,78	81,18
HE-M 160		136,4	134,8	131,7	128,6	125,6	122,5	119,3	116,1	112,7
HE-M 180		179,0	176,8	172,7	168,8	164,9	161,0	157,0	152,8	148,6
HE-M 200		230,9	228,1	222,9	218,0	213,1	208,2	203,3	198,2	193,0
HE-M 220			286,1	279,6	273,4	267,5	261,5	255,4	249,3	243,0
HE-M 240		428,8	425,3	418,6	412,0	405,3	398,6	391,7	384,6	377,4
HE-M 260				505,5	496,3	487,6	479,0	470,4	461,8	453,0
HE-M 280				595,2	584,1	573,7	563,5	553,4	543,2	532,9
HE-M 300				826,2	812,9	800,5	788,6	776,9	765,2	753,5
HE-M 320				896,6	881,5	867,3	853,7	840,3	826,9	813,5
HE-M 340				950,8	933,5	917,4	901,7	886,3	870,8	855,3
HE-M 360				1002	982,6	964,2	946,4	928,7	911,0	893,1
HE-M 400				1112	1087	1064	1041	1018	994,8	971,6
HE-M 450				1255	1223	1191	1160	1129	1098	1067
HE-M 500			1440	1397	1356	1315	1274	1233	1192	1151
HE-M 550			1605	1553	1501	1448	1395	1342	1289	1237
HE-M 600			1769	1707	1642	1576	1509	1441	1374	1310
HE-M 650			1942	1869	1791	1709	1624	1540	1458	1380
HE-M 700			2114	2028	1934	1835	1732	1629	1531	1439
HE-M 800			2492	2378	2249	2107	1960	1817	1684	1564
HE-M 900		2934	2869	2724	2554	2363	2166	1978	1809	1662
HE-M 1000		3357	3280	3100	2882	2634	2380	2144	1938	1762

IPE	Bauteil beansprucht auf Biegung
Fe 360	Biegedrillknicken - bezogener Schlankheitsgrad

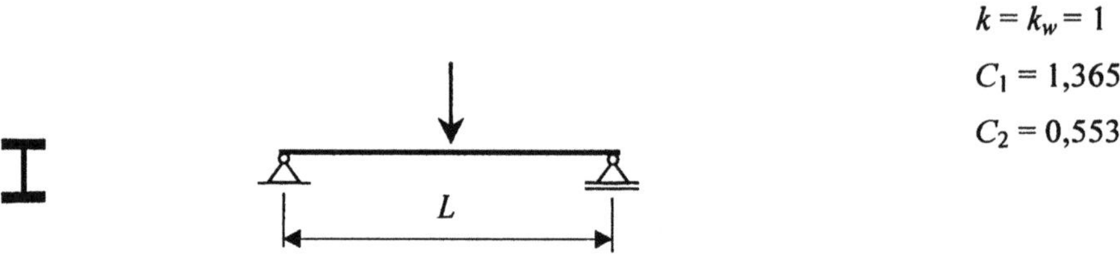

$k = k_w = 1$

$C_1 = 1{,}365$

$C_2 = 0{,}553$

Tabelle 6.17 Bezogener Schlankheitsgrad für Walzprofile der Reihe IPE, Einzellast

Stahl Fe 360 mit: $f_y = 235$ N/mm^2

QKl 1, 2	$\overline{\lambda}_{LT}$									
Profil	Stablänge L [m]									
	2,00	2,50	3,00	4,00	5,00	6,00	7,00	8,00	9,00	10,0
IPE 80	0,957	1,061	1,154	1,319	1,465	1,596	1,718	1,831	1,937	2,038
IPE 100	0,935	1,040	1,132	1,293	1,435	1,562	1,680	1,790	1,893	1,990
IPE 120	0,922	1,032	1,126	1,289	1,429	1,556	1,671	1,779	1,881	1,977
IPE 140	0,896	1,011	1,109	1,274	1,414	1,539	1,653	1,759	1,858	1,952
IPE 160	0,856	0,973	1,072	1,237	1,375	1,497	1,608	1,711	1,807	1,898
IPE 180	0,818	0,940	1,043	1,211	1,351	1,472	1,582	1,683	1,778	1,867
IPE 200	0,776	0,897	0,999	1,166	1,303	1,422	1,528	1,626	1,718	1,804
IPE 220	0,731	0,854	0,958	1,128	1,267	1,385	1,491	1,587	1,677	1,761
IPE 240	0,688	0,808	0,910	1,078	1,213	1,329	1,432	1,525	1,612	1,693
IPE 270	0,640	0,761	0,868	1,046	1,189	1,310	1,417	1,512	1,600	1,681
IPE 300	0,592	0,712	0,820	1,003	1,152	1,278	1,388	1,486	1,575	1,657
IPE 330	0,564	0,680	0,785	0,966	1,114	1,240	1,349	1,445	1,533	1,614
IPE 360	0,534	0,647	0,751	0,930	1,079	1,206	1,316	1,413	1,501	1,582
IPE 400	0,513	0,624	0,726	0,905	1,055	1,182	1,293	1,391	1,479	1,560
IPE 450	0,494	0,604	0,705	0,887	1,041	1,174	1,289	1,391	1,483	1,567
IPE 500	0,474	0,581	0,681	0,862	1,017	1,152	1,270	1,375	1,469	1,554
IPE 550	0,458	0,561	0,659	0,837	0,991	1,125	1,243	1,348	1,441	1,527
IPE 600	0,438	0,539	0,634	0,808	0,961	1,095	1,213	1,317	1,412	1,497

IPE	Bauteil beansprucht auf Biegung
Fe 360	Biegedrillknicken - Grenzwert

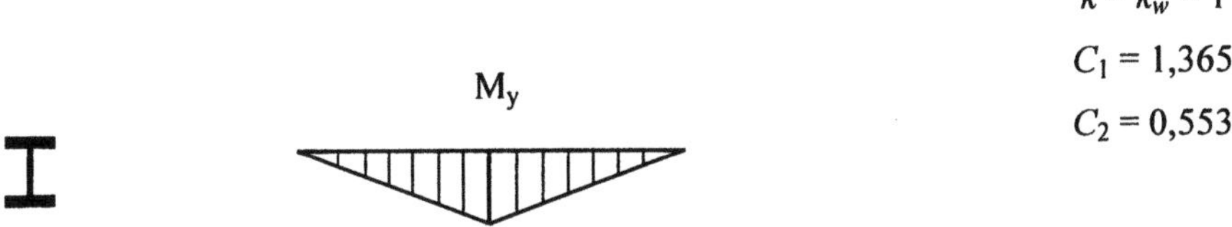

Tabelle 6.17.1 Grenzwert gegen Biegedrillknicken für Walzprofile der Reihe IPE, Einzellast

Stahl Fe 360 mit: $f_y = 235$ N/mm^2										$\gamma_{M1} = 1,1$
QKl 1, 2	$M_{b,Rd}$ [kNm]									
Profil	Stablänge L [m]									
	2,00	2,50	3,00	4,00	5,00	6,00	7,00	8,00	9,00	10,0
IPE 80	3,449	3,088	2,773	2,278	1,922	1,658	1,457	1,299	1,171	1,067
IPE 100	5,979	5,368	4,834	3,990	3,378	2,923	2,574	2,299	2,076	1,893
IPE 120	9,324	8,342	7,496	6,181	5,237	4,538	4,002	3,578	3,236	2,954
IPE 140	13,89	12,41	11,13	9,155	7,757	6,727	5,939	5,316	4,813	4,397
IPE 160	20,19	18,12	16,30	13,44	11,40	9,900	8,751	7,844	7,109	6,501
IPE 180	27,84	25,07	22,54	18,54	15,71	13,63	12,05	10,81	9,803	8,971
IPE 200	38,19	34,74	31,46	26,05	22,13	19,24	17,03	15,29	13,88	12,71
IPE 220	50,69	46,50	42,31	35,12	29,81	25,89	22,91	20,57	18,68	17,12
IPE 240	66,89	62,04	57,02	47,93	40,89	35,62	31,57	28,38	25,80	23,66
IPE 270	90,41	84,49	78,03	65,53	55,51	48,03	42,38	37,98	34,46	31,57
IPE 300	119,8	113,0	105,2	89,04	75,23	64,74	56,86	50,78	45,96	42,04
IPE 330	155,1	147,2	138,1	118,4	100,7	86,81	76,26	68,10	61,63	56,36
IPE 360	198,8	189,6	179,1	155,4	132,8	114,6	100,5	89,62	81,00	74,02
IPE 400	256,9	245,9	233,2	204,0	175,1	151,1	132,4	117,9	106,5	97,18
IPE 450	336,7	323,1	307,3	270,0	231,5	198,8	173,3	153,5	138,0	125,6
IPE 500	436,9	420,5	401,5	355,6	306,3	262,8	228,4	201,7	180,9	164,2
IPE 550	557,8	538,3	515,6	460,8	399,9	344,6	299,7	264,7	237,1	215,1
IPE 600	707,1	684,1	657,7	593,5	519,8	449,9	391,7	345,7	309,3	280,3

HE-A	**Bauteil beansprucht auf Biegung**
Fe 360	**Biegedrillknicken – bezogener Schlankheitsgrad**

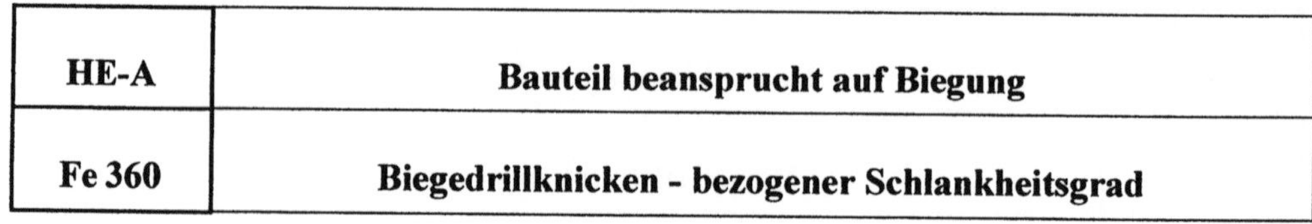

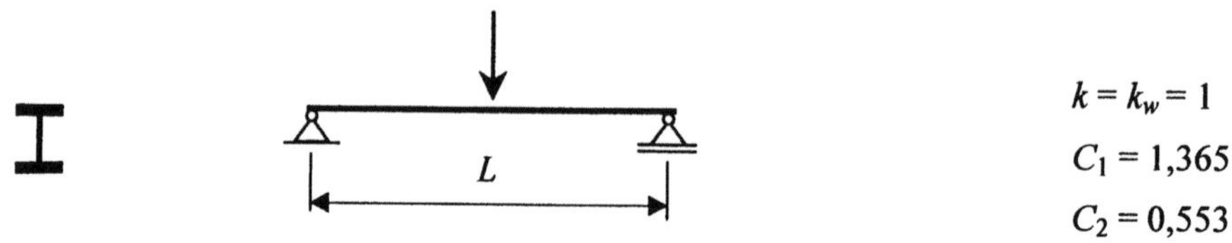

$$k = k_w = 1$$
$$C_1 = 1{,}365$$
$$C_2 = 0{,}553$$

Tabelle 6.18 Bezogener Schlankheitsgrad für Walzprofile der Reihe HE-A, Einzellast

Stahl Fe 360 mit: $f_y = 235$ N/mm²

QKl 1, 2	$\overline{\lambda}_{LT}$									
Profil	Stablänge L [m]									
	2,00	2,50	3,00	4,00	5,00	6,00	7,00	8,00	9,00	10,0
HE-A 100	0,554	0,619	0,675	0,772	0,856	0,931	1,000	1,065	1,125	1,183
HE-A 120	0,547	0,622	0,684	0,789	0,876	0,954	1,024	1,089	1,151	1,208
HE-A 140	0,517	0,597	0,664	0,775	0,865	0,944	1,014	1,079	1,139	1,196
HE-A 160	0,478	0,558	0,627	0,738	0,829	0,907	0,976	1,039	1,097	1,152
HE-A 180	0,446	0,529	0,601	0,721	0,818	0,900	0,972	1,036	1,096	1,151
HE-A 200	0,412	0,493	0,564	0,683	0,780	0,862	0,933	0,997	1,055	1,109
HE-A 220	0,381	0,459	0,530	0,650	0,749	0,832	0,904	0,968	1,027	1,080
HE-A 240	0,354	0,428	0,495	0,612	0,709	0,790	0,861	0,924	0,981	1,033
HE-A 260	0,331	0,403	0,469	0,584	0,682	0,765	0,836	0,900	0,957	1,010
HE-A 280	0,310	0,379	0,444	0,559	0,658	0,743	0,817	0,883	0,942	0,996
HE-A 300	0,291	0,357	0,418	0,529	0,625	0,708	0,781	0,845	0,902	0,955
HE-A 320	0,291	0,356	0,418	0,529	0,624	0,707	0,779	0,843	0,901	0,953
HE-A 340	0,292	0,357	0,419	0,530	0,627	0,710	0,783	0,848	0,906	0,959
HE-A 360	0,292	0,358	0,420	0,533	0,630	0,714	0,788	0,854	0,912	0,966
HE-A 400	0,295	0,362	0,425	0,539	0,639	0,726	0,802	0,869	0,930	0,985
HE-A 450	0,296	0,364	0,428	0,546	0,648	0,738	0,817	0,888	0,951	1,008
HE-A 500	0,298	0,366	0,431	0,551	0,656	0,749	0,830	0,903	0,968	1,028
HE-A 550	0,301	0,370	0,437	0,560	0,670	0,767	0,852	0,929	0,998	1,061
HE-A 600	0,304	0,374	0,442	0,569	0,682	0,783	0,873	0,953	1,025	1,091
HE-A 650	0,306	0,378	0,447	0,576	0,693	0,797	0,890	0,974	1,050	1,119
HE-A 700	0,310	0,383	0,453	0,585	0,704	0,811	0,907	0,994	1,072	1,144
HE-A 800	0,316	0,392	0,464	0,602	0,728	0,842	0,945	1,039	1,124	1,202
HE-A 900	0,321	0,398	0,472	0,613	0,744	0,863	0,971	1,069	1,159	1,241
HE-A 1000	0,326	0,405	0,481	0,627	0,762	0,887	1,002	1,107	1,203	1,291

HE-A	**Bauteil beansprucht auf Biegung**
Fe 360	**Biegedrillknicken - Grenzwert**

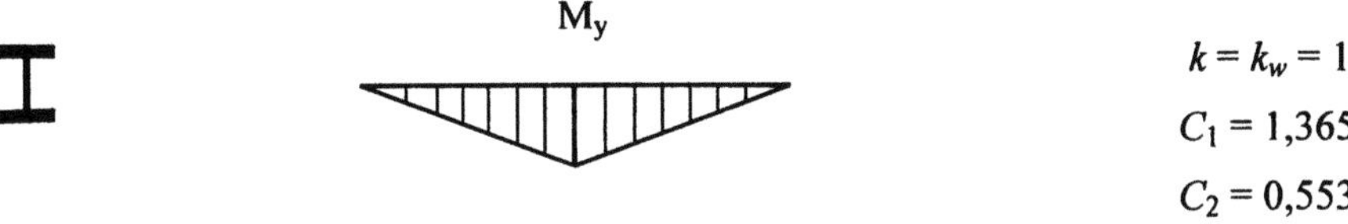

$$k = k_w = 1$$
$$C_1 = 1,365$$
$$C_2 = 0,553$$

Tabelle 6.18.1 Grenzwerte gegen Biegedrillknicken für Walzprofile der Reihe HE-A, Einzellast

Stahl Fe 360 mit: $f_y = 235$ N/mm²									$\gamma_{M1} = 1,1$	
QKl 1, 2	$M_{b,Rd}$ [kNm]									
Profil	**Stablänge L [m]**									
	2,00	2,50	3,00	4,00	5,00	6,00	7,00	8,00	9,00	10,0
HE-A 100	16,07	15,65	15,23	14,38	13,52	12,65	11,80	11,00	10,26	9,594
HE-A 120	23,11	22,41	21,73	20,39	19,05	17,74	16,49	15,34	14,29	13,34
HE-A 140	33,97	32,94	31,93	29,93	27,96	26,04	24,23	22,56	21,04	19,67
HE-A 160	48,73	47,38	46,04	43,39	40,76	38,19	35,73	33,42	31,30	29,36
HE-A 180	65,29	63,54	61,76	58,15	54,52	50,96	47,58	44,44	41,57	38,98
HE-A 200	87,03	84,92	82,78	78,40	73,94	69,51	65,23	61,20	57,46	54,04
HE-A 220		113,6	111,0	105,6	100,0	94,30	88,75	83,46	78,52	73,96
HE-A 240		150,5	147,3	140,9	134,3	127,5	120,8	114,3	108,1	102,3
HE-A 260		187,1	183,5	176,1	168,3	160,2	152,2	144,2	136,6	129,5
HE-A 280			223,5	214,9	205,9	196,3	186,6	177,0	167,7	158,9
HE-A 300			280,1	270,3	260,0	249,3	238,3	227,2	216,4	205,9
HE-A 320			329,7	318,3	306,3	293,7	280,8	267,8	255,1	242,8
HE-A 340			374,6	361,5	347,6	333,1	318,2	303,3	288,6	274,4
HE-A 360			422,6	407,6	391,8	375,1	357,9	340,7	323,8	307,5
HE-A 400			517,9	498,9	478,7	457,2	434,9	412,5	390,7	369,9
HE-A 450			649,4	624,9	598,2	569,6	539,8	509,8	480,8	453,4
HE-A 500			796,7	765,8	731,8	694,9	656,3	617,5	580,2	545,2
HE-A 550			930,9	893,1	850,7	804,0	754,8	705,5	658,5	615,2
HE-A 600			1076	1030	978,4	920,6	859,2	798,1	740,4	687,9
HE-A 650			1232	1178	1116	1045	970,3	896,1	826,7	764,5
HE-A 700			1409	1346	1271	1186	1095	1006	924,0	851,1
HE-A 800			1738	1653	1551	1433	1307	1186	1077	982,4
HE-A 900			2154	2044	1908	1751	1584	1425	1285	1165
HE-A 1000		2607	2548	2410	2237	2034	1820	1621	1448	1303

HE-B	Bauteil beansprucht auf Biegung
Fe 360	Biegedrillknicken - bezogener Schlankheitsgrad

$$k = k_w = 1$$
$$C_1 = 1,365$$
$$C_2 = 0,553$$

Tabelle 6.19 Bezogener Schlankheitsgrad für Walzprofile der Reihe HE-B, Einzellast

Stahl Fe 360 mit: $f_y = 235$ N/mm^2

QKl 1, 2	$\overline{\lambda}_{LT}$									
Profil	Stablänge L [m]									
	2,00	2,50	3,00	4,00	5,00	6,00	7,00	8,00	9,00	10,0
HE-B 100	0,510	0,568	0,618	0,706	0,783	0,852	0,915	0,974	1,030	1,083
HE-B 120	0,492	0,553	0,605	0,693	0,768	0,835	0,897	0,954	1,008	1,059
HE-B 140	0,468	0,532	0,586	0,676	0,751	0,817	0,877	0,933	0,985	1,034
HE-B 160	0,437	0,502	0,556	0,645	0,719	0,783	0,841	0,894	0,944	0,991
HE-B 180	0,411	0,478	0,534	0,626	0,701	0,766	0,823	0,876	0,925	0,971
HE-B 200	0,385	0,451	0,508	0,601	0,676	0,740	0,797	0,848	0,896	0,941
HE-B 220	0,360	0,427	0,485	0,580	0,657	0,722	0,779	0,830	0,877	0,922
HE-B 240	0,338	0,403	0,460	0,555	0,632	0,697	0,754	0,805	0,851	0,894
HE-B 260	0,319	0,383	0,440	0,538	0,617	0,684	0,742	0,793	0,841	0,884
HE-B 280	0,301	0,364	0,421	0,520	0,602	0,671	0,731	0,784	0,832	0,877
HE-B 300	0,284	0,344	0,400	0,497	0,578	0,647	0,707	0,759	0,807	0,851
HE-B 320	0,284	0,345	0,400	0,498	0,579	0,648	0,708	0,761	0,809	0,853
HE-B 340	0,285	0,346	0,403	0,502	0,584	0,655	0,716	0,770	0,818	0,863
HE-B 360	0,286	0,348	0,405	0,505	0,589	0,661	0,723	0,778	0,827	0,872
HE-B 400	0,289	0,352	0,411	0,514	0,601	0,676	0,740	0,798	0,849	0,896
HE-B 450	0,291	0,356	0,416	0,523	0,614	0,692	0,760	0,820	0,874	0,924
HE-B 500	0,294	0,359	0,421	0,531	0,625	0,706	0,777	0,840	0,896	0,947
HE-B 550	0,297	0,364	0,427	0,542	0,641	0,727	0,802	0,868	0,928	0,983
HE-B 600	0,300	0,369	0,434	0,552	0,655	0,745	0,824	0,894	0,958	1,015
HE-B 650	0,303	0,373	0,439	0,561	0,668	0,762	0,844	0,918	0,984	1,045
HE-B 700	0,307	0,378	0,445	0,570	0,680	0,777	0,863	0,940	1,009	1,072
HE-B 800	0,314	0,387	0,457	0,588	0,706	0,811	0,904	0,988	1,063	1,132
HE-B 900	0,319	0,394	0,466	0,601	0,724	0,834	0,933	1,022	1,102	1,175
HE-B 1000	0,324	0,401	0,475	0,616	0,744	0,860	0,966	1,061	1,147	1,226

HE-B	**Bauteil beansprucht auf Biegung**
Fe 360	**Biegedrillknicken - Grenzwert**

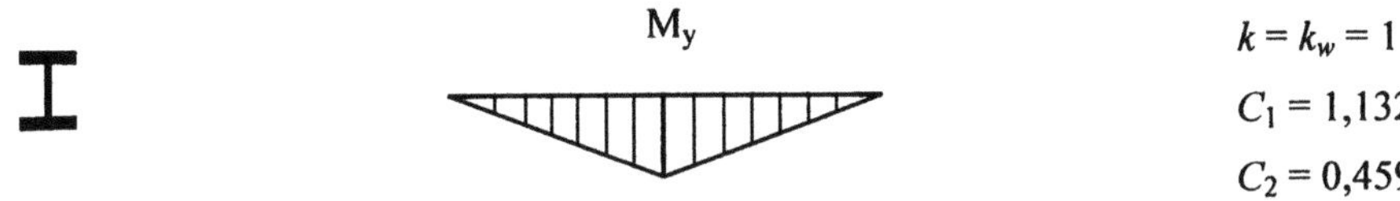

M_y

$k = k_w = 1$

$C_1 = 1{,}132$

$C_2 = 0{,}459$

Tabelle 6.19.1 Grenzwerte gegen Biegedrillknicken für Walzprofile der Reihe HE-B, Einzellast

Stahl Fe 360 mit: $f_y = 235$ N/mm^2										$\gamma_{M1} = 1{,}1$

QKl 1, 2	$M_{b,Rd}$ [kNm]									
Profil	Stablänge L [m]									
	2,00	2,50	3,00	4,00	5,00	6,00	7,00	8,00	9,00	10,0
HE-B 100	20,46	20,03	19,62	18,77	17,90	16,99	16,08	15,18	14,32	13,50
HE-B 120	32,66	31,97	31,31	30,00	28,68	27,32	25,95	24,59	23,27	22,01
HE-B 140	48,88	47,84	46,85	44,96	43,06	41,14	39,20	37,27	35,39	33,58
HE-B 160	71,29	69,85	68,51	65,95	63,43	60,90	58,35	55,79	53,25	50,79
HE-B 180	97,60	95,67	93,85	90,40	87,06	83,72	80,38	77,03	73,71	70,47
HE-B 200		129,0	126,6	122,2	118,0	113,8	109,6	105,4	101,2	97,07
HE-B 220		167,1	164,1	158,6	153,2	147,9	142,7	137,5	132,3	127,1
HE-B 240		214,2	210,6	203,9	197,4	191,0	184,7	178,4	172,1	165,9
HE-B 260			258,2	250,0	242,1	234,4	226,7	219,1	211,5	204,0
HE-B 280			310,4	300,8	291,4	282,1	272,9	263,7	254,5	245,5
HE-B 300			380,4	369,4	358,6	347,9	337,2	326,6	316,1	305,6
HE-B 320			437,4	424,6	412,1	399,8	387,5	375,2	363,0	350,9
HE-B 340			489,8	475,2	460,8	446,5	432,3	418,0	403,9	389,9
HE-B 360			545,4	528,9	512,5	496,1	479,7	463,3	447,1	431,0
HE-B 400			655,9	635,2	614,2	593,0	571,7	550,4	529,2	508,5
HE-B 450			806,9	780,1	752,5	724,3	695,6	666,9	638,6	611,0
HE-B 500			974,4	940,7	905,5	869,0	831,7	794,4	757,6	722,2
HE-B 550			1129	1088	1044	997,2	949,2	901,1	854,1	809,4
HE-B 600			1295	1246	1191	1133	1073	1012	954,1	899,2
HE-B 650			1473	1414	1349	1277	1203	1129	1058	992,0
HE-B 700			1673	1603	1524	1438	1348	1258	1173	1095
HE-B 800			2048	1955	1847	1725	1598	1473	1358	1255
HE-B 900			2512	2391	2248	2085	1914	1749	1599	1467
HE-B 1000		3023	2957	2805	2622	2410	2188	1977	1790	1630

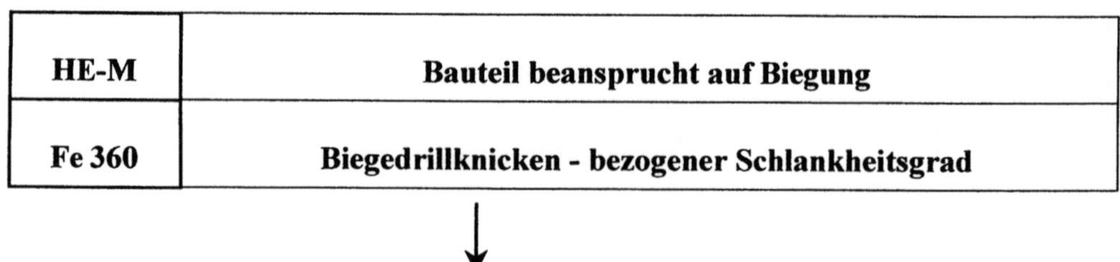

HE-M	**Bauteil beansprucht auf Biegung**
Fe 360	**Biegedrillknicken – bezogener Schlankheitsgrad**

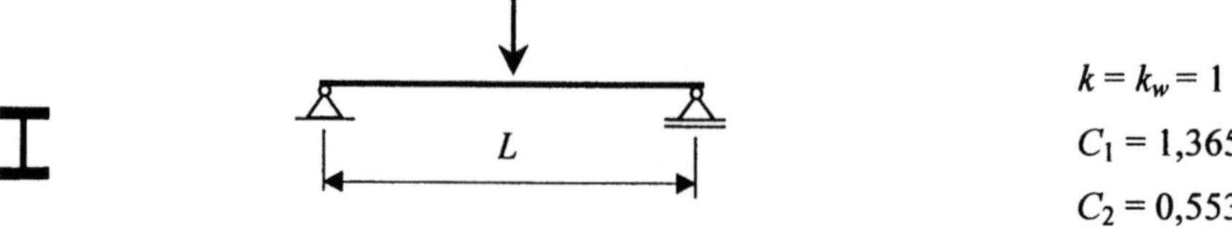

Tabelle 6.20 Bezogener Schlankheitsgrad für Walzprofile der Reihe HE-M, Einzellast

Stahl Fe 360 mit: $f_y = 235$ N/mm²

QKl 1, 2	$\overline{\lambda}_{LT}$									
Profil	Stablänge L [m]									
	2,00	2,50	3,00	4,00	5,00	6,00	7,00	8,00	9,00	10,0
HE-M 100	0,373	0,413	0,449	0,512	0,568	0,619	0,666	0,710	0,751	0,790
HE-M 120	0,371	0,411	0,447	0,510	0,565	0,615	0,661	0,704	0,744	0,782
HE-M 140	0,365	0,407	0,444	0,506	0,561	0,610	0,655	0,697	0,736	0,774
HE-M 160	0,353	0,396	0,433	0,495	0,549	0,596	0,640	0,681	0,719	0,756
HE-M 180	0,343	0,388	0,426	0,490	0,543	0,590	0,634	0,674	0,711	0,747
HE-M 200	0,330	0,376	0,416	0,480	0,534	0,581	0,624	0,663	0,700	0,735
HE-M 220	0,317	0,365	0,406	0,473	0,527	0,575	0,617	0,656	0,693	0,727
HE-M 240	0,369	0,396	0,420	0,464	0,504	0,541	0,576	0,609	0,640	0,670
HE-M 260	0,279	0,324	0,363	0,426	0,477	0,521	0,560	0,596	0,629	0,660
HE-M 280	0,268	0,315	0,355	0,421	0,474	0,519	0,559	0,595	0,628	0,660
HE-M 300	0,249	0,292	0,330	0,391	0,440	0,481	0,518	0,552	0,583	0,612
HE-M 320	0,252	0,297	0,335	0,398	0,449	0,492	0,529	0,564	0,595	0,625
HE-M 340	0,255	0,302	0,342	0,409	0,462	0,507	0,546	0,582	0,615	0,646
HE-M 360	0,259	0,308	0,350	0,419	0,475	0,522	0,563	0,600	0,635	0,666
HE-M 400	0,266	0,318	0,363	0,438	0,499	0,551	0,595	0,636	0,672	0,706
HE-M 450	0,273	0,327	0,376	0,459	0,527	0,583	0,633	0,677	0,717	0,753
HE-M 500	0,279	0,337	0,389	0,479	0,552	0,614	0,668	0,716	0,759	0,799
HE-M 550	0,284	0,344	0,399	0,495	0,575	0,643	0,701	0,753	0,800	0,843
HE-M 600	0,289	0,352	0,410	0,512	0,598	0,671	0,734	0,790	0,840	0,887
HE-M 650	0,293	0,358	0,418	0,526	0,617	0,696	0,764	0,824	0,878	0,928
HE-M 700	0,298	0,365	0,427	0,540	0,637	0,720	0,793	0,858	0,916	0,968
HE-M 800	0,307	0,377	0,443	0,564	0,670	0,763	0,845	0,917	0,983	1,042
HE-M 900	0,314	0,387	0,457	0,585	0,700	0,802	0,892	0,972	1,045	1,111
HE-M 1000	0,320	0,395	0,467	0,603	0,725	0,835	0,933	1,022	1,101	1,174

HE-M	**Bauteil beansprucht auf Biegung**
Fe 360	**Biegedrillknicken - Grenzwert**

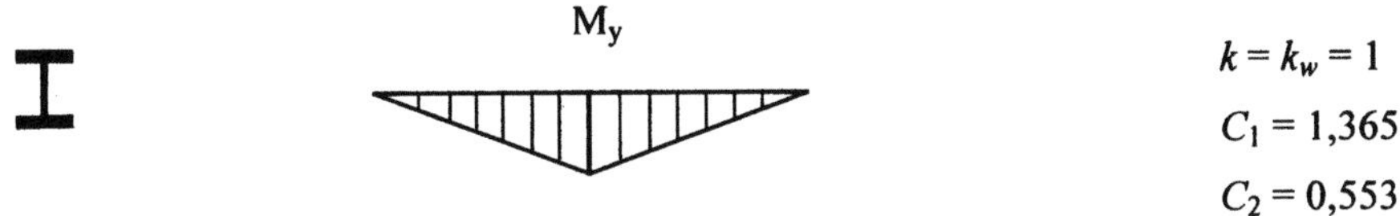

Tabelle 6.20.1 Grenzwerte gegen Biegedrillknicken für Walzprofile der Reihe HE-M, Einzellast

Stahl Fe 360 mit: $f_y = 235$ N/mm²										$\gamma_{M1} = 1{,}1$
QKl 1, 2	$M_{b,Rd}$ [kNm]									
Profil	Stablänge L [m]									
	2,00	2,50	3,00	4,00	5,00	6,00	7,00	8,00	9,00	10,0
HE-M 100		47,86	47,36	46,40	45,45	44,50	43,51	42,50	41,46	40,40
HE-M 120		71,22	70,48	69,07	67,69	66,31	64,89	63,44	61,94	60,41
HE-M 140		100,4	99,30	97,34	95,44	93,54	91,61	89,63	87,60	85,53
HE-M 160			136,1	133,5	131,0	128,5	126,0	123,5	120,9	118,3
HE-M 180			178,4	175,0	171,7	168,6	165,4	162,2	158,9	155,5
HE-M 200			230,0	225,6	221,5	217,5	213,6	209,6	205,6	201,4
HE-M 220			288,4	282,7	277,6	272,7	267,8	262,9	258,0	253,0
HE-M 240			428,5	422,9	417,4	412,0	406,5	400,9	395,3	389,5
HE-M 260				510,0	502,1	494,8	487,7	480,7	473,8	466,8
HE-M 280				600,2	590,7	581,8	573,4	565,1	556,9	548,7
HE-M 300					820,7	810,2	800,2	790,5	781,0	771,5
HE-M 320					890,2	878,2	866,8	855,8	844,9	834,0
HE-M 340				958,1	943,2	929,5	916,4	903,8	891,2	878,7
HE-M 360				1010	993,2	977,7	962,9	948,4	934,1	919,7
HE-M 400				1122	1100	1080	1061	1043	1024	1005
HE-M 450				1267	1239	1212	1186	1161	1136	1111
HE-M 500				1411	1375	1340	1307	1273	1240	1207
HE-M 550				1569	1524	1480	1436	1392	1349	1306
HE-M 600			1781	1725	1670	1614	1558	1502	1446	1392
HE-M 650			1956	1890	1822	1753	1683	1613	1543	1476
HE-M 700			2129	2052	1971	1887	1800	1714	1629	1548
HE-M 800			2511	2409	2298	2177	2052	1927	1808	1698
HE-M 900			2892	2763	2615	2452	2281	2113	1957	1816
HE-M 1000			3306	3146	2958	2744	2519	2303	2106	1934

6.3.2 Anwendung der Tabellen zur Vorbemessung von Trägern

Beispiel 1, Stütze mit mittiger Druckbeanspruchung
- Stablänge

  $L = 8,00$ m
- Beanspruchung

  $N = 2300$ kN
- Gesucht: Stützenprofil

  $N_{b,Rd} \geq 2300$ kNm

  Auswahl nach Tabelle 6.11.1 $\Rightarrow$ Profil HEB 500
- Bezogener Schlankheitsgrad

  $\bar{\lambda}_{min} = 1,17$
- Grenzwert gegen Knicken

  $N_{b,Rd} = 2520$ kNm
- Nachweis

  $N_{Sd} \leq N_{b,Rd}$, $2300 \leq 2520$

Beispiel 2

Träger belastet mit einer Streckenlast über die gesamte Länge, Gabellagerung an beiden Enden, Lastangriff im Schubmittelpunkt.
- Stablänge

  $L = 6,00$ m
- Einwirkung:

  $Q + G = 16\,k$N/m
- Beanspruchung

  $M_{Sd} = (Q+G) \cdot L^2 / 8 = 16 \cdot 6^2 / 8 = 72$ kNm
- Werkstoff: Stahl Fe 360
- Gesucht: Stützenprofil

  $M_{b,Rd} \geq 72$ kNm

  Auswahl nach Tabelle 6.13.1 $\Rightarrow$ Profil IPE 330
- Grenzwert gegen Biegedrillknicken

  $M_{b,Rd} = 78,4$ kNm
- Nachweis:

  $M_{Sd} = 72,0 \leq M_{b,Rd} = 78,4$

7 Hilfstabellen für Schraubenverbindungen

Tabelle 7.1 Grenzzugkraft je Stahlbauschraube

Schraube:		M12	M16	M20	M22	M24	M27	M30	M36
Spannungsquerschnitt: A_S [cm²]		0,843	1,57	2,45	3,03	3,53	4,59	5,61	8,17
		Charakteristischer Wert [kN]							
	FK	$F_t = 0{,}9 \cdot A_S \cdot f_{ub}$							
	4.6	30,35	56,52	88,20	109,1	127,1	165,2	202,0	294,1
	5.6	37,94	70,65	110,3	136,4	158,9	206,6	252,5	367,7
	8.8	60,70	113,0	176,4	218,2	254,2	330,5	403,9	588,2
	10.9	75,87	141,3	220,5	272,7	317,7	413,1	504,9	735,3
		Bemessungswert [kN]							
	FK	$F_{t,Rd} = 0{,}9 \cdot A_S \cdot f_{ub} / \gamma_{Mb}$						$\gamma_{Mb}=1{,}25$	
	4.6	24,28	45,22	70,56	87,26	101,7	132,2	161,6	235,3
	5.6	30,35	56,52	88,20	109,1	127,1	165,2	202,0	294,1
	8.8	48,56	90,43	141,1	174,5	203,3	264,4	323,1	470,6
	10.9	60,70	113,0	176,4	218,2	254,2	330,5	403,9	588,2

Erläuterungen:

$f_{u,b}$ = Zugfestigkeit der Schraube nach Tabelle 2.14

γ_{Mb} = Teilsicherheitsfaktor nach Tabelle 2.6

Tabelle 7.2 Grenzabscherkraft je Schraube und Scherfuge

Schraube:	M12	M16	M20	M22	M24	M27	M30	M36
Schaftquerschnitt: A [cm²]	1,131	2,01	3,14	3,80	4,52	5,73	7,07	10,18

Scherfuge im Schaft — Charakteristischer Wert [kN]

$F_v = \alpha_a \cdot A \cdot f_{u,b}$

α_a	FK	M12	M16	M20	M22	M24	M27	M30	M36
	4.6	27,14	48,24	75,36	91,20	108,5	137,5	169,7	244,3
0,6	5.6	33,93	60,30	94,20	114,0	135,6	171,9	212,1	305,4
	8.8	54,29	96,48	150,7	182,4	217,0	275,0	339,4	488,6
	10.9	67,86	120,6	188,4	228,0	271,2	343,8	424,2	610,8

Bemessungswert [kN]

$F_{v,Rd} = \alpha_a \cdot A \cdot f_{u,b} / \gamma_{Mb}$ $\gamma_{Mb} = 1{,}25$

α_a	FK	M12	M16	M20	M22	M24	M27	M30	M36
	4.6	21,72	38,59	60,29	72,96	86,78	110,0	135,7	195,5
0,6	5.6	27,14	48,24	75,36	91,20	108,5	137,5	169,7	244,3
	8.8	43,43	77,18	120,6	145,9	173,6	220,0	271,5	390,9
	10.9	54,29	96,48	150,7	182,4	217,0	275,0	339,4	488,6

Schraube:	M12	M16	M20	M22	M24	M27	M30	M36
Spannungsquerschnitt: A_S [cm²]	0,843	1,57	2,45	3,03	3,53	4,59	5,61	8,17

Scherfuge im Gewinde — Charakteristischer Wert [kN]

$F_v = \alpha_a \cdot A_S \cdot f_{u,b}$

α_a	FK	M12	M16	M20	M22	M24	M27	M30	M36
0,6	4.6	20,23	37,68	58,80	72,72	84,72	110,2	134,6	196,1
0,6	5.6	25,29	47,10	73,50	90,90	105,9	137,7	168,3	245,1
0,6	8.8	40,46	75,36	117,6	145,4	169,4	220,3	269,3	392,2
0,5	10.9	42,15	78,50	122,5	151,5	176,5	229,5	280,5	408,5

Bemessungswert [kN]

$F_{v,Rd} = \alpha_a \cdot A_S \cdot f_{u,b} / \gamma_{Mb}$ $\gamma_{Mb} = 1{,}25$

α_a	FK	M12	M16	M20	M22	M24	M27	M30	M36
0,6	4.6	16,19	30,14	47,04	58,18	67,78	88,13	107,7	156,9
0,6	5.6	20,23	37,68	58,80	72,72	84,72	110,2	134,6	196,1
0,6	8.8	32,37	60,29	94,08	116,4	135,6	176,3	215,4	313,7
0,5	10.9	33,72	62,80	98,0	121,2	141,2	183,6	224,4	326,8

Tabelle 7.3 Grenzabscherkräfte je Passschraube und Scherfuge

Passschraube:			M12	M16	M20	M22	M24	M27	M30	M36
Schaftquerschnitt: A [cm²]			1,327	2,27	3,46	4,15	4,91	6,16	7,55	10,75
Scherfuge im Schaft			Charakteristischer Wert [kN]							
	α_a	FK	$F_v = \alpha_a \cdot A_S \cdot f_{u,b}$							
	0,6	4.6	31,85	54,48	83,04	99,60	117,8	147,8	181,2	258,0
		5.6	39,81	68,10	103,8	124,5	147,3	184,8	226,5	322,5
		8.8	63,70	109,0	166,1	199,2	235,7	295,7	362,4	516,0
		10.9	79,62	136,2	207,6	249,0	294,6	369,6	453,0	645,0
			Bemessungswert [kN]							
	α_a	FK	$F_{v,Rd} = \alpha_a \cdot A \cdot f_{u,b}/\gamma_{Mb}$						$\gamma_{Mb}=1{,}25$	
	0,6	4.6	25,48	43,58	66,43	79,68	94,27	118,3	145,0	206,4
		5.6	31,85	54,48	83,04	99,60	117,8	147,8	181,2	258,0
		8.8	50,96	87,17	132,9	159,4	188,5	236,5	289,9	412,8
		10.9	63,70	109,0	166,1	199,2	235,7	295,7	362,4	516,0

Tabelle 7.4 Grenzdurchstanzkraft des Schraubenkopfes oder der Mutter von Stahlbauschrauben

Schraube:		M12	M16	M20	M22	M24	M27	M30	
e = [mm]		19,85	26,17	32,95	37,29	39,55	45,2	50,85	
s = [mm]		18	24	30	34	36	41	46	
dm = [mm]		18,9	25,1	31,5	35,6	37,8	43,1	48,4	
		Charakteristischer Wert [kN]							
	Stahl	$B_p = 0{,}6 \cdot \pi \cdot d_m \cdot t_p \cdot f_u$							
	Fe 360	128,4	170,1	213,5	241,8	256,2	292,3	328,4	
	Fe 430	153,3	203,2	255,0	288,8	306,0	349,2	392,3	
	Fe 510	181,8	241,0	302,4	342,5	363,0	414,1	465,3	
		Bemessungswert [kN]							
	Stahl	$B_{p,Rd} = 0{,}6 \cdot \pi \cdot d_m \cdot t_p \cdot f_u/\gamma_{Mb}$						$\gamma_{Mb}=1{,}25$	
	Fe 360	102,7	136,1	170,8	193,4	205,0	233,9	262,8	
	Fe 430	122,7	162,6	204,0	231,0	244,8	279,3	313,8	
	Fe 510	145,5	192,8	241,9	274,0	290,4	331,3	372,2	

$t = 10$ mm

Tabelle 7.5 Grenzlochleibungskräfte für SL-, SLV- und GV-Verbindungen **Fe 360**

Lochabstand p_1:

$$\alpha = \frac{p_1}{3 \cdot d_o} - \frac{1}{4} \leq 1$$

$$F_{b,Rd} = 2{,}5 \cdot \alpha \cdot d \cdot 10 \cdot \frac{360}{1{,}25} \cdot \frac{1}{1000} \ [kN]$$

$e_2 \geq 1{,}5 \, d_0$

$p_2 \geq 3 \, d_0$

mm	M12	M16	M20	M22	M24	M27	M30	M36
	$d=12$	16	20	22	24	27	30	36
	$d_0=13$	18	22	24	26	30	33	39
30	44,86							
35	55,94							
40	67,02	56,53						
45	78,09	67,20						
50	86,40	77,87	73,09					
55	86,40	88,53	84,00	81,4				
60	"	99,20	94,91	92,4	89,7			
65		109,9	105,8	103,4	100,8			
70		115,2	116,7	114,4	111,9	102,6		
75		115,2	127,6	125,4	123,0	113,4	109,6	
80		"	138,5	136,4	134,0	124,2	120,5	
85			144,0	147,4	145,1	135,0	131,5	
90			144,0	158,4	156,2	145,8	142,4	134,6
95			"	158,4	167,3	156,6	153,3	145,7
100				"	172,8	167,4	164,2	156,7
105					172,8	178,2	175,1	167,8
110					"	189,0	186,0	178,9
115						194,4	196,9	190,0
120						194,4	207,8	201,0
125						"	216,0	223,2
130							216,0	234,3
140							"	245,4
150								259,2

$t = 10$ mm, Kraftrichtung

Randabstand e_1:

$$\alpha = \frac{e_1}{3 \cdot d_o}$$

mm	M12	M16	M20	M22	M24	M27	M30	M36
20	44,31							
25	55,38	53,33						
30	66,46	64,00	65,45	66,00				
35	77,54	74,67	76,36	77,00	77,54			
40	86,40	85,33	87,27	88,00	88,62	86,40	87,27	
45	86,40	96,00	98,18	99,00	99,69	97,20	98,18	
50	"	106,7	109,1	110,0	110,8	108,0	109,1	110,8
55		115,2	120,0	121,0	121,8	118,8	120,0	121,8
60		115,2	130,9	132,0	132,9	129,6	130,9	132,9
65		"	141,8	143,0	144,0	140,4	141,8	144,0
70			144,0	154,0	155,1	151,2	152,7	155,1
75			144,0	158,4	166,2	162,0	163,6	166,2
80			"	158,4	172,8	172,8	174,5	177,2
85				"	172,8	183,6	185,5	188,3
90					"	194,4	196,4	199,4
95						194,4	207,3	210,5
100						"	216,0	221,5
105							216,0	232,6
110							"	243,7
115								254,8
120								259,2
125								259,2

$t = 10$ mm

Tabelle 7.6 Grenzlochleibungskräfte für SLP-, SLVP- und GVP-Verbindungen   **Fe 360**

$e_2 \geq 1,5\,d_o$

$p_2 \geq 3,0\,d_o$

$$F_{b,Rd} = 2,5 \cdot \alpha \cdot d \cdot 10 \cdot \frac{360}{1,25} \cdot \frac{1}{1000}$$

	mm	M12	M16	M20	M22	M24	M27	M30	M36
		$d=13$	17	21	23	25	28	31	37
		$d_o=13$	17	21	23	25	28	31	37
Lochabstand $p_1 =$	30	48,60							
	35	60,60							
$\alpha = \dfrac{p_1}{3 \cdot d_o} - \dfrac{1}{4} \leq 1$	40	72,60	65,40						
	45	84,60	77,40						
	50	93,60	89,40	82,20					
	55	93,60	101,4	94,20	90,60				
	60	"	113,4	106,2	102,6	99,0			
	65		122,4	118,2	114,6	111,0	105,6		
	70		122,4	130,2	126,6	123,0	117,6	112,2	
	75		"	142,2	138,6	135,0	129,6	124,2	
	80			151,2	150,6	147,0	141,6	136,2	
	85			151,2	162,6	159,0	153,6	148,2	137,4
	90			"	165,6	171,0	165,6	160,2	149,4
	95				165,6	180,0	177,6	172,2	161,4
	100				"	180,0	189,6	184,2	173,4
	105					"	201,6	196,2	185,4
	110						201,6	208,2	197,4
	115						"	220,2	209,4
	120							223,2	221,4
	125							223,2	233,4
	130							"	245,4
	140								266,4
	150								266,4
Randabstand $e_1 =$	20	48,00							
	25	60,00	60,00						
$\alpha = \dfrac{e_1}{3 \cdot d_o}$	30	72,00	72,00	72,00	72,00	72,00			
	35	84,00	84,00	84,00	84,00	84,00	84,00		
	40	93,60	96,00	96,00	96,00	96,00	96,00	96,00	
	45	93,60	108,0	108,0	108,0	108,0	108,0	108,0	108,0
	50	"	120,0	120,0	120,0	120,0	120,0	120,0	120,0
	55		122,4	132,0	132,0	132,0	132,0	132,0	132,0
	60		122,4	144,0	144,0	144,0	144,0	144,0	144,0
	65		"	151,2	156,0	156,0	156,0	156,0	156,0
	70			151,2	165,6	168,0	168,0	168,0	168,0
	75			"	165,6	180,0	180,0	180,0	180,0
	80				"	180,0	192,0	192,0	192,0
	85					"	201,6	204,0	204,0
	90						201,6	216,0	216,0
	95						"	223,2	228,0
	100							223,2	240,0
	105							"	252,0
	110								264,0
	115								266,4
	120								266,4
	125								"

Tabelle 7.7 Grenzlochleibungskräfte für SL-, SLV- und GV-Verbindungen   **Fe 430**

$$F_{b,Rd} = 2{,}5 \cdot \alpha \cdot d \cdot 10 \cdot \frac{430}{1{,}25} \cdot \frac{1}{1000}$$

$e_2 \geq 1{,}5\, d_o$ $p_2 \geq 3{,}0\, d_o$

Lochabstand $p_1 =$ $\alpha = \dfrac{p_1}{3 \cdot d_o} - \dfrac{1}{4} \leq 1$ Kraftrichtung $t = 10$ mm

mm	M12 $d=12$ $d_o=13$	M16 16 18	M20 20 22	M22 22 24	M24 24 26	M27 27 30	M30 30 33	M36 36 39
30	53,58							
35	66,82							
40	80,05	67,53						
45	93,28	80,27						
50	103,2	93,01	87,30					
55	103,2	105,7	100,3	97,2				
60	"	118,5	113,4	110,4	107,2			
65		131,2	126,4	123,5	120,4			
70		137,6	139,4	136,6	133,6	122,6		
75		137,6	152,5	149,8	146,9	135,5	131,0	
80		"	165,5	162,9	160,1	148,4	144,0	
85			172,0	176,1	173,3	161,3	157,0	
90			172,0	189,2	186,6	174,2	170,0	160,8
95			"	189,2	199,8	187,1	183,1	174,0
100				"	206,4	200,0	196,1	187,2
105					206,4	212,9	209,1	200,4
110					"	225,8	222,2	213,7
115						232,2	235,2	226,9
120						232,2	248,2	240,1
125						"	258,0	253,4
130							258,0	266,6
140							"	293,1
150								309,6

Randabstand $e_1 =$ $\alpha = \dfrac{e_1}{3 \cdot d_o}$ Kraftrichtung $t = 10$ mm

mm	M12	M16	M20	M22	M24	M27	M30	M36
20	52,92							
25	66,15	63,70						
30	79,38	76,44	78,18	78,83				
35	92,62	89,19	91,21	91,97	92,62			
40	103,2	101,9	104,2	105,1	105,8	103,2	104,2	
45	103,2	114,7	117,3	118,3	119,1	116,1	117,3	
50	"	127,4	130,3	131,4	132,3	129,0	130,3	132,3
55		137,6	143,3	144,5	145,5	141,9	143,3	145,5
60		137,6	156,4	157,7	158,8	154,8	156,4	158,8
65		"	169,4	170,8	172,0	167,7	169,4	172,0
70			172,0	183,9	185,2	180,6	182,4	185,2
75			172,0	189,2	198,5	193,5	195,5	198,5
80			"	189,2	206,4	206,4	208,5	211,7
85				"	206,4	219,3	221,5	224,9
90					"	232,2	234,5	238,2
95						232,2	247,6	251,4
100						"	258,0	264,6
105							258,0	277,8
110							"	291,1
115								304,3
120								309,6
125								309,6

Tabelle 7.8 Grenzlochleibungskräfte für SLP-, SLVP- und GVP-Verbindungen   **Fe 430**

$$F_{b,Rd} = 2{,}5 \cdot \alpha \cdot d \cdot 10 \cdot \frac{430}{1{,}25} \cdot \frac{1}{1000}$$

$e_2 \ge 1{,}5\,d_o$; $p_2 \ge 3{,}0\,d_o$	mm	Passschrauben (alle Festigkeitsklassen)							
		M12	M16	M20	M22	M24	M27	M30	M36
	$d=13$	13	17	21	23	25	28	31	37
	$d_o=13$	13	17	21	23	25	28	31	37
Lochabstand $p_1=$ $\alpha = \dfrac{p_1}{3 \cdot d_o} - \dfrac{1}{4} \le 1$	30	58,05							
	35	72,38							
	40	86,72	78,12						
	45	101,1	92,45						
	50	111,8	106,8	98,18					
	55	111,8	121,1	112,5	108,2				
	60	"	135,5	126,9	122,6	118,3			
	65		146,2	141,2	136,9	132,6	126,1		
	70		146,2	155,5	151,2	146,9	140,5	134,0	
	75		"	169,9	165,6	161,3	154,8	148,4	
	80			180,6	179,9	175,6	169,1	162,7	
	85			180,6	194,2	189,9	183,5	177,0	164,1
	90			"	197,8	204,3	197,8	191,4	178,5
	95				197,8	215,0	212,1	205,7	192,8
	100				"	215,0	226,5	220,0	207,1
	105					"	240,8	234,4	221,5
	110						240,8	248,7	235,8
	115						"	263,0	250,1
	120							266,6	264,5
	125							266,6	278,8
	130							"	293,1
	140								318,2
	150								318,2
Randabstand $e_1=$ $\alpha = \dfrac{e_1}{3 \cdot d_o}$	20	57,33							
	25	71,67	71,67						
	30	86,00	86,00	86,00	86,00	86,00			
	35	100,3	100,3	100,3	100,3	100,3	100,3		
	40	111,8	114,7	114,7	114,7	114,7	114,7	114,7	
	45	111,8	129,0	129,0	129,0	129,0	129,0	129,0	129,0
	50	"	143,3	143,3	143,3	143,3	143,3	143,3	143,3
	55		146,2	157,7	157,7	157,7	157,7	157,7	157,7
	60		146,2	172,0	172,0	172,0	172,0	172,0	172,0
	65		"	180,6	186,3	186,3	186,3	186,3	186,3
	70			180,6	197,8	200,7	200,7	200,7	200,7
	75			"	197,8	215,0	215,0	215,0	215,0
	80				"	215,0	229,3	229,3	229,3
	85					"	240,8	243,7	243,7
	90						240,8	258,0	258,0
	95						"	266,6	272,3
	100							266,6	286,7
	105							"	301,0
	110								315,3
	115								318,2
	120								318,2
	125								"

Tabelle 7.9 Grenzlochleibungskräfte für SL-, SLV- und GV-Verbindungen　　**Fe 510**

$$e_2 \geq 1,5\, d_o \qquad p_2 \geq 3,0\, d_o$$

$$F_{b,Rd} = 2,5 \cdot \alpha \cdot d \cdot 10 \cdot \frac{510}{1,25} \cdot \frac{1}{1000}\ [\mathrm{kN}]$$

Lochabstand $p_1 =$ ；　$\alpha = \dfrac{p_1}{3 \cdot d_o} - \dfrac{1}{4} \leq 1$ ；　$t = 10$ mm ；　Kraftrichtung

mm	M12 $d=12$ $d_o=13$	M16 16 18	M20 20 22	M22 22 24	M24 24 26	M27 27 30	M30 30 33	M36 36 39
30	63,55							
35	79,25							
40	94,94	80,09						
45	110,6	95,20						
50	122,4	110,3	103,5					
55	122,4	125,4	119,0	115,3				
60	"	140,5	134,5	130,9	127,1			
65		155,6	149,9	146,5	142,8			
70		163,2	165,4	162,1	158,5	145,4		
75		163,2	180,8	177,7	174,2	160,7	155,3	
80		"	196,3	193,2	189,9	176,0	170,8	
85			204,0	208,8	205,6	191,3	186,2	
90			204,0	224,4	221,3	206,6	201,7	190,7
95			"	224,4	237,0	221,9	217,1	206,4
100				"	244,8	237,2	232,6	222,0
105					244,8	252,5	248,0	237,7
110					"	267,8	263,5	253,4
115						275,4	279,0	269,1
120						275,4	294,4	284,8
125						"	306,0	300,5
130							306,0	316,2
140							"	347,6
150								367,2

Randabstand $e_1 =$ ；　$\alpha = \dfrac{e_1}{3 \cdot d_o}$ ；　$t = 10$ mm ；　Kraftrichtung

mm	M12	M16	M20	M22	M24	M27	M30	M36
20	62,77							
25	78,46	75,56						
30	94,15	90,67	92,73	93,50				
35	109,8	105,8	108,2	109,1	109,8			
40	122,4	120,9	123,6	124,7	125,5	122,4	123,6	
45	122,4	136,0	139,1	140,3	141,2	137,7	139,1	
50	"	151,1	154,5	155,8	156,9	153,0	154,5	156,9
55		163,2	170,0	171,4	172,6	168,3	170,0	172,6
60		163,2	185,5	187,0	188,3	183,6	185,5	188,3
65		"	200,9	202,6	204,0	198,9	200,9	204,0
70			204,0	218,2	219,7	214,2	216,4	219,7
75			204,0	224,4	235,4	229,5	231,8	235,4
80			"	224,4	244,8	244,8	247,3	251,1
85				"	244,8	260,1	262,7	266,8
90					"	275,4	278,2	282,5
95						275,4	293,6	298,2
100						"	306,0	313,8
105							306,0	329,5
110							"	345,2
115								360,9
120								367,2
125								367,2

Tabelle 7.10 Grenzlochleibungskräfte für SLP-, SLVP- und GVP-Verbindungen   **Fe 510**

$e_2 \geq 1,5\, d_o$
$p_2 \geq 3,0\, d_o$

$$F_{b,Rd} = 2,5 \cdot \alpha \cdot d \cdot 10 \cdot \frac{510}{1,25} \cdot \frac{1}{1000}\ \text{[kN]}$$

Lochabstand $p_1 =$; $\quad \alpha = \dfrac{p_1}{3 \cdot d_o} - \dfrac{1}{4} \leq 1$

mm	M12	M16	M20	M22	M24	M27	M30	M36
$d=$	13	17	21	23	25	28	31	37
$d_o=$	13	17	21	23	25	28	31	37
30	68,85							
35	85,85							
40	102,9	92,65						
45	119,9	109,7						
50	132,6	126,7	116,5					
55	132,6	143,7	133,5	128,4				
60	"	160,7	150,5	145,4	140,3			
65		173,4	167,5	162,4	157,3	149,6		
70		173,4	184,5	179,4	174,3	166,6	159,0	
75		"	201,5	196,4	191,3	183,6	176,0	
80			214,2	213,4	208,3	200,6	193,0	
85			214,2	230,4	225,3	217,6	210,0	194,7
90			"	234,6	242,3	234,6	227,0	211,7
95				234,6	255,0	251,6	244,0	228,7
100				"	255,0	268,6	261,0	245,7
105					"	285,6	278,0	262,7
110						285,6	295,0	279,7
115						"	312,0	296,7
120							316,2	313,7
125							316,2	330,7
130							"	347,7
140								377,4
150								377,4

Randabstand $e_1 =$; $\quad \alpha = \dfrac{e_1}{3 \cdot d_o}$

mm	M12	M16	M20	M22	M24	M27	M30	M36
20	68,00							
25	85,00	85,00						
30	102,0	102,0	102,0	102,0	102,0			
35	119,0	119,0	119,0	119,0	119,0	119,0		
40	132,6	136,0	136,0	136,0	136,0	136,0	136,0	
45	132,6	153,0	153,0	153,0	153,0	153,0	153,0	153,0
50	"	170,0	170,0	170,0	170,0	170,0	170,0	170,0
55		173,4	187,0	187,0	187,0	187,0	187,0	187,0
60		173,4	204,0	204,0	204,0	204,0	204,0	204,0
65		"	214,2	221,0	221,0	221,0	221,0	221,0
70		214,2	214,2	234,6	238,0	238,0	238,0	238,0
75		"	"	234,6	255,0	255,0	255,0	255,0
80				"	255,0	272,0	272,0	272,0
85					"	285,6	289,0	289,0
90						285,6	306,0	306,0
95						"	316,2	323,0
100							316,2	340,0
105							"	357,0
110								374,0
115								377,4
120								377,4
125								"

Grenzkräfte für gleitfeste Schraubenverbindungen

Tabelle 7.11 Grenzvorspannkraft für hochfeste Schrauben in kN

		Hochfeste Schrauben							
$F_{p,Cd}$	FK	M12	M16	M20	M22	M24	M27	M30	M36
		$F_{p,Cd} = 0{,}7 \cdot f_{ub} \cdot A_S$ [kN]							
	8.8	47,2	87,9	137	170	198	257	314	458
		$F_{p,Cd}$ nach DIN 18800 Teil 7, Tabelle 1. Siehe NAD							
$F_{p,Cd}$	10.9	50,0	100	160	190	220	290	350	510

Tabelle 7.12 Grenzgleitkräfte in kN je Gleitfuge, bei Löchern mit normalem Lochspiel in allen Löchern

	FK	μ	M12	M16	M20	M22	M24	M27	M30	M36
			Grenzzustand der Tragfähigkeit $F_{s,Rd} = F_{p,Cd} \cdot \mu/1{,}25$							
		0,5	18,9	35,2	54,9	67,9	79,1	103	126	183
		0,4	15,1	28,1	43,9	54,3	63,3	82,2	101	146
$F_{p,Cd}$	8.8	0,3	11,3	21,1	32,9	40,7	47,4	61,7	75,4	110
		0,2	7,55	14,1	22,0	27,2	31,6	41,1	50,3	73,2
		0,5	20,0	40,0	64,0	76,0	88,0	116	140	204
$F_{...,Rd}$	10.9	0,4	16,0	32,0	51,2	60,8	70,4	92,8	112	163
		0,3	12,0	24,0	38,4	45,6	52,8	69,6	84,0	122
		0,2	8,00	16,0	25,6	30,4	35,2	46,4	56,0	81,6
			Grenzzustand der Gebrauchstauglichkeit $F_{ser,Rd} = F_{p,Cd} \cdot \mu/1{,}1$							
$F_{...,Rd}$		0,5	21,5	40,0	62,4	77,1	89,9	117	143	208
	8.8	0,4	17,2	32,0	49,9	61,7	71,9	93,5	114	166
		0,3	12,9	30,0	46,9	57,8	67,4	87,5	107	156
$F_{p,Cd}$		0,2	8,58	16,0	24,9	30,9	35,9	46,7	57,1	83,2
		0,5	22,7	45,5	72,7	86,4	100	132	159	232
	10.9	0,4	18,2	36,4	58,2	69,1	80,0	105	127	185
		0,3	13,6	27,3	43,6	51,8	60,0	79,1	95,5	139
		0,2	9,09	18,2	29,1	34,5	40,0	52,7	63,6	93

8 Literatur

[1] DASt-Richtlinie 103. Deutscher Ausschuß für Stahlbau DASt

[2] Deutscher Stahlbau-Verband: Eurocode 3. Kurzfassung DIN V ENV 1993-1-1. Stahlbau-Verlagsgesellschaft mbH – Köln, Beuth Verlag GmbH – Berlin - Wien – Zürich 1997

[3] Europäische Vornorm ENV 1993-1-1. Brüssel 1992: CEN

[4] Fritsch/Pasternak: Stahlbau Grundlagen und Tragwerke. Braunschweig/Wiesbaden: Verlag Vieweg. 1999

[5] Fröhlich, Peter (Hrsg.): Berechnungsbibliothek Bauwesen. Braunschweig/Wiesbaden: Verlag Vieweg. 1998

[6] Lindner/Gietzelt: Zweiachsige Biegung und Längskraft. Der Stahlbau 11/1984

[7] Mitteilungen, Deutsches Institut für Bautechnik, 29. Jahrgang, Sonderheft Nr. 18, Berlin, Mai 1998

[8] Petersen, Christian: Stahlbau. 3. Auflage, Braunschweig/Wiesbaden: Verlag Vieweg. 1994

[9] Petersen, Christian: Statik und Stabilität der Baukonstruktionen. 2. Auflage Braunschweig/Wiesbaden: Verlag Vieweg. 1982

[10] Piechatzek/Kaufmann: Formeln und Tabellen Stahlbau DIN 18800. 2. Auflage Braunschweig/Wiesbaden: Verlag Vieweg. 2001

[11] Roik/Kindmann: Das Ersatzstabverfahren. Der Stahlbau 12/1981 und 5/1982

[12] Roik/Kuhlmann: Beitrag zur Bemessung von Stäben für zweiachsige Biegung mit Druckkraft. Der Stahlbau 9/1985

[13] Schneider: Bautabellen für Ingenieure, 12. Auflage, Düsseldorf: Werner Verlag. 1996

[14] Stahlbau-Handbuch. Für Studium und Praxis. Bd. 1,2. 2. Aufl. Köln 1982/1985, Bd. IA 1993

[15] Vayas/Ermopoulus/Joannidis: Anwendungsbeispiele zum Eurocode 3. Ernst & Sohn Verlag: Berlin. 1998

9 Sachwortverzeichnis

Abgrenzungskriterien für Bauteile 30
Abminderungsfaktoren 101
- Biegedrillknicknachweis 103
- Knicknachweis 101
Abnahmeprüfprotokoll 39
Abnahmeprüfzeugnis 39
Abscheren 135, 137
Abmessungen u. Achsbezeichnungen 16
Anforderungen an die Auslegung 17
Annahmen bei der Anwendung 9
Ankerschrauben 65, 215
Ansatz wirksamer Breiten 81
Anschlüsse 56
Art des Bauwerkes 3
Art der Tragwerke 3, 10
Aussteifung von Stützenstegblechen 185
Auswahl der Stahlsorten 37
Äquivalente Stabilisierungskräfte 47
Äquivalenter T-Stummel 193

Bauart 3, 4
Baustahl 36
Baustoff 3
Bauteil 30
- Nachweis u. Abgrenzungskriterien 30
- Achsen 14
Bauverfahren 3, 4
Bauwerk 3, 4
b/t-Verhältnisse 76, 77, 78, 79, 80
b/t Verh. und Querschnittsklassen 279
- gewalzte I-Träger, IPE-Reihe 280
- gewalzte I-Träger, HEA-Reihe 281
- gewalzte I-Träger, HEB-Reihe 282
- gewalzte I-Träger, HEM-Reihe 283
Beanspruchbarkeit 19, 21, 36
- der Bauteile 21
- von Verbindungen 21, 55
- der Fußplatte 212, 213
- der Querschnitte 21
Beanspruchung 19
- durch Imperfektionen 44
Beanspruchungsgruppen, Kranbahnen 217
Begriffe
- für Beanspruchbarkeiten 21

- einheitliche für alle Eurocodes 3
- Grundbegriffe nach (EC 3) 18
- gleichlautende in einigen Sprachen 4
- von Modellen und Systemen 24
Belastungsgeschwindigkeit 170
Bemessungsannahmen 23
- für Verbindungen 55
Bemessungssituationen 18
Bemessungswerte 19
- der Einwirkungen 31
- der Widerstände 36
Bescheinigungen 39
Berechnungsverfahren 23, 25, 26
Betondruckfestigkeit 214
Betriebsbedingungen 170
Betriebsfestigkeit von Kranbahnen 216
Bezeichnungen an Walzprofilen 16
Bezugsnormen 15
Biegedrillknicken 95, 101, 115, 119
Biegeknicken 95, 103, 115, 119
Bindebleche bei Rahmenstäben 127
Bolzen 57, 108, 138
Breite I-Träger, Werte
- Reihe HE-A 294
- Reihe HE-B 302
- Reihe HE-M 310

Charakteristische Werte 19
- Beanspruchungen 19
- Einwirkungen 19, 31
- Widerstände 36
- Schraubenwerkstoffe 38
- Grenzdruck nach Hertz 38

DASt-Richtlinie 103 (NAD) 7
Dauerhaftigkeit 18
Durchbiegungen, Richtwerte 41
Durchlaufträger 43
Dynamische Auswirkungen 42

Einführung 1
Einheiten 15
Einsatztemperatur, Mindestwert 169
Einstufung in Querschnittsklassen 76

Einwirkungen 18, 31
Einwirkungen und Kombinationen 31, 32
Entwässerung 41
Entwurf und Berechnungskonzept 17
Ermüdung
- Nachweis 147, 217
- lokale Bezugsspannungen 68, 151
- Spannungsschwingbreiten 66, 68, 151
- Schadensakkumulation 150
Symbole 148
Ermüdungsbelastung 67, 70
Ermüdungsfestigkeit 21, 71, 151
Ermüdungsfestigkeitskurven 69, 152
- Hohlprofile 154
- Nicht tabellierte Kerbfälle 155
- Korrigierte 155
Ersatzstabverfahren, Nachweis 115
Eurocodes 1, 2
Eurocode- Programm 2
Eurocode 3 (EC 3) 4
- besondere Begriffe 10
- Formelzeichen 11
- Geltungsbereich 4
- Neugliederung 6
- vorhandene Teile 5
Europäische Knickspannungslinien 99
Imperfektionsbeiwerte α 98
Zuordnung der Querschnitte 99, 100

Fachwerkartige Tragwerke 129
Festigkeiten:
- Zugfestigkeit für Baustahl 36
- Zugfestigkeit für Schrauben 38
- Ermüdungsfestigkeit 71
Formelzeichen 11
Fußplatten 65, 212, 213

Gabellagerung 178
Gebrauchstauglichkeit 40
Gleitfeste Verbindungen
- Beiwerte 109
- Güteklassen der Vorbehandlung 110
- Nachweis 107
- Reibungszahl 110
Geltungsbereich
- Eurocode 3 (EC 3) 4
- DIN V ENV (1993) 7
Grenzabscherkraft 107, 108, 346, 348

Grenzbeanspruchbarkeit
- Querschnitte 87
- Bauteile 94
- Verbindungen 107
- Schrauben 345
Grenzgleitkraft 107, 354
Grenzdurchstanzkraft 107, 347
Grenzlochleibungskraft 107, 108, 348
Grenzpressung in der Lagerfuge 213
Grenzzugkraft 87
Grenzschweißnahtspannungen 108
Grenzvorspannkraft 107
Grenzwert gegen:
- Beulen des Gesamtfeldes 98
- Biegedrillknicken 95
- Knicken 95
- plastisches Stauchen 97, 199
- Schubfeldbeulen 96
- Stegblechkrüppeln 98
Grenzwerte (b/t) für:
- beidseitig gestützte Teile 77, 78
- einseitig gestützte Teile 79
- Winkelquerschnitte 80
- Rohrquerschnitte 80
- bei Ansatz wirksamer Breiten 81
Grenzzustände 20
- Gebrauchstauglichkeit 20, 34, 40
- Tragfähigkeit 20, 32, 43
Grenzzugkraft
- Querschnitt 87
- Stützensteg-, Flansch 189
- Schraubenverbindungen 107
Grundbegriffe 18

Hohlprofil-Fachwerkknoten 61, 202
- Anschlussformen 205
- Anwendungsgrenzen 203
- Berechnung 203
- Bemessung 204
- Definitionen 202
- Gestaltfestigkeiten 206, 207, 210
- Gültigkeitsgrenzen 205, 209, 211

Ideales Biegedrillknickmoment 178, 179
Imperfektionen 44, 45, 46, 48
- für aussteifende Systeme 46
- Bauteile 48
Imperfektionsbeiwert α 98

Kerbfalltabellen 155
Kerbfälle für:
- nichtgeschweißte Details 156
- geschweißte Querschnitte 157
- Quernähte158
- nichttragende Nähte 160
- tragende Schweißnähte 161
- Hohlprofile 164
- Hohlprofilanschlüsse 166
Kerbschlagversuche 172
Klassifizierung von Verbindungen 22
Knicklängen 173
Kombinationsbeiwerte 33
Kombinationsregeln für die Bemessung 31

Lagesicherheit 28
Lastanordnung 20
Lastfall 20
Lastverteilungsbreite an Flanschen 105
Lochleibung 107, 108, 109, 348
Lochspiele für Schrauben 109

Mehrteilige Bauteile 121
- Gitterstäbe 122, 125
- Rahmenstäbe 122, 126
Mischungsverbot 7
Mittragende Breiten 91
Momentenbeiwerte 119
- Biegeknicken, Biegedrillknicken 119
Momenten-Rotationscharakteristik 58

Nachweis 17, 27, 29
- Bauteile 29, 115
- Querschnitte 29, 111
- Stegbleche 113
- Theorie 2. Ordnung 120
- Verbindungen 130, 135, 137
Nachweisbedingungen 27, 29
Nachweisverfahren 25
Nennspannung 68
Nennwert
- Streckgrenze 36, 38
- Zugfestigkeit 36, 38
Nutzungsdauer 68

Palmgren-Miner-Regel 72, 150
Plastische Schnittgrößen 87
- für Walzprofile 285, 286
Plastisches Stauchen 97

Plattenschlankheit 81

Querschnittsklassen 54
- Einstufung 54, 76
- Grenzverhältnisse 76
Querschnitte 54
- Grenzbeanspruchbarkeiten 87
- Nachweis 111
Querschnittswerte 91
- Formeln 284
- HE-A Profile 294
- HE-B Profile 302
- HE-M Profile 312
- IPE Profile 286
Quersteifen 106

Rahmenstäbe 121, 122, 126
- mit geringer Spreizung 128
Regeln 9
Rotationssteifigkeit
- geschweißte Verbindung 191
- geschraubte Verbindung 200
Rotationsvermögen
- geschweißte Verbindung 191
- geschraubte Verbindung 201

Schadensfolgen 171
Schlankheitsgrad 94, 181
- bezogener 94, 181
Schrauben-Verbindungen 130
- Beanspruchungen und Nachweise 135
- Einteilung und Nachweise 130, 135
- lange Anschlüsse 134
- Futterbleche 135
- Rand- und Lochabstände 132, 133
- Regeln für Verbindungen 55
Schubfeldbeulen 96
Schweißverbindungen 139
- allgemeine Grundsätze 139
- Beanspruchungen und Nachweise 146
- Empfehlungen 141
- Nahtarten 140
- Schweißnahtdicke 140
- Schweißnahtlänge 144
- Wahl der Stahlgüte 139
Seitensteife Tragwerke 43, 49
Seitenweiche Tragwerke 43, 49, 50, 51
- elastische Berechnung 51
- plastische Berechnung 52

Spannungen im Stegblech 114
Stabilitätsnachweise 115
- Bauteile 115
Stabilität gegen seitliches Ausweichen 49
Stabilität von Tragwerken 49, 51
Stahlsorten 36, 37, 38
Statische Systeme 43
Stegblechkrüppeln 98
Stöße 57
Struktogramme 219
- Querschnittsklassen 221, 223
- Nachweis von:
      Querschnitten 229
      Bauteilen 235
      Verbindungen 239
Stützen bei plast. Berechnung 52
Stützenfüße 212

Tabellen zur Bemessung von:
- I-Trägern 279
- Verbindungen 345
Teilsicherheitsfaktoren 35
Teilsysteme 43
Toleranzen 62
- Anwendung der Toleranzen 62
- Fertigungstoleranzen 63
- Montageabmaße 63
- Toleranzabmaße 62, 64, 65
Tragfähigkeitsnachweise 27, 28
- Berechnungsabläufe 219
- Berechnungsbeispiele 241
Tragwerke 3, 10
- allgemeiner Nachweis 27
- Bemessungs- und Nachweisschema 28
- Seitensteife 49
- Seitenweiche 50
- Stabilität 51
- verschiebliche 50
- unverschiebliche 50
Tragwerksberechnung 10, 54
- elastische 51, 54
- plastische 52, 54
- Verfahren 25
Tragwerke für öffentliche Bauten 42
Tragwerksimperfektionen 45
Träger-Stützen-Verbindungen 59, 184
- kritische Bereiche 60
- geschraubte 60, 192
- geschweißte 60, 188, 190

Übereinstimmungsnachweis 39
Ü-Zeichen 39

Verbindungen 55
- Arten und Einteilung 57
- Bemessungsannahmen 55
- Herstellung und Montage 56
- Klassifizierung von 57
- Schnittgrößen 55
- von Trägern mit Stützen 58
Verbindungsmittel 38
- Festigkeiten 38
Verformungen 40, 41
Verteilungsfaktoren für Stützen 174

Wahl der Stahlgüte 169
Werkstoffermüdung 66
- Bemessungsspektrum 69
- Berechnung der Spannungen 72
- Definitionen 67
- Spannungsspektren 72
- Spannungsschwingbreiten 72
Werkstoffkennwerte 37
Widerstand 36
Widerstandsgrößen für Baustähle 36
Wind-angeregte Schwingungen 42
Wirksame Querschnittswerte 81
- Abminderungsfaktor 81
- I-Querschnitte 85
- Plattenschlankheit 81
- Schubflächen 92
- Scherbruchflächen 93
- Trägersteifigkeitsbeiwerte 176, 177
- Verschiebung der Hauptachsen 84
- Werte für genormte I-Profile 86
- wirksame Breite 52, 82, 83

Zähigkeitsnachweis 169
Zugfeld-Methode, -Spannungen 104
Zusätzliche Stützenstegbleche 186
Zylinderdruckfestigkeit des Betons 214

Weitere Titel aus dem Programm

Christian Petersen
Dynamik der Baukonstruktionen
1996. XXVI, 1272 S. Geb. € 106,00
ISBN 3-528-08123-6

„Insgesamt ein preiswertes, empfehlenswertes Buch: ein 'Soll' für die Hochschule, ein 'Muss' für die Praxis." Stahlbau, Nr. 12/98

Christian Petersen
Statik und Stabilität der Baukonstruktionen
Elasto- und plasto-statische Berechnungsverfahren druckbeanspruchter Tragwerke: Nachweisformen gegen Knicken, Kippen, Beulen
2., durchges. Aufl. 1982. XVI, 960 S. mit 932 Abb., 189 Tab. Geb.
€ 99,00
ISBN 3-528-18663-1

Christian Petersen
Stahlbau
Grundlagen der Berechnung und baulichen Ausbildung
von Stahlbauten
3., überarb. u. erw. Aufl. 1993. XXII, 1451 S. Geb. € 106,00
ISBN 3-528-28837-X

vieweg

Abraham-Lincoln-Straße 46
65189 Wiesbaden
Fax 0611.7878-400
www.vieweg.de

Stand 1.11.2001
Änderungen vorbehalten.
Erhältlich im Buchhandel oder im Verlag.

Weitere Titel aus dem Programm

Horst Werkle
Finite Elemente in der Baustatik
Statik und Dynamik der Stab- und
Flächentragwerke
2., überarb. u. erw. Aufl. 2001.
X, 435 S. mit 208 Abb. Br. € 24,90
ISBN 3-528-18882-0

Erwin Piechatzek,
Eva-Maria Kaufmann
Formeln und Tabellen Stahlbau
Nach DIN 18800 (1990)
2., verb. Aufl. 2001. X, 294 S. mit
53 Abb., 146 Tab. (Viewegs Fachbücher
der Technik) Br. € 24,90
ISBN 3-528-12557-8

Konrad Kuntsche
Geotechnik
Erkunden - Untersuchen
- Berechnen – Messen
2000. X, 338 S. mit 181 Abb.,
2 farb. Abb., 96 Tab., CD-ROM.
(Viewegs Fachbücher der Technik)
Br. € 26,00
ISBN 3-528-07712-3

Peter Greiner, Peter E. Mayer,
Karlhaus Stark
**Baubetriebslehre -
Projektmanagement**
2000. X, 289 S. mit 135 Abb.
(Viewegs Fachbücher der Technik)
Br. € 24,90
ISBN 3-528-07706-9

Peter Bindseil
Massivbau
Bemessung im Stahlbetonbau
2., überarb. Aufl. 2000. XIV, 515 S.
mit 291 Abb., 22 Tab.
(Viewegs Fachbücher der Technik)
Br. € 29,90
ISBN 3-528-18813-8

Reinhold Fritsch, Hartmut Pasternak
Stahlbau
Grundlagen und Tragwerke
Stahlbau Grundlagen und Tragwerke
1999. XII, 448 S. mit 348 Abb.,
37 Tab. (Viewegs Fachbücher der
Technik) Br. € 27,00
ISBN 3-528-03853-5

Abraham-Lincoln-Straße 46
65189 Wiesbaden
Fax 0611.7878-400
www.vieweg.de

Stand 1.11.2001
Änderungen vorbehalten.
Erhältlich im Buchhandel oder im Verlag.